深智數位
股份有限公司

深智數位
股份有限公司

推薦序一

教學不只是技術，更是一種信任與同行！

這不只是一本書，更是一段科技與教育交織的旅程！

推薦《提示工程打造數據採樣神技》。

在這個生成式 AI 快速變革、數據驅動決策的時代，科技不僅塑造未來，也正在改變我們學習與工作的方式。這本書的作者，正是這波數位轉型浪潮中的實踐者與引路人。

我見證他從觸控模組的工程設計者、到人因互動的思辨者、再走進符號計算與人工智慧的深層探究。在歐陸留學期間，他曾受教於數學計算與 AI 的先鋒學者，也曾深入醫療影像領域，結合理論與實務的訓練為日後的產業應用奠定紮實根基。

近年他投身於智慧製造與資料應用的推動，更在各級教育與職訓現場中不遺餘力，從 Python 到 Kaggle、從 ESG 數據平台到生成式 AI 提示設計，他始終強調一件事：科技應回應人的問題與社會的需要。

尤其令人敬佩的是，他雖然出身工科背景，擁有電腦資訊的專業訓練，卻選擇走進成人教育的第一線，投入中高齡者的數位學習與職涯轉型，並且在國立中正大學成人教育博士班進修，他學習用淺白的語言、系統化的教學，以及不懈的陪伴，協助無數位於人生中段的學習者重拾信心、學會新科技、踏上轉職之路。在課堂上，他是技術導師，更是人生陪伴者，學生們對他的喜愛與感謝，從一張張回饋單與一封封感謝信中不言而喻。

在我心中，他的專業成就固然值得肯定，但更令人敬仰的，是他在教育現場的「三學奉獻」精神：樂於教學、持續學習、甘於助人學成。這份精神，是現代數位人才最可貴的特質，他不只是我的學生，也是我學習的榜樣，從他身上，我看見教育的熱與光。

這本《提示工程打造數據採樣神技》，不僅是技術手冊，更是一位數位行動者整合多年跨域經驗與教學歷程的心血結晶。全書涵蓋從 Pandas、爬蟲、自動化排程、API 應用，到 Hugging Face 與 RAG 系統等最新工具，不僅能作為職場實戰手冊，更是數據素養與 AI 應用教育的絕佳教材。

我特別欣賞作者在第六章至第八章間，對「生成式推論架構」與「提示設計模式」的邏輯整理，以及將真實平台（如政府開放資料、商業網站、醫療系統）導入教學場景的巧思設計。這不只是對技術的教學，更是對未來工作型態與社會需求的深刻回應。

誠摯推薦這本兼具實用性與前瞻性的著作，給所有關心數位轉型、產業升級與未來教育的工作者與學習者。

魏惠娟
國立中正大學成人及繼續教育學系教授
教育部樂齡學習總輔導團計劃主持人

推薦序二

作為一名資深稽核專責人員，我們核心職責是確信公司內部控制系統的有效運行，並進行風險評估與管理。在這個過程中，除了傳統的稽核技術，我也持續尋求先進技術來提升工作效率和準確性。這本書正是我最近發現的極具價值的學習資源，它不僅全面介紹了生成式 AI 的應用，還對如何在稽核工作中實際運用這些新興技術提供了深入的見解。

在稽核實務中，我們每天需要面對大量的數據分析與風險評估，這些工作通常耗時且需要高精度。書中對 AI 提示語設計的詳細介紹，幫助我更好地理解如何高效地與 AI 互動，尤其是在數據清理、報告生成以及風險分析中，這些技術能大大提升我們工作的自動化水平，減少人力成本，並提高分析結果的準確度。

書中對生成式語意推論的深入探討，對於我們在進行營運稽核過程中之資料剖析及流程分析方面提供了新的思路，進而建構分析性程序，達到營運循環內控作業串查之效果。這些技術可以協助我們在海量的資料中快速識別出異常或潛在之控制點，讓我們能夠及早發現問題並提出相應之控制程序。因生成式 AI 可從資料中學習，透過學習模式，依此進行預測或決策，AI 技術亦能幫助我們透過非監督學習，在多維的主成分分析模型（如 PCA）中進行降低數據維度，僅保留重要特徵之數據欄位，監控異常數據之分群效果（Clustering），進而達到持續性稽核（continuous auditing）之效果。

此外，書中還介紹了如何利用爬蟲技術自動抓取外部市場數據，如透過生成式人工智慧（Generative AI）可透過爬蟲技術（如使用提示語丟進生成式 AI

工具，產生對應之程式碼）或者透過提示工程（如 perplexity、chatgpt）請 AI 迅速產生各電商平台即時價格，使得執行訪價作業之透明度和效率得以大幅提升。故透過自動化的資料抓取，我們能夠在不依賴人工的情況下，迅速獲取所需資料，提升了工作效率與準確性。

　　無論您是否來自稽核或風險管理領域，這本書都能幫助您將生成式 AI 技術應用到日常的營運作業管理實務中，提升工作流程的自動化程度，確保業務運營的合規性與透明度。我強烈推薦這本書，它無論對個人學習還是企業發展，皆具有極高的實用價值，是每位營運作業管理專業人士不可或缺的工具書。

張景評
明安國際集團董事長室內部稽核
資深內部稽核專責人員

推薦序三

身為與朝健一同在產發署接受訓練的夥伴，長期專注於機器學習、深度學習與應用的研究與教學，我深刻體會如何將這些前沿科技有效導入學術場域，進而激發學生的學習動機與實務應用力。這本書無疑是一本對學生們非常有幫助的優秀教材，它不僅全面介紹了生成式 AI 工具的理論基礎，還提供了豐富的實作案例，幫助讀者將理論知識轉化為實際應用。

本書對 Google Gemini、ChatGPT 等生成式 AI 技術進行深入淺出的介紹，讓讀者能從實際應用面認識其潛力，並理解其於各領域的實際影響。這些技術的介紹，不僅能幫助學生們掌握當前最先進的技術，還能激發他們對未來科技的探索熱情。在我們的領域，特別是機器學習和深度學習的應用，AI 技術的發展已經深刻改變了許多傳統的行業，這本書為學生提供了最新的研究成果與實踐經驗，將成為他們學習的寶貴資源。

尤其在生成式語意推論理論的講解上，這本書提供了深入的分析和實用的技巧，使得我能夠在課堂上幫助學生們理解如何高效地利用 AI 技術來解決複雜問題。這些理論不僅讓學生理解 AI 的基本原理，還能幫助他們在面對更高階的技術挑戰時，擁有解決問題的思維方式與方法。

此外，這本書對於爬蟲技術的介紹，讓學生們在學習如何使用 AI 進行數據收集和分析時，能夠掌握更高效的方法，這對於他們日後的學術研究和職業生涯大有裨益。無論是在處理大量的網頁數據，還是解決其他與數據分析相關的問題，這些技術都將使學生們更加得心應手。

我深信這本書不僅是 AI 技術初學者的理想入門指南，也是具備基礎知識者進一步精進的重要資源。它將協助讀者在學術研究與職涯發展上取得更高的成就，開創嶄新的科技視野。無論是對於剛開始學習 AI 的學生，還是有一定基礎的學者，這本書都能提供強大的支持，並且為他們在未來的科技領域中開闢新的天地。

涂春愛

鍊成科技有限公司執行長

推薦序四

這本書深入探討生成式 AI 在各個領域中的應用，尤其是在知識產權保護及創新發展上的影響。作為專利商標事務所的負責人，我深刻認識到生成式 AI 和機器學習技術對我們日常工作的巨大變革。不僅能提升我們在申請過程中的效率，還能幫助我們對智財策略進行更有創新性的調整，從而在市場上維持競爭優勢。

在這本書中，您將學到如何將如 ChatGPT 和 Google Gemini 等先進的生成式 AI 技術與現有的智財管理策略結合。這些技術不僅能協助我們更精確地處理申請案和技術文獻，還能協助創建強大的知識管理系統，從而提高我們的工作效率與準確度。更重要的是，書中對生成式語意推論和 AI 提示語設計的深入分析，將使我們能夠在面對創新挑戰時，更高效地構建智能系統。

對於專利商標事務所而言，每天都需處理大量的技術文獻和資料分析，這本書提供的 AI 工具和方法將大大提升我們的工作效能，並幫助我們為客戶提供更精準、更具競爭力的智財戰略。在日常的工作中，這些技術不僅能協助我們加快審核速度，還能在面對複雜的技術方案時，提供智能支持，使我們能夠做出更明智的決策。

我強烈推薦這本書，無論您是否從事智慧財產權保護、專利商標申請或是其他創新領域的工作，它都將是您掌握未來科技趨勢的必備指南。對於那些想要深入了解生成式 AI 及其在智財領域應用的專業人士來說，這是一本不容錯過的好書。

楊仁豪

聖橋國際專利商標事務所執行長

推薦序五

隨著 AI 技術的迅速發展，學習並有效應用這些新興技術已經成為各行各業專業人士面臨的重大挑戰。作為勞動部職前培訓中心的執行長，我的責任之一就是為學員們推薦優質的學習資源，幫助他們在不斷變化的職場中具備競爭優勢。這本書是我近期推薦給學員的必讀資料之一，它不僅清晰介紹了 AI 領域的各種工具和技術，還通過實際案例和應用示範，幫助讀者輕鬆掌握這些看似複雜的技術。

書中詳細介紹了多種生成式 AI 工具，從基本理論到實際應用，讓讀者能夠快速上手。特別是對於如何設計提示語來引導 AI 進行語意推理的部分，我受益匪淺。這些提示語的設計技巧不僅能提高學員的學習效率，還能幫助他們在實際操作中更加精準地達成目標。透過這些技巧，學員們可以在處理客戶需求、分析市場趨勢或解決複雜商業問題時，運用 AI 技術來實現最佳解決方案。

此外，書中對 Python 爬蟲技術的深入介紹，對學員掌握數據抓取和處理技術具有極大的幫助。在當今數據驅動的商業環境中，能夠高效地從網絡中抓取並分析大量的資料，已成為一項不可或缺的技能。本書通過實作案例，詳細講解了如何使用 Python 進行數據抓取，這不僅能幫助學員了解如何操作工具，更能讓他們在實際業務中迅速應用這些技能，進行市場分析或競爭對手研究等工作。

對於職前學員來說，這本書是一個極具價值的學習資源，它能夠幫助他們從理論和實踐中雙管齊下，快速掌握 AI 技術。無論是對剛踏入職場的學員，還是希望進一步提升技能的專業人士，這本書都能提供豐富的知識與實用工具，幫助他們在快速發展的 AI 領域中立於不敗之地。書中的知識和實作案例將為學員們提供無限的機會，開啟他們未來職業生涯的新篇章。

　　如果您希望提升 AI 技能並將其應用於日常工作中，這本書絕對是您的不二選擇。它將為您提供實用的工具、技術，以及深入的理解，幫助您在職場中更加自信地應對未來的挑戰。

郭明洽

伽碩企業有限公司執行長

推薦序六

在使用生成式 AI 進行項目開發時，與 AI 進行高效、準確的交互是達成預期目標的關鍵。這本書中對生成式 AI 提示語設計的深入解析，無疑是我學到的一項重要技能。提示語設計是我們與 AI 進行有效溝通的橋樑，它不僅能幫助 AI 理解我們的需求，還能提高 AI 提供答案的精確度和相關性。精心設計的提示語能引導 AI 迅速理解問題的核心，避免過多無關的數據干擾，從而讓 AI 產出更有價值和可操作性的結果。

書中對提示語設計的解析讓我對如何精確表達需求有了更深入的了解。對於我們這些工程師而言，常常面臨著需要快速解決問題的情況，良好的提示語設計能讓我們在與 AI 交互時節省大量時間，提升工作效率。這些技巧讓我在進行機器學習模型訓練、數據分析或推理分析時，能夠與 AI 進行更順暢且高效的互動，讓每一次的 AI 回應都更符合預期。

此外，提示語設計的應用不僅僅是提升效率，它還激發了我們在解決技術問題時的創新思維。當我們能夠明確地定義問題並以合適的方式與 AI 進行溝通時，AI 不僅能幫助我們快速獲取答案，還能在處理複雜問題時給出更多的視角和解決方案。這不僅能幫助我們在開發過程中找到更優的技術路徑，也使得最終產品更加高質量、具創新性和完整性。

學會如何設計高效的提示語，使我們能夠以更靈活的方式應用生成式 AI，從而大大提高開發過程中的生產力和創新性。書中的這部分技巧，是我工作中不可或缺的資源，無論是在開發新功能、解決工程挑戰還是優化現有的產品時，它都給予了我寶貴的支持。

對於那些剛開始接觸 AI 領域的新人或是已經具備一定經驗的工程師，這本書中的提示語設計技巧將成為每位技術人員提升技能和專業能力的寶貴資源。它不僅能幫助您掌握生成式 AI 技術的基礎，還能讓您在實際應用中發揮這些技術的最大潛力，幫助您在快速發展的 AI 領域中保持競爭優勢。

　　這本書不僅適合初學者，也對經驗豐富的工程師極具價值。它提供了大量可操作的工具和方法，幫助讀者在 AI 領域中迅速提升並精通關鍵技能，從而加速個人成長和項目進展。

陳尚瑋

元大銀行系統開發部專業副理

致謝

　　感謝深智數位公司的團隊再次給予我撰寫本書的機會。本書的內容主要來自我在失待業者與產業人才培訓中所使用的教材與課程內容，爬蟲的提示語更是我的發明和巧思。同時，也特別感謝內部稽核協會高雄分會的邀請，讓我得以將自身的經驗透過教材與課程，分享給更多有需要的朋友。此外，我希望藉由 AI 技術的導入，能幫助更多中壯年失業者進行技能培訓與再就業，提升職場上的 AI 應用能力，讓更多人因此受益。也感謝中正大學成人及繼續教育研究所的培訓與支持，使我在職前培訓工作中累積了更多寶貴的經驗與成長。最後，感謝我的父母，感激他們的理解與包容，讓我得以專注於自己的專業和熱情。同時，我也誠摯邀請本書的讀者朋友，一起單純享受爬取資料、撰寫程式的樂趣，發現其中的快樂與美好。

作者簡介

早年投注於觸控 IC 和觸控模組的研發，從人因的互動設計開始進入科技業；後來赴笈歐陸留學，指導教授為符號計算大師 Burno Buchberger 教授，同時也受業於 Sepp Hochreiter 教授的實驗室，後來在 Hagenberg SoftwarePark 的 RISC 公司實習，以醫療影像的研究為主，因疫情返回台灣輾轉返台，遂協助大型製造業進行智慧製造的轉型。

學經歷：

- 奧地利林茲大學資訊系碩士畢業
- 中華民國內部稽核協會講師
- 經濟部產業發展署 AI 授課講師
- 天地人文創講堂講師
- 教育部部定講師
- 聯成電腦講師
- 勞動部雲嘉南分署大數據講師
- 台南失業者訓練班講師
- 勞動部產業人才投資方案課程 Python、電商行銷、數據科學講師
- 高雄市勞動局產業新尖兵講師
- 台南市伽碩職訓中心講師
- AI GO 講師生成對抗網路（數發部產業發展署）

- AIGO 講師 Kaggle 數據平台實戰 (數發部產業發展署)
- 台灣產業發展協會 ESG 種子師資
- 國立政治大學電算中心技術師
- 義隆電子研發工程師
- 113 年國道智慧交通管理創意競賽優選作品

目錄

第 1 章 生成式 AI 工具介紹

1.1 ChatGPT4.0、Claude AI sonnet3.5 說明與應用 1-2
1.2 Google Gemini 1-26
1.3 Perplexity 操作與應用 1-32
1.4 NotebookLM 介紹 1-35
1.5 DeepSeek 說明與操作 1-42
1.6 ChatPDF 1-48
1.7 AI 助手整合 1-52

第 2 章 Pandas 的基本應用

2.1 文件操作讀寫觀念說明 2-2
2.2 多欄位取值、多列位取值 2-4
2.3 合併、字串提取、字串合併 2-6
2.4 資料框匯總 2-9
2.5 快速數據分析 2-12
2.6 資料框總表整理 2-15

第 3 章 基礎 IDE 環境設定

3.1 Google Colabatory 3-2
3.2 Anaconda 安裝：以 Jupyter Notebook 和 Spyder 為例 3-12
3.3 Pycram 社群版設定 3-21
3.4 VScode 擴增套件設定 3-28
3.5 Python 開發環境比較 3-34

第 4 章 Python 中爬蟲模組介紹

4.1 Beautifulsoup4（美麗湯）模組說明 4-2
4.2. requests 模組說明 4-15
4.3 Requests 模組介紹：以政府資料開放平台為例 (ESG 公開資料集) 4-29
4.4 上櫃季報實作與視覺化 I 4-43
4.5 興櫃季報實作與視覺化 II 4-52
4.6 金管會 RSS 爬蟲資料抓取 4-58

第 5 章 Google Sheet API

5.1 Google Sheet token 申請 5-2
5.2 Google sheet 建立與設定 5-12
5.3 抓取資料與同步更新應用 5-14
5.4 Simple ML 分析 5-26

第 6 章 生成式語意推論介紹

6.1 生成式語意結構推測理論 6-2
6.2 生成式 AI 互動收斂理論 6-5
6.3 網頁結構推論與交互生成收斂理論 6-8
6.4 生成式工具生成品質評估 6-10

6.5	什麼是 Vibe Coding?	6-12
6.6	Vibe Coding 的意義與協作	6-15

第 7 章　提示語設計

7.1	提示語設計 I 說明	7-2
7.2	提示語設計 I 應用：以爬取奇摩新聞、WIKI、鉅亨網、104 人力銀行為例	7-5
7.3	提示語設計 II 說明	7-19
7.4	提示語設計 II 應用：農業部最新法令、酷澎、生活市集商品價格為例	7-21
7.5	提示語設計 II 應用：公開資訊觀測站、資通法令為例	7-39
7.6	提示語設計 III 說明	7-46
7.7	提示語設計 III 應用：成大、奇美、台南市立醫院病床數為例	7-48
7.8	連續的提示語設計規律：立法院公報爬取	7-65
7.9	爬取圖片的提示語設計：酷澎線上商城圖片爬取	7-71
7.10	通用爬蟲流程設計：以家樂福為例	7-73

第 8 章　防爬套件與排程自動化

8.1	fake-useragent 和 undected-chromedriver 介紹與實戰	8-2
8.2	APScheduler 和 Schedule 排程介紹	8-6
8.3	selenium 照相辨識模組實作應用 I：台南市政府行事曆擷取辨識為例	8-8
8.4	selenium 照相辨識模組實作應用 II：電子書翻頁擷取自動化	8-14
8.5	selenium 網頁自動化按鈕點擊應用 III：以 Costco 大賣場購買為例	8-23

第 9 章　Hugging Face 平台介紹

9.1	Hugging Face 平台介紹與註冊	9-2
9.2	Hugging Face 平台部署方法	9-5
9.3	Gradio 介面和 APP 開發實戰	9-7
9.4	Gemini API 申請與對話機器人實作應用	9-31

9.5	GroqAPI 申請與對話機器人實作應用	9-38
9.6	Groq 與 Elon Musk 的 Grok AI 模型介紹	9-45
9.7	Hugging Face Agent 課程	9-49

第 10 章 RAG 檢索增強生成說明與應用

10.1	RAG 介紹與企業落地應用	10-2
10.2	LangChain API 介紹	10-8
10.3	Nvidia Mistral NeMo Minitron 8B 模型介紹	10-14
10.4	多模態打造 RAG 知識檢索系統	10-19
10.5	LM studio 應用	10-22
10.6	AnythingLLM 應用	10-28

第 11 章 打造企業內部聊天室與自動化

11.1	內部聊天室設計	11-2
11.2	自動化設計	11-12
11.3	加入時間的自動化操作	11-19
11.4	打造本機端的 AI 助手	11-24

第 12 章 TQC 網頁資料擷取與分析證照解題說明

12.1	解題說明	12-2
12.2	第一大題五個題組解題分析	12-4
12.3	第二大題五個題組解題分析	12-10
12.4	第三大題五個題組解題分析	12-19
12.5	第四大題五個題組解題分析	12-26
12.6	解題總表	12-39

生成式 AI 工具介紹

1.1　ChatGPT4.0、Claude AI sonnet3.5 說明與應用

1.2　Google Gemini

1.3　Perplexity 操作與應用

1.4　NotebookLM 介紹

1.5　DeepSeek 說明與操作

1.6　ChatPDF

1.7　AI 助手整合

1 生成式 AI 工具介紹

1.1 ChatGPT4.0、Claude AI sonnet3.5 說明與應用

本章將介紹目前常用的生成式 AI 工具，此處須注意，本節重點不是針對特定任務的提示語（Prompt），事實上，給予模型的 Prompt 不需要特定格式，依照目前的生成式 AI 工具的強大，通常您只需要把需求講清楚，通常生成式 AI 就可以產出您的需求，目前的生成式 AI 工具往往具有一般人的知識和理解能力。關於提示語的部分，本書直接帶領讀者快速閱讀 Arivx 的文章「**Large Language Models Are Human-Level Prompt Engineers**」。

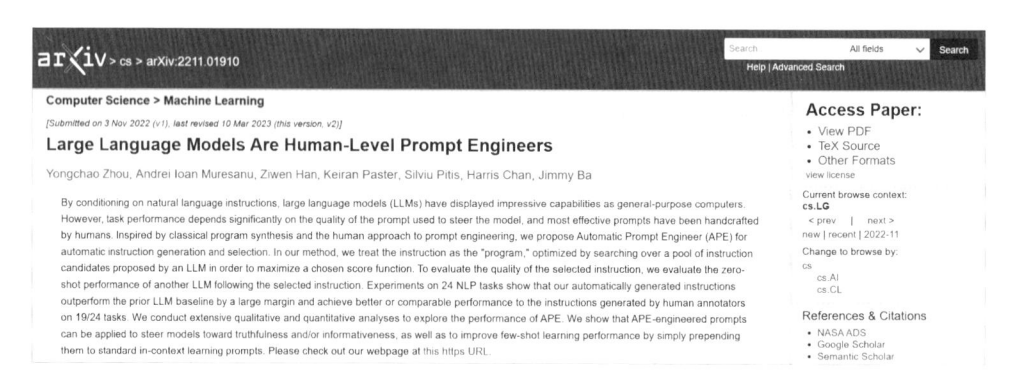

下圖主要展示了一種叫做 **Automatic Prompt Engineer（APE）** 的方法，專門用來自動優化提示詞（Prompt），讓 AI 更聰明、更會回應。在左邊（a）的部分，它用一個流程圖解釋這個方法是怎麼運作的。基本上，AI 會先產生一些可能的提示詞，然後再用另一個 AI 來評分這些提示詞的好壞，最後把分數最高的留下來，最差的刪掉。如果需要，還可以讓 AI 再改寫一次提示詞，確保意思不變但更精確。這樣一來，整個過程完全自動化，不需要人類手動設計提示詞，就能讓 AI 生成更好的回應。這對於提升 AI 在各種應用中的表現，像是問答系統、程式碼生成、翻譯等，非常有幫助。

1.1 ChatGPT4.0、Claude AI sonnet3.5 說明與應用

(a) Automatic Prompt Engineer (APE) workflow

(b) Interquartile mean across 24 tasks

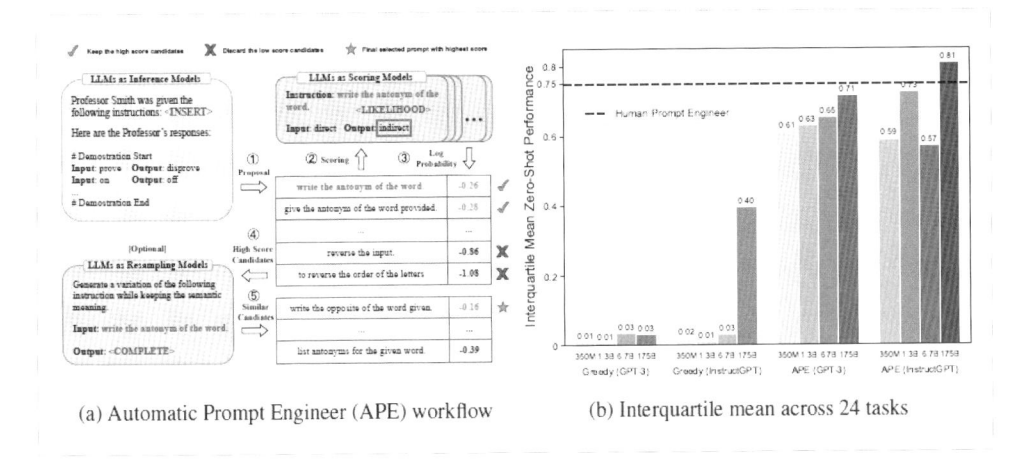

右邊（b）的圖表則是顯示 APE 方法到底有多厲害。它比較了不同方法在 24 項任務中的表現，發現傳統的 GPT-3（沒用 APE 的版本）表現很差，而用了 APE 之後，效能大幅提升，尤其是跟 **InstructGPT** 搭配時，甚至比人類提示工程師（Human Prompt Engineer）設計的提示詞還要強！換句話說，這個方法讓 AI 能夠自己學會怎麼問問題、怎麼組織指令，讓回答變得更準確，完全是 AI 自學變聰明的概念。這對未來的 AI 應用來說，是個很大的突破，因為可以省下大量人力調整提示詞的時間，同時讓 AI 更有效率地工作。

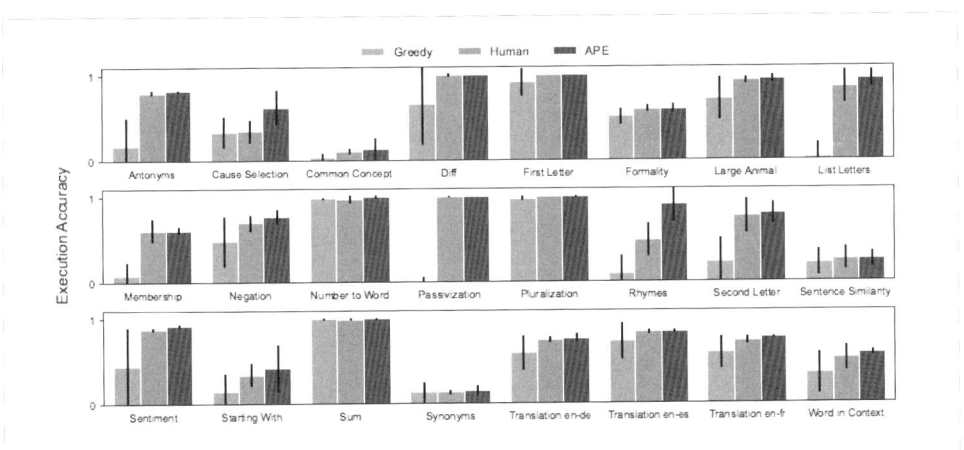

Figure 4: Zero-shot test accuracy on 24 Instruction Induction tasks. APE achieves human-level or better performance on all 24 out of 24 tasks.

1 生成式 AI 工具介紹

這段內容主要是在比較 Automatic Prompt Engineer（APE）方法與其他基準方法在 Zero-shot Learning（零樣本學習）和 Few-shot In-context Learning（少樣本上下文學習）中的表現。

■ Zero-shot Learning（零樣本學習）

研究將 APE 方法與人工提示工程師（Human Prompt Engineers）和 Honovich et al.（2022）提出的模型生成指令算法（Greedy 方法）進行比較。Greedy 方法可以看作是沒有搜尋與篩選機制的 APE 簡化版。結果顯示，APE 方法在所有 24 項任務中都超越了 Greedy 方法，並且在 24 項任務中達到與人類提示工程師相當或更好的表現。此外，從 Interquartile Mean（IQM）來看，APE 搭配 InstructGPT 的 IQM 值為 0.810，比人類提示的 0.749 更高，顯示 APE 的提示詞優化方法確實能有效提升 AI 模型的表現。

■ Few-shot In-context Learning（少樣本上下文學習）

研究也探討 APE 在 Few-shot Learning（少樣本學習）中的表現，這種方法是在提供示例數據前先加入優化過的指令。結果顯示，在 24 項測試任務中，這種方法在 21 項任務中與標準 Few-shot 學習相當或更好，但在 Rhymes（押韻）、Large Animal（大型動物）、Second Letters（第二個字母）這三項任務上，加入上下文示例反而降低了模型表現。研究團隊推測這可能是因為 APE 優化的指令過度適應了零樣本學習場景，導致在 Few-shot 學習時效果變差。為了驗證這點，他們進一步嘗試以 Few-shot Learning 的準確度作為選擇標準，結果發現這樣的方法確實能在多數情況下比零樣本優化更好，除了 Rhymes 這項任務外。

整體來看，這項研究顯示 APE 方法能顯著提升 AI 在 Zero-shot 和 Few-shot 學習中的表現，甚至能超越人類提示工程師的手動設計，對於 AI 提示詞最佳化具有很大的應用潛力。

這項研究證明了**自動提示語工程（APE）**可以讓 AI 自己學會怎麼設計更好的指令，從而提升回應的準確性和表現。在**零樣本學習（Zero-shot Learning）**中，APE 讓 AI 在 24 項任務中全面勝過傳統方法，甚至比人類提示工程師設計的指令還要好。在**少樣本學習（Few-shot Learning）**方面，APE

1.1 ChatGPT4.0、Claude AI sonnet3.5 說明與應用

也能在大多數任務中保持優勢，雖然有些特定情境下可能會有點影響。**所謂的提示語（Prompt）**，其實就是 AI 理解問題的「指令」，例如：「請列出這個單詞的反義詞。」如果提示語設計得好，AI 就能更準確地理解任務，回應也會更精準。APE 的厲害之處在於**它可以自動優化這些提示語**，省下人工調整的麻煩，讓 AI 更聰明、更高效，無論是在問答系統、程式碼生成還是翻譯等應用上，都有很大的幫助。

■ ChatGPT4.0 介紹

ChatGPT
https://chatgpt.com · 翻譯這個網頁
ChatGPT
ChatGPT helps you get answers, find inspiration and be more productive. It is free to use and easy to try. Just ask and ChatGPT can help with writing, ...

　　ChatGPT 是由 OpenAI 開發的人工智慧（AI）聊天機器人，基於 GPT（Generative Pre-trained Transformer）模型構建，具備強大的自然語言處理（NLP）能力，能夠理解並生成人類語言，適用於多種應用場景，如對話、寫作、程式設計、翻譯、學術研究等。它的核心特點包括強大的知識儲備、上下文記憶能力、多功能應用等。例如，在知識問答方面，ChatGPT 可解答科學、歷史、技術、醫學等領域的問題；在寫作輔助方面，能幫助撰寫論文、報告、小說、詩詞等；在程式設計領域，可撰寫與調試程式碼，支援 Python、JavaScript、C++ 等多種語言；在翻譯與校對上，支援多語言翻譯，並可進行文本潤色與語法檢查；在數據分析方面，能處理 Excel 資料、繪製圖表，甚至進行機器學習建模。ChatGPT 的大規模預訓練使其具備強大的推理能力和語言理解能力，能夠生成高品質的回答，並根據對話上下文調整回應，使對話保持連貫性。此外，它還可以透過 API 進行客製化，應用於企業客服、行銷、教育輔助等多種場景，並在教育、商業、科技與個人助理等領域發揮重要作用。

　　然而，ChatGPT 也有其限制，例如知識更新可能延遲，無法掌握最新資訊（但現在可透過網路搜尋獲取即時內容），並且可能出錯或產生誤導性資訊，使用者需要謹慎驗證內容。由於 ChatGPT 本質上是基於統計模型進行預測，因

1 生成式 AI 工具介紹

此並非真正理解問題,而是根據數據訓練結果生成最可能的回答。此外,模型可能受到訓練數據影響,存在一定偏見,需謹慎使用。目前 OpenAI 推出了多個版本,包括免費的 GPT-3.5 和付費的 GPT-4,後者擁有更強的理解能力、更準確的回應以及更好的上下文處理能力。

ChatGPT 提供圖像和畫布(Canvas)兩大功能,分別用於生成、編輯圖片以及創建、修改文件或程式碼,可應用於設計、程式開發、數據視覺化等多個領域。以下是這兩個功能的詳細介紹:

■ 圖像功能

ChatGPT 內建 DALL·E 模型,可根據用戶提供的描述自動生成圖片,並支援圖片編輯。這項功能適合用於創意設計、插畫、概念視覺化等場景。

圖像功能特點:

1. **生成圖片**:透過自然語言描述,創造出風格各異的圖像,例如現實風格、卡通風格、科幻風格等。

2. **圖片編輯**:可以基於現有圖片進行修改,如改變背景、增加新元素、調整畫面細節等。

3. **多種尺寸**:可生成方形(1024×1024)、橫向(1792×1024)和縱向(1024×1792)圖片,以適應不同應用需求。

4. **創意發想**:適合用於概念設計、品牌視覺、海報製作、遊戲開發等領域。

1.1 ChatGPT4.0、Claude AI sonnet3.5 說明與應用

應用場景：

市場行銷：製作社群貼文、廣告素材、產品展示圖。

藝術與設計：創作插畫、概念藝術、服裝設計、建築草圖。

教育與學術：生成示意圖、學習教材、視覺化科學概念。

遊戲與動畫：設計角色、場景、物品道具等。

📂 **實作範例：畫一張跟人工智慧和量子計算有關的圖**

這是一張融合 **人工智慧 (AI)** 和 **量子計算** 的未來科技風格圖像，它展示了一個由神經網絡組成的發光 AI 大腦，漂浮在量子處理器之上，周圍環繞著糾纏粒子、量子閘以及代表量子演算法的數學公式。背景呈現賽博都市的科技感，並以霓虹藍、紫色與金色來強調高科技與未來感。這張圖象徵著 AI 與量子計算的結合，展現出強大計算力與智能的未來發展！

1-7

1 生成式 AI 工具介紹

■ **畫布（Canvas）功能：**

畫布功能提供一個視覺化的文件或程式碼編輯環境，適合長篇內容創作或編程開發，特別適用於需要反覆修改、增補的內容。

畫布功能特點：

1. **支持多種類型的內容：**

    文本文件（.txt）：用於寫作、文檔記錄。

    程式碼文件（.py、.js、.html、.java、.cpp 等）：可用於編寫與調整程式碼。

2. **即時編輯**：可直接修改內容，適合反覆優化與更新。

3. **程式碼支援：**

    高亮顯示語法，提升可讀性。

    支援多種程式語言，如 Python、JavaScript、Vue.js、Flutter（Dart）、C++ 等。

4. **持續迭代**：適用於文件寫作、論文修改、專案開發，確保內容有序整理與完善。

應用場景：

技術開發：開發與調整程式碼、演算法設計、數據處理等。

學術寫作：撰寫與修改論文、報告、研究記錄。

項目管理：記錄項目需求、技術文檔、工作計畫。

小說與創作：長篇文章、劇本、小說等內容創作。

📂 **實作範例：幫我寫一段關於失待業者的研究計畫書**

直接點選…找到畫布

1.1 ChatGPT4.0、Claude AI sonnet3.5 說明與應用

直接描述使用者需求

▷ **實作範例：幫我使用 BS4 或者 requests 抓取這篇文章的標題和內容，並提供 Python 程式碼給我**

此處使用畫布（Canvas）

1 生成式 AI 工具介紹

與黃仁勳會面結束！川普稱「一次很好的會議」輝達發聲明證實「討論 AI 政策」

範例網址：參考隨書附檔第一章

畫布 幫我使用BS4或者requests抓取這篇文章的標題和內容，並提供Python程式碼給我
https://tw.news.yahoo.com/%E8%88%87%E9%BB%83%E4%BB%81%E5%8B%B3%E6%9C%83%E9%9D%A2%E7%B5%90%E6%9D%9F-%E5%B7%9D%E6%99%AE%E7%A8%B1-%E6%AC%A1%E5%BE%88%E5%A5%BD%E7%9A%84%E6%9C%83%E8%AD%B0-%E8%BC%9D%E9%81%94%E7%99%BC%E8%81%B2%E6%98%8E%E8%AD%89%E5%AF%A6-%E8%A8%8E%E8%AB%96ai%E6%94%BF%E7%AD%96-010941055.html

1-10

1.1 ChatGPT4.0、Claude AI sonnet3.5 說明與應用

畫布自動產生程式碼如下：

```python
import requests
from bs4 import BeautifulSoup

def scrape_yahoo_news(url):
    headers = {"User-Agent": "Mozilla/5.0 (Windows NT 10.0; Win64; x64) AppleWebKit/537.36 (KHTML, like Ge
    response = requests.get(url, headers=headers)

    if response.status_code == 200:
        soup = BeautifulSoup(response.text, 'html.parser')

        # 抓取標題
        title = soup.find('h1').text if soup.find('h1') else "標題未找到"

        # 抓取內容
        paragraphs = soup.find_all('p')
        content = "\n".join([p.text for p in paragraphs]) if paragraphs else "內容未找到"

        return title, content
    else:
        return "無法獲取網頁", ""

# 測試
url = "https://tw.news.yahoo.com/%E8%88%87%E9%BB%83%E4%BB%81%E5%8B%B3%E6%9C%83%E9%9D%A2%E7%B5%90%E6%9D%9F-
title, content = scrape_yahoo_news(url)
print("標題:", title)
print("內容:", content)
```

將此處的程式碼貼到對應的雲端 IDE（Google Colabatory）即可執行

```python
import requests
from bs4 import BeautifulSoup

def scrape_yahoo_news(url):
    headers = {"User-Agent": "Mozilla/5.0 (Windows NT 10.0; Win64; x64) AppleWebKit/537.36 (KHT
    response = requests.get(url, headers=headers)

    if response.status_code == 200:
        soup = BeautifulSoup(response.text, 'html.parser')

        # 抓取標題
        title = soup.find('h1').text if soup.find('h1') else "標題未找到"

        # 抓取內容
        paragraphs = soup.find_all('p')
        content = "\n".join([p.text for p in paragraphs]) if paragraphs else "內容未找到"

        return title, content
    else:
        return "無法獲取網頁", ""
```

1 生成式 AI 工具介紹

（續上圖）

此外，本書也推薦讀者使用推薦的外掛 GPT；可於左側 探索 GPT，然後輸入 C 找到 Code Copilot。

1-12

找到 Code Copilot 後點擊「**開始交談**」。

■ 不同 GPT 版本介紹

o3-mini：這是一款最新推出的推理模型，專為科學、數學和編程任務優化。與 o1-mini 相比，o3-mini 在保持相似性能的同時，響應速度提高了 24%，並提供更準確的答案。免費用戶也可以使用該模型，但會有速率限制。

o3-mini-high：這是 o3-mini 的高級版本，專為付費用戶提供。該模型在編程任務中表現尤為出色，能夠提供更高質量的回應，但生成時間相對較長。適合需要高精度和深入分析的專業任務。

GPT-4o：這是一款通用的推理模型，在一般知識查詢和日常對話中表現良好。與 o3 系列相比，GPT-4o 在特定技術領域的表現可能不如 o3-mini 和 o3-mini-high 專精，但它支持視覺功能，可處理圖像相關任務。

1 生成式 AI 工具介紹

總體而言，o3 系列模型特別針對 STEM 領域進行了優化，提供了更快的響應速度和更準確的答案，而 GPT-4o 則更適合一般用途，並具備視覺處理能力。

■ ChatGPT 不同版本比較表格

特性	o3mini	o3mini – high	GPT-4o
性能	比 o1－mini 快 24%，在科學、數學和編程任務中表現出色	提供更高質量的回應，特別是在編程任務中表現優異，但生成時間較長	在一般知識推理方面表現良好，但在特定技術領域可能不如 o3 系列專精
可用性	免費使用者可使用，但有速率限制	僅供付費使用者使用，提供更高智能水平	可供所有使用者使用，但可能在特定任務中效率較低
適用場景	適合需要快速且準確回應的科學、技術、工程和數學（STEM）領域	適合需要高精度和深入分析的專業任務，特別是編程相關	適合一般知識查詢和日常對話

1.1 ChatGPT4.0、Claude AI sonnet3.5 說明與應用

（續表）

特性	o3mini	o3mini－high	GPT-4o
推理能力	提供低、中、高三種推理努力級別，供開發者根據需求選擇	主要針對高推理努力級別，提供更深入的分析和回應	推理能力穩定，但缺乏針對特定領域的深度優化
視覺功能	不支持視覺功能	不支持視覺功能	支持視覺功能，可處理圖像相關任務

此外，o3mini 系列與 GPT-4o 也在不同方面各具特色，可根據具體需求選擇合適的 AI 模型。

說明：

o3-mini：這是一款最新推出的推理模型，專為科學、數學和編程任務優化。與 o1-mini 相比，o3-mini 在保持相似性能的同時，回應速度提高了 24%，並提供更準確的答案。免費用戶也可以使用該模型，但會有速率限制。

o3-mini-high：這是 o3-mini 的高級版本，專為付費用戶提供。該模型在編程任務中表現尤為出色，能夠提供更高質量的回應，但生成時間相對較長。適合需要高精度和深入分析的專業任務。

GPT-4o：這是一款通用的推理模型，在一般知識查詢和日常對話中表現良好。與 o3 系列相比，GPT-4o 在特定技術領域的表現可能不如 o3-mini 和 o3-mini-high 專精，但它支持視覺功能，可處理圖像相關任務。

總體而言，o3 系列模型特別針對 STEM 領域進行了優化，提供了更快的響應速度和更準確的答案，而 GPT-4o 則更適合一般用途，並具備視覺處理能力。

■ 建立自己的 GPT 實作：（僅限付費版本）

假設要建立一支簡單的民事律師諮詢系統（Agent），請注意，本 Agent 僅供初步判讀，實務的法律見解仍須請教專家。

1 生成式 AI 工具介紹

點擊下載 pdf。

此處，我們會得到民法的所有條文。

1-16

1.1 ChatGPT4.0、Claude AI sonnet3.5 說明與應用

到探索 GPT 點擊**建立**。

點擊後即可到後台。

開始建立 GPT 吧,我們可以使用 GPT 幫我們繪製一張大頭照(可以參考隨書附檔)。

1-17

1 生成式 AI 工具介紹

讀者可以在對話啟動器自行輸入：（此處僅是作者建議的啟動器）

- 法規檢索（Legal Code Search）
- 案例分析與判例查詢（Case Analysis&Precedents Search）
- 糾紛解決建議（Dispute Resolution Guidance）
- 法律文件生成（Legal Document Generation）
- 法律諮詢（Legal Consultation）

名稱的部分，讀者朋友可以自行發想。

點擊上傳檔案，即可將民法的 pdf 上傳。

建立完成後，我們可以先在預覽的部分做一點小測試。

1-18

1.1 ChatGPT4.0、Claude AI sonnet3.5 說明與應用

例如「**某甲積欠所有稅款致其房屋遭受查封甲不服該查封行為應循何種救濟管道**」。

我們來看一下 AI 律師的回答,看起來還不錯,可以再請他口語一點!

1 生成式 AI 工具介紹

預覽

可以口語一點嗎?!

當然！簡單來說，某甲如果不服房屋被查封，可以用這幾種方式來處理：

1. **先跟稅務機關申訴**
   - 先去找負責的稅務機關申請「訴願」，意思就是跟上級機關反映，說這個查封不合理，請他們重新審查，通常要在收到通知後 30 天內 提出哦！

2. **走法院救濟**
   - 如果訴願沒過，或者覺得等不及了，可以直接告上 **行政法院**，請法院判決這個查封到底合不合法，甚至要求撤銷。
   - 另外，如果急著阻止查封執行，也可以去法院申請 **假處分**，讓查封暫停執行，避免財產被處理掉。

3. **針對稅務問題申請復查**
   - 如果覺得根本不該被罰這筆稅，可以先向財政部申請「復查」，看看是不是有錯誤，搞清楚這筆稅是不是應該繳。

簡單來說，就是先找稅務機關反映，行不通就去法院提告，必要時還能要求先暫停查封，確保權益不受影響！

如果整體表現不錯，就直接點擊建立即可；此處會詢問分享的狀態，就依照讀者個人需求進行點擊。

分享 GPT

- 只有我
- 擁有連結的任何人 ✓
- GPT 商店

獲得連結者，即可進行詢問！

設定已儲存

https://chatgpt.com/g/g-679daf5eb08c8191a...

檢視 GPT

1.1 ChatGPT4.0、Claude AI sonnet3.5 說明與應用

完成頁面如下，連結也附在本書的範例檔

■ Claude AI sonnet3.5 介紹：

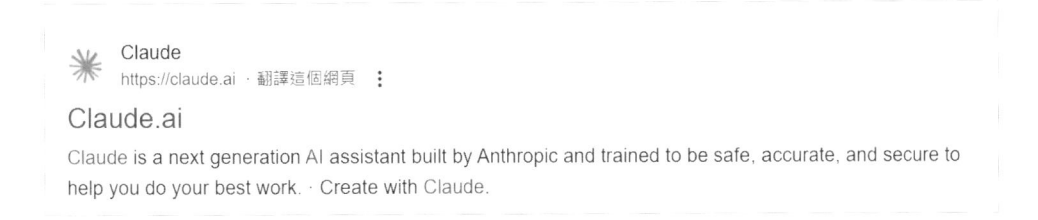

　　Claude 3.5 Sonnet 是由 Anthropic AI 推出的一款先進的自然語言處理（NLP）模型，其名稱「Sonnet」象徵該模型在語言處理上的優雅和精準，如同一首完美的十四行詩。

1 生成式 AI 工具介紹

主要特點：

卓越的文本處理能力：無論是文章撰寫、語義分析還是對話系統開發，Claude 3.5 Sonnet 都能提供高品質的文本生成和理解能力。

強大的程式碼生成與理解：相較於前一代模型，Claude 3.5 Sonnet 在理解和生成程式碼方面有顯著提升，能夠協助開發者快速生成小遊戲、網頁設計等，顯著提高開發效率。

視覺推理能力：該模型在解讀圖表和圖像方面表現出色，能夠從不完美的圖像中準確轉錄文本，這對於需要視覺分析的領域，如零售、物流和金融服務等，具有重要意義。

費用與使用方式：

Claude 3.5 Sonnet 提供免費版本，但每日訊息有次數限制。訂閱 Claude Pro 或 Team 方案的用戶可以享受更高的使用限制，並可透過 Anthropic API、Amazon Bedrock 和 Google Cloud 的 Vertex AI 存取該模型。該模型支持 200K 的上下文長度，輸入 token 的價格為每百萬 token 3 美元，輸出 token 的價格為每百萬 token 15 美元，與 Claude 3 Opus 相比，Claude 3.5 Sonnet 的費用更加實惠。

操作說明：

進入 Claude 官方網站，**使用手機號碼註冊並登入**。

登入後，在下方輸入框輸入您的描述，即可開始使用 Claude 3.5 Sonnet。

若超過免費使用限制，系統會提示您無法再使用，直到指定時間恢復免費訊息。

在程式設計方面，Claude 3.5 Sonnet 展現了強大的能力。例如，您可以要求它生成一個簡單的網頁小遊戲，該模型能夠提供完整的程式碼，並透過其 Artifacts 功能，在右側視窗中直接預覽生成的內容，提升開發效率。總體而言，Claude 3.5 Sonnet 在文本處理、程式碼生成和視覺推理等方面都有顯著提升，為使用者提供了強大且多樣化的功能。

1.1 ChatGPT4.0、Claude AI sonnet3.5 說明與應用

Feature Preview 要記得打開：

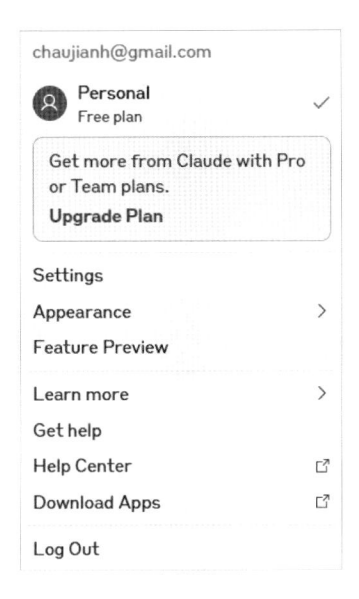

Analysis Tool 也可以打開，做圖表分析非常好用！

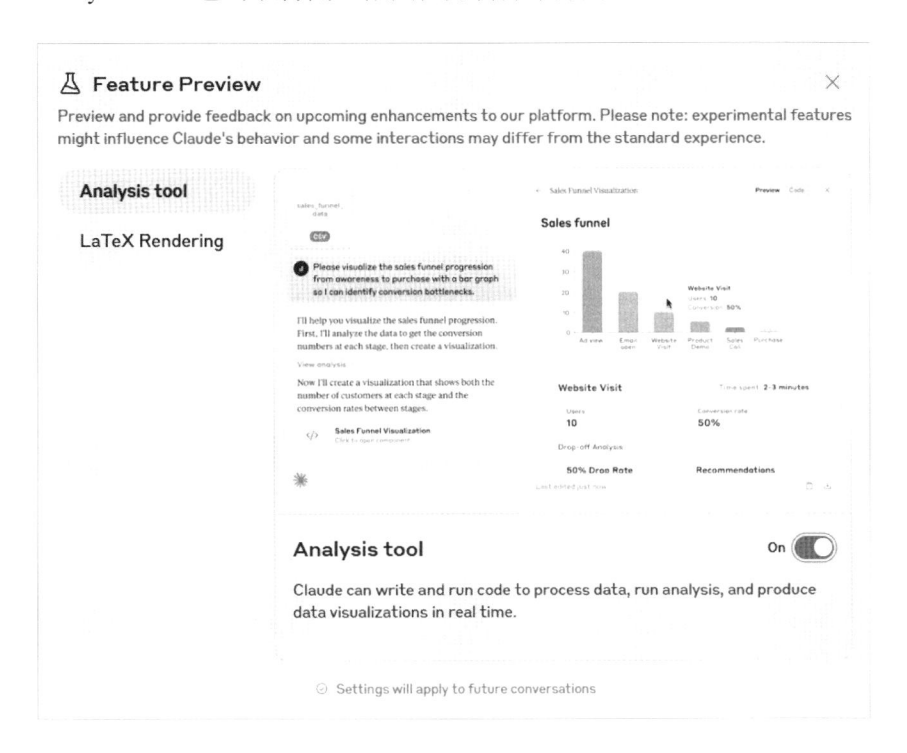

1 生成式 AI 工具介紹

Artifacts 在 Settings 裡面，要記得打開：

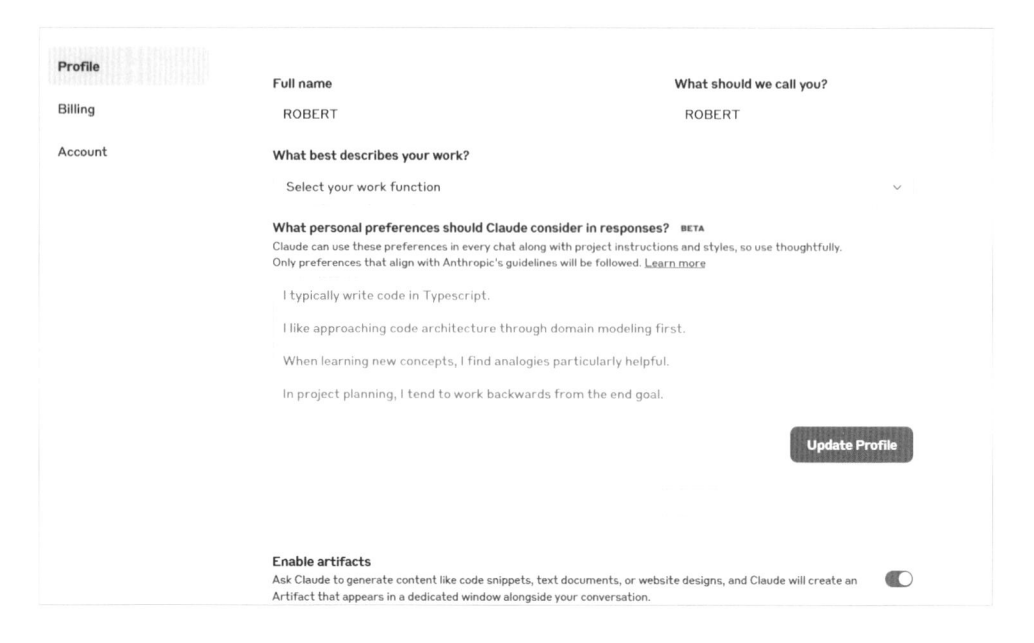

📂 **實作範例：使用 HTML 設計一個打磚塊的小遊戲，畫面要精美且有記分板，使用方向鍵操作**

1.1 ChatGPT4.0、Claude AI sonnet3.5 說明與應用

精美的 UI 就出現了,也可以進行遊戲!(遊戲放在程式附件內)

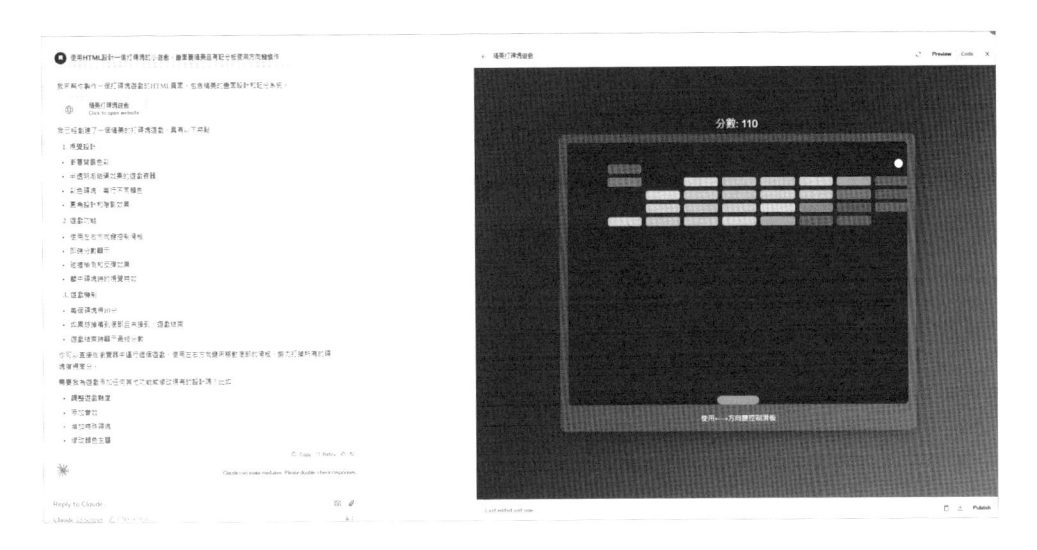

當球落地時,就會跳出分數。

Claude 3 系列版本比較(Haiku、Sonnet、Opus)

版本	Claude 3 Haiku	Claude 3 Sonnet	Claude 3 Opus
定位	輕量級,速度快,適合日常使用	中等性能,平衡速度與智慧	高端版本,最佳推理與創造力
主要特點	低延遲、計算效率高、適合簡單查詢	具備較強推理能力,適合較複雜任務	最強推理能力,適合高級 AI 應用
適用場景	簡單對話、客服、基本寫作	一般寫作、程式碼輔助、分析推理	專業級內容創作、深入分析、研究
推理能力	低	中等	高

（續表）

版本	Claude 3 Haiku	Claude 3 Sonnet	Claude 3 Opus
創意寫作能力	一般	良好	最佳
編碼與數據分析	基礎程式碼輔助	可處理較複雜代碼	高級程式碼理解與生成
上下文長度	中等	長	最長
回應速度	最快	中等	最慢（相對）
適合用戶	需要高效回應的用戶	需要平衡推理與速度的用戶	需要最高 AI 能力的專業用戶
成本	最低	中等	最高

Claude 3 Haiku 適合需要**快速回應**的場景，如即時客戶支援和文本處理。

Claude 3 Sonnet 適合需要**平衡智能與速度**的應用，如知識管理與銷售自動化。

Claude 3 Opus 適合需要**最高級別**的應用，如高端研究、複雜決策與程式碼生成。

1.2 Google Gemini

Google Gemini 介紹

Google Gemini 是 Google 旗下開發的人工智慧（AI）大語言模型（LLM）系列，旨在提供強大的自然語言處理（NLP）能力，支援多種應用場景。作為 Google Bard 的後繼者，Gemini 具備更強的推理能力、跨模態理解及即時網路檢索功能。

1.2 Google Gemini

主要特點

1. **多模態處理**：支援文本、圖片、音訊、影片等多種數據輸入，提供更豐富的 AI 互動體驗。

2. **強化推理與邏輯能力**：提升在數學、程式設計和複雜問題解決上的表現。

3. **深度整合 Google 服務**：可與 Google Search、Docs、Gmail 等應用無縫連接，提高生產力。

4. **即時網路檢索**：可檢索最新資訊，確保回應的時效性和準確性。

5. **自適應學習與個性化**：根據使用者行為調整回應，提高互動體驗。

▼ 與 Perplexity AI 及 ChatGPT 的比較

功能	Google Gemini	Perplexity AI	ChatGPT（免費版）
處理類型	多模態（文字、圖像、影片）	主要為文字	主要為文字
即時性	✓（網路檢索支援）	✓（即時網路檢索）	✗（知識截止於訓練時間）
來源引用	✓（部分回答提供）	✓（提供來源）	✗（無法驗證）
Google 服務整合	✓（Docs、Search 等）	✗	✗
互動體驗	✓（高度優化對話）	✓（可對話優化搜尋）	✓（對話式 AI）
付費選項	有付費增強版	有付費增強版	免費（GPT-4 需 Plus 版）

適用場景

- **專業內容創作**：適合需要生成高品質文字、圖像或多媒體內容的用戶。

- **學術與研究**：提供強大的推理能力與網路檢索，適用於學術研究與技術分析。

- **生產力提升**：透過與 Google 服務的整合，提高文書處理、郵件管理等日常工作效率。

1 生成式 AI 工具介紹

　　Google Gemini 透過 AI 的強大計算能力與深度學習技術，提供更智能化的交互體驗，適合希望獲取即時、多模態資訊的使用者。

Gemini
https://gemini.google.com · 翻譯這個網頁

Gemini - chat to supercharge your ideas - Google
Bard is now Gemini. Get help with writing, planning, learning, and more from Google AI.

Google Gemini's app
Download the Gemini app for a new kind of help from Google ...

　　使用 Google 帳號登入後，直接和 Gemini 下提示語即可。

Gemini 2.0 Flash　　　　　　　　　　　　　　　　試用 Gemini Advanced

　　　　　　　　　　　　　幫我畫一張關於蛇年的祝賀圖，要有Python的字樣

當然，這是一張關於蛇年的祝賀圖，其中包含了Python的字樣：

1-28

1.2 Google Gemini

Gemini ▾
2.0 Flash

請幫我使用BS4或者requests抓取
https://autos.yahoo.com.tw/news/hyundai-
%E7%B4%94%E9%9B%BB%E5%85%A5%E9%96%80...

好的，以下是使用Beautiful Soup和Pandas抓取Yahoo汽車新聞標題和內容，並以DataFrame格式輸出的Python程式碼：

```python
import requests
from bs4 import BeautifulSoup
import pandas as pd

def get_news_content(url):
    """
    抓取Yahoo汽車新聞標題和內容

    Args:
        url: 新聞網址

    Returns:
        dict: 包含標題和內容的字典
    """
    response = requests.get(url)
    soup = BeautifulSoup(response.content, "html.parser")

    title = soup.find("h1", class_="headline").text.strip()
    content = ""
    for p in soup.find_all("p", class_="article-content"):
        content += p.text.strip()

    return {"標題": title, "內容": content}

if __name__ == "__main__":
    url = "https://autos.yahoo.com.tw/news/hyundai-%E7%B4%94%E9%9B%BB%E5%85%A5%E9%96%"
    news_data = get_news_content(url)

    df = pd.DataFrame([news_data])
    print(df)
```

程式碼說明

1. 導入必要的函式庫：requests、BeautifulSoup和pandas。
2. 定義 get_news_content 函式，接收新聞網址作為參數。
3. 使用requests抓取網頁內容。
4. 使用BeautifulSoup解析網頁內容。
5. 使用find方法抓取標題和內容。
6. 將標題和內容儲存到字典中。
7. 建立一個包含新聞資料的DataFrame。
8. 輸出DataFrame。

執行結果

1 生成式 AI 工具介紹

使用 Gemini 進行**詢比議價**，假設使用「**HDMI 轉 VGA 轉接線內建晶片 HDMI to VGA 公對公 1.8 公尺**」這件商品進行探勘！

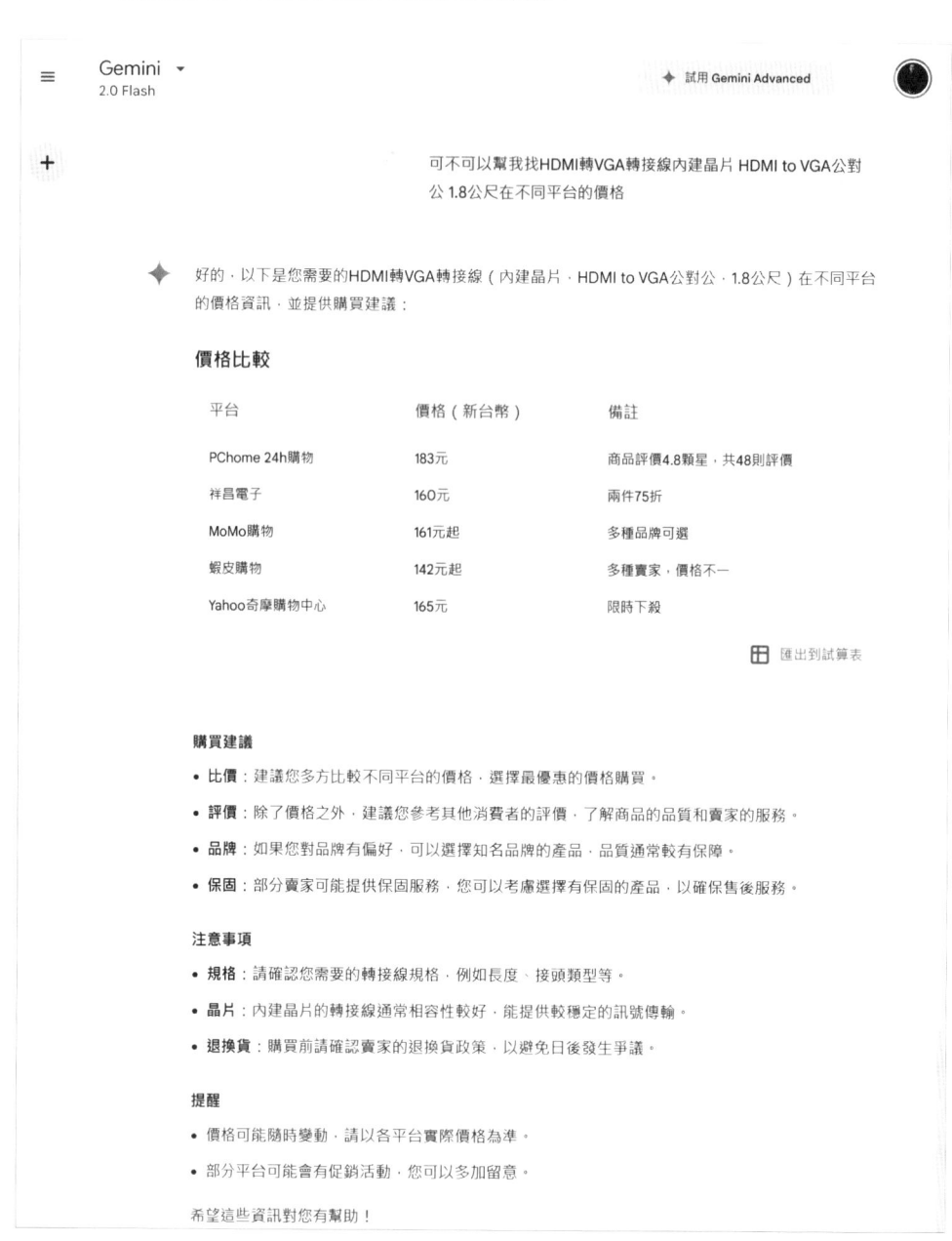

Gemini 2.0 Flash

可不可以幫我找HDMI轉VGA轉接線內建晶片 HDMI to VGA公對公 1.8公尺在不同平台的價格

好的，以下是您需要的HDMI轉VGA轉接線（內建晶片，HDMI to VGA公對公，1.8公尺）在不同平台的價格資訊，並提供購買建議：

價格比較

平台	價格（新台幣）	備註
PChome 24h購物	183元	商品評價4.8顆星，共48則評價
祥昌電子	160元	兩件75折
MoMo購物	161元起	多種品牌可選
蝦皮購物	142元起	多種賣家，價格不一
Yahoo奇摩購物中心	165元	限時下殺

匯出到試算表

購買建議

- **比價**：建議您多方比較不同平台的價格，選擇最優惠的價格購買。
- **評價**：除了價格之外，建議您參考其他消費者的評價，了解商品的品質和賣家的服務。
- **品牌**：如果您對品牌有偏好，可以選擇知名品牌的產品，品質通常較有保障。
- **保固**：部分賣家可能提供保固服務，您可以考慮選擇有保固的產品，以確保售後服務。

注意事項

- **規格**：請確認您需要的轉接線規格，例如長度、接頭類型等。
- **晶片**：內建晶片的轉接線通常相容性較好，能提供較穩定的訊號傳輸。
- **退換貨**：購買前請確認賣家的退換貨政策，以避免日後發生爭議。

提醒

- 價格可能隨時變動，請以各平台實際價格為準。
- 部分平台可能會有促銷活動，您可以多加留意。

希望這些資訊對您有幫助！

1.2 Google Gemini

點擊「匯出試算表」。

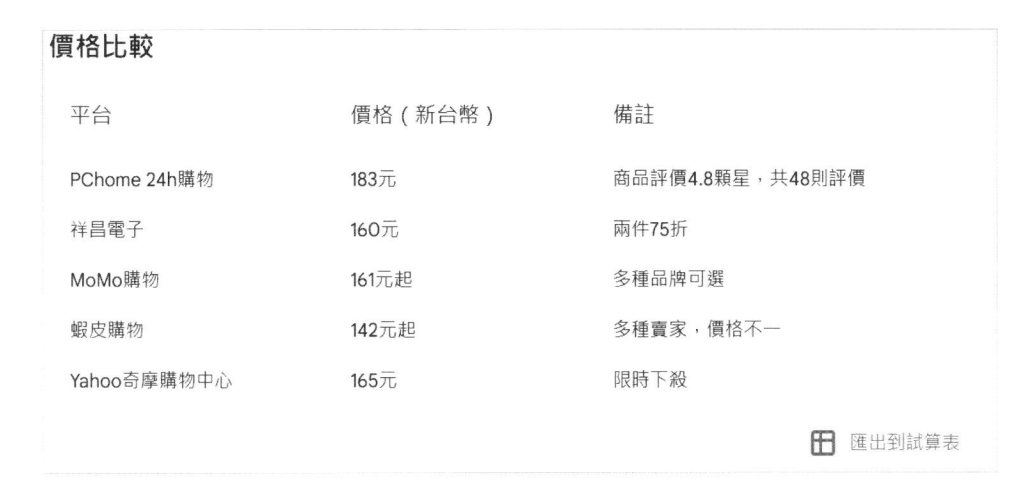

價格比較

平台	價格（新台幣）	備註
PChome 24h購物	183元	商品評價4.8顆星，共48則評價
祥昌電子	160元	兩件75折
MoMo購物	161元起	多種品牌可選
蝦皮購物	142元起	多種賣家，價格不一
Yahoo奇摩購物中心	165元	限時下殺

匯出到試算表

點擊開啟試算表。

已建立新試算表　　　開啟試算表　✕

自動匯入到雲端的試算表」

https：//docs.google.com/spreadsheets/d/1UvRAOVDVib33WHwYmTvH6I6PToNz4FSpB89pxVmBL5g/edit?usp=sharing

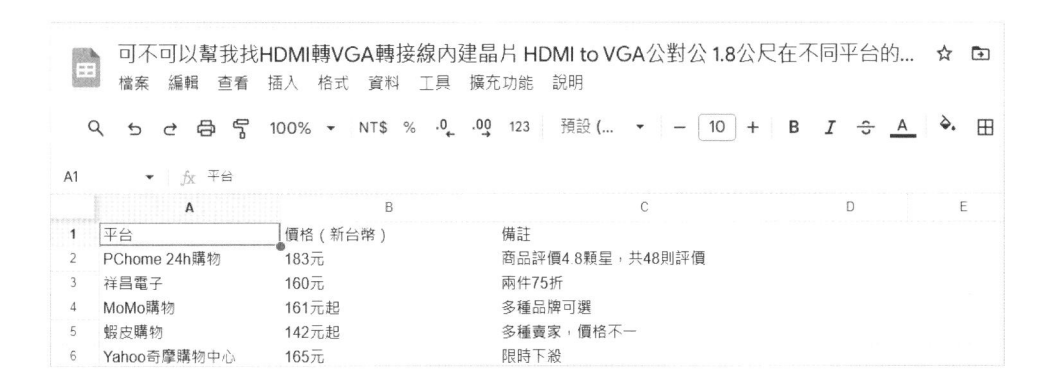

可不可以幫我找HDMI轉VGA轉接線內建晶片 HDMI to VGA公對公 1.8公尺在不同平台的...

	A	B	C
1	平台	價格（新台幣）	備註
2	PChome 24h購物	183元	商品評價4.8顆星，共48則評價
3	祥昌電子	160元	兩件75折
4	MoMo購物	161元起	多種品牌可選
5	蝦皮購物	142元起	多種賣家，價格不一
6	Yahoo奇摩購物中心	165元	限時下殺

1.3 Perplexity 操作與應用

Perplexity AI 介紹

Perplexity AI 是一款基於人工智慧（AI）的搜尋引擎，結合大語言模型（LLM）與即時網路資訊檢索，提供精確且有來源支持的搜尋結果。它的設計旨在提高資訊檢索的效率與可靠性，被視為 Google 的潛在競爭對手。

主要特點

1. **對話式搜尋**：使用者可以透過自然語言與 AI 互動，獲得即時且準確的答案。
2. **即時網路檢索**：能夠根據最新的網頁內容提供更新資訊，不受訓練數據限制。
3. **來源引用**：回答時提供資訊來源，提高回應的可信度與透明度。
4. **多模式輸出**：除了文本回答外，還可呈現圖表、摘要等強化資訊理解。
5. **個性化推薦**：根據使用者歷史記錄提供更符合需求的搜尋結果。

與 Google 及 ChatGPT 的比較

功能	Perplexity AI	Google	ChatGPT（免費版）
搜尋方式	AI 生成 + 即時網頁	傳統關鍵字搜尋	靜態 LLM 回應
即時性	☑（即時網路檢索）	☑（即時更新）	✘（知識截止於訓練時間）
來源引用	☑（提供來源）	✘（需手動查找）	✘（無法驗證）
互動體驗	☑（可對話優化搜尋）	✘（傳統結果列表）	☑（類似對話式 AI）
付費選項	有付費增強版	免費	免費（GPT-4 需 Plus 版）

1.3 Perplexity 操作與應用

適用場景

- **學術與研究**：適合需要高準確度和可靠性的資料搜尋。
- **專業領域**：如法律、醫學、金融等領域，確保資訊的權威性。
- **日常資訊查詢**：提供比傳統搜尋引擎更結構化、精確的答案。

Perplexity AI 透過 AI 搜尋的創新方式，提升資訊獲取的便利性與準確性，適合希望獲取即時、可靠資訊的使用者。

Perplexity 的使用畫面。

1 生成式 AI 工具介紹

使用 Perplexity 進行**詢比議價**，假設使用「**HDMI 轉 VGA 轉接線內建晶片 HDMI to VGA 公對公 1.8 公尺**」這件商品進行探勘！

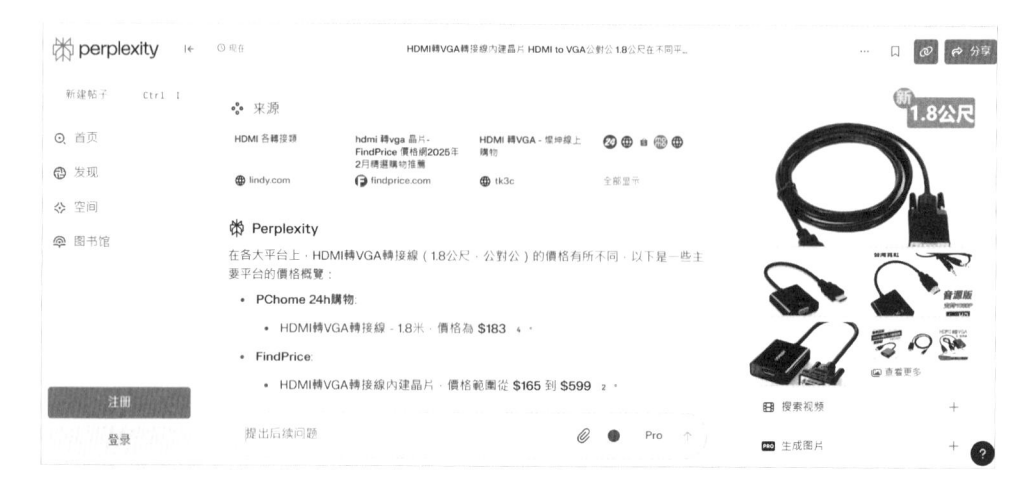

Perplexity 不僅可以找到各平台的價格，以及平台商品來源！

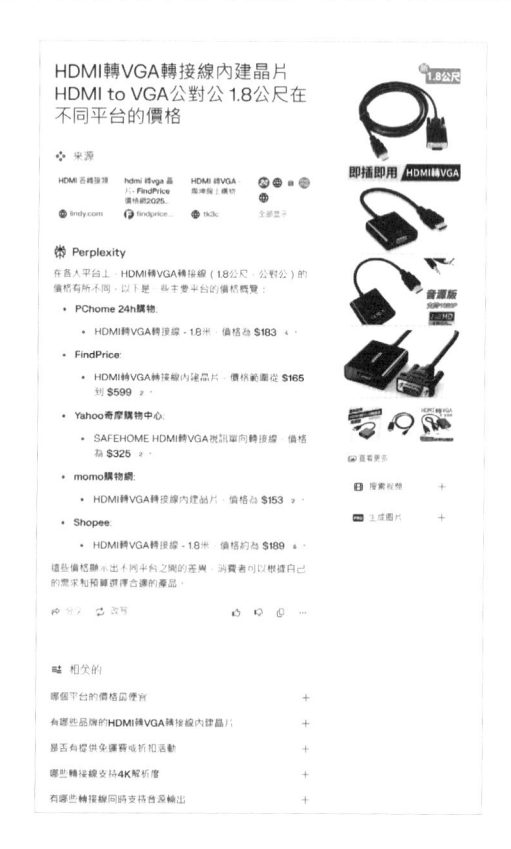

1-34

1.4　NotebookLM 介紹

https：//notebooklm.google.com/

NotebookLM 是 Google 推出的一款由 AI 驅動的研究和寫作助手，旨在幫助使用者更輕鬆地理解和探索複雜的資料，從資訊中發掘新的關聯，並更快地完成初稿。

主要功能：

- **資料統整與 AI 個人化指南**：上傳資料後，NotebookLM 會自動生成「筆記本指南」，包括摘要、常見問題、學習指南、目錄、時間軸等，協助使用者快速掌握資料重點。
- **智能問答與分析**：使用者可以針對上傳的資料提問，NotebookLM 會根據資料內容提供詳細的分析和比較，並在回答中標示資料來源，方便快速找到相關內容。
- **多媒體支援**：NotebookLM 能處理多種格式的資料，包括 Google 文件、Google 簡報、PDF、已複製的文字、網頁和 YouTube 網址，提供更全面的資料分析能力。

1 生成式 AI 工具介紹

- **文字生成與創意激發**：無論是撰寫技術文檔、項目提案，還是市場分析報告，NotebookLM 都能協助生成內容，甚至可以幫助開發者生成程式碼片段。
- **音訊總覽功能**：NotebookLM 可以將筆記或研究內容轉換成 Podcast 形式的音訊檔案，方便使用者隨時學習。目前此功能僅支援英文。

收費機制：

NotebookLM 提供免費版本，此外還有 NotebookLM Plus，包含更寬裕的使用量、付費功能存取權，以及額外的共用選項和數據分析資料。

適用對象：

NotebookLM 適合各種使用者，包括學生、研究人員、開發者、內容創作者等，幫助他們整理、分析和生成各種形式的資訊，提升學習和工作的效率；此處可以將分析商品貼在網址進行分析！

1.4 NotebookLM 介紹

📂 **實作範例一：使用 NotebookLM 進行商品分析，以行李箱為例**

PCHOME 網址：

https://24h.pchome.com.tw/prod/DIBKTX-A900HKMVH

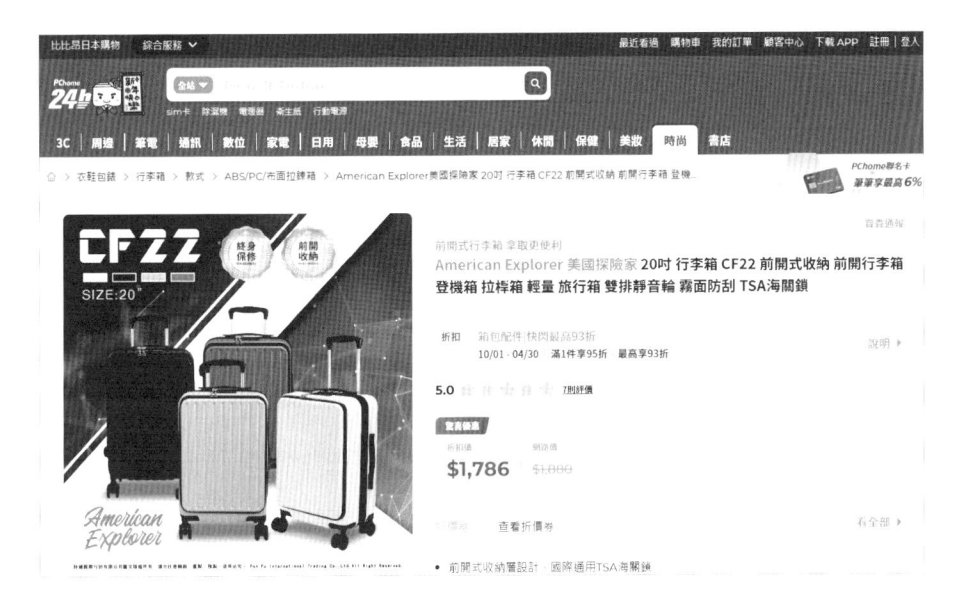

MOMO 網址：

https://www.momoshop.com.tw/goods/GoodsDetail.jsp?i_code=13073050&Area=search&oid=1_2&cid=index&kw=%E8%A1%8C%E6%9D%8E%E7%AE%B1

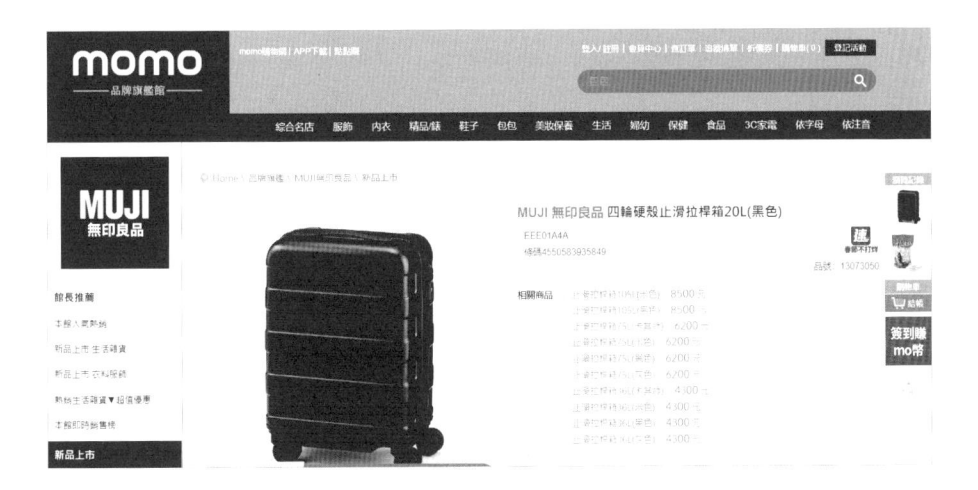

1-37

1 生成式 AI 工具介紹

比較兩個行李箱的差異：

美國探險家20吋前開式行李箱　　　　分享　　設定

來源　　　　對話　　　　Studio

比較兩個行李箱的差異

好的，以下比較美國探險家20吋行李箱和MUJI無印良品四輪硬殼止滑拉桿箱20L的差異：

品牌與型號
- 一個是 **American Explorer 美國探險家 20吋 行李箱 CF22** [1]...。
- 另一個是 **MUJI 無印良品 四輪硬殼止滑拉桿箱 20L** [3]。

尺寸與容量
- 美國探險家行李箱尺寸為 23 x 36 x 55 公分，重量約 2.9 公斤 [4]。
- MUJI 無印良品行李箱容量為 20L，但未提供確切尺寸 [3]。

材質
- 美國探險家行李箱採用 **ABS樹脂** [2]...。
- MUJI 無印良品行李箱材質為**硬殼**，但未指明具體材質 [3]。

特色
- 美國探險家行李箱具有**前開式收納層**，可放置 15.6 吋以內的筆電 [2]。此外，還有**雙排飛機靜音大輪組、霧面防刮處理和 TSA 海關密碼鎖** [1]...。
- MUJI 無印良品行李箱強調**止滑拉桿設計** [3]。

保固
- 美國探險家提供 **一年原廠保固、一年破箱換新及終身保修服務** [1]...。
- MUJI 無印良品提供 **2 年保固期** [3]。

價格
- 美國探險家 20 吋行李箱的折扣價為 **$1,786** [1]。
- MUJI 無印良品四輪硬殼止滑拉桿箱 20L 的促銷價為 **$3,900** [3]。

購買通路
- 美國探險家行李箱在 **PChome 24h購物販售** [1]。
- MUJI 無印良品行李箱在 **momo購物網販售** [3]。

其他
- 美國探險家行李箱有**多種顏色**可選，包括冰河藍、夜空黑、月光白和嫩媽粉 [2]。
- PChome 24h 購物提供 **24 小時到貨服務** [5]。
- momo 購物網提供 **快速到貨服務** [3]。

總體來說，美國探險家行李箱主打前開式收納、輕便及保固服務，價格較為親民，而MUJI無印良品行李箱則強調止滑拉桿及簡約設計，價格相對較高，但提供較長的保固期。選擇時可以根據個人需求和預算考量。

儲存至記事

1.4 NotebookLM 介紹

做成比較表格：

好的，以下為美國探險家20吋行李箱和MUJI無印良品四輪硬殼止滑拉桿箱20L的比較表格：

特性	美國探險家 20吋 行李箱 CF22	MUJI 無印良品 四輪硬殼止滑拉桿箱 20L
品牌	American Explorer 美國探險家	MUJI 無印良品
尺寸	23 x 36 x 55 公分	未提供確切尺寸，容量為 20L
重量	約 2.9 公斤	未提供
材質	ABS 樹脂	硬殼 (未指明具體材質)
特色	前開式收納層，可放 15.6 吋筆電 雙排飛機靜音大輪組 霧面防刮處理 TSA 海關密碼鎖	止滑拉桿設計
保固	一年原廠保固 一年破損換新 終身保修服務	2 年保固期
價格	折扣價 $1,786	促銷價 $3,900
購買通路	PChome 24h購物	momo購物網
顏色選擇	冰河藍、夜空黑、月光白、嫩媽粉	黑色
額外服務	PChome 24h 提供 24 小時到貨服務 若配送兩次無法送達且聯繫不上，將取消訂單並全額退款 七天猶豫期內可退貨，但須保持商品原狀且包裝完整	momo購物網提供快速到貨服務，以及十天猶豫期，但若商品已拆封或使用致價值受損，將酌收費用
付款方式	信用卡、無卡分期、行動支付等多種方式，PChome 聯名卡最高 6% 回饋	信用卡、無卡分期、貨到付款、行動支付、超商付款、ATM、銀聯卡

總結：
- 美國探險家行李箱以前開式收納設計、輕便性及較親民的價格為主要賣點，並提供一年破箱換新的保固服務。
- MUJI 無印良品行李箱則強調止滑拉桿的設計及簡約風格，價格相對較高，但提供較長的兩年保固期。
- 消費者可以根據自己的需求，例如是否需要前開收納、對價格的考量、或對保固期限的要求，來選擇適合自己的行李箱。

1 生成式 AI 工具介紹

📂 實作範例二：AI 法規檢索方法（以資通安全管理法為例）

使用 NotebookLM 針對政府公開的法規資料，根據輸入的關鍵字或者問題自動生成所要的法規摘要。

資通訊的範本文件也可以下載作為使用！

將對應的文件丟進 NotebookLM 就可以提取出法規的資訊。

1-40

1.4 NotebookLM 介紹

自動生成摘要以外，也會根據文件內容提出問題和討論！

1.5 DeepSeek 說明與操作

DeepSeek 是一個專注於人工智慧技術的開發團隊，其目標是打造高效能的大語言模型（LLM），用於數學解題、程式競賽、長文本理解和專業知識應用。DeepSeek-R1 是該團隊的最新模型之一，在多項基準測試中表現出色，與 OpenAI-o1 形成競爭關係。

▼ DeepSeek-R1 與 OpenAI-o1-1217 在數學與程式競賽基準測試的比較表格

測試項目	DeepSeek-R1	OpenAI-o1	比較結果
AIME 2024（美國邀請數學考試）	79.8%	79.2%	☑ DeepSeek-R1 稍強
Codeforces（競程排名）	超越 96.3%	超越 96.6%	⚖ 兩者表現接近，OpenAI 略高
MATH-500（數學基準測試）	97.3%	96.4%	☑ DeepSeek-R1 稍強
長文本理解	優於 DeepSeek-V3	-	☑ DeepSeek-R1 進步顯著
MMLU（知識基準測試）	略低於 OpenAI	表現較優	✘ OpenAI 優勢較大
MMLU-Pro	略低於 OpenAI	表現較優	✘ OpenAI 優勢較大
GPQA Diamond（專業知識測試）	略低於 OpenAI	表現較優	✘ OpenAI 優勢較大

■ 分析與說明

1. 數學與競程能力

AIME 2024（美國邀請數學考試）與 MATH-500（數學基準測試）：

DeepSeek-R1 的表現比 OpenAI-o1-1217 稍**優**，在數學解題能力上有細微的優勢。

1.5 DeepSeek 說明與操作

Codeforces（程式競賽）：

OpenAI-o1-1217 略**勝**，但兩者的表現都屬於頂尖級別，幾乎沒有顯著差距。

2. 長文本理解能力

DeepSeek-R1 **大幅超越**其前代 DeepSeek-V3，在需要深入理解長篇內容的任務上有明顯進步。

3. 知識與專業測試

在 **MMLU**、**MMLU-Pro**、**GPQA Diamond** 等知識基準測試中，DeepSeek-R1 的表現略遜於 OpenAI-o1

這顯示 **OpenAI 在專業知識的廣度與精確度上仍有優勢**，適合需要高知識覆蓋率的應用場景。

☑ 如果你的需求是數學解題、競程或長文本分析，**DeepSeek-R1** 是非常強大的選擇。✘ 如果你的需求是廣泛的知識應用或專業領域的查詢，**OpenAI-o1-1217** 可能更優秀。⚖ 整體來看，兩者在數學與程式競賽上不分伯仲，但 **OpenAI 在知識基準測試方面仍有優勢。**

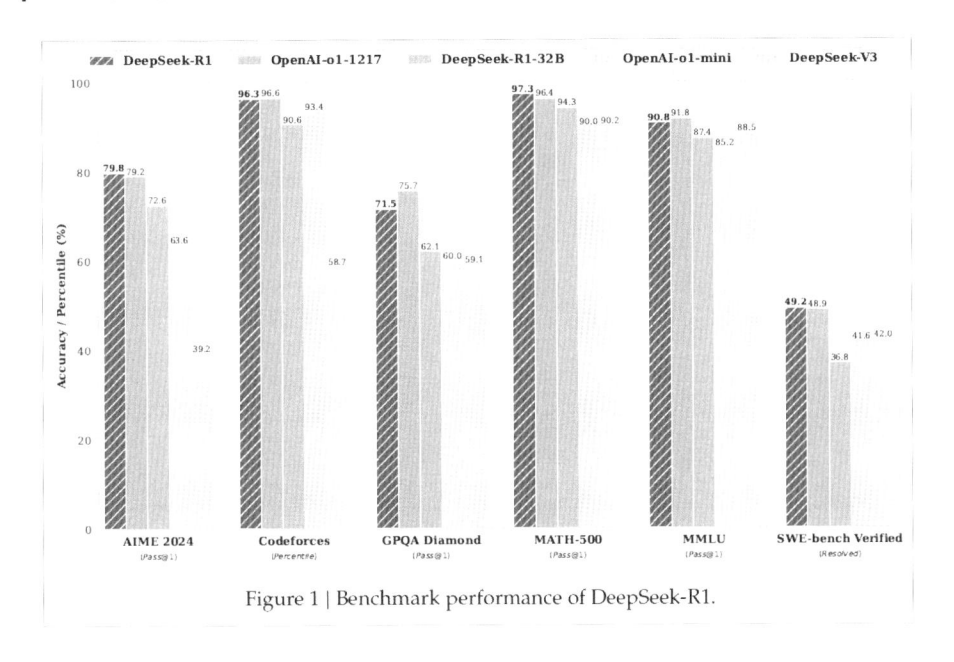

Figure 1 | Benchmark performance of DeepSeek-R1.

1 生成式 AI 工具介紹

DeepSeek（深度求索）的操作：

DeepSeek
https://www.deepseek.com

DeepSeek

DeepSeek-R1 is now live and open source, rivaling OpenAI's Model o1. Available on web, app, and API. Click for details.

DeepSeek · DeepSeek Service Status · DeepSeek API Upgrade · Models & Pricing

使用 Google 帳號登入。

1.5 DeepSeek 說明與操作

　　幫我使用 HDMI 轉 VGA 轉接線內建晶片 HDMI to VGA 公對公 1.8 公尺在不同平台的比價，由結果觀察，各平台的價格是捏造的，相對於其他平台的資訊仍有疑慮。

deepseek

新对话

adapter with chip 1.8m」進行搜尋。

3. 比價步驟

- **PChome**：進入 PChome 24h 購物，搜尋產品並記錄價格。
- **Momo購物**：進入 Momo 購物網，搜尋產品並記錄價格。
- **蝦皮購物**：進入蝦皮購物，搜尋產品並記錄價格（注意賣家評價）。
- **露天拍賣**：進入露天拍賣，搜尋產品並記錄價格（注意賣家信譽）。
- **Amazon**：進入 Amazon 網站，搜尋「HDMI to VGA adapter with chip 1.8m」並記錄價格（注意運費）。
- **淘寶**：進入淘寶網，搜尋「HDMI轉VGA帶芯片 1.8米」並記錄價格（注意運費和關稅）。

4. 價格比較

- 將各平台的價格整理成表格，包含以下資訊：
  - 平台名稱
  - 產品價格
  - 運費（如果有）
  - 總價
  - 賣家評價（如果是拍賣平台）

5. 注意事項

- **產品品質**：確保轉接線內建晶片，支援訊號轉換。
- **賣家信譽**：在拍賣平台購買時，選擇評價高的賣家。
- **售後服務**：確認平台或賣家是否提供退換貨服務。

範例比價表（假設價格）

平台	產品價格	運費	總價	備註
PChome	NT$ 299	免運	NT$ 299	24小時到貨
Momo購物	NT$ 310	免運	NT$ 310	快速出貨
蝦皮購物	NT$ 280	NT$ 30	NT$ 310	賣家評價4.8星
露天拍賣	NT$ 270	NT$ 50	NT$ 320	賣家評價4.5星
Amazon	$9.99	$5.00	$14.99	國際運費較高
淘寶	¥ 45	¥ 20	¥ 65	需考慮關稅

6. 結論

- 根據比價結果，選擇最划算且信譽良好的平台購買。

希望這些步驟能幫助你找到最優惠的價格！如果有其他問題，歡迎隨時詢問。

1 生成式 AI 工具介紹

■ 知識蒸餾（Knowledge Distillation）與 DeepSeek

知識蒸餾是一種深度學習技術，旨在將一個大型、計算資源密集的教師模型（Teacher Model）中的知識轉移到較小的學生模型（Student Model），使其能夠在降低計算成本的同時，保留與原始大型模型相近的效能。

■ DeepSeek 是否使用知識蒸餾？觀點分析

目前 DeepSeek 官方並未公開詳細技術細節，但根據其模型表現與應用場景，DeepSeek 很可能應用了知識蒸餾技術來優化其效能。

1. 模型壓縮與高效推理
   - DeepSeek-R1 **在數學解題、程式競賽、長文本理解**等任務上表現優異，這些應用通常需要高度優化的推理能力。
   - 知識蒸餾技術能讓**較小的模型學習大型模型的知識**，以降低計算成本，同時維持高精準度。

2. 邊緣運算與應用場景
   - 若 DeepSeek 目標是競爭手機、邊緣設備或企業應用市場，則**知識蒸餾有助於減少運算需求，使模型在低資源環境下仍能高效運行**。

3. 訓練與推理效率的權衡
   - 知識蒸餾可讓學生模型學習教師模型的推理過程，使**較小模型保持高準確度並提高推理效率**，這可能是 DeepSeek-R1 能夠與 OpenAI 競爭的關鍵之一。

▼ DeepSeek 可能應用知識蒸餾的領域

技術應用	是否適用於 DeepSeek？	分析
壓縮模型大小	☑ 可能	若 DeepSeek 需要在低算力環境運行，知識蒸餾可提升效能。
提高推理效率	☑ 可能	透過學習更大模型的特徵，提升較小模型的準確度與運行速度。

1.5 DeepSeek 說明與操作

技術應用	是否適用於 DeepSeek？	分析
適應特定應用	☑ 可能	若 DeepSeek 針對數學、程式設計等專門領域調整模型，知識蒸餾可能有助於知識提煉。
保持模型泛化性	☑ 可能	透過蒸餾技術可讓 DeepSeek-R1 在不同測試場景下維持穩定表現。

雖然 DeepSeek 尚未明確表示其使用了知識蒸餾技術，但從其模型的高效能與應用場景來看，這種技術的使用是有可能的。DeepSeek-R1 可能透過知識蒸餾來減少計算資源需求，並提升模型推理效能，使其能夠與 GPT-4 競爭，特別是在數學、程式競賽與技術應用領域。

申請 API 的頁面，可以使用 Python 進行系統建置，網址如下：

https：//api-docs.deepseek.com/

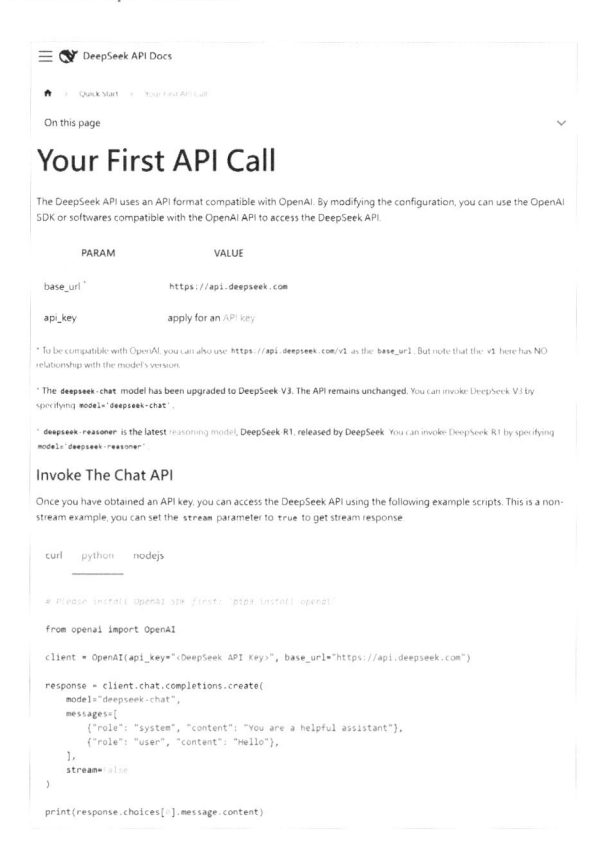

1 生成式 AI 工具介紹

1.6 ChatPDF

ChatPDF：高效的 PDF 內容解析與檢索工具

ChatPDF 是一款基於自然語言處理（NLP）與機器學習技術的智能 PDF 解析工具，旨在提升用戶對文獻、技術報告、法律文件等長篇文本的理解與檢索效率。透過 ChatPDF，用戶無需逐頁閱讀或手動搜尋關鍵資訊，只需輸入相關問題，即可獲得基於 PDF 內容的精準回覆，從而大幅提升學術研究、法律分析及專業文件處理的效率。

核心功能

1. 智能內容檢索

ChatPDF 能夠根據用戶的查詢，自動識別並提取 PDF 內部的關鍵資訊，避免傳統關鍵字搜索的局限性，使資訊檢索更加直覺化。

2. 快速摘要與重點提取

透過語義分析，ChatPDF 可以生成文件的摘要，幫助用戶迅速掌握內容大意，適用於論文閱讀、技術報告解析及企業內部文件審閱。

3. 跨學科適用性

無論是科學研究、法律文件、工程技術報告或商業文件，ChatPDF 都能有效輔助用戶解析專業術語與內容，提升閱讀與理解的效率。

4. 互動式查詢

相較於傳統 PDF 閱讀器，ChatPDF 允許用戶直接以自然語言對話方式詢問特定內容，例如「這篇論文的主要結論是什麼？」或「某特定條款的詳細內容？」使文件查詢更加人性化。

應用場景

- **學術研究**：協助研究人員快速瀏覽與分析大量論文，找出研究重點與關鍵論點。

- **法律與合約解析**：適用於律師或法務專業人士，透過智能檢索快速獲取相關條文與判例分析。
- **企業內部文件管理**：加速企業決策流程，幫助團隊快速獲取商業報告或內部規範的關鍵資訊。

綜上所述，ChatPDF 為需要處理大量 PDF 文檔的專業人士與學術研究者提供了一種更為高效且直覺的閱讀與檢索方式，極大地提升了文本處理與資訊獲取的便捷性。

官方網站：

https：//www.chatpdf.com/zh-TW

將論文丟進去 chatPDF，也支援中文提示語。

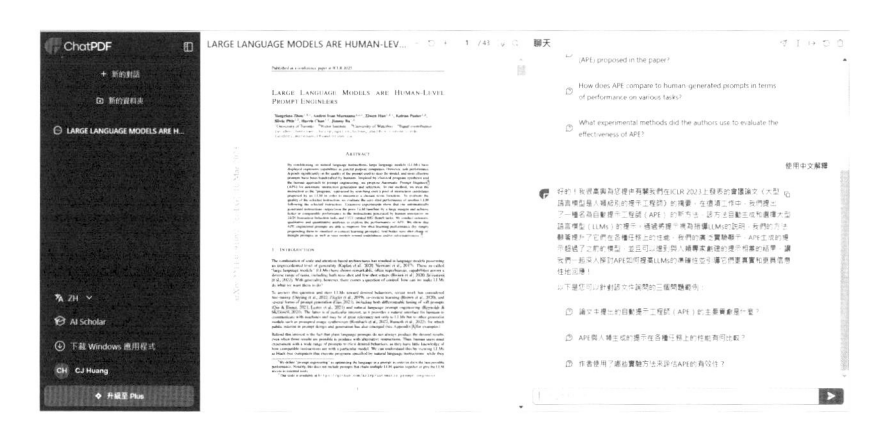

1 生成式 AI 工具介紹

ChatPDF vs.NotebookLM：比較優勢與劣勢分析

ChatPDF 和 NotebookLM 都是強大的 AI 文件解析工具，但它們的設計理念、功能側重點和適用場景有所不同。以下將從功能、適用場景、使用體驗、優勢與缺點等方面進行比較，以幫助用戶選擇適合的工具。

▼ 🔍 功能比較

功能	ChatPDF	NotebookLM
核心技術	基於 NLP 與機器學習的 PDF 解析	由 Google AI 支持的語境感知筆記工具
支援文件類型	主要支援 PDF	支援 PDF、Google Docs、筆記等
互動方式	直接對話問答（類似聊天機器人）	AI 輔助閱讀、整理筆記、總結資訊
摘要功能	可自動提取關鍵資訊與重點	可根據內容生成筆記與摘要
檢索能力	基於 PDF 內容提供精準回答	提供跨文件的語境化檢索與理解
應用場景	研究論文、技術文件、法律文件	學術研究、學習筆記、資訊整理
多文件整合	主要針對單份 PDF 解析	可處理多個來源文件並關聯資訊
AI 自適應學習	無持續學習能力	具備語境學習能力，可適應用戶需求
使用門檻	易上手，無需設定	需學習如何整理筆記與運用 AI

☑ ChatPDF 的優勢

1. **操作簡單直覺**：上傳 PDF 後，直接詢問內容即可獲取答案，無需額外設定，適合快速查找資訊。

2. **高效檢索能力**：能準確回應 PDF 內的關鍵內容，不受關鍵字匹配限制，適用於法律、技術報告等嚴謹文本。

3. **適用於單份文件深度分析**：如果只需要解析一篇論文或文件，ChatPDF 能夠快速提供重點摘要與細節。

1.6 ChatPDF

4. **適合短期查詢**：當用戶只是想快速抓取 PDF 內的資訊，ChatPDF 能迅速回應，不需要建立長期筆記。

✘ ChatPDF 的缺點

1. **缺乏跨文件聯繫能力**：ChatPDF 主要專注於單一 PDF，無法跨多份文件建立關聯或整合資訊。

2. **缺乏自適應學習**：不會根據用戶需求進化，無法像 NotebookLM 那樣建立更深入的個人化知識庫。

3. **文件類型受限**：目前僅支援 PDF，無法直接處理 Google Docs 或筆記內容。

☑ NotebookLM 的優勢

1. **多文件整合能力**：可同時處理多份文獻、筆記、報告，適合學術研究與知識管理。

2. **AI 語境學習**：能根據用戶輸入內容調整筆記與回應，建立更個人化的知識庫。

3. **支援多種文件格式**：除了 PDF，還支援 Google Docs、筆記等格式，適合學習與資訊整理。

4. **適合長期知識管理**：能夠持續擴充筆記，適合需要深入研究、整理資訊的人。

✘ NotebookLM 的缺點

1. **學習門檻較高**：不像 ChatPDF 那麼簡單直覺，初次使用可能需要適應 AI 如何整理筆記與資訊。

2. **回應不一定夠精確**：由於 NotebookLM 會根據筆記內容給出綜合回答，某些情況下可能不如 ChatPDF 在單一文件的解析精準。

3. **適用於長期研究，而非短期檢索**：對於單純需要快速查詢 PDF 內容的用戶來說，NotebookLM 可能顯得過於複雜。

1 生成式 AI 工具介紹

📌 **總結與適用場景建議**

- 如果你的需求是快速解析單份 **PDF**（如論文、法律文件、技術報告），ChatPDF 會是更直覺的選擇，能夠快速回答問題並提取重點資訊。
- 如果你的需求是建立長期的知識庫、跨文件整合資訊（如學術研究、學習筆記整理），NotebookLM 更適合，因為它能處理多種文件並建立關聯。
- 短期查詢適合 **ChatPDF**，長期知識管理適合 **NotebookLM**。

結論：ChatPDF 更適合一次性的深度閱讀與精準回答，而 NotebookLM 則適用於長期知識整理與多文件關聯學習。選擇哪個工具，取決於你的需求類型！

1.7 AI 助手整合

試用網址：https：//rooobert-ai-website.hf.space/

人工智慧（AI）已成為我們日常生活和工作中的重要工具。些 AI 系統能夠幫助解答問題、提供資訊，並提高生產力。以下是一些常見的 AI 工具，我將整理成同一個頁面；讀者可以自行加入書籤，要使用時就不要額外輸入

ChatGPT 4.0：由 OpenAI 開發，具備強大的語言理解與創意生成能力，能夠處理複雜的文字與知識問題，適合用於內容創作、技術輔助和寫作支援等場景。

- **Claude AI**：由 Anthropic 開發，具有超長上下文記憶能力（可達 100K 字元），在長篇對話和專業應用方面表現出色，適用於深度問答、商業應用和技術文件分析等。
- **Grok**：由 Elon Musk 創立的 xAI 公司推出，具有獨特的幽默風格，能夠即時獲取網路資訊，強調快速回應與開放性，適合即時新聞、網路搜索和社交互動等用途
- **Gemini**：由 Google 開發，與 Google 搜索緊密整合，具備強大的多模態理解能力（語音、影像、文字），內建於 Google Workspace，適用於商業應用、學術研究和內容創作等。

1.7 AI 助手整合

- **Perplexity**：由 Perplexity AI 開發，提供即時搜尋結果，來源透明，適合學術與研究，能精準回答專業問題，適用於知識檢索、精確搜尋和學術研究等。
- **NotebookLM**：由 Google 開發，可分析與總結上傳的文件，適合整理筆記與資訊，提供個性化 AI 輔助，適用於文檔分析、知識管理和學術輔助等。

選擇適合的 AI 助手取決於您的具體需求和應用場景。例如，如果您需要強大的寫作與內容創作助手，ChatGPT 4.0 可能是合適的選擇；如果您需要長篇對話與專業推理能力，Claude AI 可能更適合；如果您關注即時資訊與社交互動，Grok 可能是理想的選擇。在選擇 AI 助手時，建議考慮其主要特點、免費版本的可用性、付費方案以及主要應用場景等因素，以找到最適合您的工具，提升工作與學習效率。

生成式 AI 工具介紹

AI助手比較

	AI助手	開發商	免費版	付費版	主要優勢
0	ChatGPT 4.0	OpenAI	有限功能	$20/月起	全面的能力與廣泛的應用
1	Claude AI	Anthropic	基本功能	$20/月起	長上下文和文件處理
2	Grok	xAI	需訂閱X Premium+	$16/月起	實時網絡訪問和幽默
3	Gemini	Google	基本功能	$20/月起	Google生態系統集成
4	Perplexity	Perplexity AI	基本功能	$20/月起	引用來源的答案
5	NotebookLM	Google	完全免費	暫無付費版	基於用戶文件的精確答案

互動比較

選擇要比較的AI助手

[ChatGPT 4.0 ×] [Claude AI ×]

	AI助手	開發商	免費版	付費版	主要優勢
0	ChatGPT 4.0	OpenAI	有限功能	$20/月起	全面的能力與廣泛的應用
1	Claude AI	Anthropic	基本功能	$20/月起	長上下文和文件處理

AI助手推薦

根據您的需求，我們可以推薦最適合的AI助手。

您主要用AI助手做什麼？

一般問答和聊天

推薦使用: **ChatGPT 4.0**

原因: 提供全面且平衡的回答，適合日常使用。

© 2025 AI助手介紹網站 | 蕭朝健製作

價格和功能可能隨時變更，請訪問各官方網站獲取最新信息

Pandas 的基本應用

2.1 文件操作讀寫觀念說明
2.2 多欄位取值、多列位取值
2.3 合併、字串提取、字串合併
2.4 資料框匯總
2.5 快速數據分析
2.6 資料框總表整理

2 Pandas 的基本應用

2.1 文件操作讀寫觀念說明

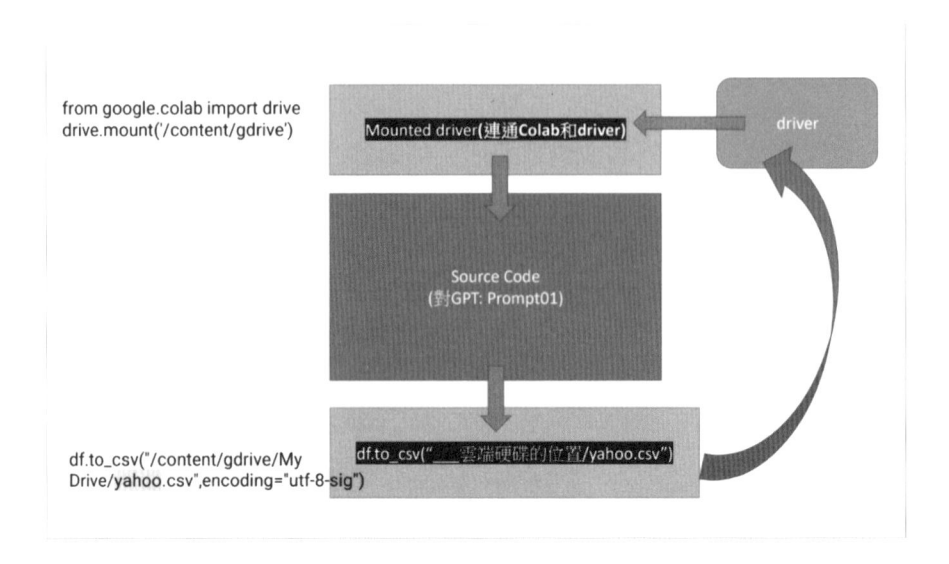

```
from google.colab import drive
drive.mount('/content/gdrive')
```
Mounted driver(連通 Colab 和 driver) ← driver

Source Code
(對 GPT: Prompt01)

df.to_csv("/content/gdrive/My Drive/yahoo.csv",encoding="utf-8-sig")
df.to_csv("＿＿雲端硬碟的位置/yahoo.csv")

Google Colab 與 Google Drive 整合與數據儲存流程

1. 掛載 Google Drive

在 Google Colab 中，可以使用以下指令掛載 Google Drive，以便讀取或儲存檔案。

```
from google.colab import drive
drive.mount('/content/gdrive')
```

這段程式碼會要求使用者授權，並允許 Colab 存取 Google Drive。

2. 資料流程解析

（1）掛載硬碟

- 掛載 Google Drive，使 Colab 能夠存取雲端儲存空間。
- 確保 Google Colab 和 Google Drive 之間的連線正常。

2.1 文件操作讀寫觀念說明

（2）程式碼處理數據

- 透過 Colab 進行數據處理，例如分析、機器學習模型訓練等。
- 使用 DataFrame 或其他數據結構來儲存計算結果。

（3）儲存數據至 Google Drive

- 透過 df.to_csv() 將處理完的數據儲存至 Google Drive 的特定位置。

```
df.to_csv("/content/gdrive/My Drive/yahoo.csv",encoding="utf-8-sig")
```

- /content/gdrive/My Drive/yahoo.csv：儲存的目錄與檔案名稱。
- encoding="utf-8-sig"：確保檔案能夠支援 UTF-8 字元編碼，適用於包含中文或其他特殊字元的數據。

3. 總結

這個流程的主要目標是：

- **將 Google Drive 掛載到 Colab，允許 Colab 存取雲端檔案。**
- **確保處理後的數據能夠長期保存，即便 Colab 執行環境重置也不會遺失。**
- **透過 CSV 檔案格式，讓數據更易於共享與後續分析。**

這種方法適用於機器學習模型訓練、資料預處理、報表生成等場景，使工作流程更加高效！

範例程式碼如下：

1. mount 雲端：

```
from google.colab import drivedrive.mount('/content/gdrive')# 此處需要登入 google 帳號
```

2. 安裝 Pandas

```
! pip install pandas
import pandas as pd
df=pd.read_csv("/content/gdrive/My Drive/20241208.csv",encoding="big5")
```

3. Pandas 處理

　　多欄位取值

　　多列位取值

　　合併資料框

　　取代字串

　　提取字串

4. 寫入 csv 到雲端

```
df1.to_csv("/content/gdrive/My Drive/NEW_data01.csv",encoding="big5")
```

2.2 多欄位取值、多列位取值

- 多欄位取值

```
df[["欄位 A","欄位 B","欄位 C"]]
```

- 多列位取值

```
df.loc[index01:index02,["欄位 A","欄位 B"]]
```

使用 Pandas 讀取 CSV 並篩選多欄位、多列

假設我們有一份電商訂單數據存成 orders.csv，內容如下：

訂單編號	客戶姓名	購買商品	訂單金額	訂單狀態
1001	王小明	筆電	30000	已出貨
1002	李大華	手機	15000	未出貨
1003	陳美麗	耳機	2000	已取消
1004	張小傑	鍵盤	3500	已出貨
1005	林志玲	滑鼠	1200	未出貨

2.2 多欄位取值、多列位取值

1. 讀取 CSV 檔案

我們可以使用 pd.read_csv() 讀取這個檔案：

```
import pandas as pd

# 讀取 CSV 檔案
df = pd.read_csv("orders.csv")

# 顯示前幾筆資料
print(df.head())
```

2. 多欄位取值

如果我們只想篩選「客戶姓名」、「購買商品」、「訂單金額」：

```
df_subset = df[["客戶姓名","購買商品","訂單金額"]]
print(df_subset)
```

📌 結果：

客戶	姓名	購買商品	訂單金額
0	王小明	筆電	30000
1	李大華	手機	15000
2	陳美麗	耳機	2000
3	張小傑	鍵盤	3500
4	林志玲	滑鼠	1200

3. 多列位取值

📍 篩選特定範圍內的訂單

如果我們想查詢 index 1 到 index 3（即訂單編號 1002 到 1004），並只查看「客戶姓名」與「訂單金額」：

```
df_subset = df.loc[1:3,["客戶姓名","訂單金額"]]
print(df_subset)
```

☆ 結果：

客戶	姓名	訂單金額
1	李大華	15000
2	陳美麗	2000
3	張小傑	3500

4. 進階應用：篩選特定條件的資料

如果我們想篩選「訂單金額大於 5000」的訂單：

```
df_filtered = df[df["訂單金額"]> 5000]
print(df_filtered)
```

☆ 結果：

	訂單編號	客戶姓名	購買商品	訂單金額	訂單狀態
0	1001	王小明	筆電	30000	已出貨
1	1002	李大華	手機	15000	未出貨

2.3 合併、字串提取、字串合併

■ 合併資料框

```
df_3 =pd.concat([df1,df2],axis=1,join="inner")
```

■ 字串提取

```
df["欄位"].str.contains("字串")
```

■ 字串合併

```
df["欄位 C"]= df["欄位 A"]+df["欄位 B"]
```

2.3 合併、字串提取、字串合併

讓我們以一個實際的電商平台為例來說明如何使用資料框合併、字串提取和字串合併。假設我們有兩個資料框：orders_df 和 products_df。orders_df 包含訂單資料，而 products_df 包含產品資料。

1. 合併資料框

在電商例子中，假設我們有訂單資料和產品資料，訂單資料中會有產品ID，我們需要將這兩個資料框根據產品 ID 來合併，這樣可以了解每一個訂單的產品名稱和價格。

```python
import pandas as pd

# 假設訂單資料 (df1)
df1 = pd.DataFrame({
    '訂單編號':[101,102,103],
    '顧客名稱':['Alice','Bob','Charlie'],
    '產品ID':[201,202,201],
    '數量':[2,1,3]
})

# 假設產品資料 (df2)
df2 = pd.DataFrame({
    '產品ID':[201,202,203],
    '產品名稱':['筆記型電腦','智慧型手機','耳機'],
    '價格':[1000,500,150]
})

# 根據產品 ID 合併訂單資料和產品資料
df = pd.merge(df1,df2,on='產品ID',how='inner')
print(df)
```

輸出的結果會是：

	訂單編號	顧客名稱	產品ID	數量	產品名稱	價格
0	101	Alice	201	2	筆記型電腦	1000
1	102	Bob	202	1	智慧型手機	500
2	103	Charlie	201	3	筆記型電腦	1000

在這裡，我們根據產品 ID 進行內部連接（inner join），將訂單資料和產品資料合併，並顯示出每個訂單的顧客名稱、產品名稱和價格。

2. 字串提取

假設我們想要提取顧客名稱欄位中包含字串「A」的訂單。這樣可以篩選出某些特定的顧客，並針對這些顧客進行促銷活動。

```
# 提取顧客名稱中包含 "A" 的訂單
df['顧客名稱']= df['顧客名稱'].str.contains('A')
print(df)
```

輸出的結果會是：

	訂單編號	顧客名稱	產品 ID	數量	產品名稱	價格	顧客名稱包含 A
0	101	Alice	201	2	筆記型電腦	1000	True
1	102	Bob	202	1	智慧型手機	500	False
2	103	Charlie	201	3	筆記型電腦	1000	False

3. 字串合併

假設我們需要將顧客名稱和產品名稱合併成一個新的欄位顧客_產品，以便顯示每一個訂單的顧客名稱與產品名稱的組合。

```
# 合併顧客名稱和產品名稱為一個新欄位
df['顧客_產品']= df['顧客名稱']+ '-'+ df['產品名稱']
print(df)
```

輸出的結果會是：

	訂單編號	顧客名稱	產品 ID	數量	產品名稱	價格	顧客名稱包含 A	顧客_產品
0	101	Alice	201	2	筆記型電腦	1000	True	Alice-筆記型電腦
1	102	Bob	202	1	智慧型手機	500	False	Bob-智慧型手機

	訂單編號	顧客名稱	產品ID	數量	產品名稱	價格	顧客名稱包含A	顧客_產品
2	103	Charlie	201	3	筆記型電腦	1000	False	Charlie-筆記型電腦

2.4 資料框匯總

pandas DataFrame 快速分析函數整理

在使用 pandas 處理資料時，經常需要快速瞭解數據的整體概況。以下整理了 10 個常用函數，幫助你對 DataFrame（df）進行基本分析。

函數	用途	說明
.count()	計算有數值的資料筆數	計算每個欄位中非空值的數量，適用於數值型與非數值型資料
.value_counts()	計算所有相異值各自的資料筆數	適用於分類型（categorical）資料，可用於統計每個值的出現頻率
.sum()	計算數值總和	只適用於數值欄位，對所有數值加總
.mean()	計算資料的平均數	只適用於數值欄位，計算所有數值的算術平均
.nunique()	計算不重複的資料筆數	計算每個欄位內不重複值的個數
.size()	計算資料格數（包含 NaN 值）	計算 DataFrame 中所有元素的總數，不受 NaN 影響
.std()	計算數值的標準差	只適用於數值欄位，衡量數據的離散程度
.min()	找出最小值	適用於數值與字串，數值找最小，字串則按字母排序找最小值
.max()	找出最大值	適用於數值與字串，數值找最大，字串則按字母排序找最大值
.rank()	將數值轉換為排名呈現	適用於數值欄位，根據數值大小排序並給予排名，可調整排名方式

Pandas 的基本應用

■ **範例程式碼：**

```
import pandas as pd

# 建立範例 DataFrame
data = {'A':[1,2,2,3,4,4,4],'B':[5,3,6,3,2,2,8]}
df = pd.DataFrame(data)

# 使用部分函數進行分析
print(df['A'].count())              # 計算 A 欄位的數值筆數
print(df['A'].value_counts())       # 計算 A 欄位中每個數值的出現次數
print(df['A'].sum())                # 計算 A 欄位總和
print(df['A'].mean())               # 計算 A 欄位的平均數
print(df['A'].nunique())            # 計算 A 欄位不重複的資料筆數
print(df['B'].std())                # 計算 B 欄位的標準差
print(df['B'].min())                # 找出 B 欄位的最小值
print(df['B'].max())                # 找出 B 欄位的最大值
print(df['B'].rank())               # 計算 B 欄位的排名
```

這些函數能夠有效率地探索數據，適用於數據預處理與初步分析。

pandas DataFrame 快速數據分析

■ **範例：銷售數據分析**

1. 建立 DataFrame

以下是一份銷售數據，包含商品名稱、銷售數量與價格。

```
import pandas as pd

# 建立範例銷售數據
data = {
    '商品':['筆記本','手機','筆記本','平板','手機','耳機','耳機'],
    '銷售數量':[10,5,8,3,7,15,12],
    '價格':[30000,15000,28000,12000,16000,5000,5200]
}
df = pd.DataFrame(data)
```

```python
# 顯示 DataFrame
print(df)
```

2. 使用 pandas 進行快速分析

（1）計算銷售數據的基本資訊

```python
# 計算銷售數量的總筆數
print("銷售數量總筆數:",df['銷售數量'].count())
```

(2) 計算不同商品的銷售次數

```python
print("商品銷售次數:\n",df['商品'].value_counts())
```

(3) 計算銷售數量的總和與平均值

```python
print("總銷售數量:",df['銷售數量'].sum())
print("平均銷售數量:",df['銷售數量'].mean())
```

(4) 計算不重複的商品數量

```python
print("不重複商品數量:",df['商品'].nunique())
```

(5) 計算價格的標準差

```python
print("價格標準差:",df['價格'].std())
```

(6) 找出最高與最低價格

```python
print("最低價格:",df['價格'].min())
print("最高價格:",df['價格'].max())
```

（7）計算銷售數量的排名

```python
print("銷售數量排名:\n",df['銷售數量'].rank())
```

Pandas 的基本應用

3. 分析結果

根據上述分析結果,我們可以得出以下結論:

1. 總共有 **7 筆**銷售紀錄。

2. 銷售最多的商品是**耳機(2 次)**,其次是**筆記本(2 次)**和**手機(2 次)**。

3. 總銷售數量為 60 件,平均銷售數量為 8.57 件。

4. **不重複的商品種類有 4 種(筆記本、手機、平板、耳機)**。

5. 價格的標準差約為 **9873**,表示價格波動較大。

6. 最低價格商品為 **5000** 元,最高價格商品為 **30000** 元。

7. 耳機銷售數量最多,排名最高,而平板銷售數量最低,排名最末。

這樣的分析可以幫助我們快速掌握銷售趨勢,進一步調整銷售策略!🚀

2.5 快速數據分析

pandas DataFrame 快速數據分析指南

在進行數據分析時,pandas 提供了許多方便的函數來快速檢視 DataFrame (df)的內容和統計資訊。以下是 10 個常用的函數,能夠幫助使用者迅速理解數據。

用十個函數迅速瞭解資料

函數	用途	函數	用途
.count()	計算有數值的資料筆數	.size	計算加總資料格數
.value_counts()	計算所有相異值各自有幾筆資料	.std()	計算數值的標準差
.sum()	計算加總數值	.min()	找出最小值

2.5 快速數據分析

函數	用途	函數	用途
.mean()	計算資料的平均數	.max()	找出最大值
.nunique()	計算不重複的資料筆數	.rank()	將數值轉為排名呈現

1. .count()- 計算有數值的資料筆數

用途：用於計算 DataFrame 中某一列內部非空數值的個數。

應用範例：

```python
import pandas as pd

data = {'姓名':['小明','小華','小美',None],
        '年齡':[25,30,28,22]}
df = pd.DataFrame(data)

print(df['年齡'].count())# 結果為 4
print(df.count())# 計算每一列的非空值數量
```

2. .value_counts()- 計算所有相異值的資料數量

用途：顯示某一列中不同值的出現次數，適用於分類數據。

應用範例：

```python
print(df['姓名'].value_counts())
```

3. .sum()- 計算加總數值

用途：計算數據的總和，適用於數值型資料。

應用範例：

```python
print(df['年齡'].sum())# 總和為 105
```

4. .mean()- 計算資料的平均數

用途：計算某數值列的平均值。

應用範例：

```
print(df['年齡'].mean())# 平均年齡為 26.25
```

5. .nunique()- 計算不重複的資料筆數

用途：統計某一列內部有多少個唯一值。

應用範例：

```
print(df['姓名'].nunique())#3，因為有一個 None
```

6. .size- 計算加總資料格數

用途：計算 DataFrame 的總元素數量（包括 NaN）。

應用範例：

```
print(df.size)#8，因為有 4 列 *2 行
```

7. .std()- 計算數值的標準差

用途：獲取某數據列的標準差。

應用範例：

```
print(df['年齡'].std())
```

8. .min()- 找出最小值

用途：返回某數值列的最小值。

應用範例：

```
print(df['年齡'].min())#22
```

9. .max()- 找出最大值

    用途：返回某數值列的最大值。

    應用範例：

```
print(df['年齡'].max())#30
```

10. .rank()- 將數值轉為排名呈現

    用途：將某數據列的值轉換為排名。

    應用範例：

```
print(df['年齡'].rank())
```

這些函數在數據探索與預處理時非常有用，能夠幫助我們迅速理解數據的分布與特徵。

2.6 資料框總表整理

在學術研究中，資料處理的過程對於數據分析的準確性和有效性至關重要。尤其是在社會科學、經濟學、商業研究等領域中，爬蟲所收集的資料通常不會是一個完美的數據集，往往需要進行清理和轉換，才能進行有效的分析與建模。因此，Pandas 提供的各種資料處理操作，對於數據的預處理階段尤其重要。

1. **apply 和 lambda 函數**：在學術研究中，特別是當我們面對需要根據特定規則轉換欄位資料時，apply 函數是一個強大的工具。結合 lambda 函數，能夠快速對資料進行欄位級別的處理，像是從網頁資料中提取特定字串或進行簡單的資料清洗（例如，移除數字中的特殊符號、格式化日期等）。這種方式能夠根據具體需求進行靈活的資料轉換，並能大大提升資料處理的效率。

2. **astype 函數**：在許多社會科學及經濟學的研究中，資料格式的統一至關重要。許多從網頁抓取的數字資料以字符串格式呈現，因此需要使用 astype 函數將其轉換為數字格式，從而使我們能夠進行統計分析或計算，這對於學術研究的數據準確性有著至關重要的影響。

3. **drop 和 drop_duplicates**：資料的清理和精簡在學術研究中是非常重要的一步，特別是在進行大數據分析時。由於爬蟲抓取的資料經常會包含無關或重複的資料，這會影響到模型的準確性和結果的解釋。drop 和 drop_duplicates 可以有效地去除不需要的欄位或重複資料，確保我們在進行分析時所使用的數據集是乾淨且準確的。

4. **缺失值處理**：缺失值在任何資料集中都是常見的問題。無論是從網頁抓取的資料還是來自其他來源的數據，fillna 和 dropna 是兩個關鍵工具。學術研究通常依賴完整且準確的資料進行假設檢定、回歸分析等，因此處理缺失值是保證研究結果可靠性的重要步驟。根據研究的具體需求，fillna 可以選擇適當的填補方式（如前填充或後填充），而 dropna 則可移除過多缺失資料的行列，避免對結果造成干擾。

5. **rolling 函數**：在時間序列分析中，rolling 函數尤其重要。許多學術領域，如經濟學、金融學、社會學等，都涉及時間序列資料的分析，這些資料往往需要使用滾動窗口來計算移動平均、波動性指標等。rolling 函數使得我們可以輕鬆計算過去一段時間的指標，進行數據平滑和趨勢分析，這對於研究社會現象的變化或預測未來趨勢具有重要意義。

6. **資料合併與 groupby**：在進行社會科學或市場研究時，我們常常需要將來自不同來源的資料進行合併，以便於進行綜合分析。merge、join 和 concatenate 是非常有效的資料合併工具，能夠幫助我們將不同的資料表合併成一個更完整的資料集。groupby 則常用於資料分群的場景，通過對資料進行分組，我們可以輕鬆計算各群組的統計指標（如平均值、總和等），從而為後續的學術分析提供基礎。

7. **pivot 函數**：在處理結構化資料時，pivot 函數用來轉換資料的形狀，將長格式資料轉換為寬格式資料，這樣可以更方便地進行多維度的分析。

2.6 資料框總表整理

這在學術研究中,尤其是經濟學和社會科學中的資料整理,扮演著重要角色。通過 pivot,我們可以將資料按特定欄位重新排布,使其更符合分析需求。

8. **資料時間序列的處理**:在進行時間序列資料分析時,date_range 使得我們可以根據需要生成特定時間區間的日期序列,這對於回溯分析、經濟指標的分析及金融市場數據的處理是非常有用的。

總之,Pandas 提供的各種資料處理功能,不僅能夠提高資料清理和轉換的效率,還能保證學術研究過程中數據的質量與準確性,為後續的統計分析、回歸建模、時間序列分析等提供了穩定且可靠的基礎。

操作	用途說明
apply	用來將函數應用到 DataFrame 欄位上,常結合匿名函數 lambda 用來處理欄位的數值。
astype	用來進行資料型態轉換,常用於數字、文字、日期格式之間的轉換。
drop	刪除 DataFrame 中不需要的欄位或列,常用於移除多餘資料。
drop_duplicates	移除重複的資料,並可設定保留哪一筆資料(第一筆或最後一筆)。
dropna	移除包含 NA 值的欄位或列,可以根據條件來刪除資料,並可設定刪除的方式。
fillna	用來處理缺失值,透過前向填充(ffill)或後向填充(bfill)來替代空值。
head,tail	取 DataFrame 的前幾筆或後幾筆資料。預設顯示 5 筆資料。
isna,isnull	檢查資料中是否存在 NA 或空值。
rolling	用來進行滾動窗口計算,如移動平均等,常用於計算時間序列指標。
set_index,reset_index	將某個欄位設為索引,或將索引重設為普通欄位。

2 Pandas 的基本應用

操作	用途說明
shift	將資料進行平移處理，常用於處理時間序列資料，將某個時間點的數據移到前或後。
sort_values，sort_index	根據欄位值或索引對資料進行排序，並可指定升冪或降冪。
sum，max，min，mean，std，cumsum，cumprod	分別計算加總、最大值、最小值、平均值、標準差、累加與累乘。
to_frame，to_series，tolist	轉換資料格式，例如將 Series 轉為 DataFrame 或將資料轉為 List。
merge，join，concatenate	用來合併多個 DataFrame，像是對接不同資料來源。
reindex	用來對資料的索引進行重排，將 A 的索引應用到 B，通常用於對照資料。
cut	用來進行資料的分類，將數據分為幾個區間。
groupby	用來分群並進行聚合運算，如計算各分組的總和、平均值等。
pivot	用來將資料進行重塑，將資料的結構轉換為新的形式。
date_range	用來產生時間序列資料，常用於建立定期的日期區間。
set_option	修改 Pandas 的顯示設定，如顯示更多列數、更多欄位等。
pd.read_*	用來讀取不同格式的資料檔案，如 csv，excel 等。

3

基礎 IDE 環境設定

3.1　Google Colabatory

3.2　Anaconda 安裝：以 Jupyter Notebook 和 Spyder 為例

3.3　Pycram 社群版設定

3.4　VScode 擴增套件設定

3.5　Python 開發環境比較

基礎 IDE 環境設定

3.1 Google Colabatory

1. 什麼是 Google Colaboratory？

　　Google Colaboratory（簡稱 **Colab**）是 **Google Research** 推出的雲端 Python 編輯環境，專為機器學習（ML）和深度學習（DL）開發者設計。它提供免費的 **Jupyter Notebook** 服務，並內建支援 **GPU** 和 **TPU** 運算，讓使用者無需額外安裝與設定即可開始撰寫 Python 代碼。

　　Colab 的運行方式類似於 Jupyter Notebook，但**所有計算皆在 Google 雲端完成**，這意味著使用者可以在任何地方存取和執行程式，並節省本機資源。

2. Colab 特色與優勢

(1) 免費提供 GPU/TPU 運算

　　Colab 為使用者提供**免費**的 GPU 和 TPU 運算資源，適合機器學習訓練與深度學習推論。

- **GPU 支援**：NVIDIA Tesla T4/K80/P100（依照使用者等級與排隊情況分配）。
- **TPU 支援**：Google Cloud TPU，適合 TensorFlow 訓練與推論。

　　使用者可以輕鬆啟用 GPU/TPU 來加速模型訓練，而無需購買昂貴的硬體設備。

(2) 無需安裝與設定

- 透過**瀏覽器**存取，不需要在本地端安裝 Python 或 Jupyter Notebook。
- 可與 **Google Drive** 整合，直接讀取或儲存 Notebook 和數據。
- 內建多種 Python 套件（如 TensorFlow、PyTorch、OpenCV），無需手動安裝。

3.1 Google Colabatory

(3) 內建機器學習與深度學習工具

Colab 預裝了機器學習和數據科學常用的 Python 套件，例如：

- **TensorFlow**、**PyTorch**、**Keras**（深度學習）
- **OpenCV**（電腦視覺）
- **Scikit-learn**（機器學習）
- **Pandas**、**NumPy**（數據處理）
- **Matplotlib**、**Seaborn**（數據視覺化）

此外，Colab 支援 **Kaggle API**，可以快速下載 Kaggle 數據集，進行機器學習專案。

(4) 支援多人協作

Colab 與 Google Docs 類似，允許多人即時編輯同一個 Notebook。

- 可邀請他人即時編輯、評論。
- 內建**版本控制**，允許回溯歷史版本。
- 適合團隊合作、學術研究、教學示範等應用場景。

(5) 雲端執行，無需高端硬體

- Colab 不依賴本機硬體，所有計算在 Google 雲端進行。
- **適合開發者、學生、研究人員**使用，無需購買昂貴的 GPU/TPU 設備。
- **適用於 AI 模型訓練、大規模數據處理、深度學習研究**。
- 只要有網路，就可以隨時隨地存取 Notebook。

3. 如何開始使用 Colab？

(1) 進入 Colab

- 打開瀏覽器，進入：https://colab.research.google.com/
- 選擇：

- 新建 Notebook
- 從 Google Drive 開啟 Notebook
- 從 GitHub 載入 Notebook
- 上傳本地 .ipynb 文件

(2) 啟用 GPU/TPU

- 點選「執行階段」→「變更執行階段類型」。
- 在「硬體加速器」選單中，選擇「**GPU**」或「**TPU**」。
- 確認後，即可在 Notebook 中使用 CUDA/TPU 運算。

(3) 測試 GPU/TPU 是否啟動

執行以下 Python 代碼來檢查 GPU 是否可用：

```
import torch
print(torch.cuda.is_available())# 如果回傳 True，代表 GPU 可用
```

或使用 TensorFlow 檢查 GPU 可用性：

```
import tensorflow as tf
print("GPU 可用 :",tf.config.list_physical_devices('GPU'))
```

(4) 存取 Google Drive 資料

Colab 可以掛載 Google Drive，方便讀取和儲存數據。

```
from google.colab import drive
drive.mount('/content/drive')
```

此時，Google Drive 會掛載到 /content/drive/，使用者即可存取自己的資料。

4.Colab 限制與付費方案

(1) 免費版限制

- 單次執行時間上限：最多 12 小時，閒置過久會自動中斷。
- 記憶體限制：免費版約 12GB RAM，可能會隨機重新啟動。
- 存儲空間：本機存儲約 100GB，可使用 Google Drive 儲存。

(2) 付費方案（Colab Pro/Pro+）

- Colab Pro（$9.99/月）
  - 更長執行時間（最高 24 小時）。
  - 更穩定的 GPU 資源（如 Tesla T4/P100）。
  - 25GB RAM 上限。
- Colab Pro+（$49.99/月）
  - 更強大的計算資源。
  - 最高 32GB RAM。
  - 更少的中斷機率。

5.Colab 適用場景

☑ 機器學習與深度學習開發 ☑ Python 數據科學分析 ☑ AI 模型訓練與推論 ☑ Kaggle 競賽與學術研究 ☑ 需要 GPU/TPU 加速的計算任務

6. 結論

Google Colaboratory 提供了一個強大且免費的雲端 Python 開發環境，特別適合機器學習與深度學習領域的開發者。透過內建的 GPU/TPU、預裝的 ML/DL 套件，以及與 Google Drive 的無縫整合，Colab 讓使用者能夠隨時隨地進行 AI 訓練與數據分析。

3 基礎 IDE 環境設定

如果你正在學習機器學習、參加 Kaggle 競賽，或進行深度學習研究，Colab 無疑是一個低門檻、高效能的選擇。

安裝步驟如下：

STEP01：登入 Google 帳戶

STEP02：到雲端硬碟點擊，新增、更多、連結更多應用程式

3.1 Google Colabatory

STEP03：在搜尋框輸入 C

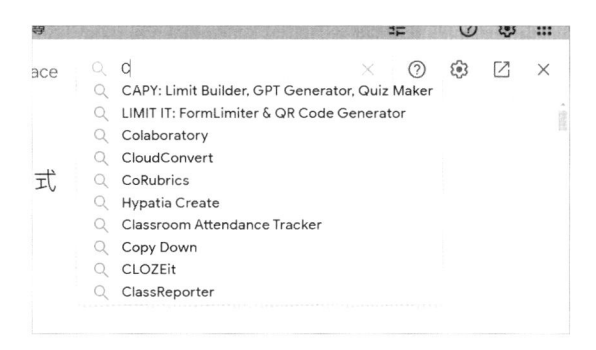

STEP04：找到 Google Colabatory

STEP05：點選安裝

3-7

基礎 IDE 環境設定

STEP06：新增、更多、Google Colabatory

STEP07：開啟一個 Google Colabatory

3.1 Google Colabatory

STEP08：一些基礎設定

STEP09：點選編輯器

3 基礎 IDE 環境設定

STEP10：點選主題（可以挑白色或者深色：Light 或者 dark）

設定

網站	主題: light
編輯器	☑ 顯示執行完成的桌面通知
AI 輔助功能	☐ 新筆記本使用私人輸出 (在儲存時省略輸出內容)
Colab Pro	預設頁面版面配置: horizontal
GitHub	
其他	Custom snippet notebook URL

取消　儲存

STEP 11：點選其他則會出現編輯畫面不同風格呈現

設定

網站	效能等級: Many power (use with caution)
編輯器	☑ 柯基犬模式
AI 輔助功能	☑ 貓咪模式
Colab Pro	☑ 螃蟹模式
GitHub	
其他	

取消　儲存

3-10

3.1 Google Colabatory

STEP 12：在編輯處點選筆記本設定

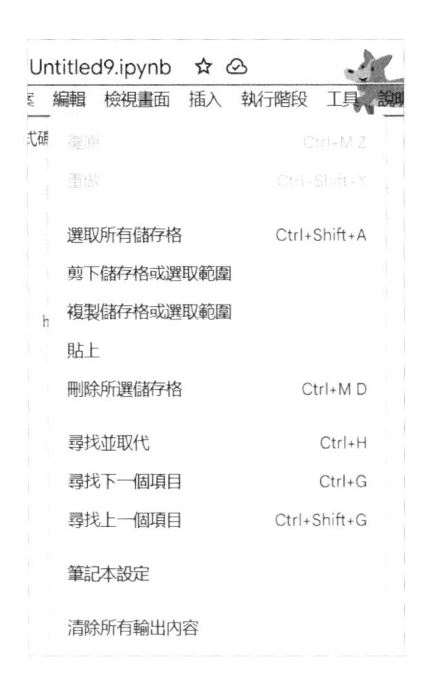

STEP 13：可以挑選 CPU 或者 T4 GPU

3　基礎 IDE 環境設定

STEP 14：開啟一個 Colab，可以輸入下列範例做練習！

STEP 15：Python 中的註解，就是程式跳過不讀的地方

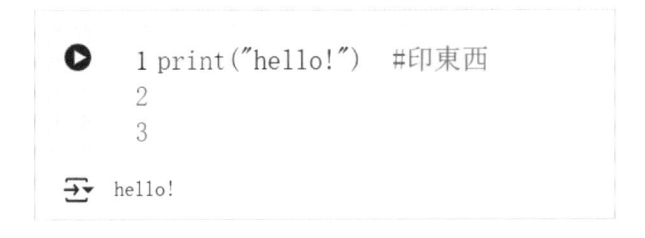

3.2　Anaconda 安裝：以 Jupyter Notebook 和 Spyder 為例

　　Anaconda 是一個功能強大的 Python 發行版，內建了多種數據科學、機器學習和人工智慧開發所需的工具。它包含 **Jupyter Notebook** 和 **Spyder**，提供使用者友好的編程環境，適合初學者與專業開發者。

3.2 Anaconda 安裝：以 Jupyter Notebook 和 Spyder 為例

Anaconda 的優勢：

- 內建 **Python**（可選擇 Python 3.x 或 2.x 版本）。
- 包含 **Jupyter Notebook**（互動式 Python 開發環境）。
- 內建 **Spyder**（適合科學計算與數據分析的 IDE）。
- 提供 **conda 套件管理器**，便於安裝與管理 Python 套件。
- 支援**虛擬環境**，可同時管理多個 Python 環境。

https：//www.anaconda.com/download

STEP01：可以點擊 skip registration

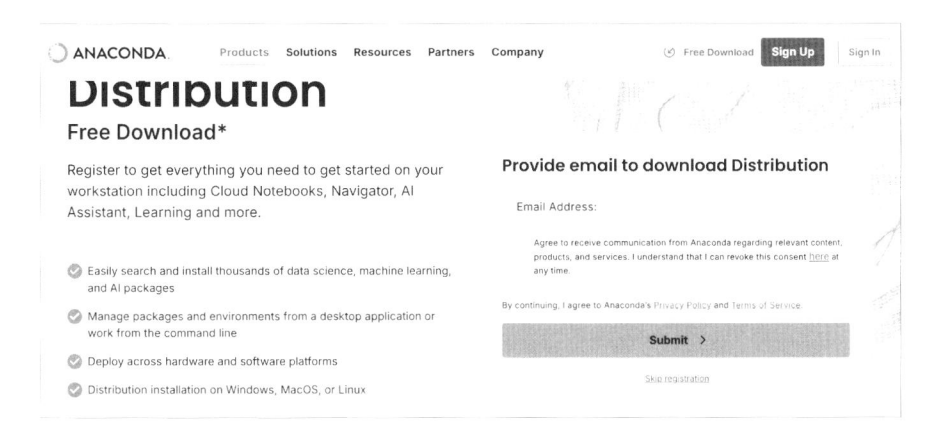

3 基礎 IDE 環境設定

STEP02：到下載頁面，點擊 Download

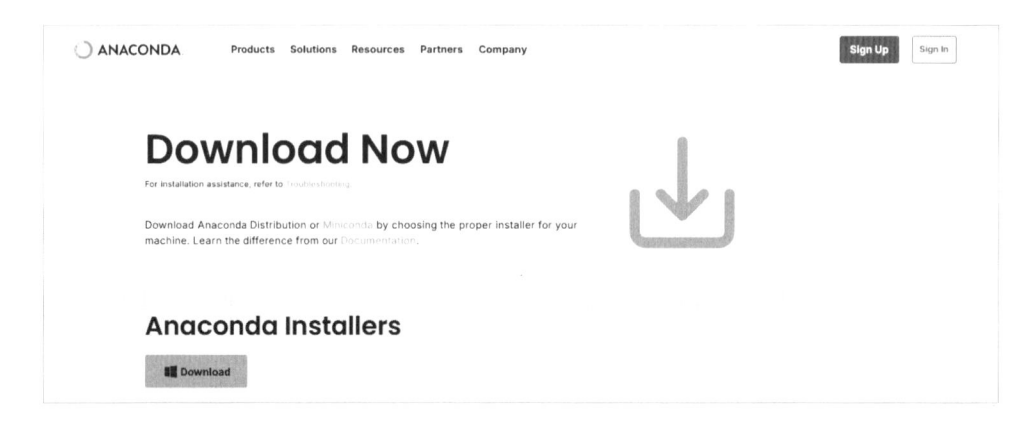

STEP03：直接點 exe 檔進行安裝

■ 使用 **Jupyter Notebook** 的方法

（1）啟動 **Jupyter Notebook**

　　開啟**終端機 / 命令提示字元**，輸入：jupyter notebook

　　這將會啟動 Jupyter Notebook，並自動在瀏覽器中開啟；或者直接點擊 Start Menu 打開 Jupyter Notebook

3.2 Anaconda 安裝：以 Jupyter Notebook 和 Spyder 為例

（2）建立新的 Notebook（可以建議讀者在桌面先建一個新資料夾）

1. 在 Jupyter Notebook 介面中，點選「**New**」→「**Python 3**」。

2. 出現新的 Notebook 介面，即可開始編寫 Python 程式。

3. 輸入以下程式碼並執行：

```
print ("Hello, Anaconda！")
```

（3）關閉 Jupyter Notebook

- 方式 1：點選「**File**」→「**Close and Halt**」。
- 方式 2：回到終端機，按下 **Ctrl + C**，然後輸入 y 確認關閉。

範例說明：以在桌面建立 Jupyter Notebook 做說明：

STEP01：點擊 Start Menu

STEP02：打開 Jupyter Notebook

3 基礎 IDE 環境設定

STEP03：找到桌面 Desktop 的資料夾

- /
- □ Name
- □ 📁 3D Objects
- □ 📁 anaconda3
- □ 📁 Contacts
- □ 📁 Desktop

STEP04：新增（New）Python

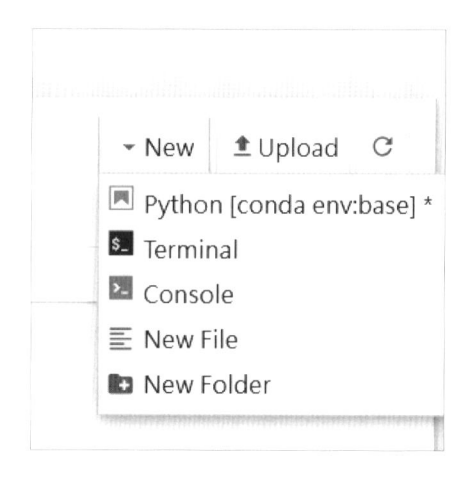

- Python [conda env:base] *
- Terminal
- Console
- New File
- New Folder

3-16

3.2 Anaconda 安裝：以 Jupyter Notebook 和 Spyder 為例

STEP05：打開 Jupyter Notebook

STEP06：命名檔名

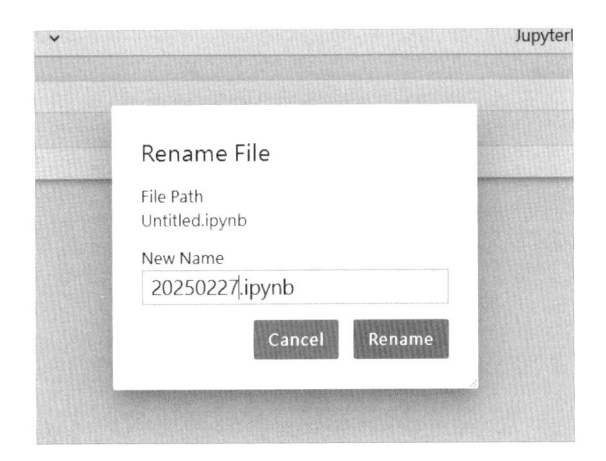

STEP07：此處同學可以到該網站進行複製程式碼

https：//docs.python.org/3/library/turtle.html

3 基礎 IDE 環境設定

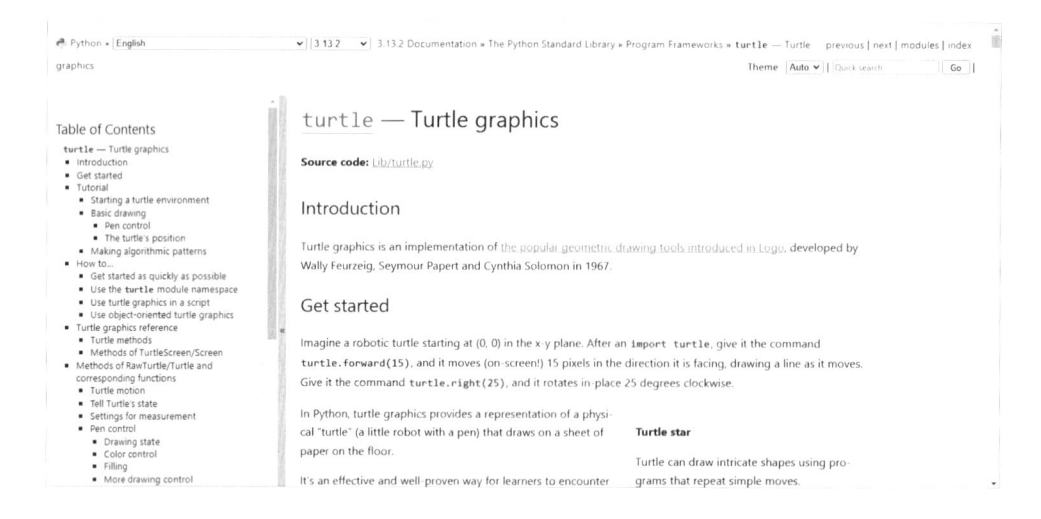

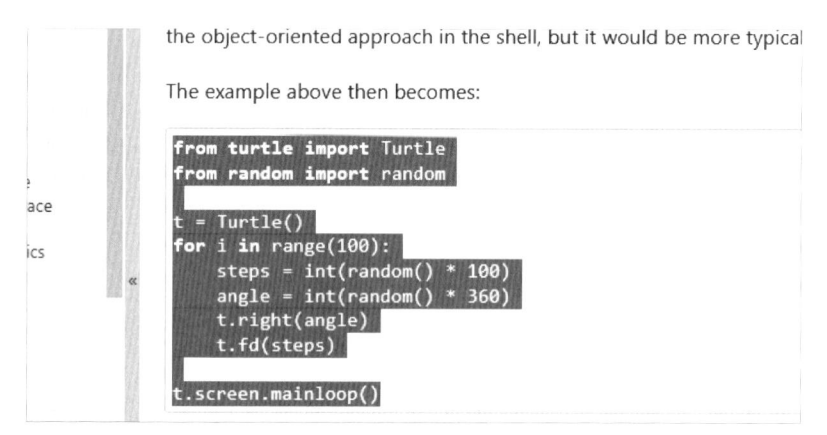

```
from turtle import Turtle
from random import random

t = Turtle()
for i in range(100):
    steps = int(random() * 100)
    angle = int(random() * 360)
    t.right(angle)
    t.fd(steps)

t.screen.mainloop()
```

STEP08：將程式碼貼上

3.2 Anaconda 安裝：以 Jupyter Notebook 和 Spyder 為例

STEP09：點擊 Run 便可以執行了！

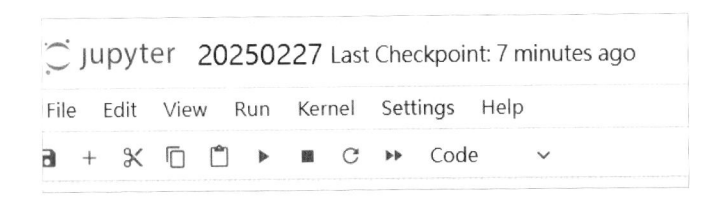

STEP10：可以點擊 Download 下載

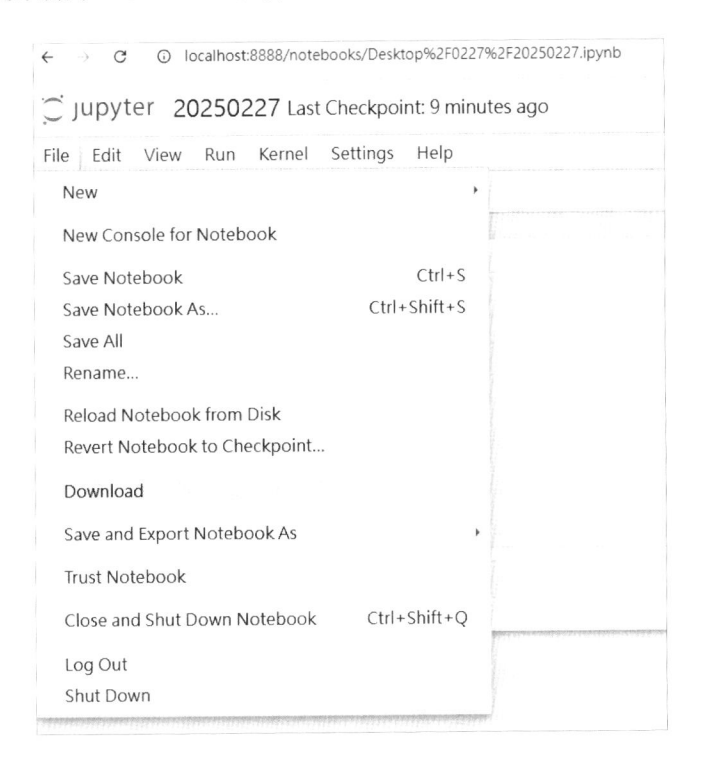

■ 使用 Spyder 的方法

（1）啟動 Spyder

開啟 **Anaconda Navigator**，在主頁面選擇 **Spyder**，點擊「**Launch**」。

或直接在終端機輸入：

spyder

3 基礎 IDE 環境設定

(2) 建立並執行 Python 程式

1. 在 Spyder 介面，點選「**File**」→「**New File**」。

2. 輸入以下 Python 程式碼：

```python
print("Hello，Spyder！")
```

3. 點擊「**Run**」按鈕（或按 F5）執行程式。

(3) 調整 Spyder 介面

- **變數管理器**：顯示當前變數的值。
- **編輯器（Editor）**：撰寫 Python 代碼。
- **IPython Console**：即時執行 Python 代碼。

範例說明：以在桌面建立 Spyder 做說明：

STEP01：到 Start Menu 點擊 Spyder

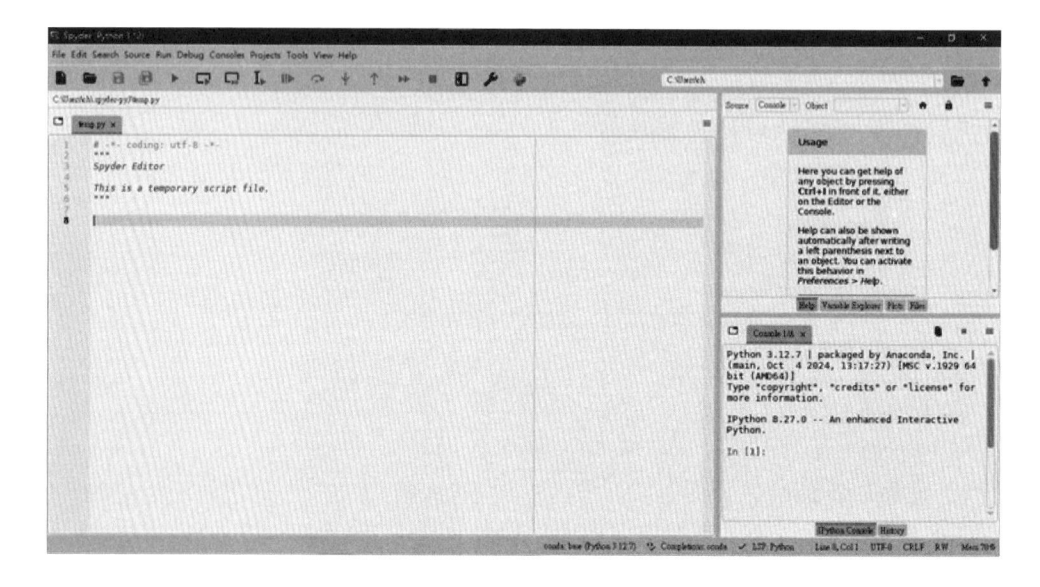

STEP02：將上述範例的程式碼貼上

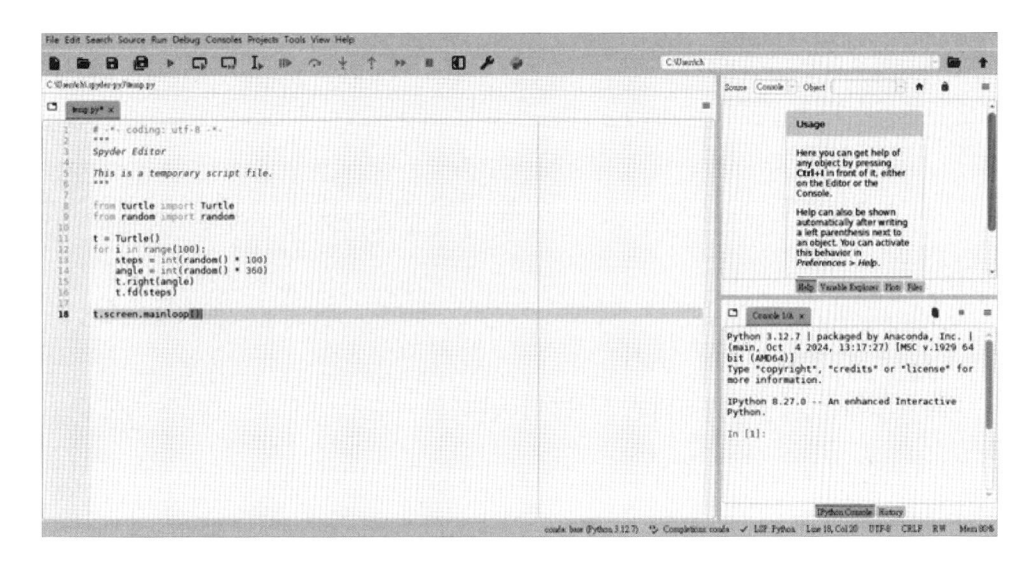

STEP03：點擊綠色三角形，即可執行

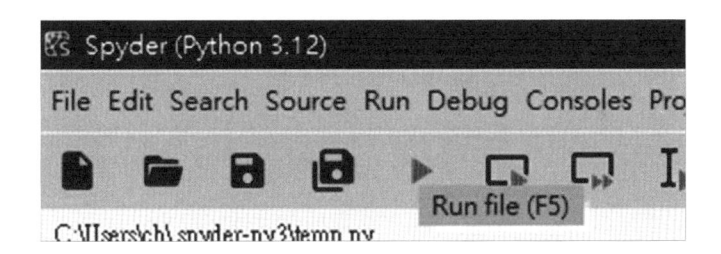

3.3 Pycram 社群版設定

　　本章將介紹 PyCharm 的背景與發展歷史，並分析其在 Python 開發中的重要性。讀者將學習如何下載與安裝 PyCharm，並區分社群版（Community Edition）和專業版（Professional Edition）的功能差異。首先，將帶領讀者熟悉 PyCharm 的介面，包括工作區、工具列、專案視圖、程式碼編輯區與控制台，接著學習如何建立新專案、設定 Python 直譯器，以及使用虛擬環境（Virtual Environment）來管理開發環境。安裝步驟如下：

3 基礎 IDE 環境設定

STEP01：到 https：//www.jetbrains.com/pycharm/

STEP02：點擊 Accept All

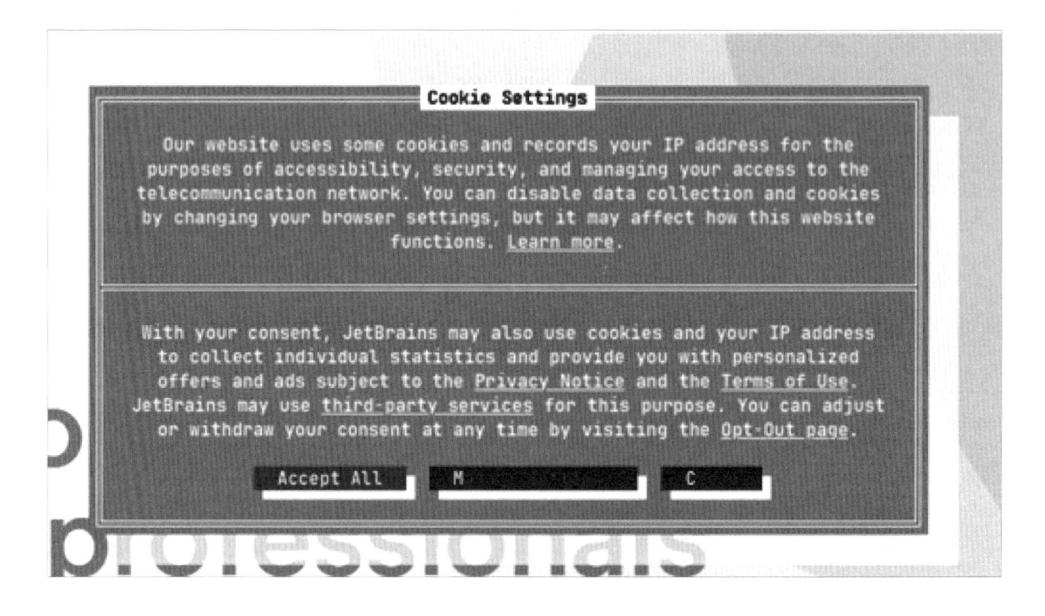

3.3 Pycram 社群版設定

STEP03：點擊 Pycharm 的社群版（注意不要點到專業版）

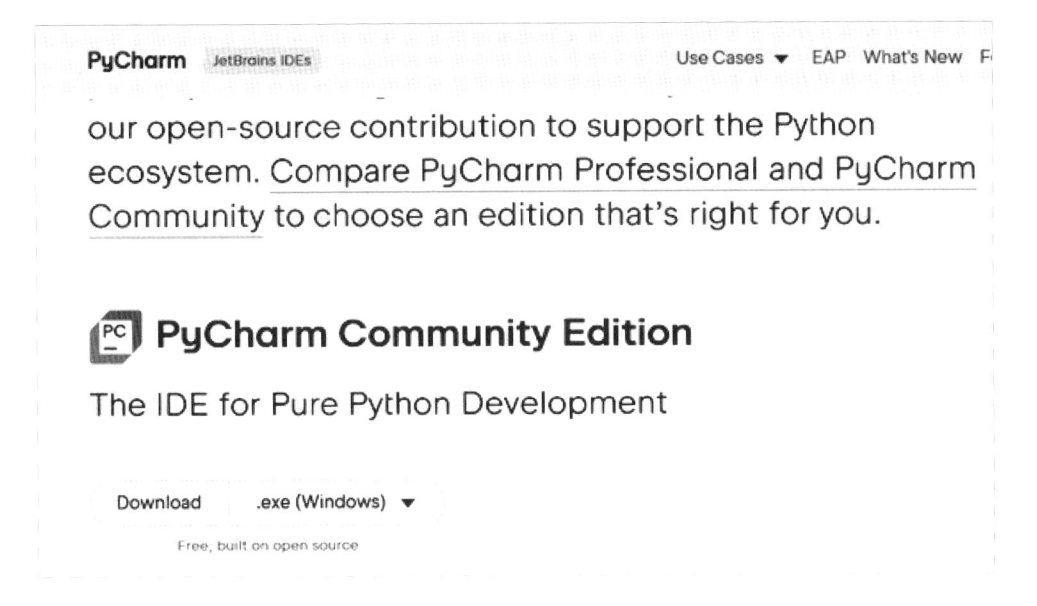

STEP04：下載後直接點擊執行

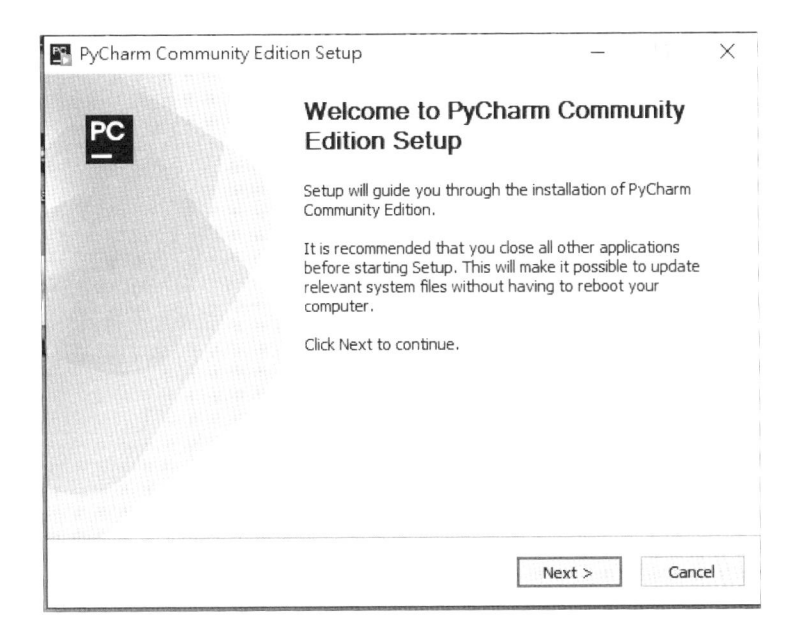

3-23

基礎 IDE 環境設定

STEP05：安裝畫面

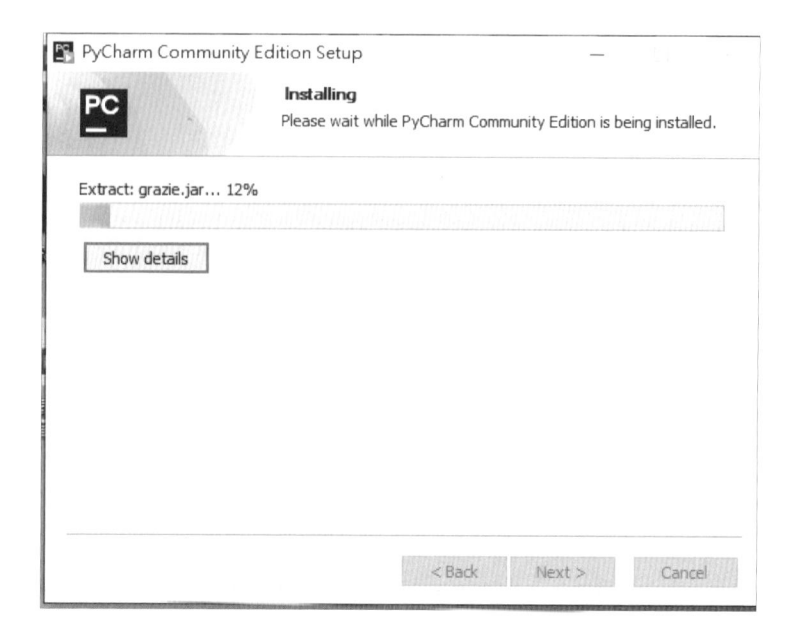

STEP06：安裝後在桌面執行結果

3.3 Pycram 社群版設定

STEP07：點擊圖示，進到編輯畫面勾選同意選項

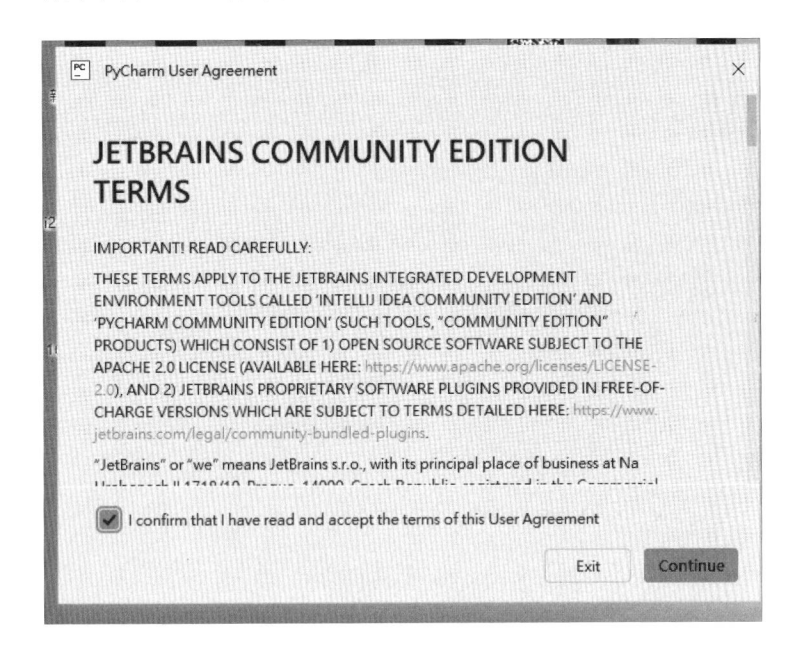

STEP8：點選 File

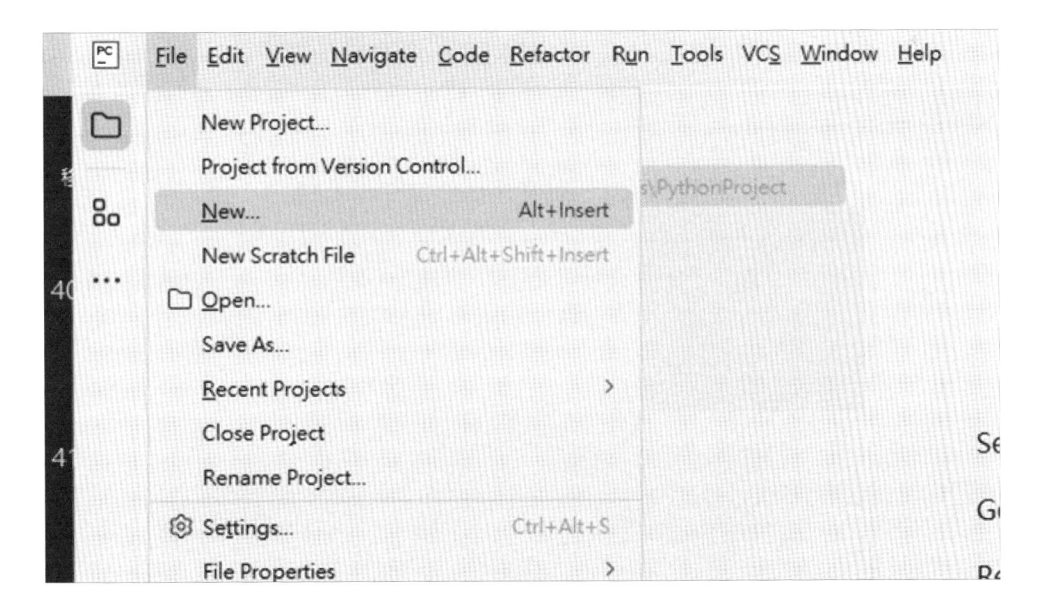

基礎 IDE 環境設定

STEP09：選 Python File

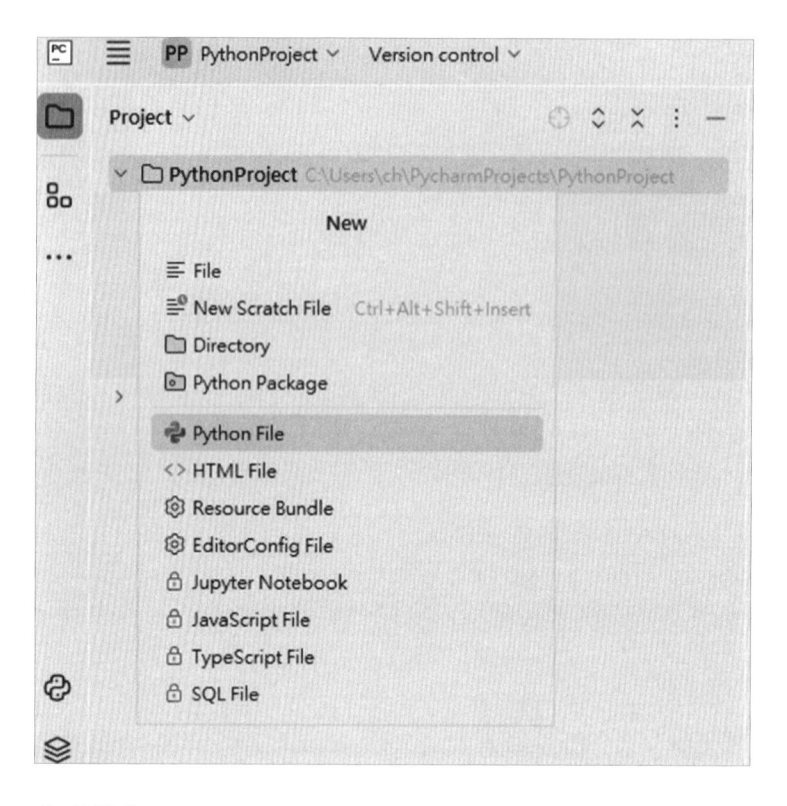

STEP10：命名檔名

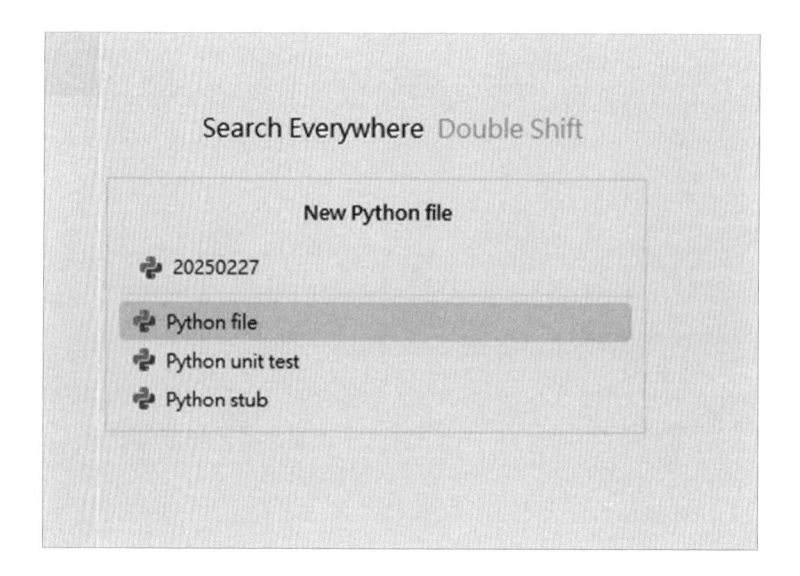

3.3 Pycram 社群版設定

STEP11：將上述的範例程式貼上，點擊綠色三角形

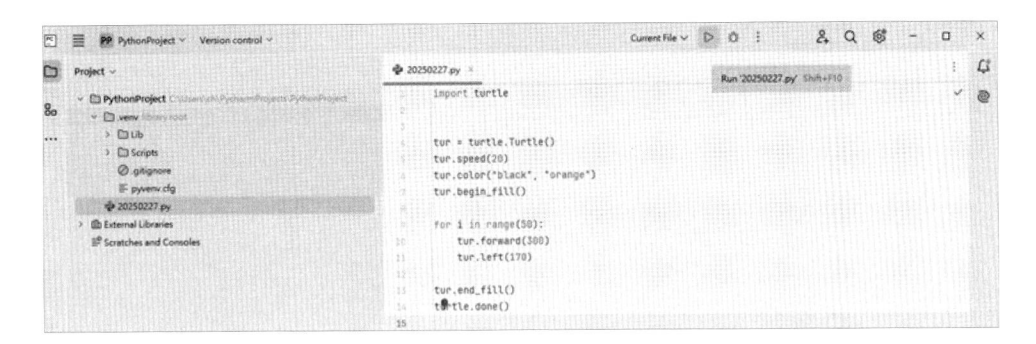

STEP12：執行結果如下：

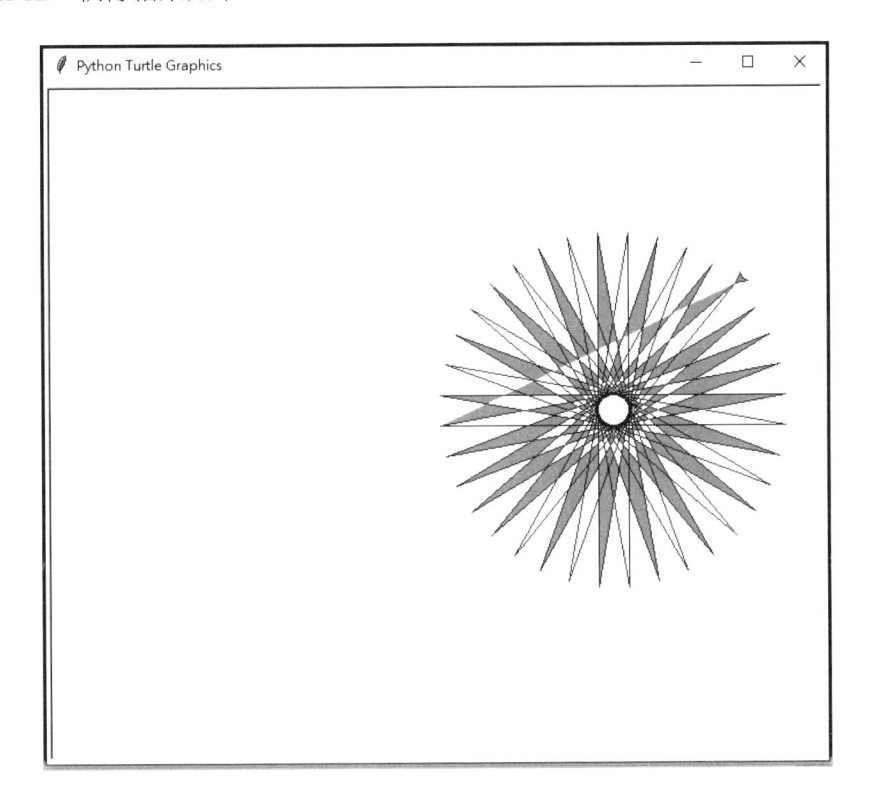

3　基礎 IDE 環境設定

STEP13：套件可以直接在 Terminal 安裝

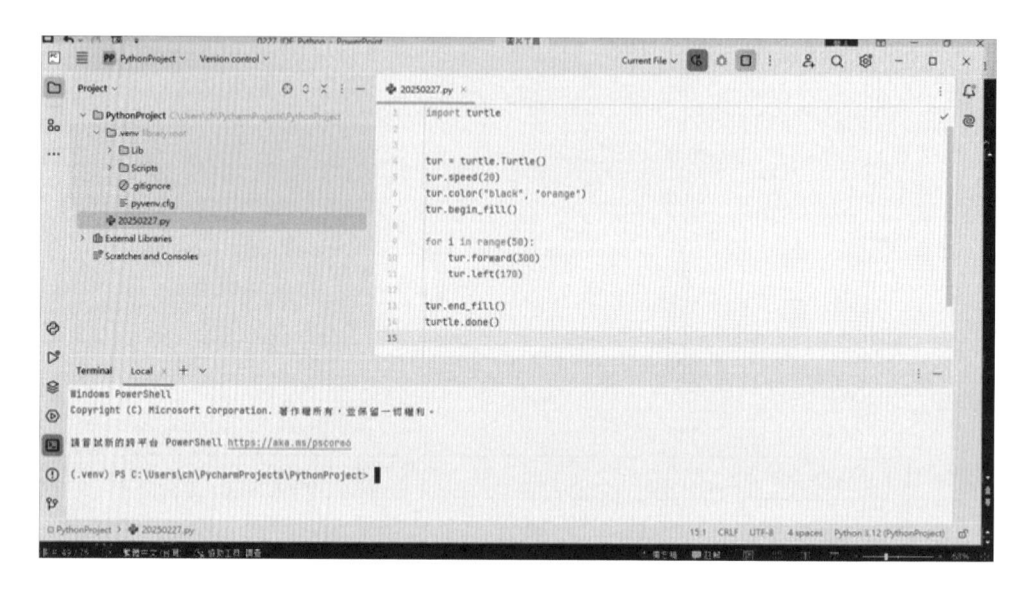

3.4 VScode 擴增套件設定

　　Visual Studio Code（簡稱 VSCode）是一款由微軟開發的輕量級且強大的源代碼編輯器，支援 Windows、macOS 和 Linux，並具有開源特性。VSCode 以其輕量高效的特性受到廣泛歡迎，預設支持多種程式語言，如 JavaScript、TypeScript、Python、C++、Java 等，並可透過安裝插件擴展功能。其插件生態系統極為豐富，涵蓋代碼自動補全、除錯工具、Git 整合、Docker 支援、資料庫連接等多種開發需求。VSCode 內建終端、智能代碼補全、版本控制（與 Git 深度整合）、強大的除錯功能，以及可高度自定義的介面與快捷鍵配置，使其成為開發者的首選。使用者可以透過插件如 Prettier 進行代碼格式化、ESLint 進行 JavaScript/TypeScript 代碼檢查、Live Server 即時預覽 HTML/CSS 修改、GitLens 增強 Git 版本管理等，來提升開發效率。此外，VSCode 支援跨平台運行，並能透過雲端同步設定，使開發環境更具靈活性，適用於前端、後端、資料科學、機器學習及嵌入式開發等領域。

3.4 VScode 擴增套件設定

Visual Studio Code
https://code.visualstudio.com · 翻譯這個網頁

Visual Studio Code - Code Editing. Redefined

Fully customizable. Customize your VS Code UI and layout so that it fits your coding style. Color themes let you modify the colors in VS Code's user interface ...

安裝步驟如下：

STEP01：https：//code.visualstudio.com/

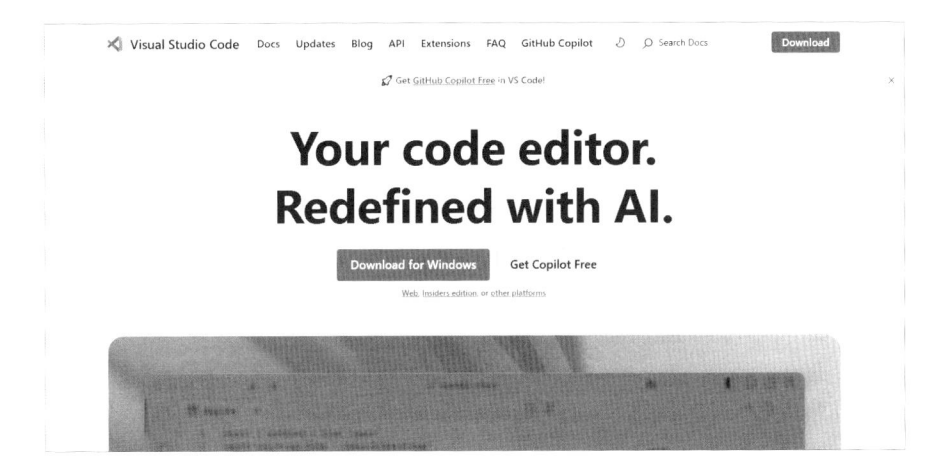

STEP02：點擊執行程式

基礎 IDE 環境設定

STEP03：安裝畫面如下

STEP04：準備安裝擴增套件

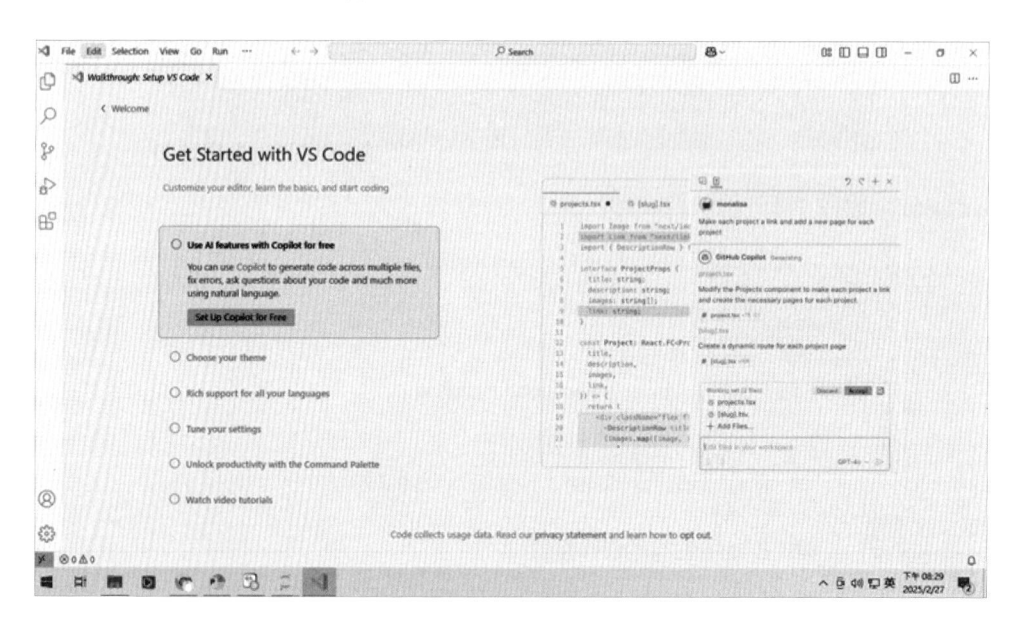

STEP05：點擊 Extension

3.4 VScode 擴增套件設定

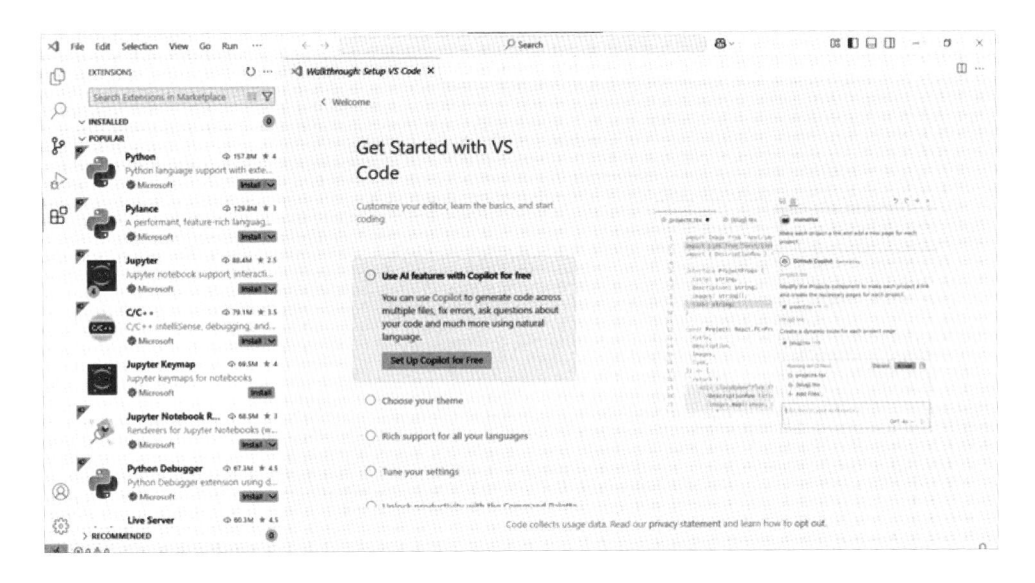

STEP06：輸入 Jupyter 安裝

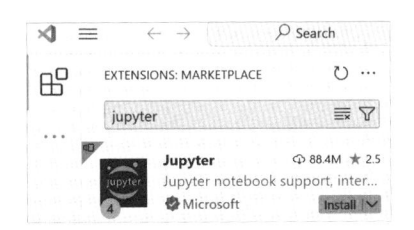

STEP07：進行繁體中文的安裝

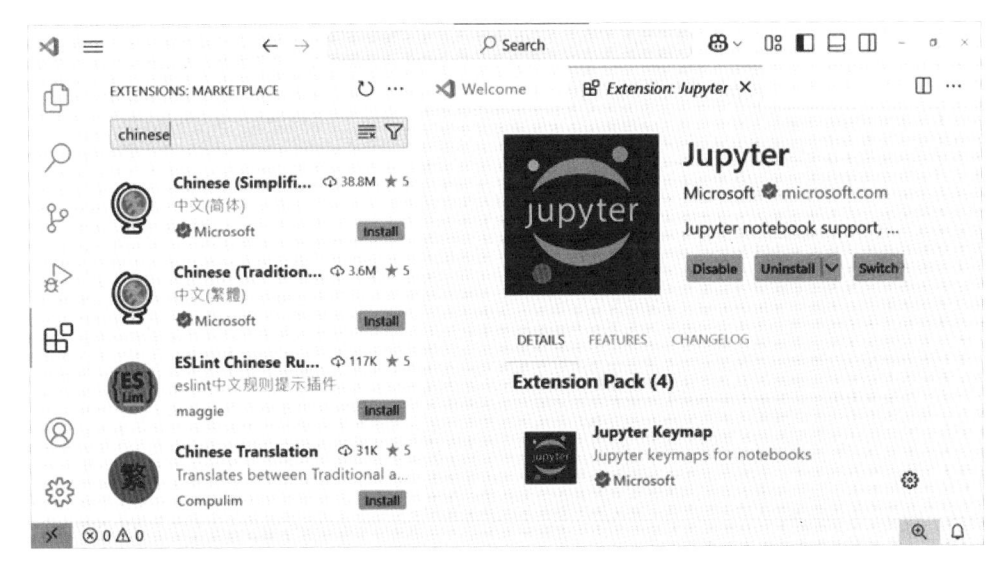

3-31

基礎 IDE 環境設定

STEP08：點選之後，注意右下角，點選 Change Language and Resart

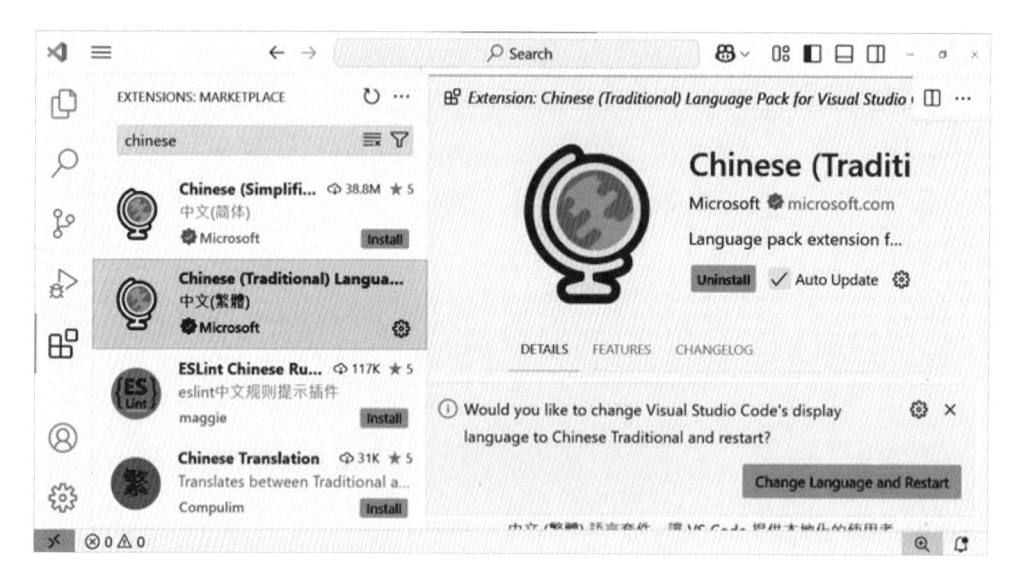

STEP09：重開 VSCODE 編輯器

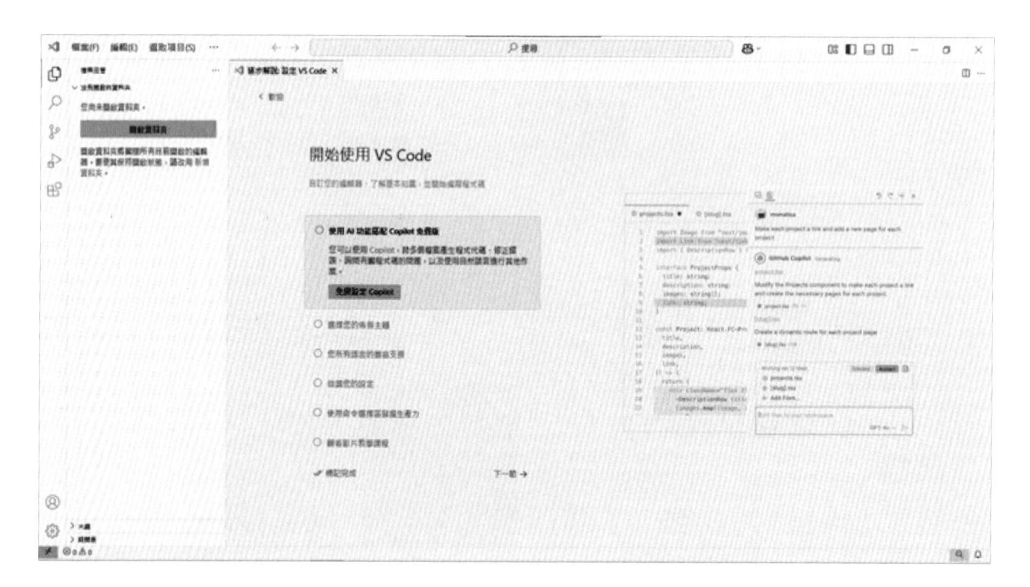

3.4 VScode 擴增套件設定

STEP10：重開之後就可以看到繁體中文畫面

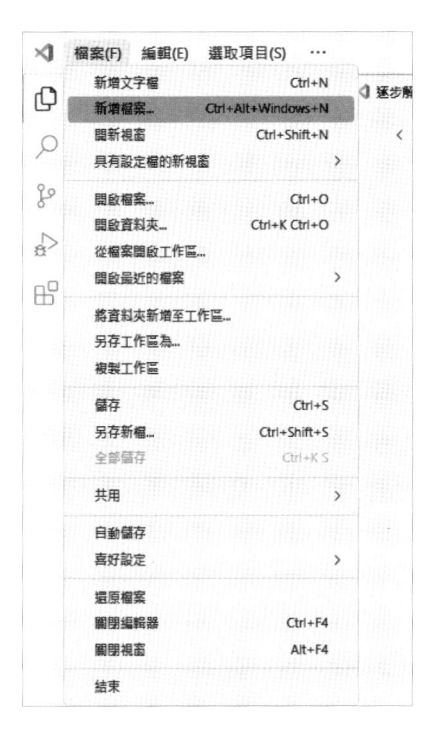

STEP11：選擇 Jupyter Notebook（發現沒有 Python）

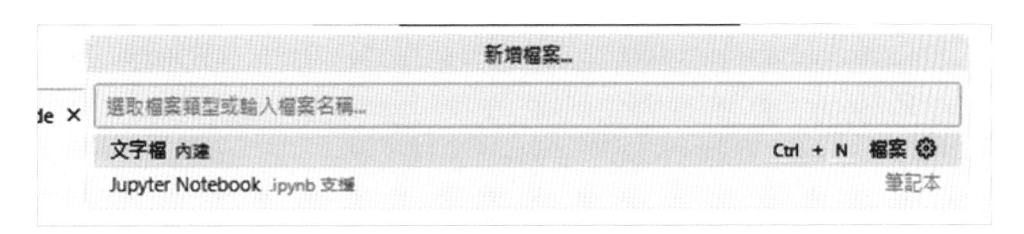

STEP12：到擴增套件輸入 Python 安裝即可

STE13：可以使用下列的範例碼進行執行

```python
Example1:- Flower

Python3

import turtle

tur = turtle.Turtle()
tur.speed(20)
tur.color("black", "orange")
tur.begin_fill()

for i in range(50):
    tur.forward(300)
    tur.left(170)

tur.end_fill()
turtle.done()
```

3.5 Python 開發環境比較

Google Colaboratory

Google Colaboratory（簡稱 Colab）是 Google 提供的一個雲端 Python 開發環境，主要基於 Jupyter Notebook，支援 Python 程式碼撰寫、執行及分享。

優點

1. **免安裝**：完全基於雲端，只需登入 Google 帳號即可使用。

2. **免費 GPU/TPU**：提供免費的 GPU 和 TPU 資源，可用於機器學習訓練。

3. **與 Google Drive 整合**：可直接讀寫 Google 雲端硬碟中的資料。

4. **多人協作**：允許多人同時編輯同一份筆記本。

5. **支援 Markdown 與互動式輸出**：適合撰寫教學文件或筆記。

3.5 Python 開發環境比較

缺點

1. **執行環境不穩定**：閒置時間過長會導致筆記本自動斷線，使用免費版時，連線時間有限制。

2. **無法完全控制系統環境**：只能安裝可用的 Python 套件，某些系統工具可能無法安裝。

3. **適用範圍有限**：雖然適合資料科學和機器學習，但對於大型專案的開發較為不便。

適合使用者

- 資料科學家、機器學習工程師、新手學習者。
- 需要雲端計算資源且不想安裝 Python 環境的使用者。
- 需要協作開發的研究團隊或學生。

Anaconda 安裝（Jupyter Notebook&Spyder）

Anaconda 是一個專門為 Python 科學計算與資料科學設計的套件管理與環境管理平台，內建 Jupyter Notebook 和 Spyder 兩種開發環境。

Jupyter Notebook

Jupyter Notebook 是一個互動式 Python 編輯環境，允許將程式碼、文字、圖片、表格等整合於同一個文件中。

Spyder

Spyder 是類似 MATLAB 的 IDE，適合數據分析與科學計算，內建變數監視器、除錯工具。

優點

1. **完整的科學計算環境**：內建大量 Python 科學計算與機器學習函式庫。

2. **Jupyter Notebook 互動式開發**：適合數據分析、機器學習和學術研究。

3. **Spyder 提供類 MATLAB 界面**：適合科學運算工程師使用。

4. **獨立環境管理**：可使用 conda 建立不同 Python 環境，避免衝突。

缺點

1. **安裝體積大**：Anaconda 佔用較多磁碟空間。

2. **執行效能稍低**：相比 VSCode 和 PyCharm，執行速度可能較慢。

3. **Spyder 功能有限**：不如 VSCode 或 PyCharm 適合大型專案開發。

適合使用者

- 科學計算、數據分析與機器學習的研究者。
- 需要獨立 Python 環境管理的人。
- 偏好互動式筆記本格式的使用者。

Pycram 社群版設定

Pycram 是一個基於 Python 的機器人開發框架，特別適合機器人模擬與自動化控制。社群版主要提供開源支持，可用於機器人模擬開發。

優點

1. **專門為機器人開發設計**：提供機器人運動學與控制的 API。

2. **可與 ROS（Robot Operating System）整合**：適合機器人開發者。

3. **開源且免費**：不需要額外付費即可使用。

缺點

1. **社群版支援有限**：官方支援主要集中於企業版，社群版依賴開源社群。

2. **學習門檻較高**：適合有機器人開發基礎的工程師。

3.5 Python 開發環境比較

適合使用者

- 需要機器人開發環境的研究人員與工程師。
- 使用 ROS 進行機器人開發的團隊。
- 具備 Python 基礎並熟悉機器人開發框架的開發者。

VSCode 擴充套件設定

Visual Studio Code（VSCode）是一款輕量級、多功能的開發工具,透過擴充套件可以支援 Python 開發。

推薦擴充套件

1. **Python**（官方插件）:提供語法高亮、程式碼自動補全與除錯功能。
2. **Jupyter**:可在 VSCode 中直接運行 Jupyter Notebook。
3. **Pylance**:強化 Python 語法分析,提升代碼補全能力。
4. **Live Share**:允許多人即時協作編輯程式碼。

優點

1. **輕量且高效**:比 Anaconda 更快、更靈活。
2. **支援多種程式語言**:不僅限於 Python,也可用於 Web 開發、C++、JavaScript 等。
3. **擴充性強**:可安裝各種插件來增強功能。
4. **適合專案開發**:強大的 Git 整合與調試功能。

缺點

1. **需要手動配置環境**:不像 Anaconda 內建環境管理功能,使用者需要手動設定 Python 解析器。
2. **較依賴插件**:功能主要依賴插件,初期需安裝適合的擴充套件。

基礎 IDE 環境設定

適合使用者

- 需要一個通用開發環境的開發者。
- 需要靈活擴充功能、進行大型專案開發的人。
- 專注於 Python 應用開發、Web 開發或 AI 研究的人。

四種 IDE 比較總結

開發環境	優點	缺點	適合使用者
Google Colab	免安裝、免費 GPU、雲端協作	需網路連線、執行時間受限	資料科學家、機器學習工程師、學生
Anaconda（Jupyter&Spyder）	內建科學計算工具、獨立環境管理	佔用空間大、執行效能稍低	科學計算、數據分析、學術研究
Pycram	適合機器人開發、開源免費	學習門檻高、社群支援有限	機器人開發者、ROS 工程師
VSCode	輕量、擴展性強、適合專案開發	需手動配置、依賴插件	通用開發者、軟體工程師、AI 研究人員

綜合來看，這四種環境各有優勢，使用者可根據需求選擇最適合自己的開發工具。

3-38

Python 中爬蟲模組介紹

4.1　Beautifulsoup4（美麗湯）模組說明

4.2　requests 模組說明

4.3　Requests 模組介紹：以政府資料開放平台為例（ESG 公開資料集）

4.4　上櫃季報實作與視覺化 I

4.5　興櫃季報實作與視覺化 II

4.6　金管會 RSS 爬蟲資料抓取

4 Python 中爬蟲模組介紹

4.1 Beautifulsoup4（美麗湯）模組說明

API 網站位置：https：//beautifulsoup.readthedocs.io/zh-cn/v4.4.0/

1. 概述

BeautifulSoup4（BS4）是一種基於 Python 的 HTML 和 XML 解析工具，適用於網頁爬取（Web Scraping）與結構化數據提取（Structured Data Extraction）。它提供了一套直觀且強大的 API，使研究人員能夠快速解析和處理網頁數據，特別適用於處理非標準化、結構混亂或動態生成的 HTML 內容。

在學術領域，BS4 被廣泛應用於：

- **社會科學研究**：分析網絡輿情、社交媒體評論、新聞報導等文本數據
- **數據科學**：爬取結構化資料（如表格、名錄、數據指標）以進行進一步的統計分析
- **自然語言處理（NLP）**：爬取文本語料庫以進行語義分析、情感分析和詞頻分析

- **生物資訊學**：從生物醫學文獻（如 PubMed、NCBI）提取摘要和關鍵資訊
- **數字人文（Digital Humanities）**：分析歷史文件、學術論文和其他文本資源

2. 技術架構與設計原理

BS4 的核心是一個 **DOM 解析器（DOM Parser）**，允許使用者對 HTML/XML 文檔進行遍歷、查詢和修改。它提供了以下幾種解析方式：

1. **樹形結構解析（Tree Traversal）**：將 HTML 轉換為一棵樹狀結構，允許研究人員通過節點關係（如父節點、子節點、兄弟節點）查找和操作數據。

2. **標籤過濾（Tag Filtering）**：通過標籤名稱、類別、ID 或 CSS 選擇器來篩選網頁元素。

3. **內容提取（Content Extraction）**：利用 .text、.get_text() 方法提取純文本，過濾掉標籤和 HTML 代碼，適用於文本分析。

4. **屬性操作（Attribute Manipulation）**：允許提取與修改 HTML 標籤屬性，如 href（超鏈接）、src（圖片來源）等。

3. 解析策略

BeautifulSoup4 可支持多種解析器，每種解析器的特性與適用場景如下：

解析器	方法	適用場景	優勢	劣勢
Python 內建 html.parser	"html.parser"	一般 HTML 解析	內建、無需額外安裝	容錯能力較弱
lxml	"lxml"	大規模 HTML/XML 解析	速度快、容錯能力強	需額外安裝 lxml
html5lib	"html5lib"	需要高容錯能力的 HTML 解析	完整模擬瀏覽器解析方式	速度慢，資源消耗大

Python 中爬蟲模組介紹

其中，lxml 解析器在性能與容錯性上最優，特別適合大規模學術研究時進行資料爬取。

4. 應用於學術研究的案例

4.1 網絡輿情分析

網絡輿情分析（Online Public Opinion Analysis）是社會科學與新聞學的重要研究方向。例如，研究人員可以通過 BS4 爬取 Twitter、Facebook、Reddit 或新聞網站的評論數據，以進行語義分析假設

想要爬取 PTT 上的新聞或討論版文章標題，我們可以使用以下的代碼來爬取：

1. 爬取 PTT 八卦版（Gossiping）的文章標題：

```
import requests
from bs4 import BeautifulSoup

url = "https://www.ptt.cc/bbs/Gossiping/index.html"
headers = {
    'User-Agent':'Mozilla/5.0(Windows NT 10.0;Win64;x64)AppleWebKit/537.36(KHTML,like Gecko)Chrome/91.0.4472.124 Safari/537.36'
}

# 建立 session 物件
session = requests.Session()
# 設定年齡驗證的 cookie
session.cookies.set('over18','1')

# 發送 GET 請求
response = session.get(url,headers=headers)
soup = BeautifulSoup(response.text,"html.parser")

# 提取文章標題（標題在 class="title" 的 div 內的 a 標籤中）
titles = []
```

```python
for div in soup.find_all('div',class_='title'):
    # 有些文章可能被刪除,所以要確認 a 標籤存在
    if div.find('a'):
        titles.append(div.find('a').text.strip())

for title in titles:
    print(title)
```

程式碼解釋:

1. **URL**:指向 PTT 八卦版的首頁。

2. **Headers**:由於 PTT 需要正常的瀏覽器請求,必須加上 User-Agent 來模擬瀏覽器請求,否則會被封鎖。

3. **BeautifulSoup**:解析返回的 HTML 並提取所有標題,這些標題的 HTML 標籤 <a> 中有 class="t3" 的 class 名稱。

4. **標題提取**:將每個文章的標題 (a 標籤的內容) 提取出來,並印出。

注意:

1. **網站結構**:這個代碼是基於 PTT 八卦版的結構,若 PTT 網站結構有變動,可能需要根據新結構調整爬取邏輯。

2. **頁數控制**:若需要抓取多頁內容,可以遍歷每一頁的 URL 進行抓取。

3. **防止封鎖**:PTT 有時會對大量爬取的 IP 進行封鎖,因此,建議控制爬取頻率,並使用代理或 VPN 來進行更高頻率的爬取。

Python 中爬蟲模組介紹

```
Jupyter 4_1_網絡輿情分析_爬取 PTT 八卦版（Gossiping）的文章標題 Last Checkpoint: 2 minutes ago                    Trusted

File   Edit   View   Run   Kernel   Settings   Help
                                                                                    JupyterLab    Python 3 (ipykernel)

[3]:  import requests
      from bs4 import BeautifulSoup

      url = "https://www.ptt.cc/bbs/Gossiping/index.html"
      headers = {
          'User-Agent': 'Mozilla/5.0 (Windows NT 10.0; Win64; x64) AppleWebKit/537.36 (KHTML, like Gecko) Chrome/91.0.4472.124
      }

      # 建立 session 物件
      session = requests.Session()
      # 認定年齡驗證的 cookie
      session.cookies.set('over18', '1')

      # 發送 GET 請求
      response = session.get(url, headers=headers)
      soup = BeautifulSoup(response.text, "html.parser")

      # 提取文章標題（標題在 class="title" 的 div 內的 a 標籤中）
      titles = []
      for div in soup.find_all('div', class_='title'):
          # 有些文章可能被刪除，所以要確認 a 標籤存在
          if div.find('a'):
              titles.append(div.find('a').text.strip())

      for title in titles:
          print(title)
```

```
[問卦] 為什麼百貨公司一定要三不五時改裝？
[問卦] 日常生活有可能不使用瓦斯嗎？
[新聞] 新北男超商討東西吃被拒...菜刀砍店長 被
[問卦] 為什麼要區分凶宅的八卦？
[問卦] 肥宅經過百貨公司氣爆現場如何自保
[問卦] 印象最深的氣爆是哪個？
[問卦] 新光三越那麼高級的地方為什麼會氣爆？？
[新聞] S媽凌晨再喊話「我要上戰場」！疑開戰汪
Fw: [公告] 請留意新註冊帳號使用信件詐騙
[公告] 八卦板板規(2025.01.21)
[公告] ★八卦板板主"又"..補選報名開始★
[公告] 板主"又"補選報名截止時間公告
```

2. 使用 Yahoo 新聞（https://tw.news.yahoo.com/）來爬取台灣的新聞標題：

```python
import requests
from bs4 import BeautifulSoup
import pandas as pd
from datetime import datetime

def scrape_yahoo_news():
    #Yahoo 新聞台灣首頁網址
    url = "https://tw.news.yahoo.com/"

    # 發送請求並獲取內容
```

```python
    response = requests.get(url)
    soup = BeautifulSoup(response.text,"html.parser")
    
    # 提取新聞標題
    titles = [title.text for title in soup.find_all("h3",class_="Mb(5px)")]
    
    # 建立 DataFrame
    df = pd.DataFrame({
        '標題':titles,
        '擷取時間':[datetime.now().strftime("%Y-%m-%dH:%M:%S")]*len(titles)
    })
    
    # 加入序號欄位
    df.insert(0,'序號',range(1,len(df)+ 1))
    
    return df

# 執行爬蟲和資料整理
news_df = scrape_yahoo_news()

# 顯示結果
print("Yahoo 新聞標題清單 :")
print("="*50)
print(news_df.to_string(index=False))

# 儲存成 CSV 檔案
news_df.to_csv('yahoo_news.csv',encoding='utf-8-sig',index=False)
```

- **程式碼解釋：**

    URL：指向 Yahoo 台灣新聞首頁。

    BeautifulSoup：解析 HTML 並提取所有 <h3> 標籤的新聞標題，這些標籤通常包含最新的新聞標題。

    標題提取：每個新聞標題被提取出來並印出。

Python 中爬蟲模組介紹

jupyter 4_2_輿論分析_使用Yahoo新聞來爬取台灣的新聞標題

```python
import requests
from bs4 import BeautifulSoup
import pandas as pd
from datetime import datetime

def scrape_yahoo_news():
    # Yahoo新聞台灣首頁網址
    url = "https://tw.news.yahoo.com/"
    
    # 發送請求並獲取內容
    response = requests.get(url)
    soup = BeautifulSoup(response.text, "html.parser")
    
    # 提取新聞標題
    titles = [title.text for title in soup.find_all("h3", class_="Mb(5px)")]
    
    # 建立 DataFrame
    df = pd.DataFrame({
        '標題': titles,
        '擷取時間': [datetime.now().strftime("%Y-%m-%d %H:%M:%S")] * len(titles)
    })
    
    # 加入序號欄位
    df.insert(0, '序號', range(1, len(df) + 1))
    
    return df

# 執行爬蟲和資料整理
news_df = scrape_yahoo_news()

# 顯示結果
print("Yahoo 新聞標題清單:")
print("="*50)
print(news_df.to_string(index=False))

# 儲存成 CSV 檔案
news_df.to_csv('yahoo_news.csv', encoding='utf-8-sig', index=False)
```

```
Yahoo 新聞標題清單:
==================================================
 序號                                                                                                     標題              擷取時間
  1 2025春季時尚趨勢＆必備穿搭單品TOP10！韓韶禧同款鏈帶摺疊包、休閒風瑪莉珍、蝴蝶結元素、中性格紋襯衫...超實穿又不退潮流連韓星都愛穿 2025-02-13 15:09:52
  2                                                          響應世界穿山甲日（World Pangolin Day） 高市贈百本穿山甲繪本 2025-02-13 15:09:52
  3                                                        文藻外大邀夥伴學校校長座談 盼培育兼具人文、科技人才 2025-02-13 15:09:52
  4                                                                  北高雄家扶新春義賣 2/15、2/16衛武營登場 2025-02-13 15:09:52
  5                                                       「剛好愛在一起」開學趴 重溫屬於台灣人的獨特童年回憶 2025-02-13 15:09:52
  6                                           閩南狼嫖妓其實在台灣？鹽江村再曝驚人音檔：白天大龍兔，晚上曹董幫出錢嗎 2025-02-13 15:0
9:52
  7                                                                 不斷更新／台中新光三越氣爆！最新傷亡數字 2025-02-13 15:09:52
  8                                                全民普發1萬元綠開酸 王鴻薇：小英能為何賴清德不行？ 2025-02-13 15:09:52
  9                                                       RE100及100%使用再生水 台積電擴建計畫案通過環評初審 2025-02-13 15:09:52
 10                                                       廣興遊庄慶元宵 發現客庄傳統文化復振的新感動 2025-02-13 15:09:52
 11                                                          台中新光三越氣爆 台北、高雄表達支援救災 2025-02-13 15:09:52
```

4.2 爬取學術論文

在計算語言學（Computational Linguistics）或科學計量學（Scientometrics）研究中，研究人員經常需要爬取學術論文元數據，例如標題、作者、摘要和引用數。以 arXiv 為例：

■ **目標網址：https：//arxiv.org/list/cs.CL/recent**

arXiv 上用來列出最近的**計算機科學（Computer Science）**相關領域的**計算語言學（Computational Linguistics，cs.CL）**領域的研究論文。arXiv 是一個免費的學術文章庫，提供各種學科領域的研究論文，包含物理、數學、計算機科學、統計學等，供全球學者和研究者參考與發表。

這個特定的頁面會列出該領域內最近上傳的論文，並以時間排序（最新的在最上面）。每篇文章通常會包含以下幾個重要資訊：

1. **標題（Title）**：文章的主題。
2. **作者（Authors）**：參與該篇文章研究和撰寫的學者或研究人員。
3. **提交日期（Submission date）**：文章提交的時間。
4. **摘要（Abstract）**：簡短介紹文章內容和主要貢獻。
5. **下載鏈接（Download link）**：通常是 .pdf 格式，可以直接下載該文章的全文。

網頁內容大致結構：

1. **頁面最上方**：會有選項和篩選條件，讓使用者能選擇其他領域或修改顯示的文章數量。
2. **文章列表區域**：顯示每篇文章的標題、作者、提交日期等基本資訊。
3. **鏈接**：每篇文章的標題通常會是鏈接，點擊後會跳轉到該文章的詳情頁面，提供完整的摘要和下載選項。

4　Python 中爬蟲模組介紹

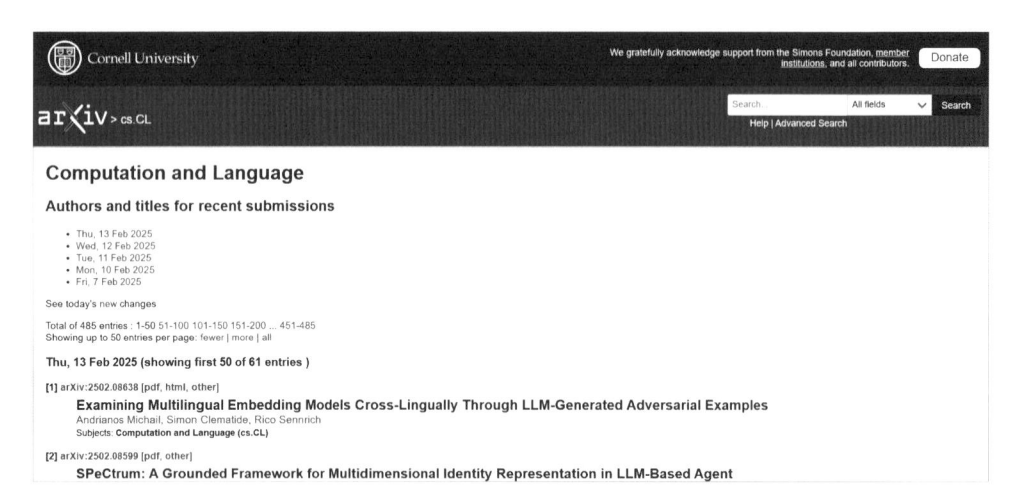

```python
url = "https://arxiv.org/list/cs.CL/recent"
response = requests.get(url)
soup = BeautifulSoup(response.text,"html.parser")

# 提取論文標題
titles = [title.text.strip()for title in soup.find_all("div",class_="list-title")]
print(titles)
```

4.3 網頁結構化數據提取

BS4 支援從網頁中提取表格數據（如政府統計、經濟指標等），進一步進行統計分析。例如：

```
table = soup.find("table",class_="data")
rows = table.find_all("tr")

data = []
for row in rows:
    cols = row.find_all("td")
    cols = [ele.text.strip()for ele in cols]
    data.append(cols)

import pandas as pd
df = pd.DataFrame(data)
print(df)
```

這樣的技術可應用於財經數據分析、公共政策研究等領域。

5. 限制與挑戰

儘管 BS4 在學術研究中十分有用，但仍然存在以下挑戰：

1. **動態內容問題**：許多網站使用 JavaScript 動態載入內容，BS4 無法直接解析，需要配合 Selenium 或 Puppeteer。

2. **反爬機制**：部分網站會檢測大量請求並阻止爬取，解決方案包括：
   使用 User-Agent 欺騙請求
   設置合適的請求間隔，避免觸發 IP 封鎖
   使用代理 IP

3. **數據清理需求**：爬取後的數據通常包含 HTML 標籤、空格和雜訊，需要進一步清理。

6. BS4 在 NLP 研究中的角色

BeautifulSoup 在 NLP（自然語言處理）領域的應用十分廣泛，主要體現在：

1. **爬取語料庫**（Corpus Collection）：用於獲取訓練數據，如新聞、維基百科、社交媒體文本。

2. **HTML 預處理**（Preprocessing）：將 HTML 格式的文本轉換為純文本，過濾無用標籤。

3. **結構化數據提取**（Information Extraction）：從 HTML 文本中提取特定類型的文本數據，如時間、地點、人物等。

結合 **NLTK、spaCy 或 transformers**，BS4 可以實現高效的網頁數據分析工作流。

- **目標網址：https：//www.bbc.com/zhongwen/simp**

4.1 Beautifulsoup4（美麗湯）模組說明

```python
from nltk.tokenize import word_tokenize
from bs4 import BeautifulSoup
import requests

url = "https://www.bbc.com/zhongwen/simp"
response = requests.get(url)
soup = BeautifulSoup(response.text,"html.parser")

text = soup.get_text()# 獲取網頁純文本
tokens = word_tokenize(text)# 進行詞彙切割
print(tokens[:50])# 顯示前 50 個詞
```

```
# 繁體中文轉成簡體中文
!pip install opencc
import requests
from bs4 import BeautifulSoup
import jieba
from collections import Counter
import opencc

# 定義文本分析函數
def analyze_chinese_text(text):
    """
    對中文文本進行簡單的分析

    參數：
    text (str): 要分析的中文文本

    返回：
    dict: 包含分析結果的字典
    """
    # 使用結巴進行分詞
    words = jieba.cut(text)
    words_list = list(words)

    # 統計詞頻
    word_freq = Counter(words_list)

    # 分析結果
    analysis = {
        '總字數': len(text),
        '總詞數': len(words_list),
        '不同詞數': len(set(words_list)),
        '最常見詞': word_freq.most_common(5)
    }

    return analysis, words_list

# 使用 BeautifulSoup 爬取並解析網頁
def fetch_and_analyze_url(url):
    """
    爬取指定URL的內容並進行文本分析

    參數：
    url (str): 需要分析的網頁URL

    返回：
    dict: 文本分析結果
    """
    # 發送 HTTP 請求
    response = requests.get(url)
    soup = BeautifulSoup(response.text, "html.parser")
```

```python
# 擷取純文本
text = soup.get_text()

# 簡體轉繁體
cc = opencc.OpenCC('s2t')  # 's2t' 是簡體到繁體的轉換模式
text = cc.convert(text)  # 進行轉換

# 顯示轉換後的網頁內容
print("轉換後的網頁內容：")
print(text[:500])  # 只顯示前 500 字，以免過長

# 分析文本
results, words = analyze_chinese_text(text)

return results, words

# 測試函數（以 BBC 中文網為例）
url = "https://www.bbc.com/zhongwen/simp"
results, words = fetch_and_analyze_url(url)

# 打印結果
print("\n文本分析結果：")
print(f"總字數：{results['總字數']}")
print(f"總詞數：{results['總詞數']}")
print(f"不同詞數：{results['不同詞數']}")
print("\n最常見的5個詞：")
for word, count in results['最常見詞']:
    print(f"  {word}：出現 {count} 次")

print("\n分詞結果示例（前10個詞）：")
print(list(words)[:10])
```

7. 總結

未來，隨著 BeautifulSoup 4（BS4）技術的進步，它將在許多具體領域中發揮關鍵作用，特別是在數據抓取和分析方面，提供更高效、更精確的解決方案。以下是幾個精確的應用場景：

1. **社會科學領域**：BS4 可以幫助研究人員從社交媒體平台（如 Twitter、Facebook）和新聞網站中提取公共輿論數據，這些數據可用於分析社會情緒變化、政治態度、公共政策的影響等。結合自然語言處理（NLP）技術後，還能夠進行情感分析，對網絡中關於特定事件或話題的態度進行精確識別，從而幫助政府、政策制定者或學者更好地理解公共情緒和社會趨勢。

2. **生物資訊學**：在基因組學和蛋白質結構研究中，BS4 可以自動抓取公開數據庫中的大量實驗數據，這些數據可以幫助科研人員在基因分析和藥物研發中做出更準確的預測。進一步地，結合機器學習，這些數據可以用來訓練模型，推動新藥開發、疾病預測和精準醫療的發展。

3. **語言學研究**：BS4 可用來抓取全球各地的語言資料，特別是對於多語言文本的分析。結合深度學習和 NLP 技術，語言學家可以不僅依賴傳統的語料庫，還能從網絡上獲取多元化的文本數據進行語言模型的訓練。這將幫助提高語音識別、機器翻譯和語言理解等技術的準確性，並促進語言學研究的跨文化比較。

4. **知識圖譜構建**：利用 BS4，從各種網頁中抓取大量結構化數據後，這些數據可進一步通過 NLP 技術進行處理，轉換為知識圖譜。這些圖譜可以在新聞報導中提取人物、地點、時間等信息，建立多維度的關聯網絡，從而幫助分析和理解複雜事件背後的因果關係和內在結構，尤其對於大規模的資料分析與信息抽取尤為有效。

5. **企業數據分析**：BS4 在企業領域的應用可以幫助公司收集來自市場、競爭對手、消費者行為等方面的大數據。通過抓取行業網站、論壇和新聞網站，企業能夠分析消費者的需求、產品的評價趨勢以及市場動態，從而為產品研發、銷售策略及市場定位提供數據支持，進一步提升企業的競爭力。

總結來說，隨著人工智慧（AI）、機器學習和大數據分析技術的發展，BS4 將能夠在處理大規模數據抓取、結構化處理和分析方面發揮更加重要的作用，並且在各領域的深度應用將極大提升我們對數據的理解與應用能力，進一步推動科學研究、商業策略的發展。

4.2. requests 模組說明

API 網站位置：https：//requests.readthedocs.io/en/latest/

4 Python 中爬蟲模組介紹

Requests: HTTP for Humans™

Release v2.32.3. (Installation)

Requests is an elegant and simple HTTP library for Python, built for human beings.

Behold, the power of Requests:

```
>>> r = requests.get('https://api.github.com/user', auth=('user', 'pass'))
>>> r.status_code
200
>>> r.headers['content-type']
'application/json; charset=utf8'
>>> r.encoding
'utf-8'
>>> r.text
'{"type":"User"...'
>>> r.json()
{'private_gists': 419, 'total_private_repos': 77, ...}
```

Star 52,491

Requests is an elegant and simple HTTP library for Python, built for human beings.

Useful Links

Quickstart
Advanced Usage

　　在學術研究中，經常需要從網路上下載 PDF 文檔，例如學術論文、報告或技術白皮書，然後進行處理和解析。Python 的 requests 模組可以用來下載 PDF，而 PyPDF2 或 pdfplumber 模組則可以用來解析 PDF 內容。

1. 使用 requests 下載 PDF

　　我們首先介紹如何使用 requests 下載 PDF 文件，並將其保存到本地。

　　範例：下載並保存 PDF

```python
import requests

#PDF 文件 URL（這裡使用 arXiv 的示例）
pdf_url = "https://arxiv.org/pdf/2301.00001.pdf"

# 發送 GET 請求下載 PDF
response = requests.get(pdf_url,stream=True)

# 確保請求成功
if response.status_code == 200:
    with open("paper.pdf","wb")as f:
        for chunk in response.iter_content(1024):
            f.write(chunk)
```

```
    print("PDF 下載完成！")
else:
    print(f" 下載失敗，狀態碼 :{response.status_code}")
```

說明：

1. requests.get(pdf_url,stream=True)：以流的形式下載 PDF，避免一次性加載過大文件導致內存佔用過高。

2. iter_content(1024)：以 1024 字節為單位逐塊寫入文件，提高效率。

2. 使用 PyPDF2 解析 PDF

一旦我們下載了 PDF，就可以使用 PyPDF2 來解析其內容，例如提取文本或頁面數。

範例：從 PDF 提取文本

```
import PyPDF2

# 打開 PDF 文件
with open("paper.pdf","rb")as f:
    reader = PyPDF2.PdfReader(f)
```

```python
# 獲取 PDF 的總頁數
num_pages = len(reader.pages)
print(f"總頁數：{num_pages}")

# 提取前兩頁的文本內容
for page_num in range(min(2,num_pages)):
    page = reader.pages[page_num]
    print(f"\n---- 第 {page_num + 1} 頁 ----")
    print(page.extract_text())
```

說明：

1. PdfReader(f)：建立 PDF 讀取物件。

2. len(reader.pages)：獲取總頁數。

3. page.extract_text()：提取指定頁面的文本。

⚠ 注意：PyPDF2 的 extract_text() 有時可能無法完全解析帶有特殊格式的 PDF，例如掃描版 PDF，這時可以改用 pdfplumber。

```
what the application requires, and smart contract design with security considerations in mind. The NFTrig
application has underwent significant testing and validation prior to and after deployment. Future suggestions
and recommendations for further development, maintenance, and use in other fields for education are also
described.
CCS Concepts: • Computer systems organization →Redundancy ; Robotics; •Networks →Network
reliability.
Additional Key Words and Phrases: Matic, Metamask, polygon, bootstrap5, Solidity
1 INTRODUCTION
The purpose of this report is to describe the technical details involved in the development of the
NFTrig application. This includes both the front end website design, the back end smart contract,
and NFT creation. It will mainly focus on the technical details of the project outlining software
requirements, design through programming languages, client and server side interactions, and
validation testing. This allows the reader to undertake further development, fixes, or maintenance
of the software, as this forms part of the documentation for the software.
The NFTrig project is based around the creation of a web-based game application that allows
interaction of NFTs (non-fungible token) with trigonometric function designs. NFTs are digital
assets, for example a picture, that has a unique identification and can generally be freely traded
with cryptocurrency [ 33]. Through this application, users are able to purchase digital artwork of
many different trigonometric functions and combine them using mathematical operations. Current
supported operations include multiplication and division of the trigonometric functions, and the
output of each operation is a new NFT card that would be the result of an operation. The old cards
will then be removed from the user's possession and burned using the smart contact. For example,
if a user combined the two cards Sin(x) and Cos(x) using multiplication, they would lose their two
old cards and receive the new card Tan(x). Further, the NFT cards are assigned one of the following
rarity levels: common, uncommon, rare, and legendary. The probability of each of these levels is
defined later in this report.
The application also allows a user to connect to MetaMask, a digital wallet capable of storing a
user's cryptocurrency and NFTs as well as a way to connect to block chain. The NFTrig application
Authors' addresses: Jordan Thompson, jordanthompson18@augustana.edu, Augustana College, Rock Island, USA; Ryan
Benac, ryanbenac18@augustana.edu, Augustana College, Rock Island, USA; Kidus Olana, kidusolana18@augustana.edu,
Augustana College, Rock Island, USA; Talha Hassan, talhahassan18@augustana.edu, Augustana College, Rock Island,
USA; Andrew Sward, andrewsward@augustana.edu, Augustana College, Rock Island, USA; Tauheed Khan Mohd,
tauheedkhanmohd@augustana.edu, Augustana College, Rock Island, USA.arXiv:2301.00001v1  [cs.HC]  21 Dec 2022

---- 第 2 頁 ----
2 Jordan Thompson, Ryan Benac, Kidus Olana, Talha Hassan, Andrew Sward, and Tauheed Khan Mohd
can also display the NFTs owned by the user and allow them to connect to OpenSea to sell the
NFTrig cards on a public marketplace. The application is hosted on Moralis employing their Web3
API. Technical languages used in this project, which will be discussed in detail throughout this
paper, include front end web development languages HTML, CSS (specifically Bootstrap5), and
JavaScript as well as the back end smart contract development language Solidity.
In order to attract users, this application also allows a user to answer trivia questions and gain
experience points. These points can then be used to unlock new sets of NFT cards or upgrade existing
cards in a user's wallet. This game-like design should appeal to a younger audience and encourage
them to answer trigonometry or math based questions. This will have an incredible educational
benefit for the user because they will be both learning and playing a game simultaneously.
2 MOTIVATION
The purpose of this application is as an educational tool for students who are attempting to
understand the ways that trigonometric functions interact with each other. As opposed to just
graphing these functions by hand, students will be able to generate new NFTs by combining
whatever trigonometric functions they already own. In fact, using technology is shown to influence
and better educational processes by increasing interaction between those in the classroom [ 9].
Technology is becoming increasingly prevalent in every sphere of daily life, so the use of technology
in a classroom setting is not only logical, but it increases the educational benefit of students [ 29].
However, as the technology continues to evolve, "the gap between traditional course material
```

3. 使用 pdfplumber 提取 PDF 內容

如果 PyPDF2 無法準確提取內容，我們可以改用 pdfplumber，它在解析表格和特殊排版的 PDF 文件時更準確。

範例：使用 pdfplumber 提取文本

```
import pdfplumber

with pdfplumber.open("paper.pdf")as pdf:
    for page_num,page in enumerate(pdf.pages[:2]):   #只讀取前兩頁
        print(f"\n---- 第 {page_num + 1} 頁 ----")
        print(page.extract_text())
```

4 Python 中爬蟲模組介紹

說明：

1. pdfplumber 可以更精確地解析 PDF，特別是包含表格和特殊格式的文件。

2. extract_text() 在大多數情況下比 PyPDF2 更準確。

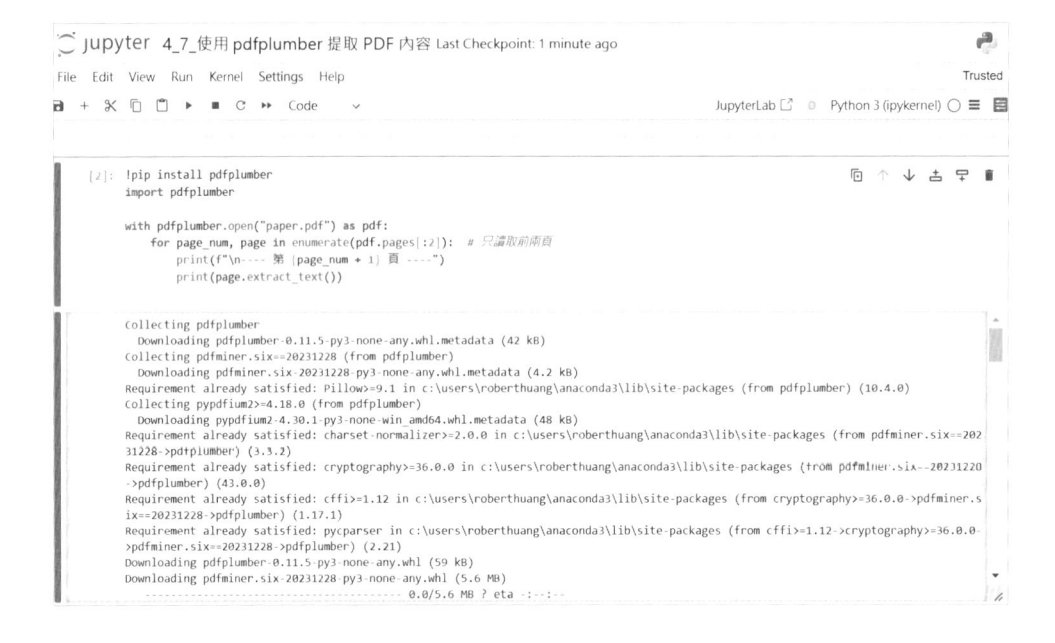

```
[2]: !pip install pdfplumber
     import pdfplumber

     with pdfplumber.open("paper.pdf") as pdf:
         for page_num, page in enumerate(pdf.pages[:2]):  # 只讀取前兩頁
             print(f"\n---- 第 {page_num + 1} 頁 ----")
             print(page.extract_text())
```

```
Collecting pdfplumber
  Downloading pdfplumber-0.11.5-py3-none-any.whl.metadata (42 kB)
Collecting pdfminer.six==20231228 (from pdfplumber)
  Downloading pdfminer.six-20231228-py3-none-any.whl.metadata (4.2 kB)
Requirement already satisfied: Pillow>=9.1 in c:\users\roberthuang\anaconda3\lib\site-packages (from pdfplumber) (10.4.0)
Collecting pypdfium2>=4.18.0 (from pdfplumber)
  Downloading pypdfium2-4.30.1-py3-none-win_amd64.whl.metadata (48 kB)
Requirement already satisfied: charset-normalizer>=2.0.0 in c:\users\roberthuang\anaconda3\lib\site-packages (from pdfminer.six==20231228->pdfplumber) (3.3.2)
Requirement already satisfied: cryptography>=36.0.0 in c:\users\roberthuang\anaconda3\lib\site-packages (from pdfminer.six==20231228->pdfplumber) (43.0.0)
Requirement already satisfied: cffi>=1.12 in c:\users\roberthuang\anaconda3\lib\site-packages (from cryptography>=36.0.0->pdfminer.six==20231228->pdfplumber) (1.17.1)
Requirement already satisfied: pycparser in c:\users\roberthuang\anaconda3\lib\site-packages (from cffi>=1.12->cryptography>=36.0.0->pdfminer.six==20231228->pdfplumber) (2.21)
Downloading pdfplumber-0.11.5-py3-none-any.whl (59 kB)
Downloading pdfminer.six-20231228-py3-none-any.whl (5.6 MB)
   ---------------------------------------- 0.0/5.6 MB ? eta -:--:--
```

4. 自動下載並解析多篇 PDF

在學術研究中，我們經常需要一次下載並解析多個 PDF 文件，例如從 arXiv 或 IEEE Xplore 下載多篇論文，然後批量提取內容進行分析。

範例：批量下載 PDF 並提取內容

```python
import requests
import pdfplumber

# 要下載的 PDF 文件列表（可替換為真實的學術論文 URL）
pdf_urls = [
    "https://arxiv.org/pdf/2301.00001.pdf",
```

4.2. requests 模組說明

```
    "https://arxiv.org/pdf/2301.00002.pdf"
]

for i,url in enumerate(pdf_urls):
    pdf_filename = f"paper_{i+1}.pdf"

    # 下載 PDF
    response = requests.get(url,stream=True)
    if response.status_code == 200:
        with open(pdf_filename,"wb")as f:
            for chunk in response.iter_content(1024):
                f.write(chunk)
        print(f"{pdf_filename} 下載完成！")

        # 解析 PDF 內容
        with pdfplumber.open(pdf_filename)as pdf:
            print(f"\n---{pdf_filename} 內容 ---")
            for page_num,page in enumerate(pdf.pages[:2]):# 只讀取前兩頁
                print(f"\n---- 第 {page_num + 1} 頁 ----")
                print(page.extract_text())
    else:
        print(f"{pdf_filename} 下載失敗，狀態碼:{response.status_code}")
```

說明：

批量下載 PDF：使用 requests 迴圈下載多篇論文。

存儲並命名 PDF：每篇論文下載後存入不同的文件中（paper_1.pdf，paper_2.pdf…）。

自動解析內容：下載後立即使用 pdfplumber 解析前兩頁的內容。

4-21

4 Python 中爬蟲模組介紹

```
import requests
import pdfplumber

# 要下載的 PDF 文件列表 (可替換為真實的學術論文 URL)
pdf_urls = [
    "https://arxiv.org/pdf/2301.00001.pdf",
    "https://arxiv.org/pdf/2301.00002.pdf"
]

for i, url in enumerate(pdf_urls):
    pdf_filename = f"paper_{i+1}.pdf"

    # 下載 PDF
    response = requests.get(url, stream=True)
    if response.status_code == 200:
        with open(pdf_filename, "wb") as f:
            for chunk in response.iter_content(1024):
                f.write(chunk)
        print(f"{pdf_filename} 下載完成！")

        # 解析 PDF 內容
        with pdfplumber.open(pdf_filename) as pdf:
            print(f"\n--- {pdf_filename} 內容 ---")
            for page_num, page in enumerate(pdf.pages[:2]):  # 只讀取前兩頁
                print(f"\n---- 第 {page_num + 1} 頁 ----")
                print(page.extract_text())
    else:
        print(f"{pdf_filename} 下載失敗，狀態碼: {response.status_code}")
```

```
2 JordanThompson,RyanBenac,KidusOlana,TalhaHassan,AndrewSward,andTauheedKhanMohd
canalsodisplaytheNFTsownedbytheuserandallowthemtoconnecttoOpenSeatosellthe
NFTrigcardsonapublicmarketplace.TheapplicationishostedonMoralisemployingtheirWeb3
API.Technicallanguagesusedinthisproject,whichwillbediscussedindetailthroughoutthis
paper,includefrontendwebdevelopmentlanguagesHTML,CSS(specificallyBootstrap5),and
JavaScriptaswellasthebackendsmartcontractdevelopmentlanguageSolidity.
Inordertoattractusers,thisapplicationalsoallowsausertoanswertriviaquestionsandgain
experiencepoints.ThesepointscanthenbeusedtounlocknewsetsofNFTcardsorupgradeexisting
cardsinauser'swallet.Thisgame-likedesignshouldappealtoayoungeraudienceandencourage
themtoanswertrigonometryormathbasedquestions.Thiswillhaveanincredibleeducational
benefitfortheuserbecausetheywillbebothlearningandplayingagamesimultaneously.
2 MOTIVATION
The purpose of this application is as an educational tool for students who are attempting to
understandthewaysthattrigonometricfunctionsinteractwitheachother.Asopposedtojust
graphing these functions by hand, students will be able to generate new NFTs by combining
whatevertrigonometricfunctionstheyalreadyown.Infact,usingtechnologyisshowntoinfluence
andbettereducationalprocessesbyincreasinginteractionbetweenthoseintheclassroom[9].
Technologyisbecomingincreasinglyprevalentineveryspehereofdailylife,sotheuseoftechnology
```

5. 高級應用：下載學術論文並進行 NLP 處理

當你獲取大量 PDF 文獻後，可以使用自然語言處理（NLP）技術進一步分析論文內容，例如：

- 計算某個關鍵詞在論文中的出現次數
- 提取摘要和結論
- 生成關鍵字雲（Word Cloud）

範例：統計 PDF 中的關鍵詞

```python
import pdfplumber
from collections import Counter

keyword = "Blockchain"

# 讀取 PDF
with pdfplumber.open("paper.pdf")as pdf:
    text = ""
    for page in pdf.pages:
        text += page.extract_text()+ "\n"

    # 統計關鍵詞次數
    word_count = Counter(text.lower().split())
    print(f"'{keyword}' 出現次數 :{word_count.get(keyword,0)}")
```

應用場景：

- 在大量論文中查找某個研究領域的熱門關鍵詞，例如「machine learning」、「neural networks」等。
- 幫助自動化分類論文，例如區分「回顧性文章」和「原創研究」。

Python 中爬蟲模組介紹

總結說明：

需求	requests 解法	PDF 處理
下載學術 PDF	requests.get（url，stream=True）	wb 模式保存
提取 PDF 文字	pdfplumber（推薦）or PyPDF2	.extract_text()
批量下載	for url in urls：迴圈	每篇論文單獨處理
分析內容	Counter() 統計關鍵詞	NLP 或關鍵字雲

隨著學術研究文獻的數量日益增加，如何高效、精確地檢索、下載、提取及分析學術資料成為了研究者提升工作效率的關鍵挑戰。傳統的文獻搜尋和整理方式往往需要大量的手動操作，這不僅浪費時間，還可能導致錯過重要的研究成果。為了克服這些困難，現代的自動化技術提供了有效的解決方案，通過 Python 等編程語言的強大庫與工具，學術文獻的處理變得更加便捷且高效。這些技術不僅能夠減少文獻處理的時間，還能提高資料分析的準確性，為研究者提供更多的時間進行更深層次的學術探索。

首先，透過 requests 模組，學術研究者可以自動化地下載各大學術網站上的 PDF 文件。這樣的工具能夠批量下載學術期刊上的研究論文，尤其是在需要快速獲取大量資料的情況下，無論是從公開平台還是學術資料庫中提取文獻。requests.get() 方法能夠支持大文件的流式下載，這樣可以避免高內存消耗，同時保證下載過程的穩定性。這不僅能加快文獻收集的速度，還能簡化過程，消除手動下載的繁瑣步驟。對於學術期刊如 arXiv、IEEE Xplore 等，通過這樣的自動化技術，研究者能夠高效地獲取所需的文獻，並準備進行後續分析。

一旦文獻被下載，如何從 PDF 文件中提取有用的文本則成為另一個挑戰。對於 PDF 格式的文獻，pdfplumber 是一個非常實用的工具，它能夠幫助研究者從 PDF 文件中精確提取文本內容。這個工具支持對每一頁進行獨立解析，從而有效地提取文章的摘要、方法、結果等部分。通過將 PDF 中的文字轉換為可處理的文本格式，研究者可以輕鬆進行後續的文獻分析，例如關鍵詞提取和內容比對。對於一些掃描版的 PDF，則可以結合 OCR（光學字符識別）技術，如

pytesseract，將圖像中的文字識別出來，這樣即便是掃描的文獻也能夠進行有效的內容提取。

除了文獻的下載和提取，對文獻內容的分析則是研究過程中至關重要的一步。在學術研究中，分析文獻中的關鍵詞、熱門話題及其出現頻率，有助於研究者快速掌握某一領域的前沿進展。通過統計學方法，研究者可以借助計算工具（如 Python 的 Counter() 函數），對文獻中的關鍵詞進行頻率分析。這樣，研究者就能夠迅速找出文獻中最常出現的主題或概念，進而揭示出領域內的熱門研究方向。另一方面，生成關鍵字雲是另一種直觀有效的分析方法。關鍵字雲不僅能幫助視覺化地呈現文獻中的主要話題，還能進一步揭示出學術界對某些議題的關注程度。這種視覺化的分析方式，對於處理大量文獻資料、篩選出重要資訊具有重要意義。

批量處理學術文獻則是另一個關鍵點，尤其是當研究者需要分析數百篇或數千篇文獻時。自動化技術使得文獻的批量下載、處理與分析成為可能。研究者可以使用簡單的迴圈結構，對每一篇文獻進行自動化的處理，而不需要手動打開每篇文章，這不僅大大提升了工作效率，也避免了手動操作中可能出現的錯誤。透過這些技術，學術研究者能夠更快速地進行文獻回顧，並專注於更高層次的學術研究工作。

總結來看，這些現代化的技術工具不僅加速了學術文獻的處理過程，還提高了學術研究的質量。利用 requests 模組批量下載學術文獻，配合 pdfplumber 等工具精確提取文本，最後通過關鍵詞分析與關鍵字雲等方法進行內容分析，這些技術使得研究者能夠更高效地掌握文獻中的關鍵資訊，並迅速識別出某一領域的研究趨勢。這種自動化處理技術，不僅提升了研究的效率，也為學術界提供了一種更現代化、靈活且高效的文獻處理方式。

其他針對捕捉關鍵字的做法如下：

■ 方法 1：使用 find() 來計算關鍵詞次數

如果文本內容格式正確但 split() 影響了短語匹配，可以改用 .count() 來計算關鍵詞出現次數。

```python
import pdfplumber

keyword = "block chain"

# 讀取 PDF
with pdfplumber.open("paper_1.pdf")as pdf:
    text = ""
    for page in pdf.pages:
        text += page.extract_text()+ "\n"# 直接合併所有頁面文本

    # 統計關鍵字次數（忽略大小寫）
    count = text.lower().count(keyword.lower())
    print(f"'{keyword}' 出現次數 :{count}")
```

- **方法 2：使用正則表達式處理換行問題**

如果關鍵字被換行符拆開，例如「Block\nchain」，可以使用 re.sub() 來移除換行。

```python
import pdfplumber
import re

keyword = "block chain"

with pdfplumber.open("paper_1.pdf")as pdf:
    text = ""
    for page in pdf.pages:
        text += page.extract_text()+ "\n"

    # 移除換行符，確保關鍵字不會被拆開
    text = re.sub(r"\s+","",text.lower())

    count = text.count(keyword.lower())
    print(f"'{keyword}' 出現次數 :{count}")
```

- **方法 3：使用 OCR(pytesseract) 處理掃描 PDF**

如果 extract_text() 讀取到的是 None 或者結果明顯錯誤，那麼 PDF 可能是掃描版本，這時需要使用 pytesseract 來進行 OCR 處理。

```python
import pdfplumber
import pytesseract
from PIL import Image

# 設定 Tesseract 的路徑（Windows 需要手動設定）
#pytesseract.pytesseract.tesseract_cmd = r'C:\Program Files\Tesseract-OCR\tesseract.exe'

keyword = "block chain"
text = ""

with pdfplumber.open("paper_1.pdf")as pdf:
    for page in pdf.pages:
        if page.extract_text():
            text += page.extract_text()+ "\n"
        else:
            # 若無法解析，使用 OCR
            img = page.to_image().annotated
            text += pytesseract.image_to_string(img)+ "\n"

# 處理換行符
text = re.sub(r"\s+","",text.lower())

# 統計關鍵字次數
count = text.count(keyword.lower())
print(f"'{keyword}' 出現次數 :{count}")
```

- **方法 4：使用 nltk 進行詞彙匹配**

　　如果你希望進一步處理 PDF 內容並提取完整的上下文，可以使用 nltk 來進行詞彙匹配。

```python
import pdfplumber
import nltk
from nltk.tokenize import word_tokenize

nltk.download('punkt')

keyword = "block chain"
```

```
text = ""

with pdfplumber.open("paper_1.pdf")as pdf:
    for page in pdf.pages:
        text += page.extract_text()+ "\n"

# 轉換成小寫並進行分詞
tokens = word_tokenize(text.lower())

# 計算關鍵字出現次數
count = sum(1 for i in range(len(tokens)-1)if tokens[i]== "block"and tokens[i + 1]== "chain")
print(f"'{keyword}' 出現次數 :{count}")
```

總結說明：

方法	適用場景	優勢	缺點
count() 直接計算	文本格式正常的 PDF	簡單快速	無法處理換行拆分的關鍵字
re.sub() 處理換行	可能有換行符的 PDF	能處理 "Block\nchain"	仍然對掃描 PDF 無效
pytesseract OCR	掃描 PDF	能處理影像文字	需安裝 Tesseract，運行較慢
nltk NLP 處理	需要更準確匹配的 PDF	可提取上下文	需要安裝 nltk，較複雜

1. 如果 PDF 是純文本格式，**方法 1(count()) 或方法 2(re.sub()) 即可解決**。

2. 如果是掃描版 PDF，**則需要使用 pytesseract 進行 OCR**。

3. 如果要做進一步分析，**可以使用 nltk 進行自然語言處理**。

4. 這樣你可以根據不同的 PDF 類型選擇最適合的方法來統計關鍵字的出現次數。

4.3 Requests 模組介紹：以政府資料開放平台為例 (ESG 公開資料集)

政府開放資料在 ESG 分析中的應用：
以 Python Requests 模組擷取與處理數據為例

■ 1. 介紹

隨著企業社會責任（Corporate Social Responsibility，CSR）與環境、社會及公司治理（Environmental，Social，and Governance，ESG）指標在全球投資市場中的影響力日益增強，政府開放資料（Open Government Data，OGD）成為研究與監管這些指標的重要工具。許多國家和組織，如聯合國可持續發展目標（UN Sustainable Development Goals，SDGs）和全球報告倡議組織（Global Reporting Initiative，GRI），均鼓勵企業提供透明且可比較的 ESG 數據，以促進企業永續發展。

本研究以台灣**政府資料開放平臺**（data.gov.tw）提供的 ESG **資訊為例**，利用 Python 的 Requests 模組擷取與處理**企業資訊安全、董事會治理與溫室氣體排放**等數據，並探討如何運用機器讀取格式（Machine-Readable Format）進行數據分析，以提升企業透明度與研究的可行性。

■ 2. 政府開放資料（OGD）與 ESG 數據的理論背景

2.1. 政府開放資料（OGD）的數據治理

政府開放資料（OGD）是指由政府提供的可自由存取、機器可讀、標準化且可再利用的數據集。根據**開放數據原則**（Open Data Principles），高品質的 OGD 應符合：

1. **完整性（Completeness）**：數據應包含所有公開可得的資訊。
2. **原始性（Primacy）**：應直接來自官方機構，確保權威性。
3. **可及性（Accessibility）**：應易於存取，例如透過 API 或 CSV 格式公開。

4. **可讀性（Readability）**：應符合機器可讀標準（如 JSON、CSV）。

5. **可再利用性（Reusability）**：應允許數據分析與視覺化應用。

根據 **OECD 開放政府數據報告**（OECD Open Government Data Report），數據的開放度與經濟成長、創新、透明度之間呈現正相關。因此，政府資料的開放不僅有助於政策制定，也為企業與研究機構提供了豐富的分析來源。

2.2. ESG 數據治理與資訊擷取

環境、社會與公司治理（ESG）數據涉及企業對社會責任與永續發展的貢獻，並已成為投資機構評估企業長期價值的核心依據。ESG 數據的關鍵來源包括：

- 企業年報與永續報告書
- 政府公開資料（如 **data.gov.tw**）
- 第三方評級機構（如 **MSCI、S&P Global**）
- 學術研究機構（如 **Harvard Business School、MIT Sloan**）

根據 **Sustainability Accounting Standards Board（SASB）**，高品質的 ESG 數據應具備：

- **標準化（Standardized）**：確保不同企業的數據具備可比較性。
- **透明性（Transparency）**：避免數據操縱與選擇性披露。
- **可獨立驗證（Verifiable）**：須有外部機構進行審計。

本研究採用台灣政府開放的 ESG 數據，透過 Python 技術擷取並整合三大關鍵面向：

1. **資訊安全**（Cybersecurity）：企業資訊保護與數據風險管理。

2. **董事會治理**（Board Governance）：董事會組成與治理架構。

3. **溫室氣體排放**（Greenhouse Gas Emissions）：企業碳足跡與減碳措施。

3. 研究方法

3.1. Requests 模組的應用於 ESG 數據擷取

Python 的 **Requests** 模組是目前最常用於 HTTP 請求的工具，適用於從**政府開放資料、企業網站**與 **API** 擷取數據。其優勢包括：

- **簡單易用（Ease of Use）**：相比於 urllib 等內建函式，requests 提供更直覺的 API。
- **支持多種協議（Protocols）**：可處理 HTTP/HTTPS 請求，支援 JSON、XML、CSV 等格式。
- **高效能（Performance）**：可透過 Session 與串流方式減少網路開銷。

在本專案中，我們使用 requests.get() 擷取政府開放的 CSV 數據，並透過 pandas 進行數據處理。

3.2. Python 程式碼

3.2.1. 資料擷取

```
import pandas as pd
import requests
from io import StringIO

# 定義 ESG 資料集的 URL
url = "https://mopsfin.twse.com.tw/opendata/t187ap46_O_16.csv"# 請替換成正確的 ESG 連結

# 發送 HTTP GET 請求
response = requests.get(url)
response.encoding = "utf-8-sig"# 確保讀取時不會因 BOM 問題而出錯

# 直接轉換成 DataFrame，避免存取本地檔案
df1 = pd.read_csv(StringIO(response.text),encoding="utf-8-sig",errors="replace")

# 檢查 DataFrame 結果
print(df1.head())# 顯示前五筆資料
```

Python 中爬蟲模組介紹

此段程式碼透過 requests.get(url) 下載 ESG 數據，並使用 pandas.read_csv() 解析為 DataFrame，提升數據的處理效率。

資料清理與合併

資料清理（Data Cleaning）是數據分析的關鍵步驟，特別是來自多個來源的 ESG 數據，可能存在：

- 缺失值（**Missing Values**）
- 重複值（**Duplicate Entries**）
- 不同命名格式（**Inconsistent Naming**）

我們透過 pandas.merge() 進行水平方向（horizontal）的資料合併：

```
# 下載 ESG 相關數據
df_info_security = pd.read_csv("esg_info_security.csv",encoding="utf-8-sig")
df_board_governance = pd.read_csv("esg_board_governance.csv",encoding="utf-8-sig")
df_ghg_emissions = pd.read_csv("esg_ghg_emissions.csv",encoding="utf-8-sig")

# 以 ' 公司代號 ' 和 ' 報告年度 ' 作為關鍵字段合併
df_merged = df_info_security.merge(df_board_governance,on=[' 公司代號 ',' 報告年度 ']
,how='outer')
df_merged = df_merged.merge(df_ghg_emissions,on=[' 公司代號 ',' 報告年度 '],how='outer')

# 存檔為 CSV
df_merged.to_csv('20241229_ESG.csv',index=False,encoding='utf-8-sig')
```

■ 4. 研究結果與討論

透過上述方法，我們成功整合了三種 ESG 數據，並產生標準化的數據集。研究結果顯示：

1. **企業在資訊安全的揭露程度普遍較低**，部分公司未提供完整的資安報告。

4.3 Requests 模組介紹：以政府資料開放平台為例 (ESG 公開資料集)

2. **董事會結構與企業治理指標存在顯著差異**，顯示不同產業的治理模式有所不同。

3. **溫室氣體排放數據的透明度較高**，但缺乏細部分類（如範疇 1、2、3 排放）。

這些數據可進一步應用於**機器學習模型**，例如 ESG 風險評估、企業信用評等等領域。

■ 5. 結論

本研究示範了如何透過 **Python Requests** 模組從**政府開放資料**擷取並整合 ESG 數據，並探討其應用於企業永續性分析的價值。未來研究可進一步利用 API 自動化擷取數據，並結合自然語言處理（NLP）分析企業報告，提高數據分析的深度與準確性。

■ 6. 專案程式說明：

https://colab.research.google.com/drive/16oOZsco5b9Kc_yBQl0Ov1cW2cbNWmOE-?usp=sharing

上櫃公司企業ESG資訊揭露彙總資料-資訊安全 (df1)

```
#--------------------------------
#Requests.get
#--------------------------------
import pandas as pd
import requests

url = "https://mopsfin.twse.com.tw/opendata/t187ap46_O_16.csv"   #換連結
response = requests.get(url)
with open("data01.csv","wb") as file:
    file.write(response.content)
df1 = pd.read_csv("data01.csv",encoding="utf-8-sig")   #繁體中文
print(df1)
```

4 Python 中爬蟲模組介紹

```
1 df1
```

	出表日期	報告年度	公司代號	公司名稱	資訊外洩事件數量(件)	與個資相關的資訊外洩事件占比	因資訊外洩事件而受影響的顧客數(人)
0	1131231	112	1240	茂生農經	NaN	NaN	NaN
1	1131231	112	1259	安心	0.0	0.00%	0.0
2	1131231	112	1264	德麥	0.0	0.00%	NaN
3	1131231	112	1268	漢來美食	0.0	0.00%	0.0
4	1131231	112	1336	台翰	0.0	0.00%	0.0
...	...	...	...	...	...	...	...
514	1131231	112	8937	合騏	NaN	NaN	NaN
515	1131231	112	8938	明安	0.0	0.00%	0.0
516	1131231	112	8942	森鉅	NaN	NaN	NaN
517	1131231	112	9960	邁達康	NaN	NaN	NaN
518	1131231	112	9962	有益	NaN	0.00%	0.0

519 rows × 7 columns

上櫃公司企業ESG資訊揭露彙總資料-董事會 (df2)

```python
1 #----------------------------------------
2 #Requests.get
3 #----------------------------------------
4 import pandas as pd
5 import requests
6
7 url = "https://mopsfin.twse.com.tw/opendata/t187ap46_0_6.csv"  #換連結
8 response = requests.get(url)
9 with open("data01.csv","wb") as file:
10     file.write(response.content)
11 df2 = pd.read_csv("data01.csv",encoding="utf-8-sig")  #繁體中文
12 print(df2)
```

```
     出表日期  報告年度  公司代號  公司名稱  董事席次(席)  獨立董事席次(席)  女性董事席次及比率-席  女性董事席次及比率-比率   \
0   1131231   112  1240  茂生農經        7          3          1.0         0.14%
1   1131231   112  1259    安心       11          3          2.0        18.18%
2   1131231   112  1264    德麥       11          3          2.0        18.18%
3   1131231   112  1268  漢來美食        7          3          1.0        14.29%
4   1131231   112  1336    台翰        8          4          1.0        12.50%
..      ...   ...   ...   ...      ...        ...          ...           ...
814 1131231   112  9949    琉園        7          3          1.0        14.29%
815 1131231   112  9950  萬國通        7          4          1.0        14.29%
816 1131231   112  9951    皇田        9          4          3.0        33.33%
817 1131231   112  9960  邁達康        6          3          2.0        33.33%
818 1131231   112  9962    有益        9          3          1.0        11.11%

    董事出席董事會出席率  董事進修時數符合進修要點比率
0      100.00%         100.00%
1       98.65%         100.00%
2      100.00%         100.00%
3       95.92%         100.00%
4       95.00%         100.00%
..         ...             ...
814     90.48%          71.43%
815     97.83%           0.00%
816     75.93%          83.33%
817    100.00%         100.00%
818    100.00%          22.22%

[819 rows x 10 columns]
```

4-34

4.3 Requests 模組介紹：以政府資料開放平台為例 (ESG 公開資料集)

∨ 上櫃公司企業ESG資訊揭露彙總資料-溫室氣體排放 (df3)

```
1 #--------------------------------------------------------
2 #Requests.get
3 #--------------------------------------------------------
4 import pandas as pd
5 import requests
6
7 url = "https://mopsfin.twse.com.tw/opendata/t187ap46_0_1.csv"  #換連結
8 response = requests.get(url)
9 with open("data01.csv","wb") as file:
10     file.write(response.content)
11 df3 = pd.read_csv("data01.csv",encoding="utf-8-sig")  #繁體中文
12 print(df3)
13 df3=df3.dropna()
```

```
     出表日期  報告年度  公司代號  公司名稱    範疇一排放量(公噸CO2e)         範疇一資料邊界  範疇一取得驗證
0    1131231  112  1240  茂生農經         1216.3000         僅母公司              否
1    1131231  112  1259  安心                 NaN           NaN              否
2    1131231  112  1264  德麥          1627.8190         僅母公司              否
3    1131231  112  1268  漢來美食        5113.1400  範圍為漢來美食全台各分公司及中央工廠    否
4    1131231  112  1336  台翰           402.9800  台灣總部、越南廠區、菲律賓廠區、東莞廠區  是
..       ...  ...   ...   ...               ...               ...            ...
815  1131231  112  9949  瑞園            0.0000  僅母公司(臺灣地區之辦公室+倉庫)          否
816  1131231  112  9950  萬國通               NaN           NaN              否
817  1131231  112  9951  皇田          237.9646          僅母公司              否
818  1131231  112  9960  邁達康               NaN           NaN              否
819  1131231  112  9962  有益         3122.6841          母公司              是

     範疇二排放量(公噸CO2e)         範疇二資料邊界  範疇二取得驗證  範疇三排放量(公噸CO2e)  範疇三資料邊界 \
0         1837.1900           僅母公司        否              NaN            NaN
1        27147.8250           僅母公司        否              NaN            NaN
2         1519.5290            母公司        否              NaN            NaN
3        10019.8500  範圍為漢來美食全台各分公司及中央工廠  否              NaN            NaN
4        15709.4200  台灣總部、越南廠區、菲律賓廠區、東莞廠區  是          NaN            NaN
..             ...             ...      ...              ...            ...
815         38.0000  僅母公司(臺灣地區之辦公室+倉庫)  否              NaN            NaN
816            NaN             NaN       NaN              NaN            NaN
817       3051.6712           僅母公司        否          519.7282       僅母公司
818            NaN             NaN       NaN              NaN            NaN
819       1572.6751            母公司        是              NaN            NaN

     範疇三取得驗證  溫室氣體排放密集度(公噸CO2e/百萬元營業額)
0         否                          NaN
1         否                       4.5703
2         否                       0.9501
3         否                       3.0767
4         否                       6.9600
..      ...                          ...
815       否                       0.2676
816       否                          NaN
817       否                       1.4334
818       否                          NaN
819       否                       1.3420

[820 rows x 14 columns]
```

■ 7. Plotly：互動式資料視覺化與應用

　　Plotly 是一個強大且廣泛使用的**資料視覺化**庫，支援 Python、R 和 JavaScript，特別適用於構建**互動式圖表與數據儀表板**。該工具可以與 Dash 框

4-35

架整合，幫助開發者快速從 **Jupyter Notebook** 或其他環境轉換為**生產級數據應用**。

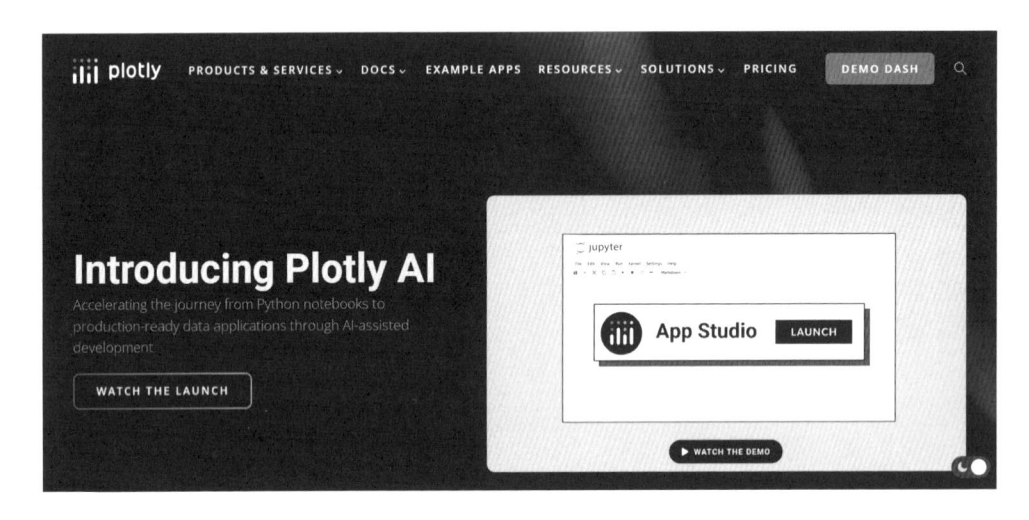

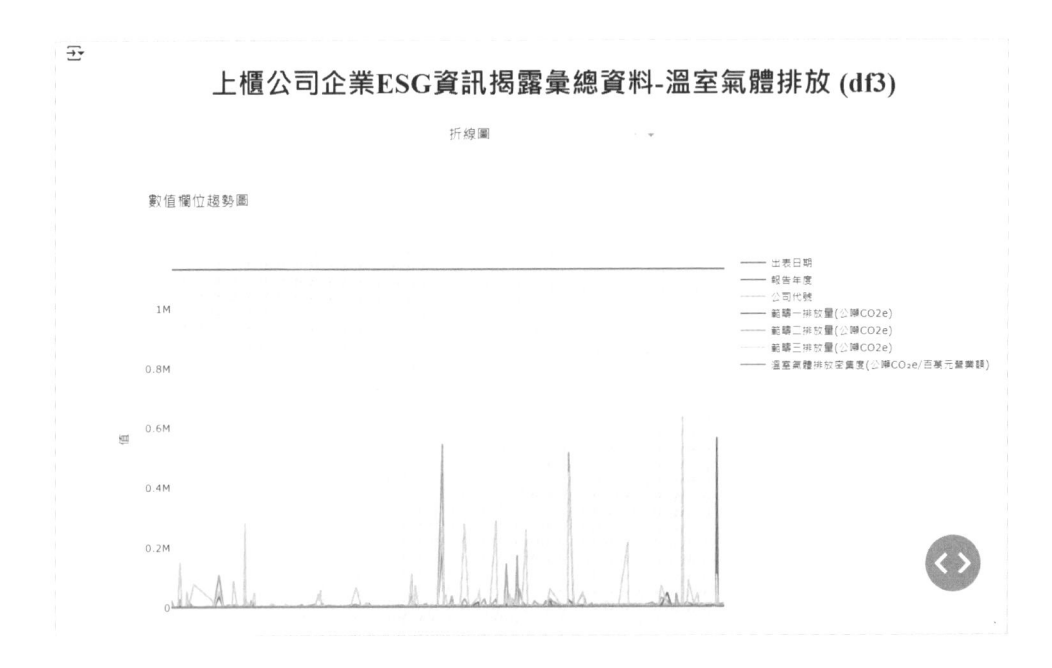

4.3 Requests 模組介紹：以政府資料開放平台為例 (ESG 公開資料集)

Plotly 的應用場景

1. 資料分析與探索

Plotly 可用於**數據分析、統計視覺化**，特別適合處理：

- 時間序列分析（Stock Data,Weather Trends）
- 機器學習結果視覺化（如 PCA 降維、Feature Importance）
- 資料分佈分析（Histogram,Box Plot）

■ 範例：

```python
import plotly.express as px
import pandas as pd

df = pd.DataFrame({
    " 日期 ":pd.date_range("2024-01-01",periods=10),
    " 價格 ":[10,15,14,18,22,24,23,26,30,28]
})

fig = px.line(df,x=" 日期 ",y=" 價格 ",title=" 價格變化趨勢 ")
fig.show()
```

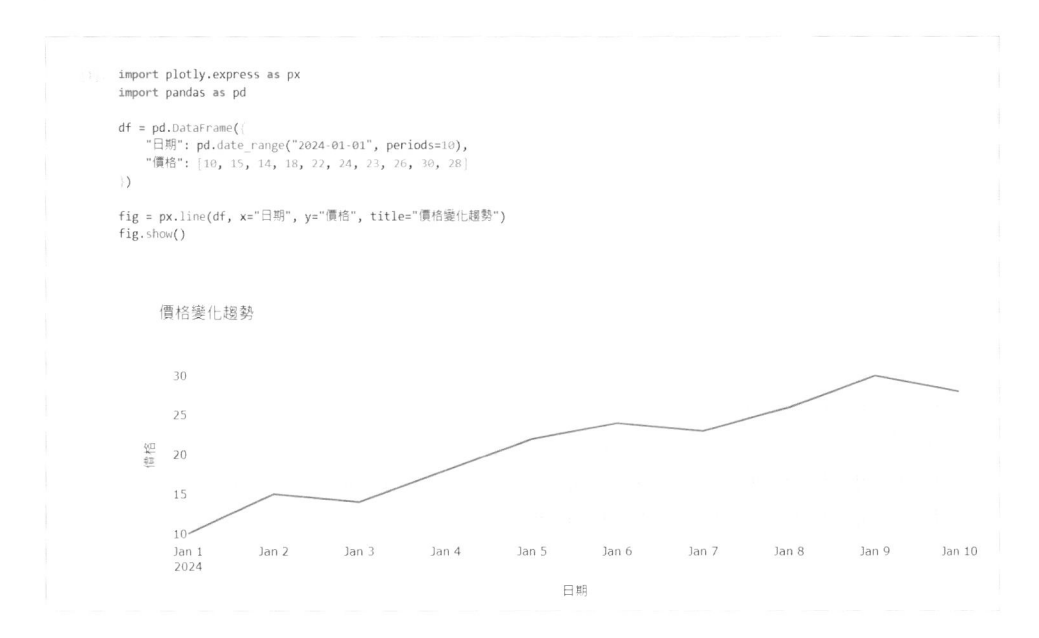

4-37

2. 儀表板應用（Dash）

Plotly 與 Dash 的整合，使開發者能夠輕鬆構建**即時更新的數據儀表板**，適用於多個領域：

- **金融分析**：整合股市數據 API，繪製即時折線圖與 K 線圖，幫助投資者監控市場趨勢並做出快速決策。
- **製造業 IoT 監控**：即時顯示工廠設備的溫度、壓力等數據，當異常發生時觸發警報，提升生產效率並降低維護成本。
- **醫療數據視覺化**：監測患者的心率、血壓變化，幫助醫護人員即時掌握健康狀況，提高診療效率。

■ 範例：

```
import dash
from dash import dcc,html
import plotly.graph_objs as go
app = dash.Dash(__name__)
app.layout = html.Div([
    dcc.Graph(
        id="example-graph",
        figure=go.Figure(
            data=[go.Bar(x=["A","B","C"],y=[10,20,30])],
            layout=go.Layout(title=" 示例長條圖 ")
        )
    )
])
if__name__== '__main__':
    app.run_server(debug=True)
```

4.3 Requests 模組介紹：以政府資料開放平台為例 (ESG 公開資料集)

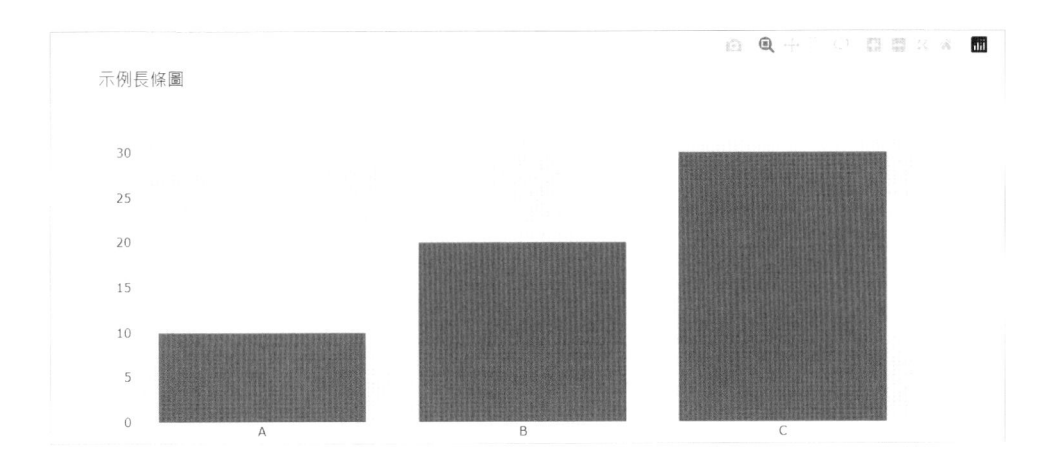

```
!pip install dash
import dash
from dash import dcc, html
import plotly.graph_objs as go
app = dash.Dash(__name__)
app.layout = html.Div([
    dcc.Graph(
        id="example-graph",
        figure=go.Figure(
            data=[go.Bar(x=["A", "B", "C"], y=[10, 20, 30])],
            layout=go.Layout(title="示例長條圖")
        )
    )
])
if __name__ == '__main__':
    app.run_server(debug=True)
```

3. 機器學習視覺化：Plotly 在數據解釋中的應用

　　機器學習模型的性能不僅取決於演算法，也仰賴對數據的深入理解與解釋。Plotly 作為強大的互動式視覺化工具，能夠幫助研究者直觀呈現機器學習模型的決策過程與數據結構，提升模型的可解釋性。以下是幾種常見的應用場景：

1. 分類問題視覺化（Decision Boundaries）

　　在二元或多類別分類問題中，決策邊界（Decision Boundaries）展示模型如何劃分不同類別區域。透過 Plotly 的 2D 或 3D 散點圖，能夠直觀觀察模型對不同類別數據的判斷，進一步調整超參數或選擇合適的特徵。

2. 特徵重要性分析（Feature Importance）

特徵工程對機器學習至關重要，而特徵重要性（Feature Importance）能幫助我們了解哪些變數對預測影響最大。透過長條圖或熱力圖，Plotly 可視覺化決策樹、隨機森林或 XGBoost 等模型的特徵權重，協助研究者進行變數篩選與優化。

3. 降維技術（t-SNE,PCA）

高維數據難以直觀分析，因此常使用降維技術（如**主成分分析 PCA** 或 **t-SNE**）將數據壓縮至 2D 或 3D 空間。Plotly 的 3D 散點圖可幫助視覺化降維後的數據分佈，揭示不同類別之間的關聯性與結構。

4. 語言模型視覺化（NLP）

自然語言處理（NLP）模型通常涉及高維詞向量，如 Word2Vec、BERT 等。透過降維技術，Plotly 可視覺化詞向量空間，顯示詞語之間的語義關係，進一步理解語言模型的運作方式。

透過 Plotly 的互動式視覺化，研究者與開發者能夠更直觀地分析機器學習模型的行為，提升模型的透明度與解釋性，進而做出更優化的決策與調整。

- 範例（3D 散點圖可視化 PCA 降維結果）：

```
# 匯入必要的函式庫
import plotly.express as px#Plotly Express 用於繪製互動式圖表
from sklearn.decomposition import PCA# 主成分分析 (PCA) 用於降維
from sklearn.datasets import load_iris# 載入 Iris 花卉數據集
import pandas as pd#Pandas 用於數據處理
# 載入 Iris 數據集
iris = load_iris()
# 使用 PCA 進行降維，設定降至 3 個主成分
pca = PCA(n_components=3)
reduced = pca.fit_transform(iris.data)# 對數據進行 PCA 轉換
# 將降維後的數據轉換為 Pandas DataFrame
df = pd.DataFrame(reduced,columns=['PC1','PC2','PC3'])#PC1,PC2,PC3 代表降維後的三個主成分
df['species']= iris.target# 新增分類標籤，表示花卉種類
```

4.3 Requests 模組介紹：以政府資料開放平台為例 (ESG 公開資料集)

```
# 使用 Plotly 繪製 3D 散點圖，並以花卉種類作為顏色區分
fig = px.scatter_3d(df,x='PC1',y='PC2',z='PC3',color=df['species'].astype(str),
                    title="Iris Dataset PCA 3D Visualization")# 設定標題
# 顯示圖表
fig.show()
```

範例程式碼解析

1. 載入數據集

　　load_iris() 取得 Iris 數據集，該數據集包含 150 筆樣本，每筆有 4 個特徵（花萼長度、花萼寬度、花瓣長度、花瓣寬度）。

2. PCA 降維

　　PCA（n_components=3）：設定降維至 3 維，以便繪製 3D 散點圖。

　　pca.fit_transform（iris.data）：對原始 4 維數據進行降維，返回降維後的數據。

3. 轉換為 DataFrame

　　pd.DataFrame（reduced，columns=['PC1'、'PC2'、'PC3']）：將降維後的數據存入 DataFrame，並標記三個主成分軸。

　　df['species']= iris.target：加入花卉種類作為分類標籤（數字 0、1、2 分別對應 Iris-setosa、Iris-versicolor、Iris-virginica）。

4. 繪製 3D 散點圖

　　px.scatter_3d（df，x='PC1'，y='PC2'，z='PC3'，color=df['species'].astype（str））

- x='PC1'：設定 X 軸為第一主成分
- y='PC2'：設定 Y 軸為第二主成分
- z='PC3'：設定 Z 軸為第三主成分
- color=df['species'].astype(str)：以不同顏色區分不同花卉種類

5. 顯示圖表

fig.show()：顯示 3D 互動式視覺化結果。

結果分析

這段程式碼將 **Iris 數據集**降維為 **3D 空間**，並透過 Plotly 進行視覺化，使我們能夠觀察不同花卉種類在 PCA 空間中的分佈。這種視覺化方法常用於：

- 數據探索（**Exploratory Data Analysis**，**EDA**）
- 特徵選擇（**Feature Selection**）
- 降維效果評估

這樣的視覺化方式有助於了解數據的結構，並判斷降維是否有效區分不同類別。

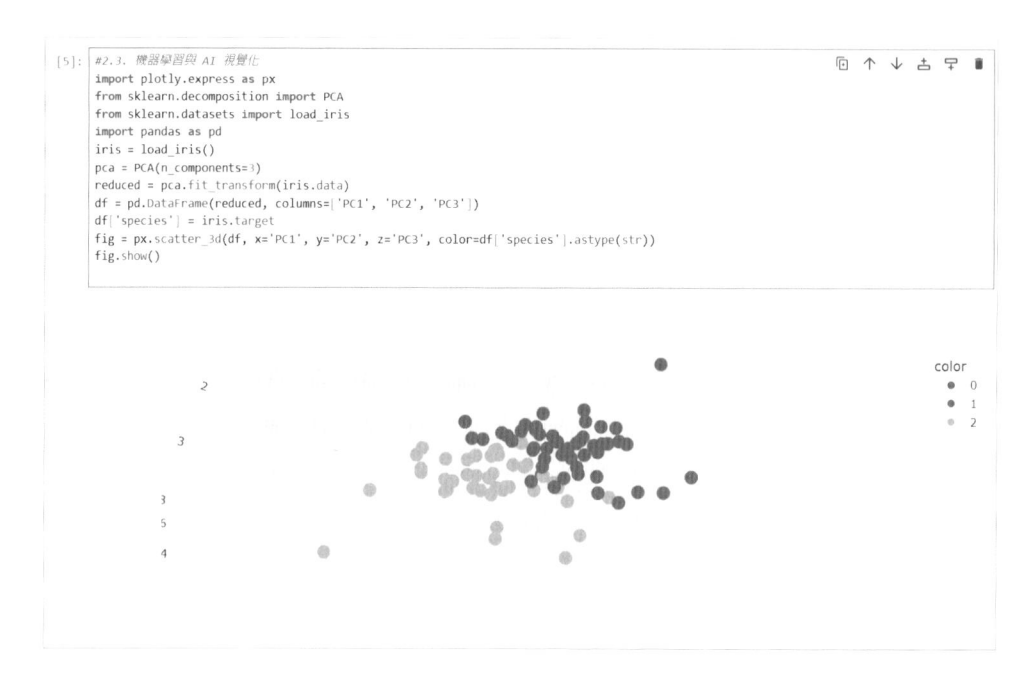

```
#2.3. 機器學習與 AI 視覺化
import plotly.express as px
from sklearn.decomposition import PCA
from sklearn.datasets import load_iris
import pandas as pd
iris = load_iris()
pca = PCA(n_components=3)
reduced = pca.fit_transform(iris.data)
df = pd.DataFrame(reduced, columns=['PC1', 'PC2', 'PC3'])
df['species'] = iris.target
fig = px.scatter_3d(df, x='PC1', y='PC2', z='PC3', color=df['species'].astype(str))
fig.show()
```

```
fig.show()
```

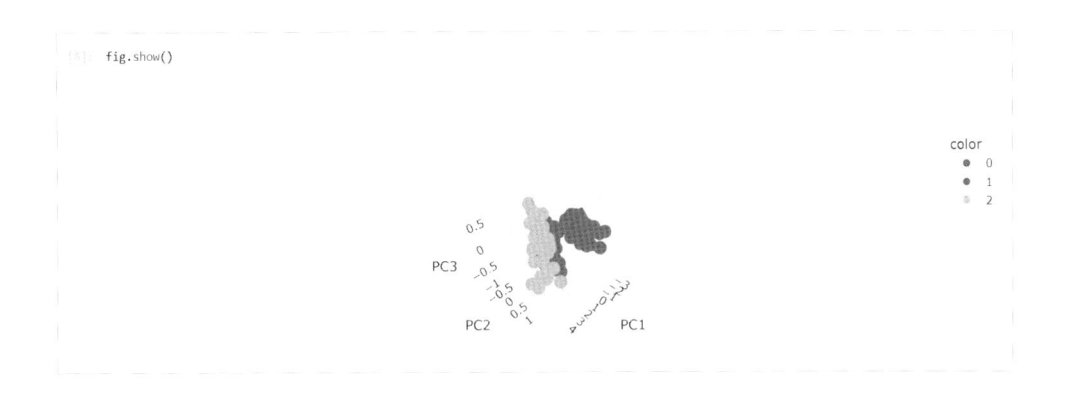

4.4 上櫃季報實作與視覺化 I

證券櫃檯買賣中心（Over-the-Counter,OTC）簡介與功能解析

證券櫃檯買賣中心（OTC，Over-the-Counter Market）是相對於傳統證券交易所（如台灣證券交易所，TWSE）的一種交易市場，專為未上市、未上櫃的證券提供買賣機制。在台灣，該市場由**中華民國證券櫃檯買賣中心（簡稱櫃買中心，Taipei Exchange，TPEx）**負責管理，並涵蓋多種類別的金融商品，包括股票、債券、衍生性金融商品等。與上市公司相比，櫃買市場的標準相對寬鬆，特別適合中小企業或新創公司，提供它們籌資的管道，並讓投資人參與高成長潛力企業的交易。櫃買中心主要由四個市場組成：興櫃市場、上櫃市場、債券市場與衍生性金融商品市場。

其中，**興櫃市場**主要針對尚未符合上市、上櫃資格但有發展潛力的企業，使其在正式掛牌前先行進入公開交易環境，提升市場曝光度與企業籌資能力；**上櫃市場**則適用於符合財務與公司治理標準的企業，提供其進一步成長與交易的機會；**債券市場**則涵蓋政府公債、公司債、金融債等固定收益商品，主要由法人與機構投資人參與，以提供穩定的資本市場機制；此外，**衍生性金融商品市場**則涵蓋權證、ETF、結構型商品等，為投資人提供更多元的避險與投機選擇。櫃買中心的存在不僅為企業提供資本籌措的機會，也透過市場機制提升證券流

4 Python 中爬蟲模組介紹

動性,使投資人能夠自由買賣未上市企業股票,同時受到監管機構的監督,以確保交易的公平性與透明度。TPEx 透過法規管理來維持市場秩序,防止市場操縱與資訊不對稱的問題,確保投資人權益不受侵害。整體而言,台灣的證券櫃檯買賣中心(TPEx)在資本市場中扮演關鍵角色,特別是在支持中小企業與新創公司發展方面發揮著重要功能,透過穩定且受監管的交易環境,使企業能夠順利成長並邁向上市,為國內資本市場注入更多活力與成長動能。

目標網址:

https://www.tpex.org.tw/zh-tw/mainboard/listed/financial/summary.html

範例程式碼說明:

- **1. 主要功能概述**

    這支程式會執行以下步驟:

    1. 從 TPEx 下載 Excel 財務數據

    2. 讀取 Excel 文件,略過前 4 行的表頭

    3. 將數據轉換為 Pandas DataFrame

4. 將 DataFrame 儲存為 CSV 文件

5. 將 CSV 文件儲存到 Google 雲端硬碟（Google Drive）

2. 程式碼細節分析

（1）download_tpex_financial_data()

功能：從 TPEx 網站下載單個 Excel 文件，並將其儲存到指定目錄。

```python
def download_tpex_financial_data(url,save_dir='downloads'):
```

url：Excel 文件的下載連結。

save_dir：儲存下載文件的目錄，預設為 downloads/。

步驟解析：

1. 檢查存儲目錄是否存在，不存在則創建

```python
if not os.path.exists(save_dir):
    os.makedirs(save_dir)
```

2. 檢查該目錄是否有寫入權限

```python
if not os.access(save_dir,os.W_OK):
    raise PermissionError(f"目錄無法寫入:{save_dir}")
```

3. 從 URL 取得文件名稱，確保儲存路徑正確

```python
filename = url.split('/')[-1]# 取得 URL 最後的部分作為檔名
save_path = os.path.join(save_dir,filename)# 設定完整的存儲路徑
```

4. 發送 HTTP GET 請求下載文件

```python
headers = {
    'User-Agent':'Mozilla/5.0(Windows NT 10.0;Win64;x64)AppleWebKit/537.36
(KHTML,like Gecko)Chrome/91.0.4472.124 Safari/537.36'
}
```

```
response = requests.get(url,headers=headers,verify=True)
response.raise_for_status()# 如果請求失敗，會拋出錯誤
```

5. 將下載的文件儲存到本地

```
with open(save_path,'wb')as f:
    f.write(response.content)
```

（2）read_excel_to_dataframe()

功能：下載並讀取多個 Excel 文件，將其轉換為 Pandas DataFrame。

```
def read_excel_to_dataframe(urls,save_dir='downloads'):
```

（3）save_dataframes_to_csv()

功能：將多個 DataFrame 轉換為 CSV，並儲存到指定目錄。

```
def save_dataframes_to_csv(dataframes,save_dir='downloads'):
```

dataframes：包含數據的 DataFrame 列表。

save_dir：CSV 檔案的儲存路徑。

步驟解析：

■ **檢查並建立存儲目錄**

```
if not os.path.exists(save_dir):
    os.makedirs(save_dir)
```

逐一存儲 DataFrame 為 CSV 文件

```
for i,df in enumerate(dataframes):
    csv_path = os.path.join(save_dir,f"output_{i + 1}.csv")
    df.to_csv(csv_path,index=False,encoding='utf-8-sig')
```

3. 執行流程

程式運行時，會執行以下步驟：

1. 定義下載的財務數據連結

```
urls = [
    "https://www.tpex.org.tw/storage/statistic/financial/O_2024Q1.xls",
    "https://www.tpex.org.tw/storage/statistic/financial/O_2024Q2.xls",
    "https://www.tpex.org.tw/storage/statistic/financial/O_2024Q3.xls"
]
```

這些連結對應 **2024 年第一、二、三季的財務數據 Excel 檔案**。

2. 下載並讀取 Excel

```
dataframes = read_excel_to_dataframe(urls,save_dir=save_dir)
```

下載文件後，轉換為 Pandas DataFrame。

3. 將 DataFrame 儲存為 CSV

```
save_dataframes_to_csv(dataframes,save_dir=save_dir)
```

將轉換好的數據存成 output_1.csv，output_2.csv，output_3.csv。

4. Google 雲端硬碟（Google Drive）存儲

```
save_dir = '/content/gdrive/My Drive/'
```

5. 程式的適用場景

上述程式碼適用於**自動化金融數據下載、大數據處理與 API 數據擷取**等應用場景。透過自動化抓取 TPEx 財務數據，能夠定期更新並儲存財務報表，方便後續分析與報告生成。此外，程式可將 Excel 轉換為標準化的 CSV 格式，使其更適用於 SQL 數據庫、機器學習模型訓練以及大規模數據分析。若 TPEx 提供 API，則可進一步優化為直接擷取 JSON 格式數據，減少手動下載的需求，提高

Python 中爬蟲模組介紹

處理效率並確保數據即時性。這樣的流程可廣泛應用於**財務分析、投資研究、企業風險評估及自動化報告系統**，提升數據管理的效率與準確性。

■ **程式網址：**

https：//colab.research.google.com/drive/1hqQS6-dmbABObHRaUQa8suYQfFlfo4DO?usp=sharing

1. 將 xls 抓下來後轉成 csv

2. 將遺失值丟棄

4.4 上櫃季報實作與視覺化 I

3. 遺失值的補值

```
[5]  1  df1=df1[["Unnamed: 1","每股\r\n淨值\r\n(元)\r\n(A)"]].fillna(0)
     2  df2=df2[["Unnamed: 1","每股\r\n淨值\r\n(元)\r\n(A)"]].fillna(0)
     3  df3=df3[["Unnamed: 1","每股\r\n淨值\r\n(元)\r\n(A)"]].fillna(0)
```

```
[6]  1  df1.rename(columns={"Unnamed: 1": "公司名稱", "每股\r\n淨值\r\n(元)\r\n(A)": "每股淨值", inplace=True)
     2  df1 = df1[["公司名稱", "每股淨值"]].fillna(0)
     3  df2.rename(columns={"Unnamed: 1": "公司名稱", "每股\r\n淨值\r\n(元)\r\n(A)": "每股淨值", inplace=True)
     4  df2 = df2[["公司名稱", "每股淨值"]].fillna(0)
     5  df3.rename(columns={"Unnamed: 1": "公司名稱", "每股\r\n淨值\r\n(元)\r\n(A)": "每股淨值", inplace=True)
     6  df3 = df3[["公司名稱", "每股淨值"]].fillna(0)
     7
```

4. 公司淨值柱狀圖分析

```
 1  import requests
 2  import os
 3  import matplotlib.pyplot as plt
 4  import matplotlib as mpl
 5  import matplotlib.font_manager as fm
 6  import pandas as pd
 7
 8  # Step 1: Download the font file
 9  url = "https://drive.google.com/uc?id=1eGAsTN1HBpJAkeVM57_C7ccp7hbgSz3_&export=download"
10  font_path = "TaipeiSansTCBeta-Regular.ttf"
11
12  if not os.path.exists(font_path):
13      response = requests.get(url)
14      with open(font_path, 'wb') as f:
15          f.write(response.content)
16      print("Font downloaded successfully.")
17  else:
18      print("Font already exists.")
19
20  # Step 2: Configure the font
21  fm.fontManager.addfont(font_path)
22  mpl.rc('font', family='Taipei Sans TC Beta')
23
24  # Step 3: Prepare the data
25  # Ensure df1, df2, and df3 are defined and have columns '公司名稱' and '每股淨值'.
26
27  # Combine the data
28  df_combined = pd.concat([df1, df2, df3], ignore_index=True)
29
30  # Step 4: Plot the bar chart
31  plt.figure(figsize=(10, 6))
32  plt.bar(df_combined["公司名稱"], df_combined["每股淨值"], color='skyblue')
33  plt.xlabel("公司名稱", fontsize=12)
34  plt.ylabel("每股淨值 (元)", fontsize=12)
35  plt.title("公司每股淨值柱狀圖", fontsize=14)
36  plt.xticks(rotation=45, fontsize=10)
37  plt.tight_layout()
38
39  # Display the chart
40  plt.show()
41
```

```
Font downloaded successfully.
```

Python 中爬蟲模組介紹

公司每股淨值柱狀圖

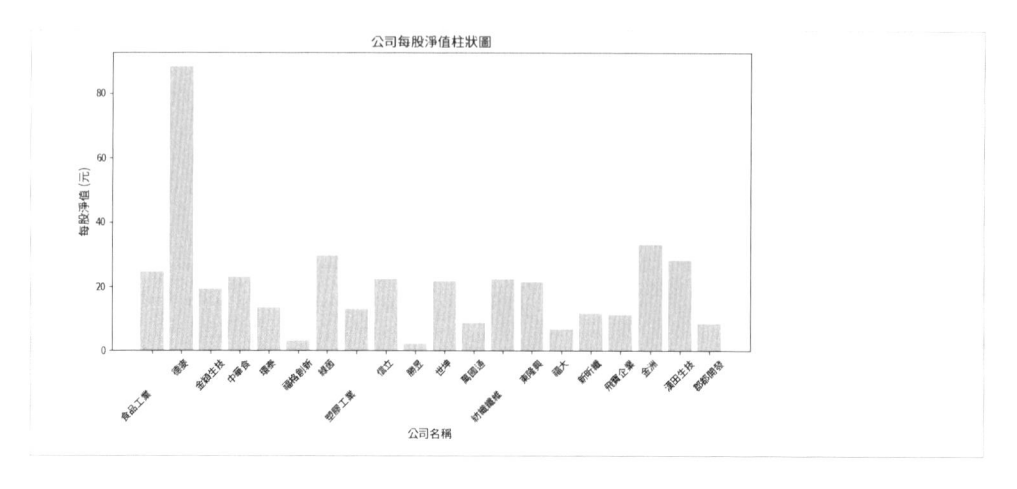

```python
1  import requests
2  import os
3  import matplotlib.pyplot as plt
4  import matplotlib as mpl
5  import matplotlib.font_manager as fm
6  import pandas as pd
7
8  # Step 1: Download the font file
9  url = "https://drive.google.com/uc?id=1eGAsTN1HBpJAkeVM57_C7ccp7hbgSz3_&export=download"
10 font_path = "TaipeiSansTCBeta-Regular.ttf"
11
12 if not os.path.exists(font_path):
13     response = requests.get(url)
14     with open(font_path, 'wb') as f:
15         f.write(response.content)
16     print("Font downloaded successfully.")
17 else:
18     print("Font already exists.")
19
20 # Step 2: Configure the font
21 fm.fontManager.addfont(font_path)
22 mpl.rc('font', family='Taipei Sans TC Beta')
23
24 # Step 3: Prepare the data
25 # Example data for testing
26 #df1 = pd.DataFrame({"公司名稱": ["公司A", "公司B"], "每股淨值": [15.5, 20.3]})
27 #df2 = pd.DataFrame({"公司名稱": ["公司C", "公司D"], "每股淨值": [25.8, 19.1]})
28 #df3 = pd.DataFrame({"公司名稱": ["公司E"], "每股淨值": [22.7]})
29
30 # Function to plot data
31 def plot_bar_chart(df, title, color_map):
32     plt.figure(figsize=(8, 6))
33     bars = plt.bar(
34         df["公司名稱"],
35         df["每股淨值"],
36         color=color_map[[0.5 + 0.1 * i for i in range(len(df))]]
37     )
38     # Add data labels
39     for bar in bars:
40         plt.text(
41             bar.get_x() + bar.get_width() / 2,
42             bar.get_height() + 0.5,
43             f'{bar.get_height():.1f}',
44             ha='center',
45             va='bottom',
46             fontsize=10
47         )
48     # Enhance the chart's aesthetics
49     plt.xlabel("公司名稱", fontsize=12)
50     plt.ylabel("每股淨值 (元)", fontsize=12)
51     plt.title(title, fontsize=14)
52     plt.xticks(rotation=45, fontsize=10)
53     plt.grid(axis='y', linestyle='--', alpha=0.7)
54     plt.tight_layout()
55     plt.show()
```

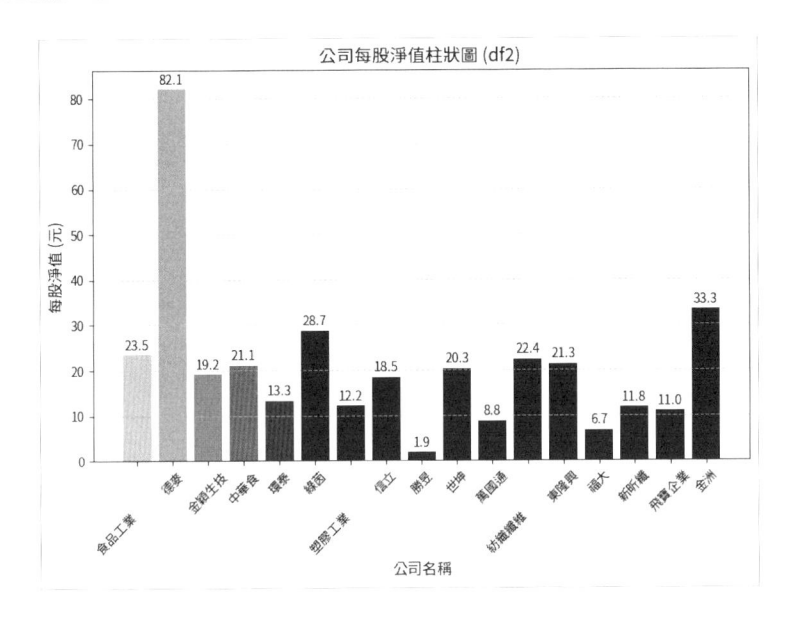

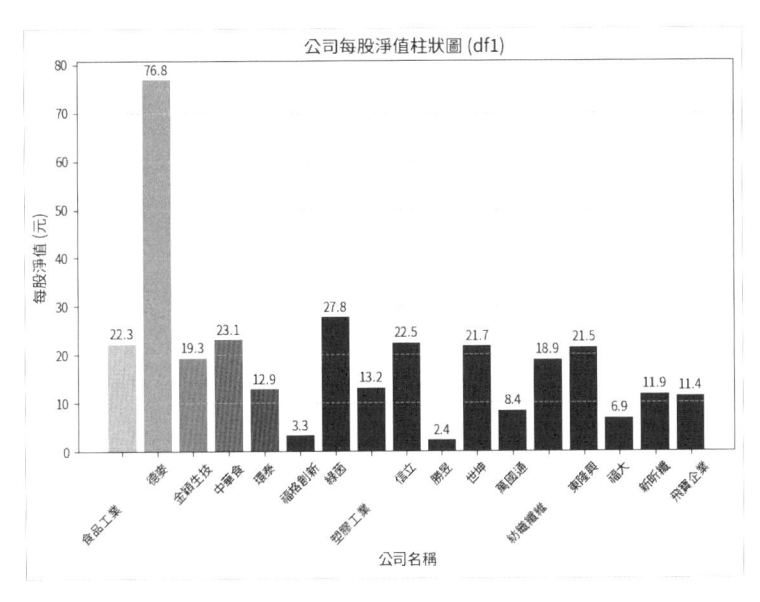

4.4 上櫃季報實作與視覺化 I

```
56
57 # Plot individual charts
58 plot_bar_chart(df1, "公司每股淨值柱狀圖 (df1)", plt.cm.Blues)
59 plot_bar_chart(df2, "公司每股淨值柱狀圖 (df2)", plt.cm.Greens)
60 plot_bar_chart(df3, "公司每股淨值柱狀圖 (df3)", plt.cm.Reds)
61
```

4-51

公司每股淨值柱狀圖 (df3)

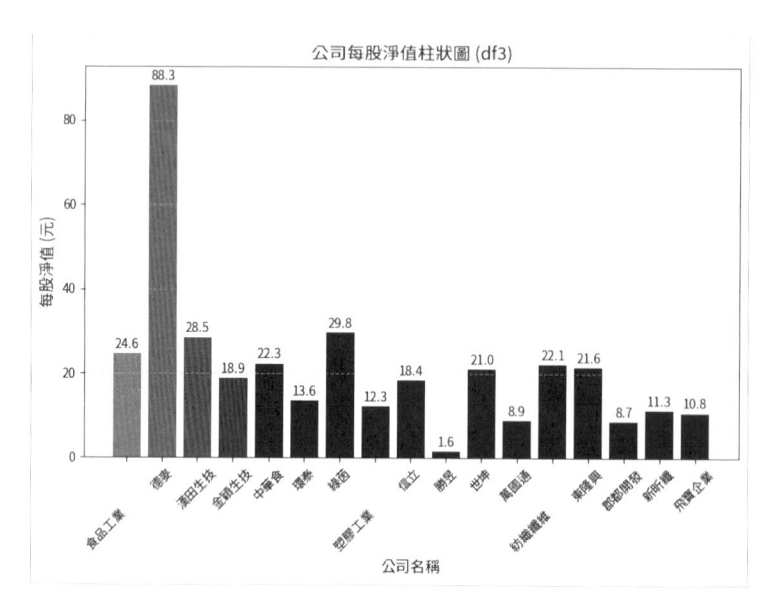

4.5 興櫃季報實作與視覺化 II

■ 目標網址：

https：//www.tpex.org.tw/zh-tw/mainboard/listed/financial/summary.html

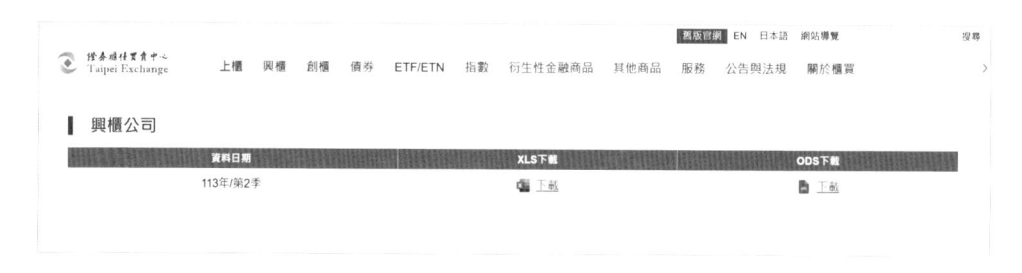

在財務數據分析與學術研究中，興櫃市場的企業財報是一個重要的研究對象。由於興櫃市場的企業相較於上市櫃企業規模較小、財務資訊透明度相對較低，因此透過公開數據的爬取與分析，可以有效地揭示興櫃企業的財務表現趨勢，進一步評估其潛在風險與投資價值。本研究利用 Python 進行**興櫃企業的季報數據處理與視覺化分析**，涵蓋從數據爬取、資料清理到視覺化呈現的完整流程，以提供學術研究與財務分析的參考框架。

一、興櫃企業財報數據的爬取與處理

透過 requests 模組，我們可以自動化下載台灣證券交易所（TPEx）所提供的 Excel 財報數據。這種方法不僅節省了手動下載與處理的時間，也確保數據的即時性與準確性。此外，透過 pandas 讀取 Excel 檔案並轉換為 CSV 格式，有助於後續的數據分析與視覺化處理。

在數據清理階段，由於原始 Excel 檔案通常包含標頭資訊、單位說明與多餘的空白行，因此需跳過前幾行來正確擷取財務數據。清理後的數據可直接儲存為 CSV 檔案，以便進一步進行分析與可視化。

二、財務數據的探索性分析（EDA）

興櫃企業的財務數據包含多個重要指標，如**營業收入（Revenue）**、**淨利（Net Income）**、**每股盈餘（EPS）**、**資產負債比（Debt Ratio）**等。在探索性數據分析（EDA）階段，可以透過統計方法與視覺化工具來檢視這些指標的分布與趨勢。例如：

1. 營收與獲利表現的分布

使用**直方圖（Histogram）**分析企業營業收入與淨利的分佈情況，評估大多數興櫃企業的財務表現。

2. 企業間的財務結構比較

透過**箱型圖（Box Plot）**檢視不同產業的財務指標分佈，例如科技業與傳產業在資產負債比與獲利能力上的差異。

3. 時間序列分析

透過**折線圖（Line Plot）**視覺化季度間的營收變化趨勢，觀察興櫃市場的整體成長態勢。

這些分析方法有助於辨識市場中的潛力企業與高風險標的，為投資決策與財務風險評估提供數據支持。

三、財務指標的視覺化與市場趨勢洞察

視覺化是財務數據分析中的重要工具,能夠幫助研究者直觀地理解數據趨勢與市場動態。以下是幾種常見的視覺化應用:

1. 時間趨勢分析

透過**折線圖**比較不同興櫃企業的營收成長趨勢,並找出市場中具有穩健成長特徵的公司。

2. 關聯性分析

使用**散佈圖(Scatter Plot)** 檢視各企業的營收與淨利之間的關係,探討是否存在特定產業擁有較高的盈利能力。

3. 產業比較

透過**長條圖(Bar Chart)** 或**雷達圖(Radar Chart)** 分析不同產業的財務指標,評估哪些產業在興櫃市場中表現突出。

這些視覺化技術可以提供更直觀的市場趨勢分析,使研究者能夠快速發現潛在的投資機會或風險訊號。

四、興櫃市場的財務風險評估

興櫃市場企業通常具有較高的財務風險,因此需要透過數據分析來評估其財務穩健度。本研究透過以下方法進行風險評估:

1. 財務槓桿比率分析

計算資**產負債比(Debt Ratio)**,評估企業是否存在過高的負債風險。

2. 現金流量與償債能力

分析營**業現金流量與負債的比值**,評估企業是否具備足夠的資金償還短期債務。

3. 財務異常檢測

利用 **Z-score 分析**判斷企業是否存在財務困難的跡象，進一步識別高風險企業。

透過這些指標，研究者可以更準確地判斷哪些興櫃企業具有較高的財務風險，從而做出更為審慎的投資決策。

五、結論與未來方向

透過興櫃市場財務數據的自動化爬取、清理、視覺化與分析，提供了一個系統化的財務數據處理方法。這樣的分析框架不僅適用於興櫃企業，也可延伸應用於上市櫃公司或其他財務數據領域。未來的研究方向可以進一步納入機器學習模型來預測興櫃企業的財務表現，例如透過回歸分析（Regression Analysis）預測企業未來的營收成長，或是利用分類演算法（Classification Algorithms）來識別潛在的財務困難企業。此外，整合投資組合分析（Portfolio Analysis），評估不同興櫃企業的投資風險與回報率，也是一個值得深入研究的領域。

隨著財務數據的開放與技術的進步，透過數據驅動的分析方法，可以更加全面地理解興櫃市場的發展趨勢，為學術研究、財務決策及投資管理提供更具價值的資訊。

興櫃企業財報自動化下載與處理

本程式碼的目標是自動下載、處理並轉換興櫃企業的季報財務數據，以便進一步進行數據分析。透過 requests 取得台灣證券交易所（TPEx）的 Excel 檔案，使用 pandas 讀取並轉換為 CSV 格式，最後驗證數據是否正確讀取。此方法適用於財務數據分析、投資決策、學術研究等應用。

Python 中爬蟲模組介紹

```python
1  import requests
2  import pandas as pd
3  import io
4
5  # 使用 requests 下載 Excel 檔案
6  url = 'https://www.tpex.org.tw/storage/statistic/financial/U_2024Q2.xls'
7  response = requests.get(url)
8
9  # 確認請求是否成功
10 if response.status_code == 200:
11     # 使用 BytesIO 將內容轉換成檔案類型物件
12     excel_data = io.BytesIO(response.content)
13
14     # 讀取 Excel, 跳過前 4 列
15     df = pd.read_excel(excel_data, skiprows=4)
16
17     # 將資料轉存為 CSV
18     df.to_csv('U_2024Q2.csv', index=False, encoding='utf-8-sig')
19
20     # 讀取 CSV 並印出前 10 筆資料
21     df_csv = pd.read_csv('U_2024Q2.csv')
22     print(df_csv.head(10))
23 else:
24     print(f'下載失敗, 狀態碼: {response.status_code}')
```

[3]
```python
1 df[["公司名稱\r\nSecurity's\r\nCode & Name","營業收入\r\nOperating Revenues"]]
```

	公司名稱\r\nSecurity's\r\nCode & Name	營業收入\r\nOperating Revenues
3	02	4
4	1260	2671628
5	1293	279371
6	1294	396944
7	1295	469660
...	...	...
349	92	4
352	6027	182807
353	6028	2108451
354	6035	974585
355	6878	3987

351 rows × 2 columns

[4]
```python
1  df = df[["公司名稱\r\nSecurity's\r\nCode & Name", "營業收入\r\nOperating Revenues"]]
2  df = df.rename(columns={
3      "公司名稱\r\nSecurity's\r\nCode & Name": "公司名稱",
4      "營業收入\r\nOperating Revenues": "營業收入"
5  })
```

4.5 興櫃季報實作與視覺化 II

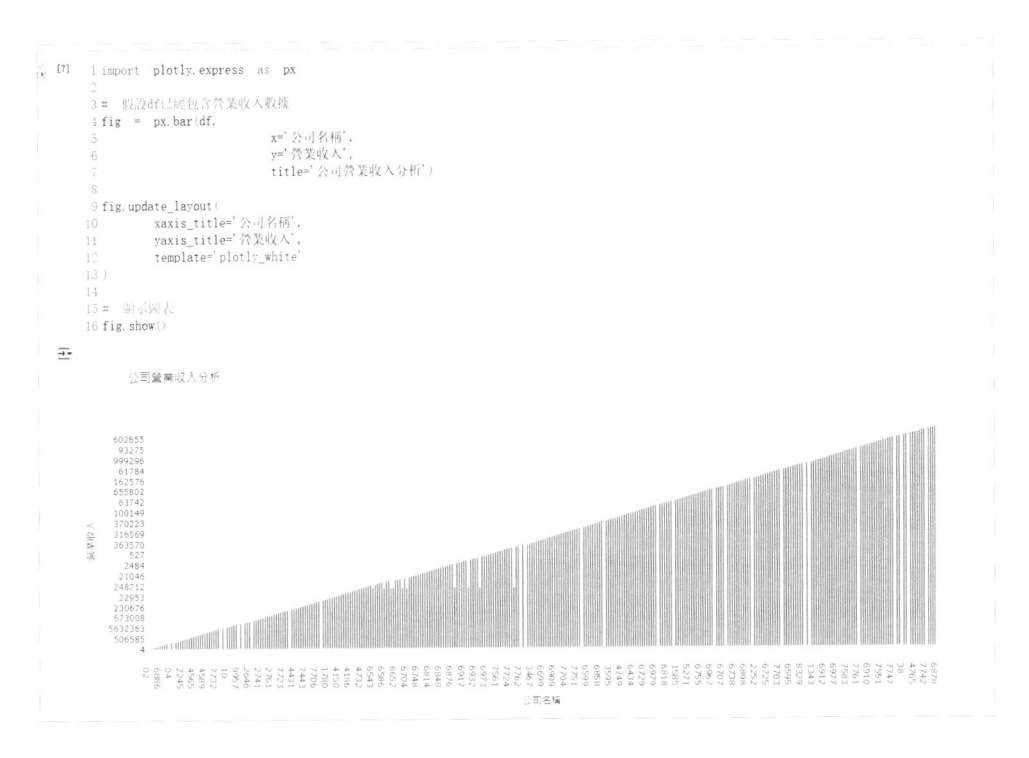

```python
import plotly.express as px

# 假設df已經包含營業收入數據
fig = px.bar(df,
             x='公司名稱',
             y='營業收入',
             title='公司營業收入分析')

fig.update_layout(
    xaxis_title='公司名稱',
    yaxis_title='營業收入',
    template='plotly_white'
)

# 顯示圖表
fig.show()
```

整理表格如下：

步驟	說明
下載 Excel	使用 requests.get（url）自動下載 TPEx 的 Excel 財報。
數據轉換	使用 io.BytesIO() 讓 pandas 可直接讀取二進制數據。
略過標題行	skiprows=4 確保數據格式正確。
儲存 CSV	轉換為 CSV 格式，方便後續處理與分析。
驗證數據	讀取 CSV 並印出前 10 筆數據確認內容。
錯誤處理	下載失敗時輸出狀態碼，確保程式穩定性。

4-57

Python 中爬蟲模組介紹

本程式實現了**興櫃市場財報的自動化處理流程**，適用於財務分析、投資研究與學術應用。透過 requests 與 pandas 的整合，可輕鬆獲取並處理大量財務數據，提高研究效率與決策品質。

4.6 金管會 RSS 爬蟲資料抓取

RSS 的英文全名是 **Really Simple Syndication**，它是一種基於 XML 標準的資料格式，用來將網站內容提取出來，使用者可以透過 RSS Feed 直接取得感興趣的資訊，並且具備隨選訂閱的功能。這樣一來，使用者可以在不必訪問每個網站的情況下，獲取最新的新聞、更新或公告。

如果你想要實時抓取**金管會**（金融監督管理委員會）發布的 RSS 數據，通常可以採取以下步驟：

1. **找到 RSS Feed 的 URL**：首先需要找出金管會提供的 RSS Feed 地址，這些 Feed 會包含有關法規、公告等的信息。

2. **設置 RSS 讀取器**：可以使用腳本或 RSS 讀取工具來定期抓取該 Feed 的最新更新。可以使用 Python 寫腳本，例如使用 feedparser 庫來解析 RSS 內容。

3. **處理 RSS 數據**：從 RSS Feed 中提取關鍵的信息，如標題、鏈接、發佈時間、摘要等，並根據需求展示或保存這些信息。

抓取目標網址：https://www.fsc.gov.tw/ch/main.jsp?websitelink=rss.jsp&mtitle=RSS

4.6 金管會 RSS 爬蟲資料抓取

解析 XML 方法：

xml.etree.ElementTree 是 Python 標準庫中的一個模組，主要用於處理 XML（可擴展標記語言）文件。這個模組提供了簡單而高效的方法來解析和操作 XML 資料結構。

以下是 xml.etree.ElementTree 的一些關鍵特點和用途：

常用函數和方法

- **ET.parse(file)**: 讀取並解析 XML 文件，返回一個 ElementTree 物件。
- **ET.fromstring(xml_string)**: 解析 XML 字符串，返回一個 Element 物件。

4-59

- **tree.write(file)**：將解析後的 XML 樹寫入文件。
- **tree.getroot()**：返回 XML 樹的根元素。
- **elem.tag**：獲取元素的標籤名稱。
- **elem.attrib**：獲取元素的屬性。
- **elem.text**：獲取元素的文本內容。

■ **1. 匯入所需的套件：**

```
import pandas as pd
import requests
import xml.etree.ElementTree as ET?
```

- **pandas**：這是一個非常流行的數據處理庫，用於資料結構和分析。DataFrame 是 pandas 的核心資料結構，類似於資料表，具有行列結構，方便處理大量數據。
- **requests**：這個套件非常方便用來發送 HTTP 請求，並取得網路上的資料。在這段程式碼中，我們用它來從 RSS feed 的 URL 下載 XML 資料。
- **xml.etree.ElementTree**：這是 Python 內建的庫，用於解析和處理 XML 格式的資料。ElementTree 提供了簡單的接口來解析 XML 並將其轉換為可操作的結構。

■ **2. 發送請求並取得 XML 資料：**

```
url = "https://www.fsc.gov.tw/RSS/Messages?serno=201202290001&language=chinese"
response = requests.get(url)
```

- **url**：這個變數包含了 RSS feed 的 URL，在此情況下，是財務監督管理委員會（FSC）的官方 RSS 資訊。
- **requests.get（url）**：requests.get 是用來發送 HTTP GET 請求，並返回響應（response），它包含了 URL 指向的資料。在這裡，我們假設資料是以 XML 格式返回的。

■ 3. 解析 XML 資料：

```
tree = ET.ElementTree(ET.fromstring(response.content))
root = tree.getroot()
```

- **response.content**：這會取得從 URL 返回的原始資料內容，這裡應該是 XML 格式。
- **ET.fromstring（response.content）**：這個方法將 XML 資料的字串形式解析成 ElementTree 樹結構。
- **ET.ElementTree()**：將解析後的樹結構包裝成 ElementTree 物件，它提供了方法來操作整個 XML 樹。
- **tree.getroot()**：這個方法返回 XML 樹的根節點。根節點就是整個 XML 結構的起始點，從這裡我們可以遍歷 XML 樹的其它節點。

■ 4. 提取和處理 XML 資料：

```
data = []
for item in root.findall(".//item"):
    title = item.find("title").text if item.find("title")is not None else""
    link = item.find("link").text if item.find("link")is not None else""
    pub_date = item.find("pubDate").text if item.find("pubDate")is not None else""
    data.append({"Title":title,"Link":link,"Publication Date":pub_date})
```

- **root.findall（".//item"）**：這段程式碼查找所有 <item> 節點。這些節點通常代表 RSS 訊息條目。.// 是 XPath 語法，意思是查找任意深度的 <item> 節點。
- **item.find（"title"）.text**：這個方法會返回 <item> 節點中的 <title> 子節點的文字內容，這裡是 RSS 訊息的標題。如果 <title> 節點不存在，就返回空字符串 " "。
- **item.find（"link"）.text**：同理，這段程式碼提取每個 <item> 節點中的 <link> 子節點的文字內容，即該條目指向的 URL。
- **item.find（"pubDate"）.text**：這個方法提取 <item> 節點中的 <pubDate> 子節點，表示該條目的發布日期。

- **data.append（...）**：將每條消息的標題、鏈接和日期以字典的形式存入 data 列表中。

讀者可以點擊 Colab 連結直接執行

https：//colab.research.google.com/drive/1UZ63_40rVn7-1G8l7kUYwWCJqFhhzUMY?usp=sharing#scrollTo=eHFhH2pe7k_T

```python
import pandas as pd
import requests
import xml.etree.ElementTree as ET

url = "https://www.fsc.gov.tw/RSS/Messages?serno=201202290001&language=chinese"   # 換連結
response = requests.get(url)

# 解析 XML
tree = ET.ElementTree(ET.fromstring(response.content))
root = tree.getroot()

# 轉換成 DataFrame
data = []
for item in root.findall(".//item"):    # 依照 XML 結構調整
    title = item.find("title").text if item.find("title") is not None else ""
    link = item.find("link").text if item.find("link") is not None else ""
    pub_date = item.find("pubDate").text if item.find("pubDate") is not None else ""
    data.append({"Title": title, "Link": link, "Publication Date": pub_date})

df = pd.DataFrame(data)
print(df)
```

程式執行的結果：

```
                                                 Title  \
0                                      修正各業別金融檢查手冊
1                                    公布金融機構主要檢查缺失
2          「金檢學堂」新增「數位金融業務」1個主題及「資訊安全作業」1個單元
3                             113年度證券投資信託業內部稽核座談情形
4                  113年度本國銀行內部稽核座談會情形暨表揚考核績優業者
..                                                  ...
795                  公告英商渣打銀行「金融業電腦處理個人資料」變更登記事項
796    修正「人身保險業新契約責任準備金利率自動調整精算公式」及「人身保險業美元外幣保單新契約責任準...
797              公告新加坡商星展銀行股份有限公司「金融業電腦處理個人資料」變更登記事項
798                                公告「保險業投資國外指數型基金之追蹤指數」
799               公告德商德意志銀行「金融業電腦處理個人資料」變更登記事項

                                                  Link Publication Date
0    http://www.fsc.gov.tw/ch/home.jsp?id=97&parent...       2025-02-27
1    http://www.fsc.gov.tw/ch/home.jsp?id=97&parent...       2025-02-25
2    http://www.fsc.gov.tw/ch/home.jsp?id=97&parent...       2024-12-31
3    http://www.fsc.gov.tw/ch/home.jsp?id=97&parent...       2024-12-18
4    http://www.fsc.gov.tw/ch/home.jsp?id=97&parent...       2024-12-11
..                                                 ...              ...
795  http://www.fsc.gov.tw/ch/home.jsp?id=97&parent...       2008-11-26
796  http://www.fsc.gov.tw/ch/home.jsp?id=97&parent...       2008-11-19
797  http://www.fsc.gov.tw/ch/home.jsp?id=97&parent...       2008-11-10
798  http://www.fsc.gov.tw/ch/home.jsp?id=97&parent...       2008-11-06
799  http://www.fsc.gov.tw/ch/home.jsp?id=97&parent...       2008-10-27

[800 rows x 3 columns]
```

4.6 金管會 RSS 爬蟲資料抓取

讀者可以透過更換下列連結來抓取:

點擊 New interactive sheet

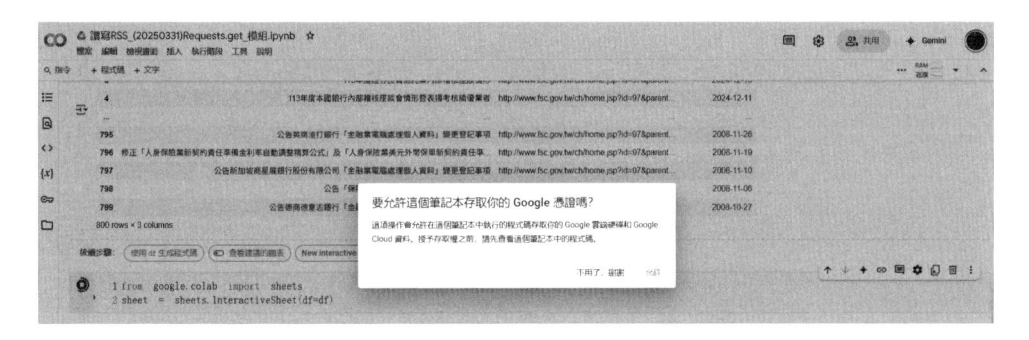

同步到 Google Sheet 表單

4-63

MEMO

Google Sheet API

5.1　Google Sheet token 申請

5.2　Google sheet 建立與設定

5.3　抓取資料與同步更新應用

5.4　Simple ML 分析

4 Google Sheet API

5.1 Google Sheet token 申請

數據管理與自動同步：Google Sheets API 的應用

在現代化的數據管理流程中，資料的即時共享與同步更新是一項關鍵需求。特別是在一個專案中，如果需要整理和更新來自多個來源的數據，例如不同部門的每日工作進度、銷售報表，或者多台設備的運行記錄與產量數據，效率低下的傳統處理方式會嚴重影響決策速度與準確性。傳統流程通常需要手動從每個來源收集資料，再透過郵件或其他方式整理和分發，這不僅耗時，還容易因數據版本衝突或更新延遲而導致錯誤，增加了管理的複雜性與成本。

為了解決這些問題，Google Sheets API 提供了一個靈活且高效的解決方案。通過使用 Google Sheets API，我們可以實現將不同來源的數據自動同步到共享的 Google 雲端試算表。這意味著，無論是來自多個團隊的報表還是多台機台的即時運行數據，只要本地端的資料有更新，Google 雲端試算表就能自動反映最新狀況。相關人員只需打開共享的試算表，便能即時查看所有最新資料，完全省去了手動整理和傳遞的繁瑣過程。

■ 適用範圍

這種方式特別適合以下幾種情境：

1. **多部門數據匯總**：如各部門每日更新的銷售數據、庫存情況、工作進度等。

2. **多機台設備監控**：例如工廠的生產線，匯報每台機台的產量、運行狀態或故障記錄。

3. **研究團隊協作**：實驗室的各小組可以共享實驗數據和分析結果，並統一進行匯總與比較。

4. **業務報告自動化**：企業可自動生成並更新與客戶共享的服務進度、財務紀錄或績效報表。

■ 系統架構與數據同步流程

利用 Google Sheets API 實現數據同步的基本架構如下：

1. 數據來源

數據來源可以是本地的 Excel 或 CSV 文件、資料庫查詢結果、或者設備的即時傳感器數據。

2. 數據處理

使用程式（例如 Python）從來源提取數據，根據需求進行清洗、整理和格式化處理。

3. **Google Sheets API 實現同步**

使用 Google Sheets API，將處理後的數據上傳至指定的 Google 雲端試算表範圍中，並設定更新策略。

4. 即時展示與共享

雲端試算表中的數據會自動同步至所有共享使用者，無需額外操作。

■ 優勢與功能詳解

1. 即時同步與更新

Google 雲端試算表的即時同步功能，確保任何來源數據的變更都能快速反映在共享文件中，避免因傳遞延遲或版本錯誤導致的困擾。例如，在工廠環境中，每條生產線的數據只需更新一次，所有監控人員都能即時查看最新產量和設備狀態。

2. 自動化減少錯誤

傳統的人工處理方式容易因輸入錯誤或格式不一致而出現問題，而 Google Sheets API 的自動化更新流程則可以完全避免這些錯誤。API 能確保所有輸入的數據按照規定的格式進行更新，並支援數據驗證。

Google Sheet API

3. **靈活的權限管理**

   Google 雲端試算表允許設定詳細的權限控制。你可以靈活地分配哪些人能編輯，哪些人只能查看，甚至可以針對特定的範圍進行權限設定，確保數據的安全性與私密性。

4. **低門檻與免費的 API**

   Google Sheets API 的使用幾乎不需要額外的硬體投資，只需簡單設定，就能完成自動化流程。對於小型團隊或初創企業，這是一個高效且成本低廉的解決方案。

5. **易於擴展的應用場景**

   Google Sheets API 可以與其他工具無縫結合。例如，你可以將試算表整合至資料庫，實現數據的雙向同步；或者與 Google Data Studio 搭配，製作即時的動態報表和儀表板。此外，還能結合其他 Google API（如 Google Drive 或 Gmail），自動化報表生成與分發，滿足更複雜的需求。

■ 實際範例：自動更新工廠產量報表

假設你管理一家工廠的生產線，每天需要收集來自 10 條生產線的產量數據，並生成一份匯總報表供管理層查看。過去你需要手動從每條生產線的設備中提取數據，花費數小時整理後才能完成報表。現在，透過 Google Sheets API，你可以將每條生產線的數據自動匯總到雲端試算表中。生產線管理人員只需在設備終端輸入每日產量，試算表就能即時更新，管理層打開試算表就能看到最新的匯總結果。

Google Sheets API 提供了一個靈活、便捷且功能強大的數據同步解決方案，特別適合需要多來源數據匯總與即時共享的場景。它的即時同步、自動化處理、權限管理和低成本優勢，使其成為現代數據管理中不可或缺的工具。透過這種方法，企業和團隊可以顯著提升數據管理的效率，減少人力負擔，並將精力集中於更重要的業務決策上，從而在快速變化的環境中保持競爭力。

5.1 Google Sheet token 申請

■ **Google Cloud 申請 Google Sheet API**

https：//console.cloud.google.com/projectselector2/apis/dashboard?pli=1&authuser=1&supportedpurview=project&inv=1&invt=AbnxKQ

1. 點擊 "選取專案" ，同時點擊 "新增專案"

2. 專案名稱可以自己取！

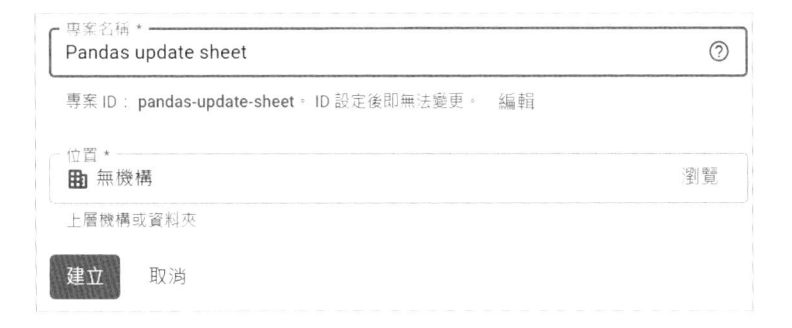

5-5

4 Google Sheet API

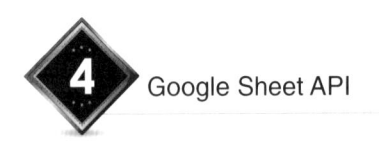

3. 點選啟用 API 服務

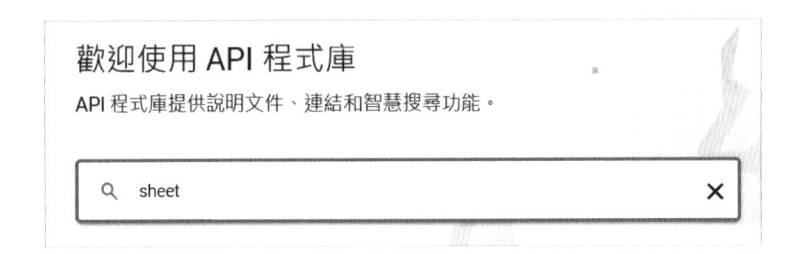

4. 選擇 Google Sheet API

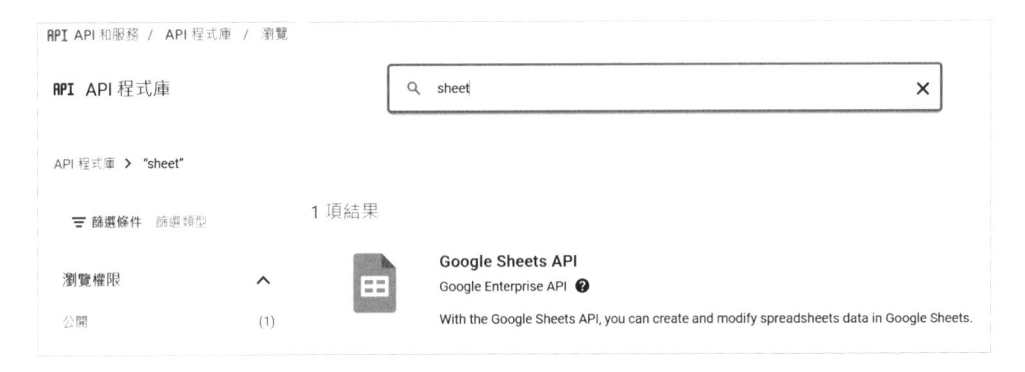

5.1 Google Sheet token 申請

5. 點擊啟用

6. 點擊建立憑證

Google Sheet API

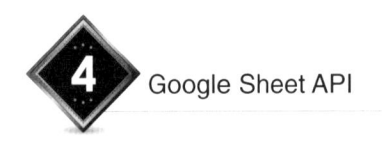

7. 點擊應用程式資料

8. 輸入服務帳戶詳細資料以及服務帳戶說明

5.1 Google Sheet token 申請

9. 角色選擇擁有者

10. 點選左邊憑證

點選筆的圖樣進行編輯

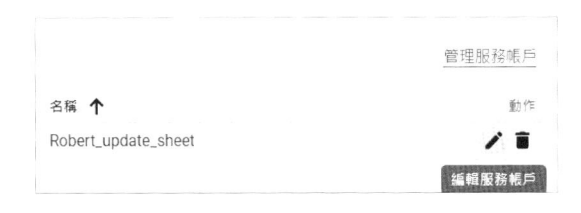

5-9

Google Sheet API

11.新增金鑰

12. 建立新的金鑰

點擊 JSON

13. 自動下載 Google Sheet 的 token

5.2 Google sheet 建立與設定

1. 建立雲端試算表並設定

2. 建立試算表

3. 存取權設定成知道連結的任何人、編輯者（請務必記得，否則會因為權限問題無法讀寫）

共用「同步更新試算表」

新增使用者、群組和日曆活動

具有存取權的使用者

CJ Huang (you)
cjhuang38@gmail.com —— 擁有者

一般存取權

🌐 知道連結的任何人 ▾　　　　　　　編輯者 ▾
任何知道這個連結的網際網路使用者都能編輯

🔗 複製連結　　　　　　　　　　　　　　完成

pandas-update-sheet-ee5ffe7
0d568.json

5-13

Google Sheet API

4. 針對 "client_email"，取出 email 與試算表共用

robert-update-sheet@pandas-update-sheet.iam.gserviceaccount.com

```
{
    "type": "service_account",
    "project_id": "pandas-update-sheet",
    "private_key_id": "ee5ffe70d568618cb3bbd2aa6a1ab9186c2768cd",
    "private_key": "-----BEGIN PRIVATE KEY-----\nMIIEvAIBADANBgkqhkiG9w0BAQEFAASCBKYwggSiAgEAAoIBAQDn18x6DZ3o3neM\nxiTcfNLIHsqIIqfc9gl+bV1kK7
    "client_email": "robert-update-sheet@pandas-update-sheet.iam.gserviceaccount.com",
    "client_id": "104003304783359792111",
    "auth_uri": "https://accounts.google.com/o/oauth2/auth",
    "token_uri": "https://oauth2.googleapis.com/token",
    "auth_provider_x509_cert_url": "https://www.googleapis.com/oauth2/v1/certs",
    "client_x509_cert_url": "https://www.googleapis.com/robot/v1/metadata/x509/robert-update-sheet%40pandas-update-sheet.iam.gserviceaccount.
    "universe_domain": "googleapis.com"
}
```

← 共用「同步更新試算表」

robert-update-sheet@pandas-updat... 編輯者 ▼

☑ 通知共用對象

訊息

取消　傳送

5.3 抓取資料與同步更新應用

此處，使用政府資料開放平台進行應用，此外金鑰要和程式碼以及資料集放在同一個資料夾，另外讀者朋友也可以根據本書提供的文件進行閱讀，並注意提醒事項。

5.3 抓取資料與同步更新應用

- (解答 _ 同步更新)2024_1228_抓取政府資料開放平台更新.ipynb
- pandas-update-sheet-ee5ffe70d568.json
- Sheet token 應用.pdf

使用 requests.get() 模組進行政府資料開放平台的資料捕捉。同時將抓下來的資料轉成 csv 格式。requests.get() 通常應用於數據抓取、API 數據獲取或模擬 HTTP 通訊。例如，在進行文獻數據蒐集或數值模擬時，研究者可能需要透過此方法從公開的資料庫或伺服器獲取資料。

以下是基於學術用途的說明與範例：

```
import requests
from bs4 import BeautifulSoup

url = "https://example-journal.com/recent-articles"
response = requests.get(url)
if response.status_code == 200:
    soup = BeautifulSoup(response.text,'html.parser')
    titles = soup.find_all('h2',class_='article-title')
    for title in titles:
        print(title.get_text())
else:
    print(f"Failed to fetch data.Status code:{response.status_code}")
```

- 程式範例一：政府資料開放平台 _ 台南旅遊人數資料集

```
import pandas as pd
import requests

url = "https://data.tainan.gov.tw/dataset/a397a846-d786-4bf3-ac72-efac801d66ac/resource/9d1b4172-6d9d-4d49-87be-02aafa900446/download/50a1f114-edd6-4b59-
response = requests.get(url)
with open("Tainan.csv","wb")as file:
    file.write(response.content)
df1 = pd.read_csv("Tainan.csv")
print(df1)
df1.to_csv("Tainan.csv")
```

4 Google Sheet API

安裝對應的 API 套件

```
!pip install pandas
!pip install gspread
!pip install google-auth
Requirement already satisfied: pandas in c:\users\roberthuang\anaconda3\lib\site-packages (2.2.2)
Requirement already satisfied: numpy>=1.26.0 in c:\users\roberthuang\anaconda3\lib\site-packages (from pandas) (1.26.4)
Requirement already satisfied: python-dateutil>=2.8.2 in c:\users\roberthuang\anaconda3\lib\site-packages (from pandas) (2.9.0.post0)
Requirement already satisfied: pytz>=2020.1 in c:\users\roberthuang\anaconda3\lib\site-packages (from pandas) (2024.1)
Requirement already satisfied: tzdata>=2022.7 in c:\users\roberthuang\anaconda3\lib\site-packages (from pandas) (2023.3)
Requirement already satisfied: six>=1.5 in c:\users\roberthuang\anaconda3\lib\site-packages (from python-dateutil>=2.8.2->pandas) (1.16.0)
```

記得更新對應的 Sheet token

```
#----20250125----------------------------------------------------------------
from google.oauth2.service_account import Credentials
import gspread
import pandas as pd

scope = ['https://www.googleapis.com/auth/spreadsheets']

from google.oauth2.service_account import Credentials
import gspread
import pandas as pd

scope = ['https://www.googleapis.com/auth/spreadsheets']

creds = Credentials.from_service_account_file("pandas-update-sheet-ee5ffe70d568.json", scopes=scope)  #更換sheet token
gs = gspread.authorize(creds)

from google.oauth2.service_account import Credentials
import gspread
import pandas as pd

scope = ['https://www.googleapis.com/auth/spreadsheets']

creds = Credentials.from_service_account_file("pandas-update-sheet-ee5ffe70d568.json", scopes=scope)  #更換sheet token
gs = gspread.authorize(creds)

sheet = gs.open_by_url('https://docs.google.com/spreadsheets/d/1pur4hvkEEYDPI9W7y_qoXxHwtl_THS8900iN1vt-N5Y/edit?gid=0
worksheet = sheet.get_worksheet(0)
df = pd.read_csv('Tainan.csv',encoding="utf-8")  #更新抓下來的csv------------
df1=df.astype(str)

worksheet.update([df1.columns.values.tolist()] + df1.values.tolist())

{'spreadsheetId': '1pur4hvkEEYDPI9W7y_qoXxHwtl_THS8900iN1vt-N5Y',
 'updatedRange': "'工作表1'!A1:I26",
 'updatedRows': 26,
 'updatedColumns': 9,
 'updatedCells': 234}
```

5.3 抓取資料與同步更新應用

同時也要更新要上傳 Sheet 網址到 gs.open_by_url 的網址

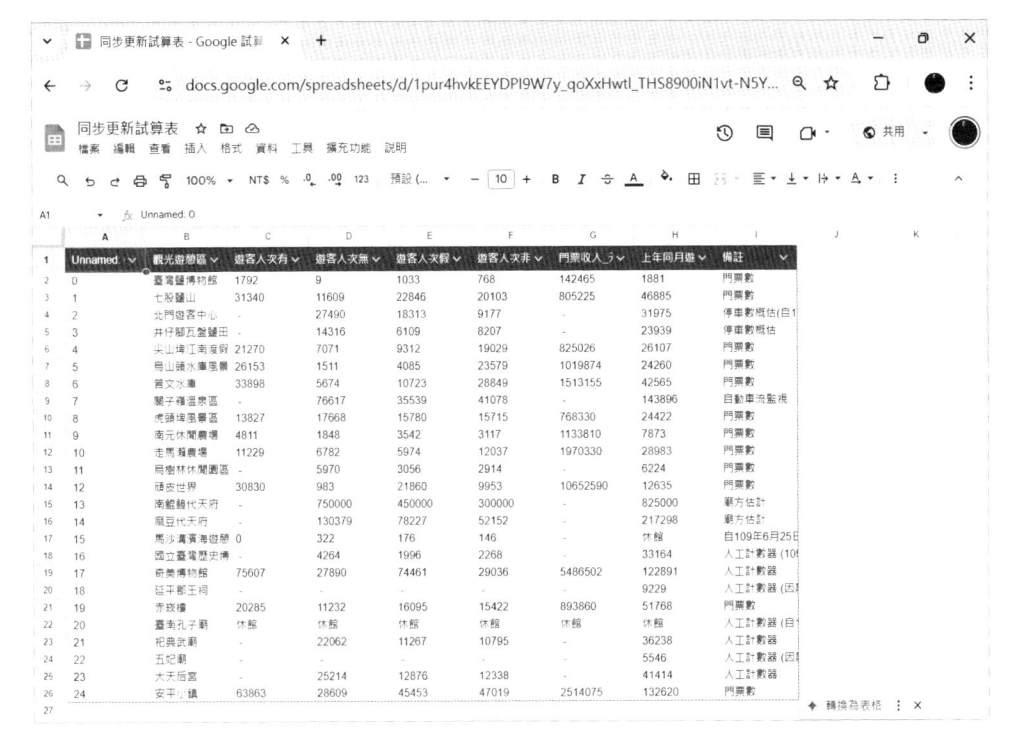

- 程式範例二：成大醫院病床數即時更新

此處成大醫院病床數的爬取方法請見第七章

5-17

Google Sheet API

此處先提供捕捉下來的模組進行更新使用

```python
import requests
from bs4 import BeautifulSoup
import pandas as pd

# 目標網址
url = "https://web.hosp.ncku.edu.tw/nckm/Bedstatus/BedStatus.aspx"


response = requests.get(url)
response.encoding = 'utf-8'
soup = BeautifulSoup(response.text, 'html.parser')


table = soup.find('table', {'id': 'GV_EmgInsure'})


headers = [th.text.strip() for th in table.find_all('th')]
rows = []
for tr in table.find_all('tr')[1:]:
    cells = [td.text.strip() for td in tr.find_all('td')]
    if cells:
        rows.append(cells)


df = pd.DataFrame(rows, columns=headers)

print(df)
df.to_csv("NCKU_BED.csv",encoding="utf-8")

         病床類別    病床數  佔床數  空床數
0       急性一般病床   645  622   23
1       急性精神病床    30   17   13
2       成人加護病床    98   88   10
3       小兒加護病床     8    6    2
4      新生兒加護病床    20   19    1
5       燒傷加護病床    10    9    1
6     亞急性呼吸照護病床   12   11    1
7         嬰兒病床    23   17    6
8    安寧病床(不收差額)   12    8    4
9        其他特殊病床   61   57    4
10           合計  919  854   65
```

5.3 抓取資料與同步更新應用

更新的概念流程圖如下：（在本機端先儲存一份 csv）

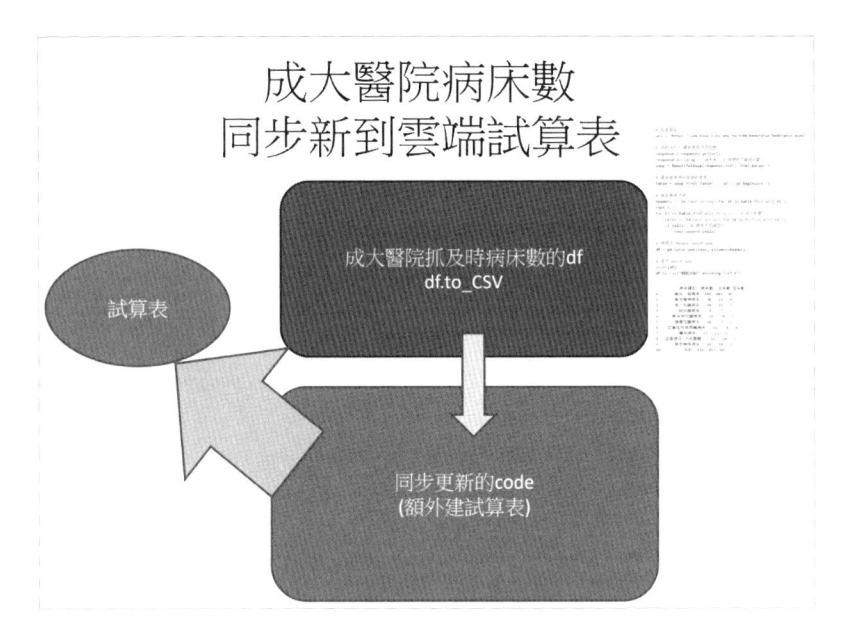

成大醫院病床數
同步新到雲端試算表

成大醫院抓及時病床數的df
df.to_CSV

試算表

同步更新的code
(額外建試算表)

同步更新的模組

```python
from google.oauth2.service_account import Credentials
import gspread
import pandas as pd

scope = ['https://www.googleapis.com/auth/spreadsheets']

from google.oauth2.service_account import Credentials
import gspread
import pandas as pd

scope = ['https://www.googleapis.com/auth/spreadsheets']

creds = Credentials.from_service_account_file("pandas-update-sheet-ee5ffe70d568.json", scopes=scope)
gs = gspread.authorize(creds)

from google.oauth2.service_account import Credentials
import gspread
import pandas as pd

scope = ['https://www.googleapis.com/auth/spreadsheets']

creds = Credentials.from_service_account_file("pandas-update-sheet-ee5ffe70d568.json", scopes=scope)

sheet = gs.open_by_url('https://docs.google.com/spreadsheets/d/1pur4hvkEEYDPI9W7y_qoXxHwtl_THS8900iN1vt-N5Y/edit?gid=0
worksheet = sheet.get_worksheet(0)
df = pd.read_csv('NCKU_BED.csv',encoding="utf-8") #更新抓下來的csv------------
df1=df.astype(str)
```

4 Google Sheet API

```
worksheet.update([df1.columns.values.tolist()] + df1.values.tolist())

{'spreadsheetId': '1pur4hvkEEYDPI9W7y_qoXxHwtl_THS8900iN1vt-N5Y',
 'updatedRange': "'工作表1'!A1:E12",
 'updatedRows': 12,
 'updatedColumns': 5,
 'updatedCells': 60}
```

同步更新到雲端的試算表

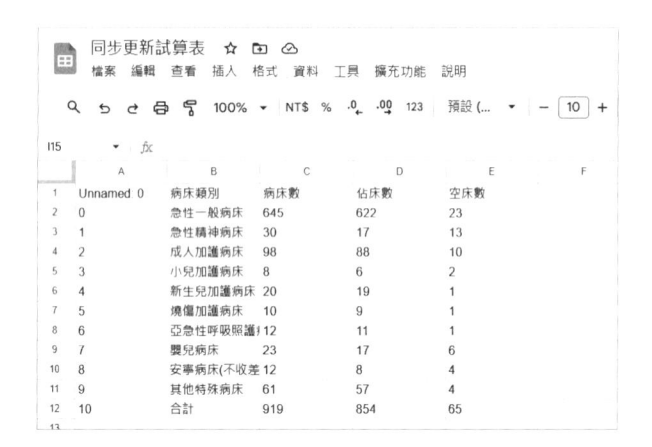

■ New Interactive Sheet 與 Google Sheet 比較表

方法	優點	缺點	適合使用情境
New Interactive Sheet（Google Colabatory）	1. 支援互動功能，允許動態篩選和排序。 2. 提供即時回饋功能，例如圖表更新或數據分析。 3. 可無需複雜設置即可集成其他工具或應用程式。	1. 可能需要額外學習新介面與功能。 2. 功能可能受限於平台的設計。 3. 資料安全性需依賴外部服務商。	1. 用於需要即時互動分析或動態展示的報表。 2. 簡化複雜流程並與其他應用程式整合的專案。 3. 用於快速生成視覺化數據的情境。
Google Sheet	1. 強大的協作功能，支持多使用者即時編輯。 2. 無需下載即可在雲端存取，易於分享。 3. 內建豐富公式與工具，方便數據處理。	1. 高度依賴網路，離線使用受限。 2. 複雜數據處理時性能表現不佳。 3. 在某些情況下需要額外授權管理第三方工具存取權。	1. 用於需要多人協作編輯的文件。 2. 需要高頻次版本控制與分享的專案。 3. 適合標準化流程或通用計算任務。

5.3 抓取資料與同步更新應用

■ 改寫上傳到不同的 worksheet 作法

```python
from google.oauth2.service_account import Credentials
import gspread
import pandas as pd

# 定義 Google API 的 scope
scope = ['https://www.googleapis.com/auth/spreadsheets']

# 驗證憑證
creds = Credentials.from_service_account_file("pandas-update-sheet-ee5ffe70d568.json", scopes=scope)
gs = gspread.authorize(creds)

# 打開 Google Sheet 文件
sheet = gs.open_by_url('https://docs.google.com/spreadsheets/d/1pur4hvkEEYDPI9W7y_qoXxHwtl_THS8900iN1vt-N5Y/edit?gid=0

# 讀取 CSV 文件
file_name = 'NCKU_BED.csv'  # 替換為你的 CSV 文件名稱
dataframes = pd.read_csv(file_name, encoding="utf-8")

# 將數據分割為多個 worksheet 的數據邏輯（假設基於某一列分割，這裡以 'Category' 為例）
if 'Category' in dataframes.columns:  # 假設 CSV 中有一個 Category 列
    grouped = dataframes.groupby('Category')

    for category, df in grouped:
        worksheet_name = str(category)  # 每個分類對應一個 worksheet 名稱
        try:
            # 如果 worksheet 已存在，直接打開
            worksheet = sheet.worksheet(worksheet_name)
        except gspread.exceptions.WorksheetNotFound:
            # 如果 worksheet 不存在，創建新 worksheet
            worksheet = sheet.add_worksheet(title=worksheet_name, rows=100, cols=20)

        # 清空 worksheet 的內容
        worksheet.clear()

        # 更新數據到 worksheet
        df = df.astype(str)  # 確保所有數據為字符串格式
        worksheet.update([df.columns.values.tolist()] + df.values.tolist())
else:
    # 如果沒有分類列，直接更新到預設 worksheet
    worksheet = sheet.get_worksheet(0)
    dataframes = dataframes.astype(str)
    worksheet.update([dataframes.columns.values.tolist()] + dataframes.values.tolist())

print("數據已成功上傳到不同的 worksheet!")
```

數據已成功上傳到不同的 worksheet!

■ Google Sheets 第一欄與第一列著色說明

在使用 Google Sheets 的程式設計中，根據不同的需求，我們可以對工作表的**第一欄**與**第一列**進行背景著色。以下是詳細的說明，包含著色範圍的邏輯、計算方式與範例。

5-21

Google Sheet API

■ 完成第一欄著色

```python
#著色
from google.oauth2.service_account import Credentials
import gspread
import pandas as pd

# 定義 Google API 的 scope
scope = ['https://www.googleapis.com/auth/spreadsheets']

# 驗證憑證
creds = Credentials.from_service_account_file("pandas-update-sheet-ee5ffe70d568.json", scopes=scope)
gs = gspread.authorize(creds)

# 打開 Google Sheet 文件
sheet = gs.open_by_url('https://docs.google.com/spreadsheets/d/1pur4hvkEEYDPI9W7y_qoXxHwtl_THS8900iN1vt-N5Y/edit?gid=0

# 讀取 CSV 文件
file_name = 'NCKU_BED.csv'  # 替換為你的 CSV 文件名稱
dataframes = pd.read_csv(file_name, encoding="utf-8")

# 將數據分割為多個 worksheet 的數據邏輯 ( 假設基於某一列分割,這裡以 'Category' 為例)
if 'Category' in dataframes.columns:  # 假設 CSV 中有一個 Category 列
    grouped = dataframes.groupby('Category')

    for category, df in grouped:
        worksheet_name = str(category)  # 每個分類對應一個 worksheet 名稱
        try:
            # 如果 worksheet 已存在,直接打開
            worksheet = sheet.worksheet(worksheet_name)
        except gspread.exceptions.WorksheetNotFound:
            # 如果 worksheet 不存在,創建新 worksheet
            worksheet = sheet.add_worksheet(title=worksheet_name, rows=100, cols=20)

        # 清空 worksheet 的內容
        worksheet.clear()

        # 更新數據到 worksheet
        df = df.astype(str)  # 確保所有數據為字符串格式
        worksheet.update([df.columns.values.tolist()] + df.values.tolist())

        # 著色第一欄
        rows = len(df) + 1  # 包括表頭
        format_range = f"A1:A{rows}"
        worksheet.format(format_range, {"backgroundColor": {"red": 0.9, "green": 0.9, "blue": 0.9}})
else:
    # 如果沒有分類列,直接更新到預設 worksheet
    worksheet = sheet.get_worksheet(0)
    dataframes = dataframes.astype(str)
    worksheet.update([dataframes.columns.values.tolist()] + dataframes.values.tolist())

    # 著色第一欄
    rows = len(dataframes) + 1  # 包括表頭
    format_range = f"A1:A{rows}"
    worksheet.format(format_range, {"backgroundColor": {"red": 0.9, "green": 0.9, "blue": 0.9}})

print("數據已成功上傳到不同的 worksheet 並完成第一欄著色!")
```

數據已成功上傳到不同的 worksheet 並完成第一欄著色!

5.3 抓取資料與同步更新應用

	A	B	C	D	E
1	Unnamed: 0	病床類別	病床數	佔床數	空床數
2	0	急性一般病床	645	622	23
3	1	急性精神病床	30	17	13
4	2	成人加護病床	98	88	10
5	3	小兒加護病床	8	6	2
6	4	新生兒加護病床	20	19	1
7	5	燒傷加護病床	10	9	1
8	6	亞急性呼吸照護	12	11	1
9	7	嬰兒病床	23	17	6
10	8	安寧病床(不收差	12	8	4
11	9	其他特殊病床	61	57	4
12	10	合計	919	854	65

- **第一欄著色的邏輯**

1. 範圍計算：

第一欄對應的範圍是 A1：A{rows}，其中 rows 表示總行數（包括表頭）。

rows = len（df）+ 1 計算出有多少行數據，加上表頭的行數。

2. 背景顏色設置：

使用 worksheet.format 方法指定範圍，例如：worksheet.format（"A1：A10"，{"backgroundColor"：{"red"：0.9，"green"：0.9，"blue"：0.9}}）

{"red"：0.9，"green"：0.9，"blue"：0.9} 代表背景色為淺灰色

5-23

Google Sheet API

■ 完成第一列著色

```python
from google.oauth2.service_account import Credentials
import gspread
import pandas as pd

# 定義 Google API 的 scope
scope = ['https://www.googleapis.com/auth/spreadsheets']

# 驗證憑證
creds = Credentials.from_service_account_file("pandas-update-sheet-ee5ffe70d568.json", scopes=scope)
gs = gspread.authorize(creds)

# 打開 Google Sheet 文件
sheet = gs.open_by_url('https://docs.google.com/spreadsheets/d/1pur4hvkEEYDPI9W7y_qoXxHwtl_THS8900iN1vt-N5Y/edit?gid=0

# 讀取 CSV 文件
file_name = 'NCKU_BED.csv'  # 替換為你的 CSV 文件名稱
dataframes = pd.read_csv(file_name, encoding="utf-8")

# 將數據分割為多個 worksheet 的數據邏輯 ( 假設基於某一列分割, 這裡以 'Category' 為例 )
if 'Category' in dataframes.columns:  # 假設 CSV 中有一個 Category 列
    grouped = dataframes.groupby('Category')

    for category, df in grouped:
        worksheet_name = str(category)  # 每個分類對應一個 worksheet 名稱
        try:
            # 如果 worksheet 已存在, 直接打開
            worksheet = sheet.worksheet(worksheet_name)
        except gspread.exceptions.WorksheetNotFound:
            # 如果 worksheet 不存在, 創建新 worksheet
            worksheet = sheet.add_worksheet(title=worksheet_name, rows=100, cols=20)

        # 清空 worksheet 的內容
        worksheet.clear()

        # 更新數據到 worksheet
        df = df.astype(str)  # 確保所有數據為字符串格式
        worksheet.update([df.columns.values.tolist()] + df.values.tolist())

        # 著色第一列
        columns = len(df.columns)  # 獲取總列數
        format_range = f"A1:{chr(65 + columns - 1)}1"  # A1 到最後一列的第一行
        worksheet.format(format_range, {"backgroundColor": {"red": 1.0, "green": 1.0, "blue": 0.0}})  # 黃色
else:
    # 如果沒有分類列, 直接更新到預設 worksheet
    worksheet = sheet.get_worksheet(0)
    dataframes = dataframes.astype(str)
    worksheet.update([dataframes.columns.values.tolist()] + dataframes.values.tolist())

    # 著色第一列
    columns = len(dataframes.columns)  # 獲取總列數
    format_range = f"A1:{chr(65 + columns - 1)}1"  # A1 到最後一列的第一行
    worksheet.format(format_range, {"backgroundColor": {"red": 1.0, "green": 1.0, "blue": 0.0}})  # 黃色

print("數據已成功上傳到不同的 worksheet 並完成第一列著色!")
```

數據已成功上傳到不同的 worksheet 並完成第一列著色!

5.3 抓取資料與同步更新應用

	A	B	C	D	E
1	Unnamed: 0	病床類別	病床數	佔床數	空床數
2	0	急性一般病床	645	622	23
3	1	急性精神病床	30	17	13
4	2	成人加護病床	98	88	10
5	3	小兒加護病床	8	6	2
6	4	新生兒加護病床	20	19	1
7	5	燒傷加護病床	10	9	1
8	6	亞急性呼吸照護	12	11	1
9	7	嬰兒病床	23	17	6
10	8	安寧病床(不收差	12	8	4
11	9	其他特殊病床	61	57	4
12	10	合計	919	854	65

■ 第一列著色的邏輯

1. 範圍計算：

第一列對應的範圍是 A1：{最後一列的第一行}，範圍用字母表示。例如，如果有 5 欄，範圍就是 A1：E1。

chr（65 + columns-1）將欄數轉換為對應的字母（A 到 Z）。ASCII 中 A 是 65。

2. 背景顏色設置：

使用 worksheet.format 方法指定範圍，例如：worksheet.format（"A1：E1"，{"backgroundColor"：{"red"：1.0，"green"：1.0，"blue"：0.0}}）。

{"red"：1.0，"green"：1.0，"blue"：0.0} 代表背景色為黃色

5-25

5.4 Simple ML 分析

■ Simple ML：簡單易用的機器學習工具與應用

Simple ML 是一個針對非專業使用者設計的機器學習工具，旨在將機器學習技術普及化，讓更多領域的用戶能夠快速應用這一技術進行數據分析與決策。其易用性、高效性和與現有數據處理工具的兼容性，使其成為科研與實際應用中的理想選擇。本文將介紹 Simple ML 的特點、應用場景以及如何在 Google Sheets 和其他環境中使用該工具。

機器學習（Machine Learning，ML）是一種利用算法從數據中提取模式並進行預測的技術。然而，傳統機器學習工具通常需要專業的技術背景和編程能力，這對許多非專業使用者來說是一大門檻。為了解決這一問題，Google Research 團隊推出了 **Simple ML**，一款簡化機器學習操作的工具，目標是讓無編程背景的用戶也能快速上手，並將其嵌入日常的數據分析流程中。

特點

1. **簡單易用**：Simple ML 將機器學習的複雜過程自動化，從數據清理、模型訓練到結果分析，所有步驟均可通過圖形界面完成，無需撰寫代碼。

2. **無縫整合 Google Sheets**：Simple ML 能直接在 Google Sheets 中運行，用戶只需點擊幾個按鈕即可完成模型訓練與預測，適合熟悉表格處理的用戶。

3. **多功能支持**：
   自動數據清理：自動處理缺失值和異常數據。
   模型推薦：根據數據類型和分析目標推薦最佳的模型。
   預測與評估：快速生成預測結果並提供準確性評估。

4. **低資源需求**：Simple ML 的運算需求低，適合本地運行或在雲端進行計算。

5.4 Simple ML 分析

如何使用 Simple ML

■ 1. 在 Google Sheets 中使用

Simple ML 可以作為 Google Sheets 的外掛程式使用，具體操作如下：

1. 安裝外掛程式：

打開 Google Sheets，點擊工具列的「擴充功能」->「取得外掛程式」。

搜索 **Simple ML**，並點擊安裝。

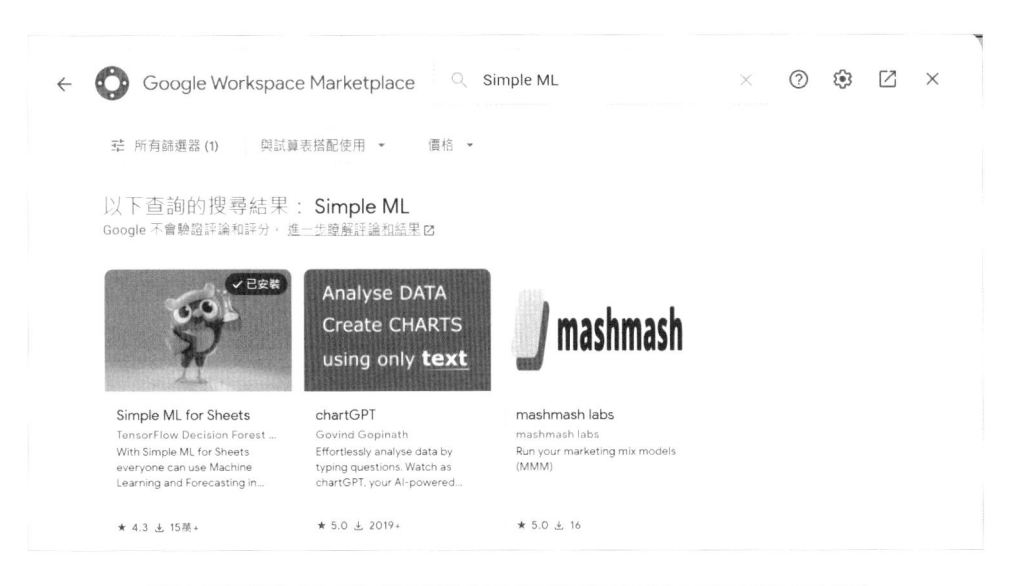

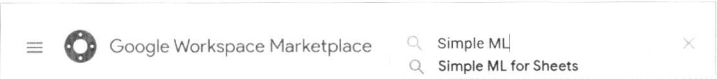

4 Google Sheet API

Simple ML for Sheets

With Simple ML for Sheets everyone can use Machine Learning and Forecasting in Google Sheets™ without knowing ML, without coding, and without sharing data wi...

開發者： TensorFlow Decision Forest team
商店資訊更新日期： 2024年1月10日

2. 加載數據：

   將需要分析的數據導入 Google Sheets，例如銷售數據或學生成績表。

3. 執行分析：

   安裝後，在工具列中點擊 **Simple ML**。

   根據分析目標（分類、預測、聚類等）選擇合適的模型。

   按照指示選擇訓練數據與測試數據，並運行模型。

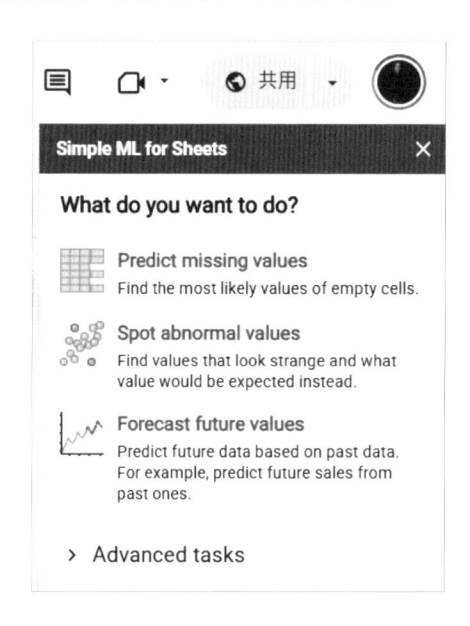

Simple ML for Sheets

What do you want to do?

- **Predict missing values**
  Find the most likely values of empty cells.

- **Spot abnormal values**
  Find values that look strange and what value would be expected instead.

- **Forecast future values**
  Predict future data based on past data. For example, predict future sales from past ones.

> Advanced tasks

5-28

5.4 Simple ML 分析

4. 查看結果：

模型訓練完成後，結果將直接顯示在 Google Sheets 中，包括預測值、準確性評估等。

■ 2. 在其他環境中的應用

除了 Google Sheets，Simple ML 還可以與 Python 等工具結合，應用於更高級的機器學習場景。開發者可以利用其內建的 API，快速整合至現有的數據處理流程中。

基礎功能介紹

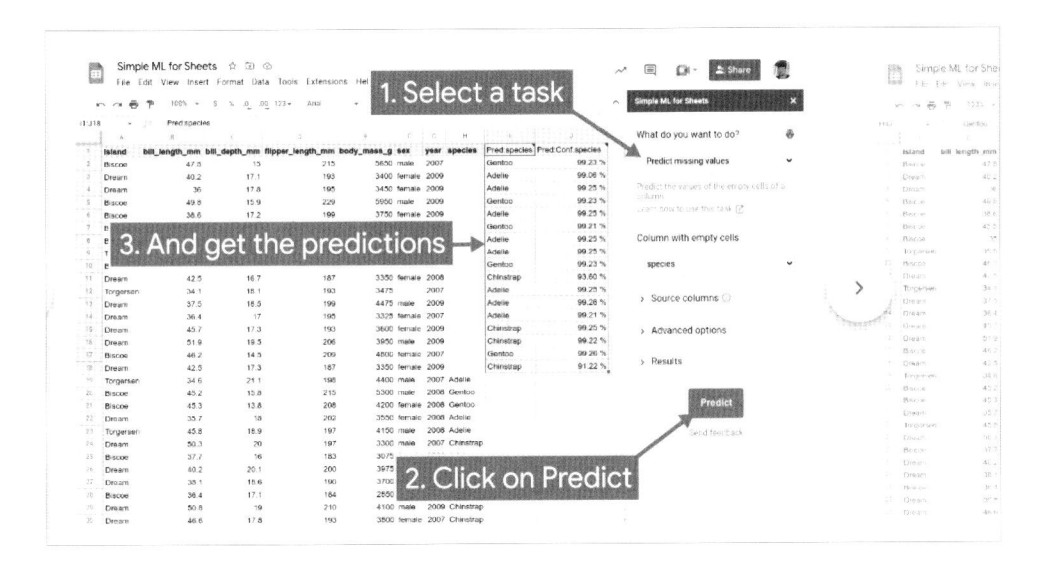

4　Google Sheet API

操作方法說明

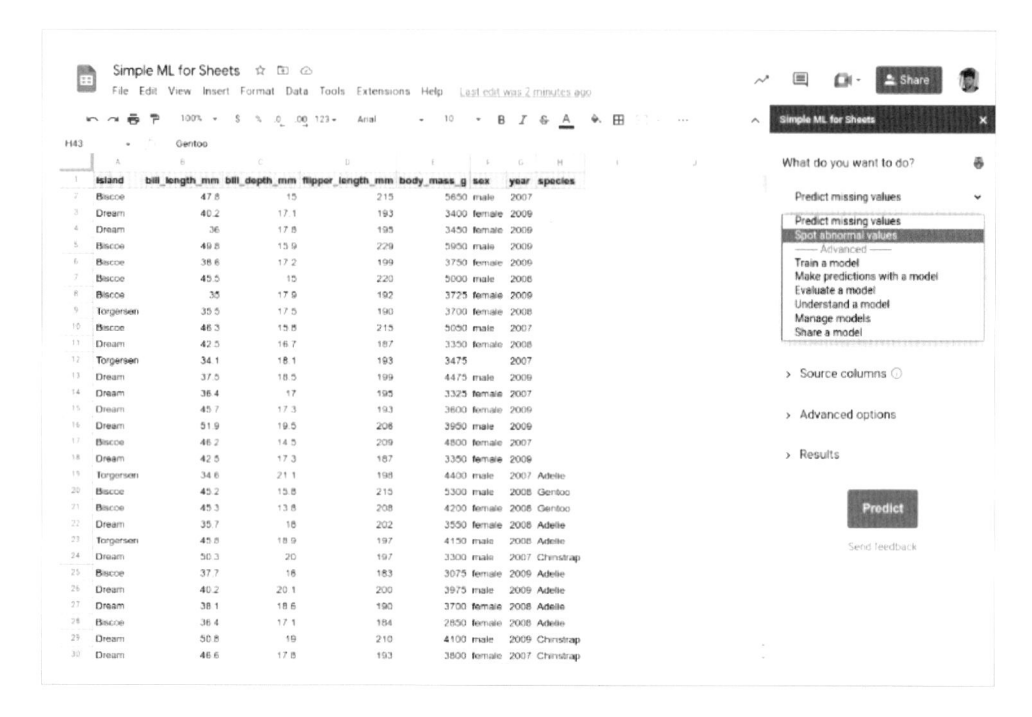

挑選要預測的目標欄位

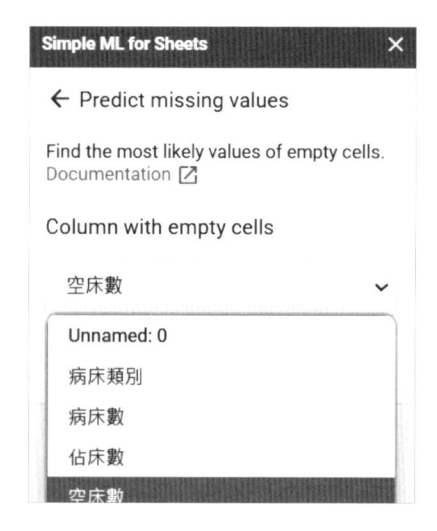

5.4 Simple ML 分析

可以挑選常見的機器學習模型直接進行訓練

常見的模型有 Gradient Boosted Trees 和 Random Forest 以及 Decision Tree

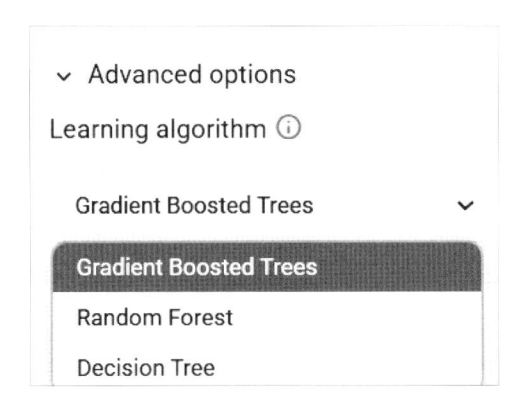

預測的步驟，就是依照下列的順序進行即可！

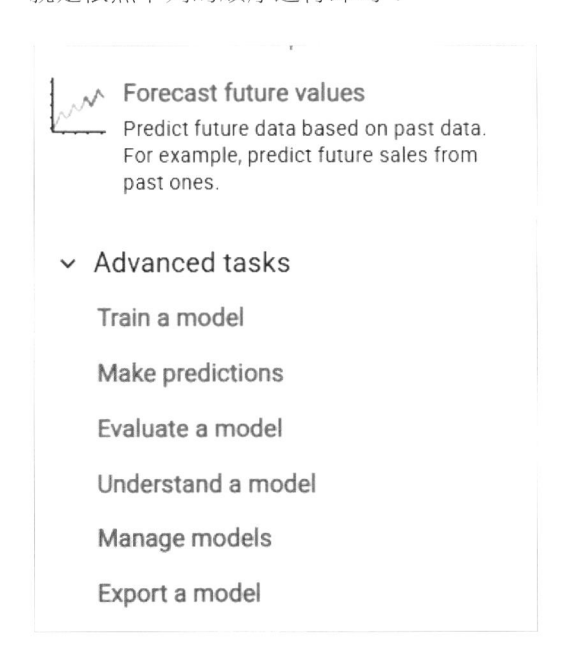

Google Sheet API

繪製圖表以及模型評估

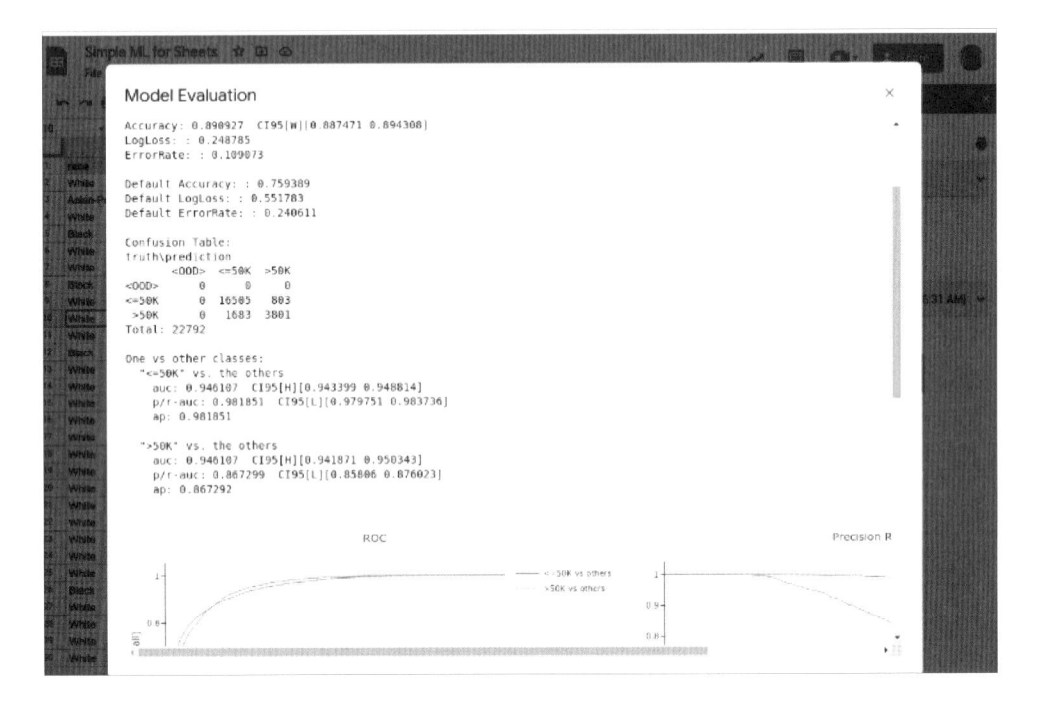

5-32

6

生成式語意推論介紹

6.1 生成式語意結構推測理論
6.2 生成式 AI 互動收斂理論
6.3 網頁結構推論與交互生成收斂理論
6.4 生成式工具生成品質評估
6.5 什麼是 Vibe Coding？
6.6 Vibe Coding 的意義與協作

6 生成式語意推論介紹

6.1 生成式語意結構推測理論

生成式語意結構推測理論（Generative Semantic Structural Inference Theory, GSSIT）

■ **理論背景與目標**

生成式人工智能工具（如 GPT 等）具有強大的語言生成與結構推測能力，對網頁結構的分析與推論提供了新的可能性。然而，網頁標籤的多義性、結構的複雜性和動態內容的多變性，仍然是結構推測中的主要挑戰。為了解決這些問題，本理論提出了「生成式語言結構意圖推測理論」（Generative Semantic Structural Inference Theory，GSSIT），結合情境理解、語意生成與結構分析，實現高效的網頁內容解析與結構推測。

GSSIT 的核心目標是透過生成式 AI 的推論能力與語意生成技術，對網頁結構進行多層次、多維度的分析，解決網頁結構推論中的標籤多義性與結構模糊性問題，並提升語意產生與重構輸出的精確度。

■ **核心能力與應用**

1. 生成式線索推論能力

生成式 AI 的推論能力在於能夠基於有限線索（如 HTML 結構中的部分節選），有效推測未明確標籤的結構功能。這種推論能力結合語言模型的上下文理解特性，能處理標籤多義性與不完整的結構資訊。例如，生成式 AI 可以預測元素的功能，判斷其是否屬於導覽列、內文還是頁腳；同時，它還能跨段落理解頁面內容的主題，進而歸納頁面的屬性，如產品頁或頁面。這種能力使生成式 AI 能夠根據上下文與內容結構進行準確推測，為網頁標籤功能的解析提供了堅實基礎。

2. 結構與語意連結產生

生成式 AI 通過語意分析將網頁的結構與內容映射至格式化數據結構，例如 JSON 格式。這種映射過程不僅能顯著提升語意清晰度與可編程性，還能簡化數據處理流程。透過格式化的數據結構，開發者可以更方便地進行數據存取與操作，例如快速識別網頁的標題、段落及頁尾等功能性區域。此外，這種映射還能促進跨系統的數據整合與交換，特別是在需要大規模自動化分析與處理的場景中，生成式 AI 生成的格式化數據結構能顯著提升工作效率與準確性，為後續的資料處理提供便利。

- **範例輸出：生成式 AI 可將網頁結構解析為以下 JSON 格式：**

```
{
    "title":" 網頁主題 ",
    "content":[" 段落 1 內容 "," 段落 2 內容 "],
    "footer":" 頁尾版權聲明 "
}
```

3. 動態提示語設計

　　生成式 AI 的性能在很大程度上依賴於提示語（Prompt）的設計，特別是在處理複雜場景和特定需求時，動態提示語設計技術發揮了至關重要的作用。這種技術的核心理念是通過靈活、精確地設計提示語，使生成式 AI 能夠更高效地解析輸入內容並生成符合需求的輸出結果，從而提升準確性、完整性和適應性。

- **動態提示語設計的核心策略**

    1. **明確指定輸出結構**

        在提示語中明確規範生成的結構，例如要求 AI 生成標題、段落、清單或表格格式的輸出。這種方法的目的是幫助 AI 聚焦於特定內容，減少無關資訊的生成。例如，當需要生成一份技術報告時，可以在提示語中明確要求分為標題、引言、方法、結果和結論等部分，這樣 AI 便能更有針對性地生成符合結構要求的文本。

    2. **提供部分結構資訊**

        針對需要結構化輸出的場景，例如處理 HTML、XML 或 JSON 格式的內容，可以在提示語中提供部分結構訊息，如標籤或框架結構。這種方法可以幫助 AI 更準確地推測和補全未明確的結構資訊。例如，在解析一個網頁時，提示語可以提供類似於 <div>、<h1> 和 <p> 等標籤的結構資訊，AI 將能基於這些提示生成完整且一致的結構化內容。

3. **指導生成結構化格式**

    在需要進行程式處理的場景中，提示語可以指導 AI 生成結構化格式的輸出，例如 JSON、CSV 或 SQL 查詢語句。結構化格式的生成不僅提高了後續處理的效率，還降低了數據清理與整合的複雜度。例如，在數據提取應用中，提示語可以要求生成類似於 {"name":"XXX","age":XX,"city":"XXX"} 的 JSON 格式數據，從而簡化資料的自動化處理。

■ 動態提示語設計的技術優勢

1. **提升生成結果的準確性與相關性**

    動態提示語設計的核心在於針對特定任務進行調整，使 AI 能夠更準確地理解使用者的需求。例如，在技術文檔生成場景中，明確的提示語能指導 AI 更準確地生成專業術語和技術描述。

2. **提高輸出的完整性與一致性**

    通過提供結構性資訊或框架，AI 能基於這些指引生成更加完整的內容。例如，在需要生成一份包含多個部分的技術報告時，提示語可以先列出標題和子標題框架，然後讓 AI 逐步填充內容，避免生成結果出現結構缺失。

3. **增強適應性以滿足多樣化需求**

    動態提示語設計的靈活性使 AI 能夠根據不同場景靈活調整輸出。例如，在處理電商數據時，提示語可以指導 AI 提取產品名稱、價格、評價等特定字段；而在技術文檔生成中，則可要求生成專業的技術術語和數據表格。

4. **降低後續處理的技術門檻**

   透過指導生成結構化格式（如 JSON），AI 輸出的數據更加適合程式的自動化處理。這對於需要大量數據清理與分析的應用場景來說，顯著降低了後續的技術處理門檻。

6.2 生成式 AI 互動收斂理論

生成式互動收斂理論（GICT）聚焦在人機互動過程中，如何通過多輪回饋（feedback loop）和提示語（prompt）的漸進式優化，實現生成內容（如程式碼、文本、設計）的品質提升。該理論認為，人機互動是一個動態收斂過程，其反饋不僅減少生成結果的誤差，還能引導模型生成更符合目標的輸出。這一理論結合了**遞迴優化**、**資訊增益**與**收斂分析**，為生成式人工智慧應用的改進提供數學模型說明。

1. 品質收斂模型

假設生成內容的品質 Q 是與模型互動的指標之一，品質受以下因素影響：

初始生成品質 Q_0：模型在第一輪生成輸出時的基準品質。

提示語增強 P_t：提示語在第 t 輪對生成結果的貢獻。

模型的自適應改進能力 G_t：模型根據反饋進行調整的有效性。

生成品質在第 t 輪的表達為：

$$Q_t = Q_{t-1} + \alpha P_t + \beta G_t$$

其中：

α 和 β 是權重，表示提示語和模型改進的相對影響。

Q_t 隨著 t 增加逐漸收斂至一個理想品質 Q^*。

2. 提示語增強模型

提示語的優化程度 P_t 與的提示語調整策略相關。我們可假設每輪提示語的改進是指數遞減的：

$$P_t = P_0 \cdot e^{-\lambda t}$$

其中：

P_0 是初始提示語的影響力。

$\lambda > 0$ 是提示語調整的效率衰減率。

3. 誤差收斂模型

生成結果的誤差 E_t 隨著互動次數 t 減少，可用收斂速率描述為：

$$E_t = E_0 \cdot e^{-\gamma t}$$

其中：

E_0 是初始誤差。

$\gamma > 0$ 是收斂速率，取決於模型的自適應能力和提示的有效性。

此模型表明，隨著互動次數增加，誤差以指數方式減少，逐步趨近於零。

4. 總體收斂方程將品質 Q_t 和誤差 E_t 結合，假設品質的提升與誤差的減少成反比：

$$Q_t = Q^* - c \cdot E_t$$

其中：

Q^* 是理論上的最優品質。

c 是與問題類型相關的常數，表示誤差對品質的影響程度。

通過將 E_t 的表達式代入，可以得到：

6.2 生成式 AI 互動收斂理論

$$Q_t = Q^* - c \cdot E_0 \cdot e^{-\gamma t}$$

這表明生成品質 Q_t 隨著互動次數 t 的增加，逐步趨近於最優值 Q^*。

■ 理論延伸與應用

1. 行為建模

提示語行為（如資訊量，語義清晰度）可以進一步形式化，例如以香農資訊熵 H_t 來度量每輪提示語的資訊增益：

$$H_t = -\sum_i p_i \log p_i$$

其中 p_i 是提示語中不同指令或資訊的分布機率。

2. 互動次數的收斂預測

收斂互動次數 T_c 可用 $E_t \leq \epsilon$ 的條件確定，ϵ 為容許誤差閾值：

$$T_c = \frac{\ln(E_0 / \epsilon)}{\gamma}$$

此公式提供了模型或互動設計中的性能評估基礎。

3. 實際應用場景

生成式 AI 在多個領域展現出強大的應用潛力，包括程式碼生成、內容創作以及教育與訓練。在程式碼生成方面，生成式 AI 可以模擬多輪修正，透過提示語的調整與模型學習的共同作用，不斷提升最終程式碼的品質；在內容創作中，生成式 AI 幫助設計最佳提示語結構，大幅提高生成文字、圖像或其他創意內容的效率；而在教育與訓練領域，生成式 AI 則能用於分析學習者與生成工具的互動模式，從而提升學習效率與效果。

6.3 網頁結構推論與交互生成收斂理論

網頁結構推論與交互生成收斂理論（Web Structure Inference and Interaction-Driven Convergence Theory，WSIICT）是一種將生成式人工智慧（Generative AI）的語意生成能力、結構推論能力與人機交互收斂過程有機結合的理論框架。該理論以語意理解、結構推論引導到品質收斂為核心，提供了一個系統性的理論工具，幫助分析和優化網頁生成過程中的人機互動。

■ 核心過程概述

WSIICT 理論包括三個主要的核心過程：

1. 提示語與語言意結構的交互作用

在這個階段，生成式 AI 從提示語中解析出語言的核心語意結構。這一過程依賴於自然語言處理技術，AI 需要能夠識別提示語中的關鍵語意，並將其轉化為結構化的生成指引。

例如，當給出的提示語為「生成一個帶有導航欄和主內容區域的簡單網頁」時，AI 需要：

1. 理解提示語中涉及的元素，如「導航欄」和「主內容區域」。
2. 將語意轉化為具體的結構設計，為後續生成提供清晰的方向。

2. 結構推論與語意調整

AI 生成初步結果後，進一步進行結構推論與語意調整。這一過程包括：

- **結構推論**：分析生成結果是否符合的語意需求。例如，確認導航欄是否位置合理、主內容區域是否包含足夠的展示空間。
- **語意調整**：根據的具體需求，對生成內容進行微調。例如，若指定導航欄需包含「首頁」、「關於我們」等選項，AI 需要在結構中加入這些細節。

3. 收斂性與高品質輸出的最佳化

最終階段的目標是通過多輪人機交互,逐步接近需求並生成高品質的輸出。這一過程強調反饋的重要性:

- **反饋循環**:根據生成結果提出具體改進意見,AI 則根據反饋進一步優化生成內容。
- **逐步收斂**:隨著交互次數增加,生成結果會逐步逼近的理想狀態,實現語意與結構的高度契合。

4. 公理與假設

1. **提示語解析公理**:提示語包含生成所需的全部關鍵資訊,且 AI 具有足夠的語意理解能力來正確解析提示語。
2. **結構一致性假設**:生成的初步結構應符合提示語中的語意需求。
3. **交互收斂假設**:在有限次人機交互後,生成結果能達到與需求高度一致的狀態。

5. 實際應用場景

WSIICT 理論在生成式 AI 應用中有廣泛的實用價值,特別是在以下領域:

- **智能網頁設計**:通過解析提示,快速生成網頁框架,並根據反饋進行迭代優化。
- **交互式生成工具**:支持在生成過程中持續提供意見,實現即時調整。
- **高效網頁生成**:幫助開發者減少手動調整時間,提高設計效率。

網頁結構推論與交互生成收斂理論提供了一個全面的視角,幫助生成式 AI 更有效地整合語意理解、結構推論和人機交互。透過該理論,生成式 AI 可以更高效地滿足需求,實現生成質量與效率的最佳化。

6.4 生成式工具生成品質評估

Claude AI vs ChatGPT-4: 程式生成品質與理解能力比較

Claud Claude AI 在程式生成和理解能力方面更注重模組化設計、語意理解與邏輯推理，生成的程式碼更清晰、錯誤率較低，並且更能適應非技術背景的需求；而 ChatGPT-4 在推理與生成速度上稍具優勢，但在程式碼品質和上下文理解深度上略有不足。根據需求，Claude AI 更適合追求高可靠性與準確性，而 ChatGPT-4 更適合對速度有需求的場景。

指標	Claude AI	ChatGPT-4	學術性解釋與分析
生成程式碼品質	較高，程式碼結構清晰，符合最佳實踐	高，但有時會生成多餘或非最佳實踐的程式碼	Claude AI 在生成程式碼時傾向於更簡潔並貼合實際需求，避免冗長，可能得益於其訓練時偏向語義理解與上下文銜接。
理解程度	理解深度更高，對問題背景的分析更準確	理解能力高，但偶爾會因過度生成而失焦	Claude AI 更注重語意推理，能從較少的上下文中提取關鍵資訊，而 ChatGPT-4 有時會被額外資訊干擾。
程式碼錯誤率	錯誤率低，輸出程式碼更易執行且錯誤少	錯誤率稍高，需進行更多人工驗證	Claude AI 更專注於生成直接可執行的程式碼，可能在訓練數據中對程式碼正確性有更嚴格的過濾。
模組化與靈活性	偏好模組化程式設計，符合開發需求	偏向於直接生成解決方案，但模組化不足	在軟體工程中，模組化程式設計是高效開發的基石，Claude AI 對此有更高的支持度，提升程式碼的可維護性。
互動友好性	對提問的解釋更直觀，適合技術與非技術背景的	需要更多技術背景的提問才能得到準確回答	Claude AI 在自然語言處理中對非技術背景更加友好，提升了可用性。

6.4 生成式工具生成品質評估

指標	Claude AI	ChatGPT-4	學術性解釋與分析
邏輯推理能力	表現優秀，能精準解構問題並提供合理方案	表現良好，但偶爾會產生非最佳推理	Claude AI 在邏輯建模與解構問題的過程中更貼合學術研究方法，如因果推理與模態分析。
生成語言的自然性	流暢且接近人類的表達	流暢但有時會使用過於正式或冗長的語句	自然語言處理的關鍵在於平衡簡潔與精準，Claude AI 在這方面的訓練顯示出較高的語言建模能力。

Claude AI 在理解背景資訊與程式碼生成品質的表現上，體現了其訓練模型中對語意推理、語境感知以及軟體工程最佳實踐的高度優化。特別是在技術問題的處理上，Claude AI 展現出能從有限的上下文中快速提取關鍵資訊的能力，這與其訓練過程中對語言表徵的深度學習密切相關。這種能力使得 Claude AI 在處理具有多重依賴性的技術問題時，能夠準確識別並解構問題的各個模塊，進而生成高效且準確的解決方案。

在程式碼品質方面，Claude AI 的生成策略遵循了模組化設計的基本原則，這在現代軟體工程中被認為是提升程式碼可維護性、可重用性以及可靠性的重要方法。模組化設計的優勢在於將程式劃分為相互獨立但又能協同工作的模塊，每個模塊的功能與責任範圍都清晰定義。Claude AI 在生成程式碼時，會自動考慮到模塊間的依賴性，例如介面的設計、資料的流通以及邊界條件的處理，這使得其生成的程式碼在團隊開發和系統擴展時更加靈活。除了模組化設計，Claude AI 也強調程式碼的語法正確性與邏輯嚴謹性。在語法層面，Claude AI 生成的程式碼遵循語言的編碼規範，例如 Python 的 PEP 8 或 JavaScript 的 ES6 標準，這不僅提升了程式碼的可讀性，也有助於降低編譯和執行時的錯誤率。在邏輯層面，Claude AI 的訓練模型對程式碼中的關鍵邏輯進行了優化，如迴圈設計、條件判斷和演算法效率的選擇。例如，Claude AI 在生成排序演算法時，能根據輸入的上下文選擇合適的演算法（如快速排序或合併排序），並提供時間與空間複雜度的分析。

從學術角度看，Claude AI 的程式碼生成品質與其所採用的語言模型的內部架構有直接關係。Claude AI 的模型可能在訓練過程中引入了專門針對軟體開發場景的數據集，並對常見的開發模式和設計模式進行了深入學習。這種方法與傳統的程式碼生成模型不同，傳統模型往往僅基於大規模資料的統計分佈，而缺乏對程式碼語義與上下文的深層理解。而 Claude AI 的生成過程則表現出對語義與上下文的高度敏感，能夠考量到程式碼在真實運行環境中的邏輯一致性與功能正確性。

在適應不同需求方面，Claude AI 的表現尤為出色。對於技術背景有限的，Claude AI 能夠透過簡潔而準確的語言進行解釋，並生成直觀易懂的程式碼範例，從而降低了技術門檻，讓更多人能夠快速上手。在教學與教育場景中，這一特性尤其有價值，例如初學者在學習基礎程式語言時，Claude AI 能夠以循序漸進的方式引導學習者，並提供詳細的錯誤分析與解釋。相比之下，ChatGPT-4 雖然在生成速度上可能略勝一籌，但其生成的程式碼有時會存在冗長、不必要的重複邏輯，甚至在邏輯層面存在潛在缺陷。這種問題主要源於其語言模型中對程式碼上下文的理解深度不足，導致其在處理複雜邏輯或多模塊交互時容易出錯。此外，ChatGPT-4 的生成過程更傾向於追求多樣性，有時會以過度生成的方式補充無關的內容，對需要高精度的技術場景並不友好。

總結而言，Claude AI 在理解背景資訊、生成高品質程式碼以及適應多元需求的表現，體現了其語言模型的學術優勢與技術深度。這使其特別適合用於需要高可靠性、高準確性的場景，例如企業級應用、學術研究和教育科技。而 ChatGPT-4 雖然在生成速度上更快，但在程式碼品質與上下文理解能力上仍需進一步提升。因此，根據具體需求選擇適合的生成工具，不僅能提高使用效率，還能更好地滿足技術與非技術背景的需求。

6.5 什麼是 Vibe Coding？

1. 簡介：Vibe Coding 的起源與概念

Vibe Coding 是一種革命性的程式開發方法，將人工智慧（AI）引入開發過程中，讓開發者可以透過自然語言與 AI 進行互動，從而實現更快速且高效的軟體開發。在傳統的程式開發過程中，開發者需要掌握多種程式語言，並且深入理解每個框架和工具的使用,以編寫代碼、解決錯誤、進行優化。然而,這一過程常常繁瑣且耗時,並且需要開發者具有高深的技術知識。

Vibe Coding 改變了這一點,開發者可以通過與 AI 的對話,將開發需求以自然語言的形式表達,並讓 AI 自動生成所需的代碼或提供相關建議,從而節省大量的時間和精力。這樣的過程不僅提升了開發速度,還使得開發者能夠專注於創造性和策略性的工作,將技術層面的細節交由 AI 完成。

這一創新的開發方式有助於提高程式設計的靈活性和生產力,也使得開發過程更具創意和協作性。開發者與 AI 共同創建應用程式,不僅是手動編寫代碼的過程,還是一次人類智慧與機器智慧結合的創新旅程。

2. Vibe Coding 的理論基礎

Vibe Coding 的理論基礎主要源於自然語言處理(NLP)和深度學習技術。NLP 技術使 AI 能夠理解開發者的需求,並根據這些需求生成對應的程式碼,而深度學習則讓 AI 可以從大量的數據中學習、推斷和優化。這樣的技術支持 AI 理解開發者的指令,無論是簡單的功能需求,還是更為複雜的錯誤排查或代碼優化。

深度學習模型讓 AI 能夠在理解上下文的基礎上,生成更精確的代碼。這些模型通常訓練於大量的開源代碼庫或開發文檔中,使 AI 能夠掌握各種程式語言的語法結構和程式設計的邏輯。開發者可以使用自然語言來描述他們希望實現的功能或遇到的問題,AI 會基於這些描述生成合適的代碼。

自然語言交互使得程式設計不再是局限於特定編程語言的技術活,而是可以通過通用的語言來進行交流。這對許多開發者來說,降低了技術門檻,讓開發過程更直觀並且具有更多的創造空間。

3. Andrej Karpathy 的背景與貢獻

Andrej Karpathy 是深度學習領域的領軍人物,曾經在 Tesla 擔任自駕車部門的負責人,並且在 Stanford University 和 OpenAI 等機構有深厚的背景。他的研究涵蓋深度學習、計算機視覺、自然語言處理等領域，並且對人工智慧技術的發展作出了巨大貢獻。Karpathy 對 Vibe Coding 的推廣，基於他對深度學習和自然語言處理的深入理解。

Karpathy 強調，AI 不應該僅僅是工具，應該成為開發者的夥伴，幫助開發者更高效、更智慧地進行軟體開發。他的願景是，AI 能夠成為開發者的創造性助手，協助他們解決技術問題，並幫助他們專注於更高層次的設計和創新。

他提到，隨著 AI 技術的進步，開發者不再需要局限於手動編寫代碼，而是能夠與 AI 進行互動，快速實現需求並進行原型開發。這樣的方式大大提高了開發效率，並使開發者的工作更加富有創造性。

4. Vibe Coding 的核心原則

Vibe Coding 的核心原則在於強調**人機協作**，而非單純的程式編寫。以下是其核心原則：

自然語言交互：開發者可以使用自然語言描述需求，AI 會理解並根據描述生成代碼。這一點不僅使開發過程變得更為直觀，還可以提高溝通效率，減少開發者對編程語法的專注。

快速原型開發：Vibe Coding 提倡快速原型設計，開發者可以利用 AI 快速實現一個初步的應用功能，並且通過即時反饋進行調整和優化。這樣不僅縮短了開發時間，還能在早期階段迅速測試和驗證功能。

增強創造性：AI 的輔助使開發者不再需要關注代碼層面的細節，而是將注意力集中在功能設計、用戶體驗和創意層面，從而提高整體的創造性和開發效率。

解決錯誤與優化：AI 不僅能夠生成代碼，還能夠在開發過程中自動發現和修復錯誤。這樣可以減少開發者在調試過程中所花費的時間，並且提升代碼的質量。

Vibe Coding 的這些核心原則使得開發過程不僅更加高效，還能夠實現更高的創造性和更短的開發周期，從而大大提升了軟體開發的整體效率。

6.6 Vibe Coding 的意義與協作

當我們談論 Vibe Coding 時，尤其是從成人教育的角度來看，它能為那些沒有程式經驗的學員或失業者提供一條全新的學習和職業轉型之路。Vibe Coding 並非單純的編程技巧學習，它更是一種現代化、互動性強且充滿支持的學習方法，特別適合那些希望快速掌握新技能並進入技術領域的人。

1. Vibe Coding 的核心理念：從零開始，學會開發

對於完全沒有程式經驗的學員來說，學習編程是一個挑戰。傳統的學習方法往往會讓初學者感到迷茫和沮喪。這些學員往往缺乏寫程式的基礎，可能會覺得自己永遠無法理解那些複雜的程式碼。

然而，Vibe Coding 的方式正是為了解決這個問題。它不僅重視學習過程中的實時反饋，還強調實踐與互動。在 Vibe Coding 中，學員從一開始就會動手寫程式碼，並且每次出現錯誤時都會得到即時的反饋和幫助，這樣學員就能更快地理解錯誤並進行調整。這樣的學習方式讓學員感到學習進程中充滿了支持，不再是孤立無援地去摸索。

2. 適合成人學習者的學習方式：互動式學習與即時反饋

成人學習者，尤其是那些轉行或再教育的學員，通常時間有限，且對學習的效果有較高的要求。傳統的線上課程或書籍往往需要較長時間來完成，並且學員很容易在遇到困難時放棄。

Vibe Coding 的最大優勢在於它提供了即時反饋，讓學員可以隨時知道自己在哪裡出了問題，並能快速調整。這不僅提高了學習的效率，也幫助學員保持動力。例如，如果你在寫一段 Python 程式碼時，出現了語法錯誤，Vibe Coding

會立即指出錯誤並給出建議，讓你可以立刻修改。這樣的學習方式特別適合那些剛接觸編程的成人學習者，因為它能幫助他們避免長時間的錯誤積累，保持學習的信心。

3. Vibe Coding 如何幫助失業者或轉職者入行

對於失業者或者那些希望轉行的人來說，學習寫程式是一個非常有價值的技能。在當今的職場中，程式設計的需求越來越大，尤其是數據分析、人工智慧等領域。因此，掌握寫程式的技術將是他們進入新領域的敲門磚。

Vibe Coding 的特點是能幫助學員在最短的時間內理解編程基礎並獲得實踐經驗。這意味著即便你是完全沒有編程經驗的初學者，通過 Vibe Coding，你能夠學會如何動手寫程式，並在學習的過程中逐步建立信心。

例如，學員在學習 Python 時，通過 Vibe Coding，他們可以立即進行實踐，學習如何處理數據、創建自動化任務、甚至開發簡單的應用程序。這不僅僅是學習如何編寫程式，而是學習如何用程式解決實際問題，這對求職和進入新領域至關重要。

4. 協作與 AI 幫助：讓學習過程更加高效

在 Vibe Coding 中，AI 不僅是學習工具，還是一個協作夥伴。對於那些沒有編程經驗的學員來說，AI 的作用尤為重要。AI 能夠提供即時的錯誤檢查、語法建議，甚至幫助學員理解代碼的運作原理。這樣的協作方式能夠大大減少學員的學習壓力，讓學習變得更加高效和輕鬆。

舉例來說，假設你在寫 Python 程式時遇到一個錯誤，並不確定如何修正，這時候你可以使用像 ChatGPT-4 這樣的 AI 工具，向它提問，它會迅速指出錯誤並給出正確的寫法。這樣的即時協助就像有一個私人助教在旁邊指導，讓學員能夠專注於學習而非擔心錯誤。

5. Vibe Coding 對成人學習者的長期價值

對成人學習者來說，學習新技能不僅僅是為了找到新工作，更是為了提升自己的競爭力和打破職業瓶頸。編程作為一項高需求技能，能夠為他們開啟新的職業機會。Vibe Coding 所提供的即時反饋和互動式學習方式，能夠幫助他們在較短的時間內掌握程式開發，並將所學應用於實際的工作中。

更重要的是，Vibe Coding 的學習方式讓學員能夠在學習過程中保持持久的動力。這不僅能幫助他們順利過渡到技術領域，還能讓他們在面對職場挑戰時更加自信。

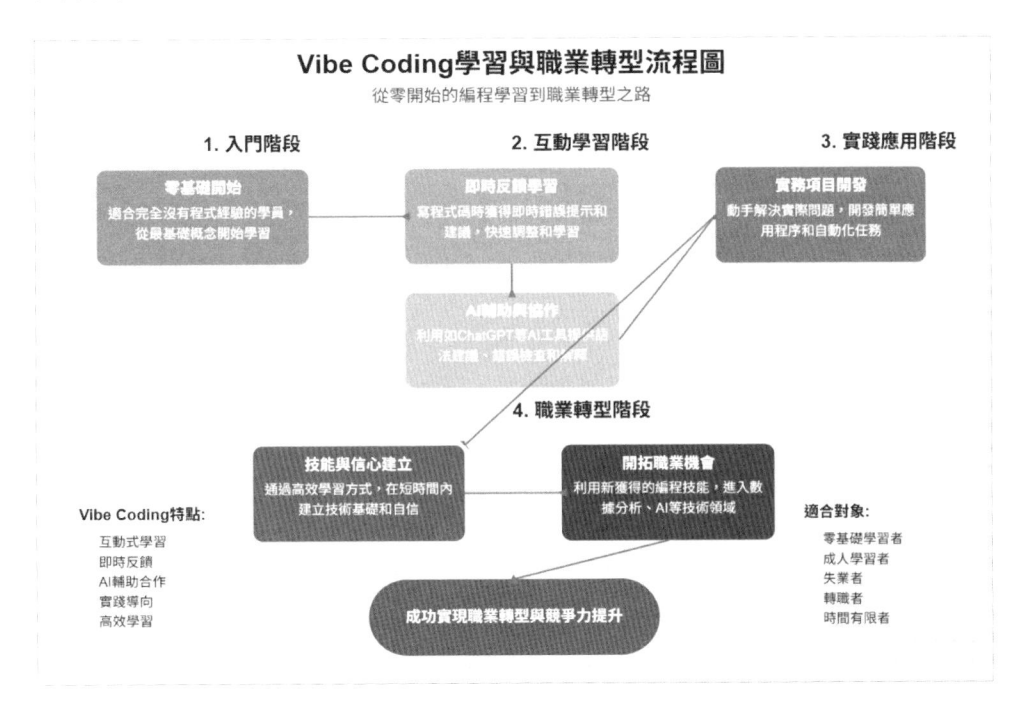

▲ 圖為作者繪製，引用請註明出處

對於那些沒有程式經驗的成人學習者或希望轉行的失業者來說，Vibe Coding 無疑是一個極具潛力的學習方法。它不僅能夠幫助學員從零開始學會編程，還能提供即時反饋、AI 協作以及高效的學習體驗，讓學員能夠在短時間內

生成式語意推論介紹

掌握實用技能，進而開啟新的職業生涯。這種學習方式不僅改變了編程學習的方式，更讓成人學習者能夠以更加輕鬆且有效的方式進入新的領域，為未來職業發展奠定堅實基礎。

7 提示語設計

7.1　提示語設計 I 說明

7.2　提示語設計 I 應用：以爬取奇摩新聞、WIKI、鉅亨網、104 人力銀行為例

7.3　提示語設計 II 說明

7.4　提示語設計 II 應用：農業部最新法令、酷澎、生活市集商品價格為例

7.5　提示語設計 II 應用：公開資訊觀測站、資通法令為例

7.6　提示語設計 III 說明

7.7　提示語設計 III 應用：成大、奇美、台南市立醫院病床數為例

7.8　連續的提示語設計規律：立法院公報爬取

7.9　爬取圖片的提示語設計：酷澎線上商城圖片爬取

7.10　通用爬蟲流程設計：以家樂福為例

7 提示語設計

7.1 提示語設計 I 說明

結合生成式 AI 的學術價值與應用

數據靈活探索：生成式 AI 能快速適應不同網站結構，實現探索性分析（Exploratory Analysis）與自動化模型生成。

促進跨學科研究：半結構式爬蟲降低技術門檻，支援社會學、經濟學等需要數據支持的學術研究。

應對複雜異構數據：在網站數據結構多樣化的情況下，AI 可動態調整爬取與分析策略，減少錯誤率並提升資料整合效果。

提升數據品質與效能：自動化清洗與結構化過程有助於生成高質量數據集，為後續學術分析、機器學習或模型驗證提供堅實基礎。

Prompt	用途	特性與優點	結合生成式 AI 的學術價值與應用	應用範例
Prompt I	初步猜測網站結構，幫助理解網站的基本結構	無需提供具體網頁標籤，通過自然語言引導 AI 猜測網站結構；適用於未知或未經整理的網頁	AI 可以基於有限上下文快速生成初步模型，用於探索式研究（Exploratory Research）；減少資料預處理的先期投入與時間成本	奇摩新聞、WIKI、鉅亨網、104 人力銀行
Prompt II	提供部分已知的網頁標籤，協助 AI 推論網站結構並識別目標數據	利用部分標籤作為背景資訊，提升 AI 建模準確度；適合於網站結構不完全清晰或標籤僅部分可用的情境	AI 可基於已有的標籤進行推論，模擬研究者邏輯推斷過程；提升半結構化數據處理的學術應用	農業部最新法令、酷澎、生活市集商品價格、公開資訊觀測站、資通法令

7.1 提示語設計 I 說明

Prompt	用途	特性與優點	結合生成式 AI 的學術價值與應用	應用範例
Prompt III	直接利用網頁的原始碼進行資料清洗，適用於結構化明確的表格資料抽取	深入分析網站 HTML 原始碼；特別適合處理表格數據（如表格格式的網頁報表）並發現其內部規律	生成式 AI 能快速清洗原始碼並進行結構化處理，提升大規模結構化資料抽取的效率；支援表格數據標準化與知識挖掘	成大、奇美、台南市立醫院病床數為例
Prompt IV	利用連續的網頁標籤，使用 AI 推論能力網站結構並識別目標數據	連續分析多個網頁標籤及其相互關聯，根據上下文推論網站結構，提升目標數據抽取的準確性	AI 能根據多層次標籤推論網站結構，提供更精確的數據抽取結果；支援動態與多樣化網站結構的分析，有助於提升網站數據抽取的自動化程度	立法院公報
Prompt V	直接利用網頁圖片的標籤，分析圖片內容與數據	分析網頁中的圖片標籤（如 `src`、`img`），提取圖片的相關資訊和背景資料	AI 能基於圖片的 `src` 和 `img` 標籤進行圖片內容分析，將圖片資料與文本數據結合，提升網頁數據抽取的多模態應用	酷彭電商圖片

　　這種半結構式的爬蟲方法適用於處理多樣化網頁結構，結合生成式 AI 的推論與處理能力，不僅提高爬取效率，還對學術界在大數據時代的數據需求提供了有力的幫助。

　　此處的 Prompt I 設計主要是透過常見的兩個爬蟲模組進行設計，說明如下：

▼請幫我使用 BS4 或者 requests 抓取**網址**的標題和內容並以 Pandas 的 df 格式輸出

　　用法：將**網址**兩個字置換成實際的網址

　　使用工具：透過生成式 AI（如 Claude AI 或 ChatGPT 4.0+Code Copilot）快速生成完整的程式碼。

7 提示語設計

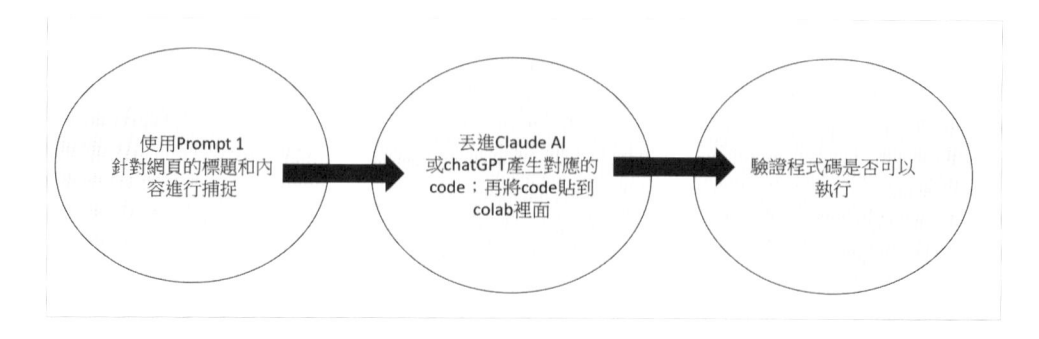

```
使用Prompt 1          丟進Claude AI
針對網頁的標題和內  →  或chatGPT產生對應的  →  驗證程式碼是否可以
容進行捕捉           code；再將code貼到      執行
                     colab裡面
```

　　此處通常會建議書友，先建立文字檔；將提示語寫好後；再一併丟進生成式工具進行程式碼的生成。

- **步驟**：

　　1. 打開生成式工具，例如 ChatGPT 或 Claude。

　　2. 複製文字檔中的提示語，將內容直接貼入生成式工具的對話框。

　　3. AI 根據提示語生成完整的 Python 程式碼。

　　4. **驗證與調整**：確認生成程式碼的正確性，根據需求進行微調（例如修改輸出格式或新增功能）。

- **補充說明**：

　　生成式工具的優勢在於快速補全邏輯，能大幅簡化程式碼撰寫過程，特別適合處理常規爬蟲需求。這類工具可以根據提示語快速生成具備基本功能的爬蟲程式碼，如發送請求、解析 HTML 結構、提取目標數據等，大幅降低開發門檻。然而，當目標網站的結構較為複雜（例如動態加載內容、深層嵌套的 HTML 標籤或存在反爬措施）時，生成的程式碼可能無法完全滿足需求，這時需要開發者具備一定的技術知識來手動調整和優化。例如，針對 JavaScript 動態內容，可能需要引入 Selenium 或 Playwright 等工具來模擬瀏覽器操作，或針對反爬策略進行 User-Agent 修改與請求延遲設定。因此，生成式工具雖然高效，但並非萬能，在掌握基礎知識與實踐經驗的情況下，能更靈活地應對複雜場景，將工具的潛力發揮到最大。

7.2 提示語設計 I 應用：以爬取奇摩新聞、WIKI、鉅亨網、104 人力銀行為例

- 範例一：奇摩新聞為例

將網址兩個字置換成該篇新聞網址：

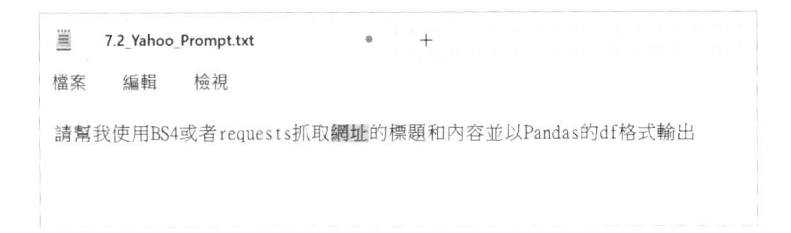

```
7.2_Yahoo_Prompt.txt
檔案  編輯  檢視

請幫我使用BS4或者requests抓取網址的標題和內容並以Pandas的df格式輸出
```

7-5

7 提示語設計

置換網址後的結果如下:

■ **範例網址:**

https://tw.news.yahoo.com/%E5%B7%9D%E6%99%AE%E5%B0%81%E5%8F%A3%E8%B2%BB%E6%A1%88%E5%AE%A3%E5%88%A4-%E5%B0%87%E6%88%90%E7%82%BA%E9%A6%96%E4%BD%8D%E9%87%8D%E7%BD%AA%E7%8A%AF%E7%B8%BD%E7%B5%B1-%E5%A0%85%E7%A8%B1%E6%B8%85%E7%99%BD%E7%9F%A2%E8%A8%80%E4%B8%8A%E8%A8%B4-021218426.html

```
7.2_Yahoo_Prompt.txt

檔案    編輯    檢視

請幫我使用BS4或者requests抓取https://tw.news.yahoo.com/%E5%B7%9D%E6%99%
AE%E5%B0%81%E5%8F%A3%E8%B2%BB%E6%A1%88%E5%AE%A3%E5%88%A4-%E5%B0%87%E6%88%
90%E7%82%BA%E9%A6%96%E4%BD%8D%E9%87%8D%E7%BD%AA%E7%8A%AF%E7%B8%BD%E7%B5%
B1-%E5%A0%85%E7%A8%B1%E6%B8%85%E7%99%BD%E7%9F%A2%E8%A8%80%E4%B8%8A%E8%A8%
B4-021218426.html的標題和內容並以Pandas的df格式輸出
```

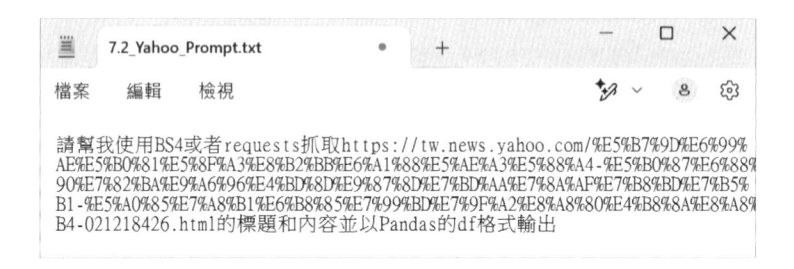

將提示語丟進 ChatGPT4.0+Code Copilot 進行生成:

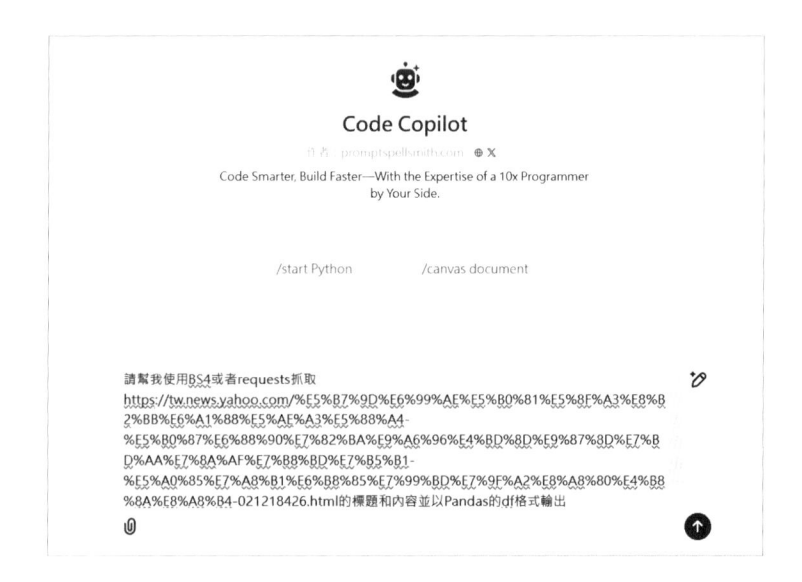

Code Copilot

作者:promptspellsmith.com

Code Smarter, Build Faster—With the Expertise of a 10x Programmer by Your Side.

/start Python   /canvas document

請幫我使用BS4或者requests抓取
https://tw.news.yahoo.com/%E5%B7%9D%E6%99%AE%E5%B0%81%E5%8F%A3%E8%B2%BB%E6%A1%88%E5%AE%A3%E5%88%A4-%E5%B0%87%E6%88%90%E7%82%BA%E9%A6%96%E4%BD%8D%E9%87%8D%E7%BD%AA%E7%8A%AF%E7%B8%BD%E7%B5%B1-%E5%A0%85%E7%A8%B1%E6%B8%85%E7%99%BD%E7%9F%A2%E8%A8%80%E4%B8%8A%E8%A8%B4-021218426.html的標題和內容並以Pandas的df格式輸出

7-6

7.2 提示語設計 I 應用：以爬取奇摩新聞、WIKI、鉅亨網、104 人力銀行為例

> 以下是使用 Python 的 requests 和 BeautifulSoup 抓取 Yahoo 新聞頁面的標題和內容，並將結果保存為 pandas 的 DataFrame 格式的完整代碼。

需求處理步驟

1. 使用 requests 獲取網頁 HTML。
2. 使用 BeautifulSoup 分析並提取新聞的標題和主要內容。
3. 清理提取的文字（例如移除多餘的空白或換行）。
4. 將標題和內容存入 pandas.DataFrame。

```python
import requests
from bs4 import BeautifulSoup
import pandas as pd

# Yahoo 新聞網址
url = "https://tw.news.yahoo.com/%E5%B7%9D%E6%99%AE%E5%B0%81%E5%8F%A3%E8%8

# 發送請求
response = requests.get(url)
response.raise_for_status()  # 確保請求成功

# 解析 HTML
soup = BeautifulSoup(response.text, "html.parser")

# 提取標題
title = soup.find("h1").get_text(strip=True)

# 提取內容
article_body = soup.find_all("p")
content = "\n".join([p.get_text(strip=True) for p in article_body])

# 構建 DataFrame
data = {
    "Title": [title],
    "Content": [content]
}
df = pd.DataFrame(data)

# 輸出 DataFrame
print(df)

# 如果需要保存到 CSV 文件
df.to_csv("yahoo_news.csv", index=False, encoding="utf-8-sig")
```

7 提示語設計

將程式碼複製後貼到 Google Colabatory 裡面進行驗證：

```python
soup = BeautifulSoup(response.text, "html.parser")

# 提取標題
title = soup.find("h1").get_text(strip=True)

# 提取內容
article_body = soup.find_all("p")
content = "\n".join([p.get_text(strip=True) for p in article_body])

# 構建 DataFrame
data = {
    "Title": [title],
    "Content": [content]
}
df = pd.DataFrame(data)

# 輸出 DataFrame
print(df)

# 如果需要保存到 CSV 文件
df.to_csv("yahoo_news.csv", index=False, encoding="utf-8-sig")
```

順利捕捉到的結果：

```
                                              Title  \
0   川普封口費案宣判 將成為首位重罪犯總統 堅稱清白矢言上訴

                                            Content
0   美國總統當選人川普因「封口費案」被刑事定罪，法官10日宣判，川普不會入獄，也不會遭受其他刑罰...
```

將 df 印出來的結果如

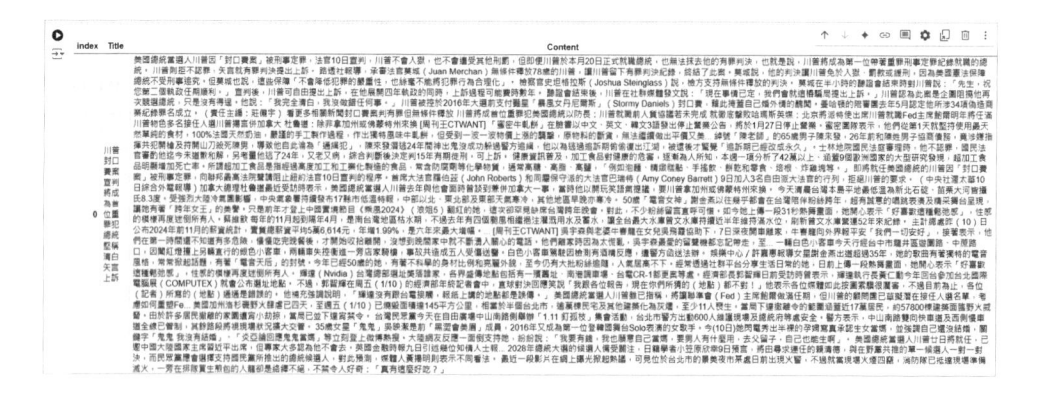

7.2 提示語設計 I 應用：以爬取奇摩新聞、WIKI、鉅亨網、104 人力銀行為例

- **範例二：以 WIKI 川普總統為例**

將網址兩個字置換成 WIKI 的網址：

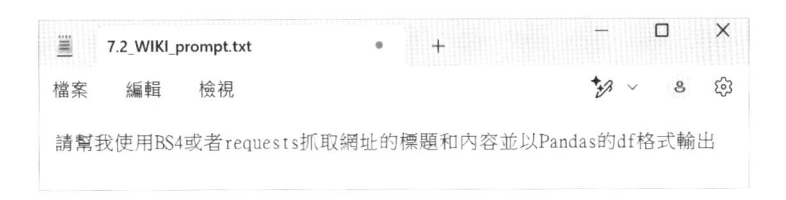

請幫我使用BS4或者requests抓取網址的標題和內容並以Pandas的df格式輸出

置換網址的結果如下：

範例網址：https：//zh.wikipedia.org/zh-tw/%E5%94%90%E7%B4%8D%C2%B7%E5%B7%9D%E6%99%AE

請幫我使用BS4或者requests抓取https://zh.wikipedia.org/zh-tw/%E5%94%90%E7%B4%8D%C2%B7%E5%B7%9D%E6%99%AE的標題和內容並以Pandas的df格式輸出

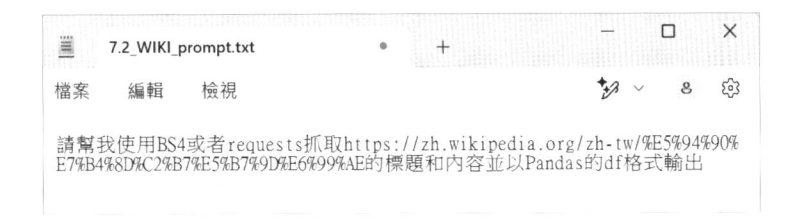

7 提示語設計

將提示語丟進 ChatGPT4.0+Code Copilot 進行生成：

> 請幫我使用BS4或者requests抓取https://zh.wikipedia.org/zh-tw/%E5%94%90%E7%B4%8D%C2%B7%E5%B7%9D%E6%99%AE 的標題和內容並以Pandas的df格式輸出

以下是使用 requests 和 BeautifulSoup 抓取 Wikipedia 頁面的標題和內容，並將結果存儲為 pandas 的 DataFrame 格式的完整 Python 程式碼：

以下是使用 requests 和 BeautifulSoup 抓取 Wikipedia 頁面的標題和內容，並將結果存儲為 pandas 的 DataFrame 格式的完整 Python 程式碼：

主要步驟：

1. 使用 requests 發送 HTTP 請求來抓取網頁的 HTML。
2. 使用 BeautifulSoup 解析 HTML 並提取標題和內容。
3. 將標題和內容存儲在 pandas.DataFrame 中以便後續操作。

以下是代碼實現：

```python
# Import necessary libraries
import requests
from bs4 import BeautifulSoup
import pandas as pd

# Step 1: Fetch the webpage content
url = "https://zh.wikipedia.org/zh-tw/%E5%94%90%E7%B4%8D%C2%B7%E5%B7%9D%E6%99%AE"
response = requests.get(url)

# Check if the request was successful
if response.status_code == 200:
    # Step 2: Parse the HTML content
    soup = BeautifulSoup(response.content, "html.parser")

    # Extract the title
    title = soup.find("h1", {"id": "firstHeading"}).text.strip()

    # Extract the main content
    content_div = soup.find("div", {"class": "mw-parser-output"})
    paragraphs = content_div.find_all("p")
```

7.2 提示語設計 I 應用：以爬取奇摩新聞、WIKI、鉅亨網、104 人力銀行為例

```python
        # Combine all paragraph texts
        content = "\n".join(p.text.strip() for p in paragraphs if p.text.strip

        # Step 3: Create a DataFrame
        data = {
            "Title": [title],
            "Content": [content]
        }
        df = pd.DataFrame(data)

        # Print the DataFrame
        print(df)
    else:
        print(f"Failed to fetch the page. Status code: {response.status_code}'
```

將程式碼複製後貼到 Google Colabatory 裡面進行驗證：

```python
# Extract the title
title = soup.find("h1", {"id": "firstHeading"}).text.strip()

# Extract the main content
content_div = soup.find("div", {"class": "mw-parser-output"})
paragraphs = content_div.find_all("p")

# Combine all paragraph texts
content = "\n".join(p.text.strip() for p in paragraphs if p.text.strip())

# Step 3: Create a DataFrame
data = {
    "Title": [title],
    "Content": [content]
}
df = pd.DataFrame(data)

# Print the DataFrame
print(df)
else:
    print(f"Failed to fetch the page. Status code: {response.status_code}")
```

7 提示語設計

順利捕捉到的結果：

```
      Title    Content
0     唐納・川普   唐納・約翰・川普（英語：Donald John Trump[註 4]；1946年6月14日—...
1     唐納・川普   川普出身紐約的德國裔川普家族，早年曾在軍校及華頓商學院就讀，修有經濟學學士學位。1971年，...
2     唐納・川普   川普在1987年首次公開表達對競選公職的興趣。2000年，他贏得改革黨在加利福尼亞州和密西根...
3     唐納・川普   2024年，他再次獲共和黨提名參選2024年美國總統選舉，並在選舉中擊敗民主黨對手、時任副總...
4     唐納・川普   川普的政治風格和意識形態被稱為「川普主義」，被認為是右翼民粹主義[22]、貿易保護主義和民族...
...   ...      ...
178   唐納・川普   皮尤研究中心2018年5月至8月在全球25個國家進行調查，有多達70%受訪者表示對川普缺乏信...
179   唐納・川普   川普的施政注重短期的商業利益，他宣稱要「讓美國再次偉大」，但從結果上看卻往往損害了美國的利益...
180   唐納・川普   俄羅斯總統弗拉迪米爾・普丁對川普的評價極高，普丁於2015年12月17日在莫斯科舉行的年度新...
181   唐納・川普   2020年2月8日，馬來西亞首相馬哈迪在聖城議員聯盟第三屆年會致詞時表明，馬來西亞不支持美國...
182   唐納・川普              川普寫出了多本暢銷書：《讓你賺大錢》《跟億萬富翁學徒》《如何致富》《交易的藝術》等。

[183 rows x 2 columns]
```

將 df 印出來的結果如下：

1 df

	Title	Content
0	唐納·川普	唐納·約翰·川普（英語：Donald John Trump[註 4]；1946年6月14日—...
1	唐納·川普	川普出身紐約的德國裔川普家族，早年曾在軍校及華頓商學院就讀，修有經濟學學士學位。1971年，...
2	唐納·川普	川普在1987年首次公開表達對競選公職的興趣。2000年，他贏得改革黨在加利福尼亞州和密西根...
3	唐納·川普	2024年，他再次獲共和黨提名參選2024年美國總統選舉，並在選舉中擊敗民主黨對手、時任副總...
4	唐納·川普	川普的政治風格和意識形態被稱為「川普主義」，被認為是右翼民粹主義[22]、貿易保護主義和民族...
...	...	...
178	唐納·川普	皮尤研究中心2018年5月至8月在全球25個國家進行調查，有多達70%受訪者表示對川普缺乏信...
179	唐納·川普	川普的施政注重短期的商業利益，他宣稱要「讓美國再次偉大」，但從結果上看卻往往損害了美國的利益...
180	唐納·川普	俄羅斯總統弗拉迪米爾·普丁對川普的評價極高，普丁於2015年12月17日在莫斯科舉行的年度新...
181	唐納·川普	2020年2月8日，馬來西亞首相馬哈迪在聖城議員聯盟第三屆年會致詞時表明，馬來西亞不支持美國...
182	唐納·川普	川普寫出了多本暢銷書：《讓你賺大錢》《跟億萬富翁學徒》《如何致富》《交易的藝術》等。

183 rows × 2 columns

7.2 提示語設計 I 應用：以爬取奇摩新聞、WIKI、鉅亨網、104人力銀行為例

- 範例三：鉅亨網為例

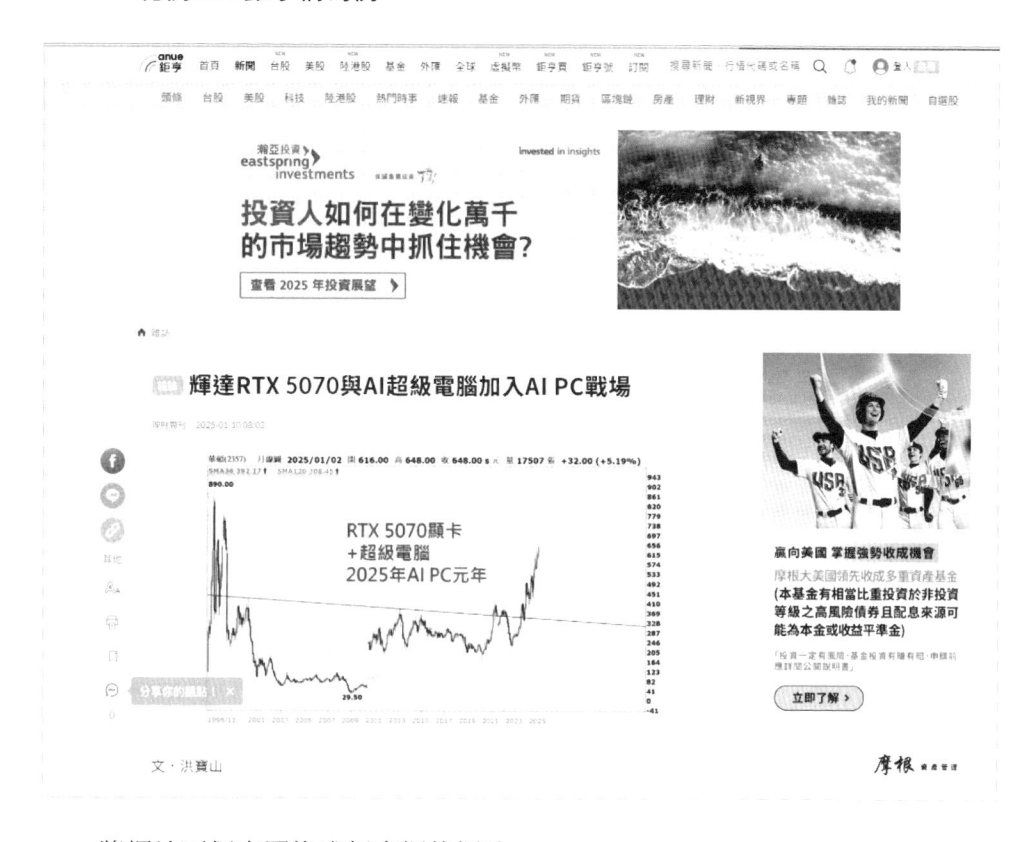

將網址兩個字置換成鉅亨網的網址：

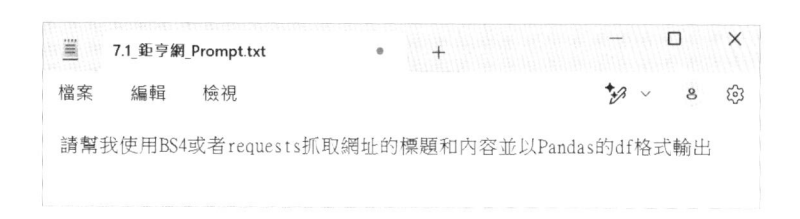

置換網址的結果如下：

範例網址：https：//zh.wikipedia.org/zh-tw/%E5%94%90%E7%B4%8D%C2%B7%E5%B7%9D%E6%99%AE

7-13

7 提示語設計

```
7.1_鉅亨網_Prompt.txt

請幫我使用BS4或者requests抓取
https://news.cnyes.com/news/id/5832310的標題和內容並以Pandas的df
格式輸出
```

將提示語丟進 ChatGPT4.0+Code Copilot 進行生成：

```
Code Copilot

請幫我使用BS4或者requests
抓取
https://news.cnyes.com/ne
ws/id/5832310的標題和內容
並以Pandas的df格式輸出

</> Scrape News Bs4
```

GPT4.0 長出 Canvas 畫布，同時提供程式碼：

```python
import requests
from bs4 import BeautifulSoup
import pandas as pd

# URL to scrape
url = "https://news.cnyes.com/news/id/5832310"

# Send a GET request to the URL
response = requests.get(url)
response.encoding = 'utf-8'  # Ensure proper encoding

# Parse the HTML content using BeautifulSoup
soup = BeautifulSoup(response.text, 'html.parser')

# Extract the title
try:
    title = soup.find('h1', class_='end-title').get_text(strip=True)
except AttributeError:
    title = "Title not found"

# Extract the content
try:
    content_div = soup.find('div', class_='raw-style')
    paragraphs = content_div.find_all('p')
    content = '\n'.join(p.get_text(strip=True) for p in paragraphs)
except AttributeError:
    content = "Content not found"

# Create a DataFrame to store the title and content
data = {
```

The code has been written to scrape the title and content from the given URL using BeautifulSoup and output it as a Pandas DataFrame. Let me know if you want me to run or modify it further!

a. Would you like to run this code and check the output directly?
b. Should we add error handling or logging for better debugging?

7-14

順利捕捉到的結果：

```
抓取結果:
                        標題  \
0  輝達RTX 5070與AI超級電腦加入AI PC戰場

                                               內容
0  理財周刊  2025-01-10 08:02\n文．洪寶山\n就如同蘋果扶植立訊，好跟鴻海喊...
```

將 result 印出

1 result

1 entry Filter

index	標題	內容
0	輝達RTX 5070與AI超級電腦加入AI PC戰場	理財周刊 2025-01-10 08:02 文．洪寶山 就如同蘋果扶植立訊，好跟鴻海喊價，如同蘋果扶植舜宇光學，好跟大立光喊價，又如同最近傳出輝達轉單三星，不就是因為台積電對輝達漲價，同樣道理，Google、Microsoft、Amazon 與 Meta 等雲端服務供應商 (CSP) 積極投入自研晶片， 說穿了，不是 ASIC 有多神奇，最主要的目的就是受不了輝達昂貴的 GPU 要價，盡力擺脫輝達的勢力，但是輝達花了十年構築的 GPU+CUDA 軟硬體生態圈也不是兩三年就可以甩開的，可以想見在 CSP 的扶植下，ASIC 市場雖小，但成長性明確。 1 月 3 日媒體有一篇來自達見雜誌的報導：「輝達 CEO 黃仁勳親自解析 GPU 與 ASIC 有何不同？」簡單說，輝達主導的 GPU，優勢在於其彈性和通用性，可適應 AI 模型的快速世代升級，ASIC(Application Specific Intergrated Circuits) 是特定應用積體電路，是量身訂做的客製化的概念，有侷限性、缺乏彈性，但比 GPU 便宜，所以黃仁勳肯定 ASIC 具有存在的價值，表示當客戶很清楚自己要 ASIC 做什麼用途，而且不會改變，那 ASIC 就有存在的價值。 這樣聽起來，GPU 與 ASIC 各有市場，特別是當下 GPU 太貴，一顆 GPU 要價二至三萬美元，ASIC 只要一顆四千美元，相差 5 倍到 7.5 倍，也難怪 Google、Microsoft、Amazon 等雲端服務供應商積極發展符合自用的 ASIC。 而且科技技術的升級與淘汰本就是三年一小變，五年一大變，邊緣 AI 裝置需要在各種不同的環境工作，不同於 AI 大模型都在雲端運算，AI PC 或 AI 手機的 sLLM 模型能依據不同需求微調，需要具備占用更少記憶體及算力，但執行速度更快，且適用多元環境，ASIC 正好符合客製化需求，所以 ASIC 當下能用，減少對 GPU 採購，就算任務達成，科技業永遠都在創新，沒有什麼科技產品是可以永久的， 大摩認為 ASIC 市場從 120 億美元成長到 2027 年的 300 億美元，年複合成長率達到 34%，但博通 (Broadcom) 更樂觀，認為光是手上三大客戶的訂單，預估到 2027 年 SAM(Service addressable market，服務可觸及市場)可達到 600-900 億美元，年複合成長率介於 71.47% 到 98.14% 之間。 在 ASIC 市場博通是霸主，占了七成市占率，另一家美國公司 Marvell(邁威爾) 緊追在後，尤其 Marvell 當前的規模較小，市場期待將來博通的市占率降到五成，而 Marvell 到 2028 年的 AI 晶片年營收可能成長到 200 多億美元，整體營收是目前的四倍，成長空間更大，更具備投資價值，Marvell 2024 年第三季營收為 15.2 億美元，年增率 6.84%，其中資料中心的營收 11 億美元，年增率 98%，Marvell 預期第四季營收 18 億美元，優於市場預期的 16.5 億美元， 創意 2024 年前三季營收累計 190.2 億元，1 月 6 日創意公布 2024 年 12 月營收達 27.02 億元，年增 22.38%，第四季營收合計 60.25 億元，低於本土法人預估的 61.72 億元，公司在第三季法說會給的展望是「預期 2024 年營收持平」，2024 年營收 250.45 億元，以 2023 年營收 262.4 億元為基準估算，衰退 4.55%，略低於本土法人預估的衰退 4%，導致衰退的原因是第四季有兩個 AI 晶片專案因故遞延，其中一案可望在 2025 年第一季認列，另外，北美M客戶的 AI 加速器從七奈米移至五奈米，雖然效能可望提升，但也因故延遲， 本土法人預估創意 2025 年營收 297 億元，年增率 18.58%，毛利率估 31.6%，稅後 EPS 估 32.88 元，不過，如果川普上任後依舊對比特幣大力支持的話，相關晶片將是創意最主要的成長動能，獲利或有上調的空間。 博通是目前全球最大的 WLAN 晶片廠商，新款 Tomahawk5 傳輸速度提升至 51.2T，提供完整交換、路由和通道功能，並且低功耗和低延遲效果佳，博通新晶片拒同步帶動光通訊模組與 PCB 升級， AI 伺服器 PCB 產值由 2023 年的 7.7 億美元，成長到 2028 年 31.7 億美元，2023 年至 2028 年出貨金額年複合成長率為 + 32.5%，2024 年 11 月 21 日媒體報導輝達 2025 年 GB300 伺服器機板將升級採用新一代 M8 材料，本土法人預期 2026 年 M8 材料占總體 CCL 市場 40%，M8 材料占比明顯高於 2022 年的 22% 與 2023 年的 26%，由於高階銅箔基板 (CCL) 材料升級趨勢明顯，預估 2024~2026 年市場年複合成長率達 26%，但高階銅箔基板材料供給端年複合成長率僅 7%，恐怕供給吃緊，有利於台光電，美系外資指出，台光電 M8 訂單需求超乎預期，2024 年第三季季增約 50%，第四季季增達 50-100%，M8 等級 CCL 收入貢獻可占台光電第四季營收超過 15%，為毛利率與獲利帶來成長動能，此外，2025 年 800G Switch 的 CCL 開始放量，本土法人預估 2024 年稅後 EPS 約 27.6 元，2025 年稅後 EPS 約 30.76 元。 2025 CES 展的重頭戲—黃仁勳演講，RTX 50 系列顯卡打頭陣，目前最強，要價 1599 美元的顯卡 RTX 4090，將來只要不到三分之一的價格 (549 美元) 購買 RTX 5070，就可以擁有與 RTX 4090 同樣效能！公布後現場一陣歡呼，可預期將掀起一波換顯卡潮，華碩、技嘉、微星與承啟可望受惠，AI 代理是下一階段的科技革命，由於實體 AI 模型開發成本過於高昂，且需要大量真實世界資料和測試，能夠幫助機器人與自動車的加速發展的 NVIDIA Cosmos 平台正式開放，NVIDIA Cosmos 平台具備最先進的生成世界基礎模型、先進的標記器、防護機制和加速視頻處理管道，這個平台有如 AI 資料工廠，人們將資料輸入進超級電腦之後，就會讓 AI 學習、運作，而這些生成出來的資料與內容，應用到工廠、機器人、程式、製造等領域，目前各大機器人與汽車公司，包括 1X、思靈機器人 (Agile Robots)、Agility、Figure AI、Foretellix、Fourier、Galbot、Hillbot、IntBot、Neura Robotics、Skild AI、Virtual Incision、Waabi、小鵬汽車 (XPENG)，以及乘車服務巨擘 Uber，都是首批採用 Cosmos 模型的公司， 輝達也加入 AI PC 戰場，黃仁勳發布暫且命名為「Project DIGITS」的超級電腦，具備運作 200 億參數模型的能力，同時也代表未來使用者不需要再依賴雲端運算能力，是目前全球最小的 AI 超級電腦，五月開始由輝達及合作夥伴提供，起價約為三千美元， 華碩走出 2022 年去庫存利空後，宣示進軍 AI 伺服器領域，2023 年第二季起的毛利率穩定在 10% 以上，2024 年第二、三季年度股東權益報酬率預估在 17% 左右，股價突破 400 元後穩定向上，可預期華碩將會是輝達的超級電腦 Project DIGITS 的合作夥伴之一，加上 RTX 5070 的換卡潮，可望挑戰掛牌首年的 890 元天價， 華碩連續 32 年配發股利 合計 367.56 元，從 2010 年起盈餘分配率都超過六成，2011 年到 2022 年股息殖利率大多處在 5-6%，2023、2024 年因股價上漲，略降到 4.51%、3.33%，後續觀察 AI 伺服器、AI PC 對 EPS 的成長性貢獻度。 來源：《理財周刊》1272 期 更多精彩內容請至 《理財周刊》 下一篇 鈊象去年12月稅前EPS 3.78元 全年大賺109億元創新高 AI衝擊金融業：20萬銀行職位恐消失 格陵蘭島為何如此吸引川普？ 凱基金2024賺335億元寫歷史次高 EPS 1.97元 《電子五哥營收》仁寶去年12月營收640億元年月雙衰退 全年營收9102億元年減3.8%

- **範例四 :104 人力銀行為例**

此處必須先進行特定的區域和職缺進行搜尋，也就是說輸入的搜尋不可以為空白值；當對 **104 人力銀行網站**進行爬蟲時，必須滿足其搜尋參數的基本要求，至少提供**地區**和**關鍵字**（或職缺類型）作為搜尋條件。以下以「台南」和「高雄」地區的 Python 範例進行說明：

為何搜尋條件不能為空

1. **後端機制限制**：104 網站的 API 或搜尋系統需要特定參數來過濾數據，若參數為空白值，請求可能被拒絕。
2. **避免伺服器過載**：防止無條件的全站搜尋，網站要求至少提供基礎條件。
3. **反爬蟲策略**：空白搜尋可能被判定為機器人行為，可能觸發驗證碼或 IP

7 提示語設計

封鎖。

搜尋後的網址就可以使用 Prompt I 進行置換網址：

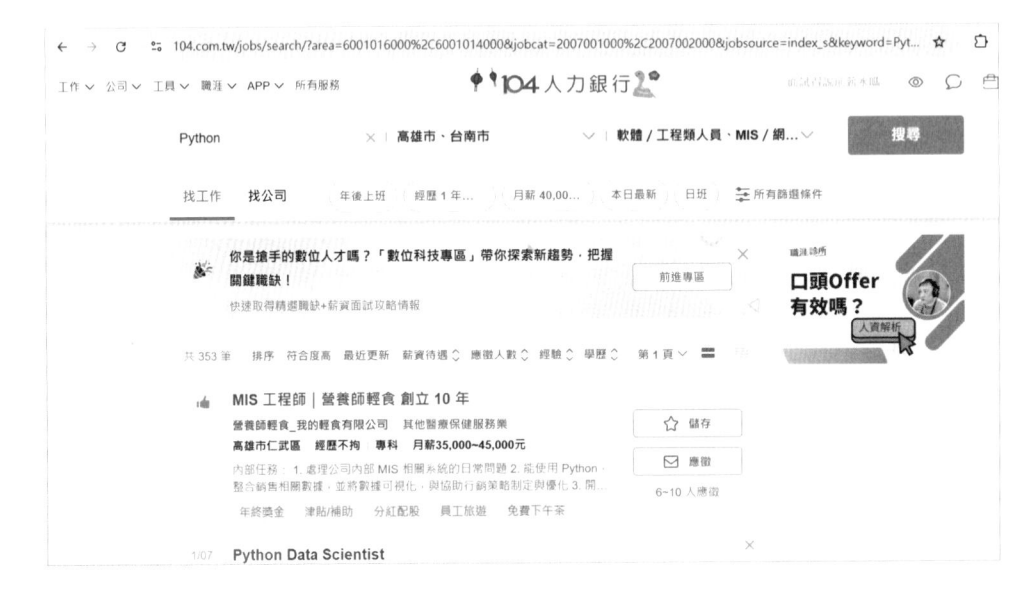

將網址兩個字置換成 104 搜尋後的網址：

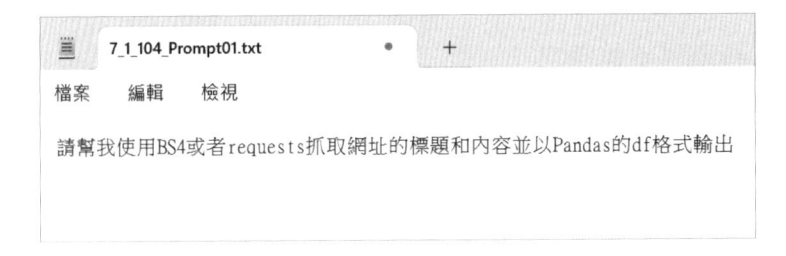

將提示語丟進 ChatGPT4.0+Code Copilot 進行生成：

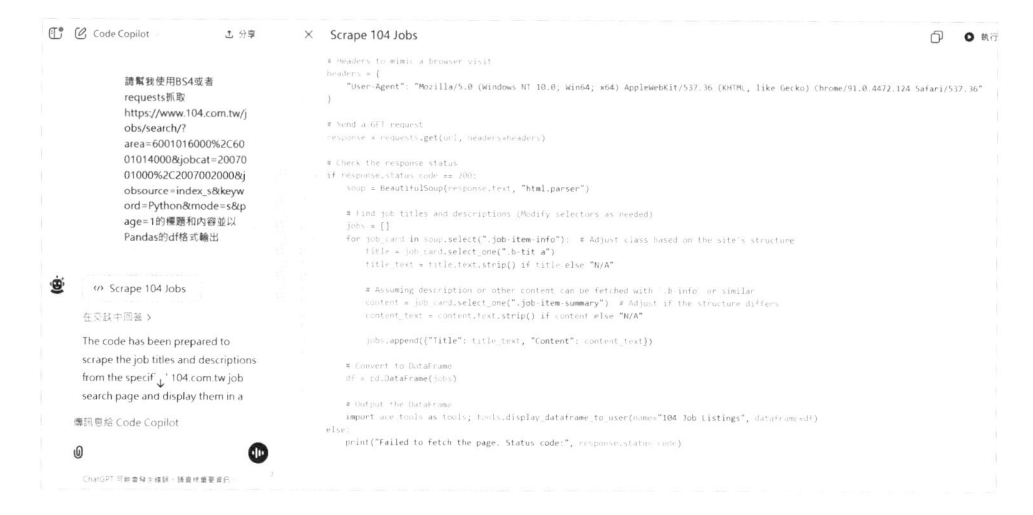

7.2 提示語設計 I 應用：以爬取奇摩新聞、WIKI、鉅亨網、104 人力銀行為例

請幫我使用BS4或者 requests抓取 https://www.104.com.tw/jobs/search/?area=6001016000%2C6001014000&jobcat=2007001000%2C2007002000&jobsource=index_s&keyword=Python&mode=s&page=1的標題和內容並以Pandas的df格式輸出

順利捕捉到的結果：

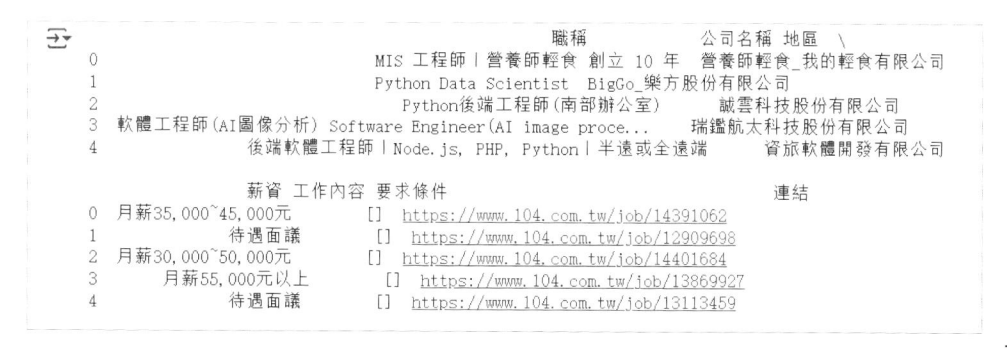

```
                                           職稱                    公司名稱 地區   \
0                      MIS 工程師｜營養師輕食 創立 10 年    營養師輕食_我的輕食有限公司
1                      Python Data Scientist   BigGo_樂方股份有限公司
2                          Python後端工程師(南部辦公室)    誠雲科技股份有限公司
3   軟體工程師(AI圖像分析) Software Engineer(AI image proce...    瑞鑑航太科技股份有限公司
4          後端軟體工程師｜Node.js, PHP, Python｜半遠或全遠端    資旅軟體開發有限公司

           薪資  工作內容  要求條件                                           連結
0  月薪35,000~45,000元       []      https://www.104.com.tw/job/14391062
1           待遇面議       []      https://www.104.com.tw/job/12909698
2  月薪30,000~50,000元       []      https://www.104.com.tw/job/14401684
3     月薪55,000元以上       []      https://www.104.com.tw/job/13869927
4           待遇面議       []      https://www.104.com.tw/job/13113459
```

7-17

7 提示語設計

將 df 印出

0	MIS 工程師 | 營養師輕食 創立 10 年	營養師輕食_我的輕食有限公司	月薪 35,000~45,000元	[]	https://www.104.com.tw/job/14391062
1	Python Data Scientist	BigGo_樂方股份有限公司	待遇面議	[]	https://www.104.com.tw/job/12909698
2	Python後端工程師(南部辦公室)	誠雲科技股份有限公司	月薪 30,000~50,000元	[]	https://www.104.com.tw/job/14401684
3	軟體工程師(AI圖像分析) Software Engineer(AI image proce...	瑞遷航太科技股份有限公司	月薪55,000元以上	[]	https://www.104.com.tw/job/13869927
4	後端軟體工程師 | Node.js, PHP, Python | 半遠或全遠端	資悠軟體開發有限公司	待遇面議	[]	https://www.104.com.tw/job/13113459
5	AI/ML 工程師	晶新資訊股份有限公司	月薪 45,000~60,000元	[]	https://www.104.com.tw/job/14040769
6	MIS程式設計師	萬振南食品股份有限公司	月薪 35,000~40,000元	[]	https://www.104.com.tw/job/14261072
7	【RD】資深AI工程師 Senior AI Engineer (台南/Tainan)	凱鉬行動科技股份有限公司	待遇面議	[]	https://www.104.com.tw/job/12510721
8	系統全端開發工程師	盛崴資訊服務股份有限公司	月薪 50,000~68,000元	[]	https://www.104.com.tw/job/14210777
9	機器學習工程師 ML machine learning Engineer | 電子商務 |	資悠軟體開發有限公司	待遇面議	[]	https://www.104.com.tw/job/12657844
10	AI軟體工程師-高雄(HP)【保障年薪13.5個月】	哈瑪星科技股份有限公司	待遇面議	[]	https://www.104.com.tw/job/11768324
11	軟體測試工程師【高雄】	數位無限數體股份有限公司	月薪40,000元以上	[]	https://www.104.com.tw/job/14428102
12	軟體工程師	三益制動科技股份有限公司	月薪 35,000~45,000元	[]	https://www.104.com.tw/job/14351685
13	【和發廠】數據分析工程師	明安國際企業股份有限公司	待遇面議	[]	https://www.104.com.tw/job/14415875
14	後端軟體工程師 Back-End Software Engineer	肚肚股份有限公司	待遇面議	[]	https://www.104.com.tw/job/12674678
15	雲端/網頁/系統工程師	台科電科技股份有限公司	月薪 35,000~55,000元	[]	https://www.104.com.tw/job/13010423
16	AI系統應用工程師	嘉實資訊股份有限公司	待遇面議	[]	https://www.104.com.tw/job/10614705
17	GenAI應用工程師(台南/竹科可選)	繹邦軟體股份有限公司	月薪40,000元以上	[]	https://www.104.com.tw/job/14276810
18	軟體研發工程師(S1000D)(依人選合適地點)	智航科技股份有限公司	待遇面議	[]	https://www.104.com.tw/job/14374446
19	電腦工程師	佑爾康國際股份有限公司	月薪40,000元以上	[]	https://www.104.com.tw/job/14385123
20	高雄國稅局約聘人員(起薪57,240元)	財政部高雄國稅局	月薪 57,240~70,200元	[]	https://www.104.com.tw/job/11318612

　　Claude AI 與 ChatGPT 4.0 在提示語生成程式碼的品質上展現出不同的特長與優勢。在提示語的理解能力方面，Claude AI 對於模糊或不完整的提示語有更強的靈活性與推測能力，能夠在提供有限資訊的情況下準確生成程式碼。然而，ChatGPT 4.0 則在處理精確提示語時表現尤為出色，對於結構化需求的準確度與效率更高。從推測準確性來看，Claude AI 能夠在提示語資訊缺失的情境下生成較為正確的程式碼，其強大的上下文推測能力使其更加適合在快速原型開發中應用。相比之下，ChatGPT 4.0 的推測結果雖然更為保守，但其在資訊完整的提示語下仍能穩定輸出高品質的程式碼，適合對邏輯性與細節要求更高的開發場景。在程式碼完整性方面，Claude AI 更傾向於提供模組化且完整的實現，適合需要構建快速原型的場景。然而，ChatGPT 4.0 更專注於生成簡潔、可維護且符

7.2 提示語設計 I 應用：以爬取奇摩新聞、WIKI、鉅亨網、104 人力銀行為例

合最佳實踐的程式碼，其結果通常更為精煉，適合用於生產環境。

此外，Claude AI 展現出更高的適應性，能夠迅速理解非結構化的提示語並作出有效回應；而 ChatGPT 4.0 對語境變化的適應性略遜一籌，需依賴更精確的提示語才能達到最佳效果。在最佳實踐的遵守方面，Claude AI 偶爾會忽略細節，導致程式設計上不完全符合標準；相對而言，ChatGPT 4.0 則在程式設計規範（如 PEP8 標準）的執行上表現更為出色。綜上所述，Claude AI 更適合處理提示語模糊或資訊不全的情境，其推測能力與靈活性使其在快速開發與原型構建中具有明顯優勢。而 ChatGPT 4.0 則在準確性與規範性上表現卓越，更適合應用於需要高度穩定性與可維護性的生產環境。這種互補的特性使得兩者在不同的應用場景中均能發揮其獨特的價值。

Claude AI 與 ChatGPT 4.0 在程式碼生成品質上的比較顯示，當使用 ChatGPT 生成的程式碼未達到預期效果時，選擇 Claude AI 可能是更好的解決方案。Claude AI 在處理模糊或不完整提示語時具有更強的推測能力，能夠有效補足提示語中的資訊缺失，生成更符合需求的程式碼。其靈活性與上下文理解能力，使其在解決結構不明確或資訊量不足的程式設計問題時表現突出。

特別是在快速原型構建或探索性編碼場景中，Claude AI 能更快地生成模組化且接近目標需求的程式碼，節省進行手動修正或調整的時間。相比之下，ChatGPT 雖然在精確提示語與最佳實踐遵守上表現出色，但對於提示語不完善的情況，其生成的程式碼可能需要更多的後期調整或補充。

因此，當 ChatGPT 無法滿足您的程式設計需求時，切換至 Claude AI 可能提供更好的結果，特別是當提示語不完整或需求較為模糊的情況下。這種靈活的選擇有助於充分利用兩者的優勢，在不同的程式設計場景中找到最合適的解決方案。

7.3 提示語設計 II 說明

此處的 Prompt II 設計主要是將網頁標籤丟入給予生成式 AI 提示，說明如下：

7 提示語設計

- 網址：直接貼上網址即可
- 標題 :copy element
- 內容 :copy element

▼請幫我使用 BS4 或者 requests 抓取**網址**的標題和內容並以 Pandas 的 df 格式輸出

使用「網址 + 明確指示（如 copy element）」的提示語進行爬蟲，與傳統爬蟲方法相比，有以下幾個關鍵不同之處：

使用「網址 + 明確指示（如 copy element）」的提示語進行爬蟲，與傳統爬蟲方法相比，具有更高的效率與簡潔性。提示語方式直接告知「標題」與「內容」需要通過 HTML 結構（如 copy element）提取，將焦點集中在核心資料，避免多餘的步驟。不需要深入研究網頁結構或手動分析 HTML 的層次，只需提供簡單的指示，模型即可快速生成針對性的程式碼，適合非技術或需要快速抓取資料的場景。

相比之下，傳統爬蟲方式需要掌握爬蟲工具（如 BeautifulSoup、Selenium 等）的細節，學習 CSS 選擇器、XPath 和 Request Headers 等技術，並花費時間手動試錯選擇器與調試程式碼。**在提示語方式中，模型能根據簡單的指示完成網頁結構分析，補充缺失資訊，**甚至適應不同網站的需求，而傳統方式則更適合處理高度複雜的網站或深度定製需求。總體而言，提示語方式降低了爬蟲的學習與操作門檻，讓爬蟲過程更靈活、更高效。

使用「網址 + 明確指示（如 copy element）」的提示語進行爬蟲，建立在 Prompt I 猜測的基礎之上，並通過給予具體提示進一步優化結果。Prompt I 的核心特點在於模型根據模糊的描述進行智能推測，例如分析網頁結構、預測需要提取的 HTML 標籤或屬性，從而生成初步的程式碼。然而，這種方式可能因資訊不足導致生成程式碼的準確性有所降低，尤其是在面對結構複雜或多變的網頁時。

基於 Prompt I 的能力，加入「copy element」等具體提示能有效補充模型的推測基礎，使其能更精準地定位目標元素，聚焦於特定內容的提取，如「標題」與「內容」。這種方式避免了手動試錯選擇器的繁瑣過程，讓生成的程式碼更加實用與準確。同時，**這種基於猜測與提示結合的方式，不僅降低了對技術的要求，還提高了爬蟲程式的執行效率與穩定性**，尤其適合在快速原型構建或簡單抓取任務中使用。相比傳統方法，這種基於智能推測的提示語方式，讓非技術也能輕鬆完成複雜的爬蟲操作。

7.4 提示語設計 II 應用：農業部最新法令、酷澎、生活市集商品價格為例

■ 範例一：農業部最新法令為例

範例網址：https：//www.moa.gov.tw/theme_list.php?theme=publication

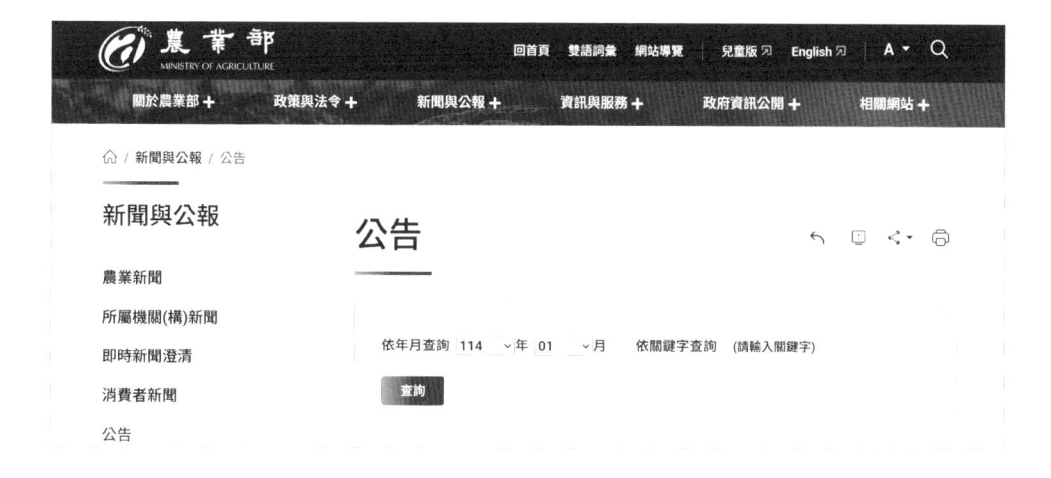

7 提示語設計

首先，先觀察；有發布日期、標題、發布機關三個欄位；因此可以透過 Chrome Browser 去檢視網頁標籤

| 依年月查詢 113 年 12 月　依關鍵字查詢　請輸入關鍵字　　　查詢 |

發布日期	標題	發布機關
113-12-25	預告修正「農業天然災害救助辦法」第五條、第六條、第九條	農業部(農民輔導司)
113-12-25	公告美國俄亥俄州自高病原性家禽流行性感冒非疫區刪除，並自即日生效	動植物防疫檢疫署
113-12-25	公告臺東縣卑南鄉編號第2510號水源涵養保安林113年檢訂結果，並自即日生效。依據：保安林經營準則第4條第4項	林業及自然保育署
113-12-25	預告訂定「遠洋漁業條例第十四條之一第二項不得進口之漁獲物或漁產品」	漁業署
113-12-25	預告修正「水稻收入保險實施及保險費補助辦法」第六條、第十二條、第二十四條	農業金融署
113-12-25	修正「金門地區偶蹄類動物及其產品禁止輸往臺灣本島及其他離島」，並自即日生效	動植物防疫檢疫署
113-12-24	公示送達本部113年12月24日農授林業字第1132402052號裁處書	林業及自然保育署

透過按右鍵來檢查對應的網頁標籤為何！

發布日期	標題
113-12-25	預告修正「農業天然災害救助辦法

複製　　　　　　　　　　　　Ctrl + C
複製醒目顯示文字的連結
透過 Google 搜尋「113-12-25」
列印...　　　　　　　　　　　Ctrl + P
以閱讀模式開啟
將所選內容翻譯成中文 (繁體)
檢查

7.4 提示語設計 II 應用：農業部最新法令、酷澎、生活市集商品價格為例

將對應的網頁標籤透過 copy element 複製起來，進行提示語的撰寫

將對應的網址和網頁標籤貼上

```
網址:https://www.moa.gov.tw/theme_list.php?theme=publ
發布日期:<td data-title="發布日期" class="white-space
標題:<a title="預告修正「農業天然災害救助辦法」第五條
發布機關:<td data-title="發布機關" class="white-space
```

7-23

7 提示語設計

如此一來就完成提示語的撰寫

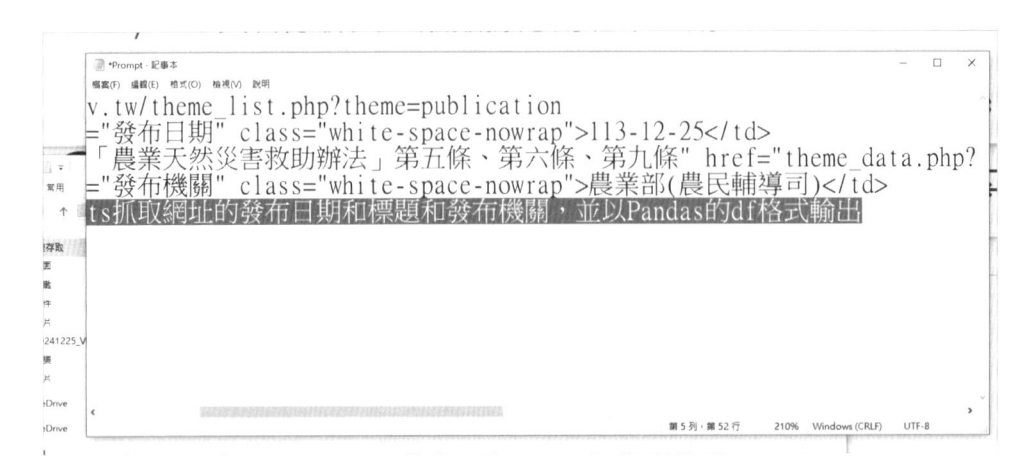

將上述完成的提示語丟入 Claude AI 頁面使其產生對應的程式碼,如下方示意圖!

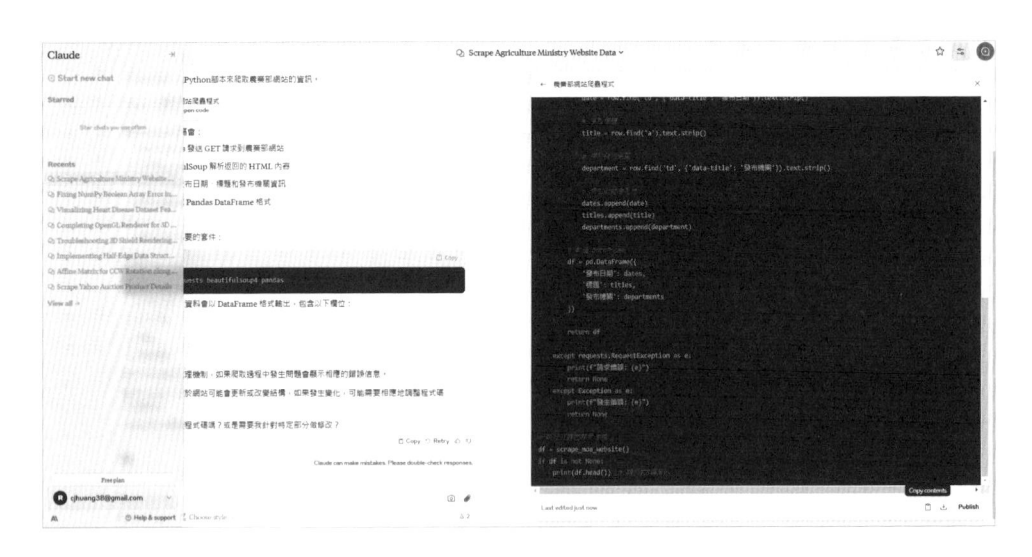

7.4 提示語設計 II 應用：農業部最新法令、酷澎、生活市集商品價格為例

將程式碼貼回 colab，就捕抓到最新的農業部法規了！

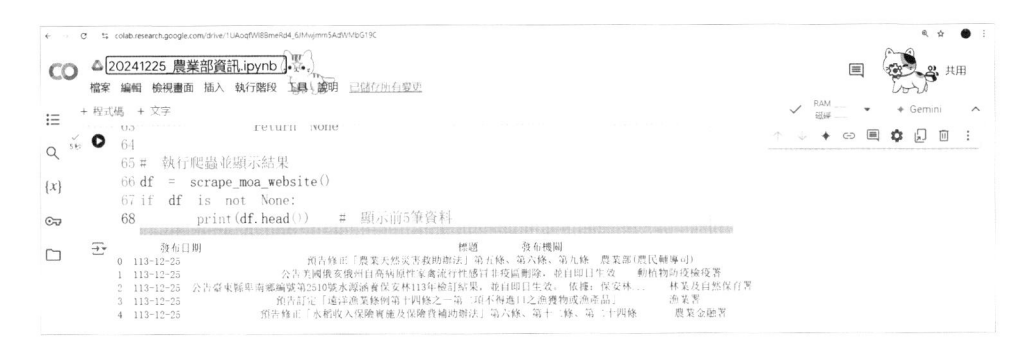

完成結果如下，亦可以透過 Ner Interactive Sheet 同步複製到雲端上的試算表！

7 提示語設計

- **範例二：酷彭線上商城為例**

  範例網址：https://www.tw.coupang.com/products/NESCAFE

7.4 提示語設計 II 應用：農業部最新法令、酷澎、生活市集商品價格為例

找出對應的網頁標籤，反白標題；透過右鍵檢查找出對應的元素進行複製！

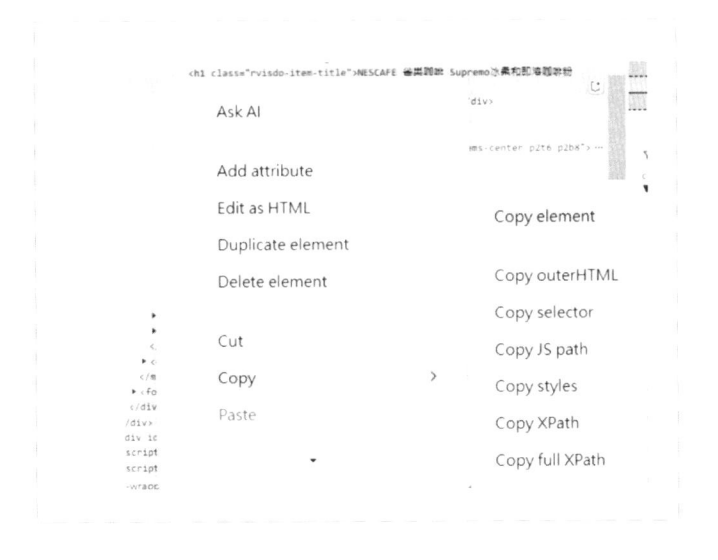

7 提示語設計

針對價格進行反白，找出對應的網頁標籤。

撰寫提示語如下：

```
網址:https://www.tw.coupang.com/products/NESCAFE-
%E9%9B%80%E5%B7%A2%E5%92%96%E5%95%A1-
Supremo%E5%86%B0%E6%9F%94%E5%92%8C%E5%8D%B3%E6%BA%B6%E5%92%96%E5%95%A1%E7%
B2%89%2C-13.1g%2C-100%E5%85%A5%2C-2%E7%9B%92-21008283819887?
itemId=21023884120718&vendorItemId=21090906961287&sourceType=CATEGORY&rank
=&searchId=feed-92fe3f13754741eab236bb9023c160c4&q=
商品名稱:<h1 class="rvisdp-item-title">NESCAFE 雀巢咖啡 Supremo冰柔和即溶咖啡粉
</h1>
價格:<div class="rvisdp-price__final">$1,024</div>
請幫我bs4或者requests抓取網址的商品名稱和價格並以Pandas的
df格式輸出
```

7.4 提示語設計 II 應用：農業部最新法令、酷澎、生活市集商品價格為例

將提示語丟進 Claude AI 產生對應的程式碼：

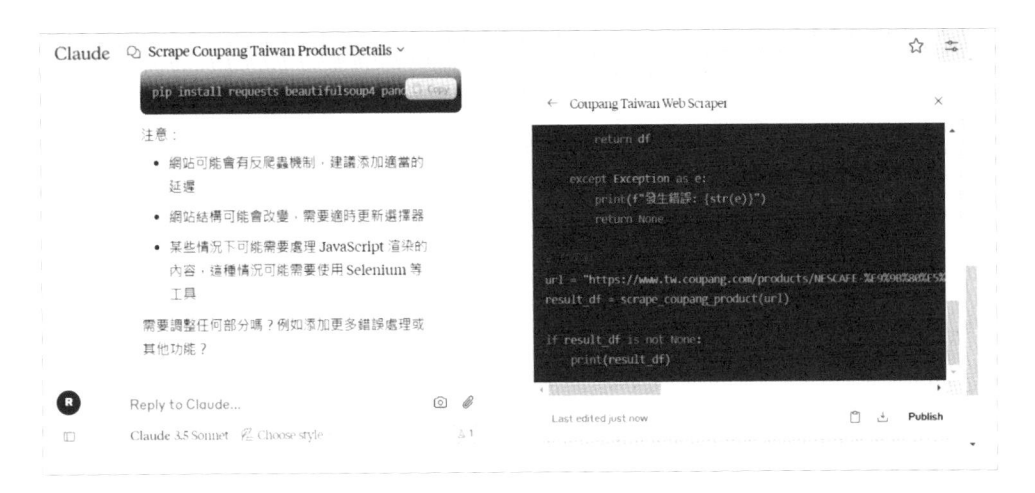

將程式貼到 Google Colab 進行驗證

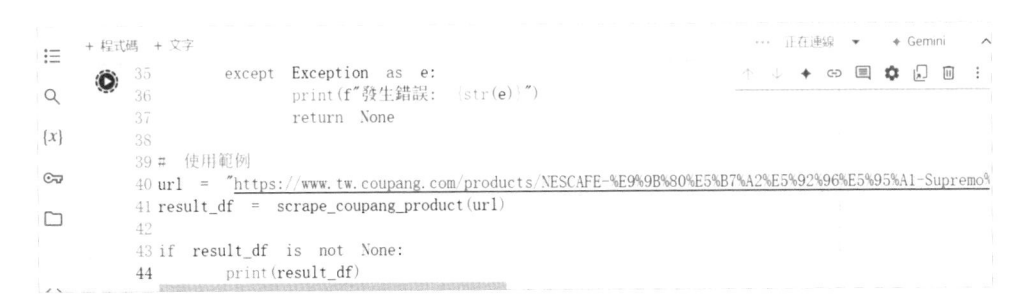

順利抓到第一筆資料了！（也就是找到網站的規律了！）

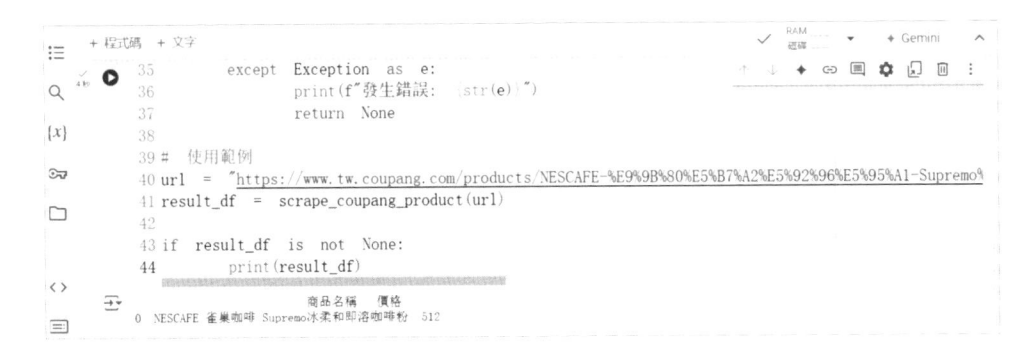

7-29

7 提示語設計

抓取多筆的訪價方法，先收集五筆想要追蹤的商品價格的 URL

將五筆資料複製後丟進 Claude AI，並且下「**幫我合併**」

合併五筆商品的 URL 後產生新的程式碼

7-30

7.4 提示語設計 II 應用：農業部最新法令、酷澎、生活市集商品價格為例

將程式碼貼到 Colab 中，順利抓取五筆商品資料！

	商品名稱	價格	網址
0	ibobomi 嬰兒米餅 6個月以上	138	https://www.tw.coupang.com/products/ibobomi-%E...
1	MISTY BREW 哥倫比亞咖啡液體隨身包	217	https://www.tw.coupang.com/products/MISTY-BREW...
2	Lay's 樂事 洋芋片 雞汁	325	https://www.tw.coupang.com/products/Lay's-%E6%...
3	Kao 花王 MegRhythm 美舒律 蒸氣眼罩 洋甘菊香	176	https://www.tw.coupang.com/products/Kao-%E8%8A...
4	QUAKER 桂格 養氣人蔘滋補液 6瓶	264	https://www.tw.coupang.com/products/QUAKER-%E6...

將合併的 df 透過 new interactive sheet 更新到試算表

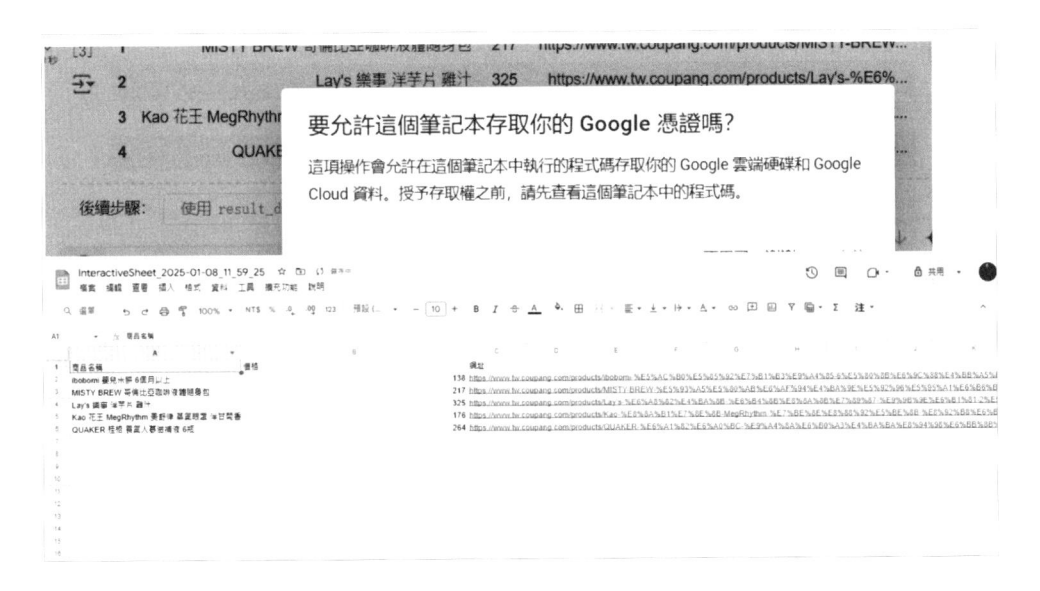

為了有效讓書友可以理解；本範例以流程圖的形式展示了一個以生成式人工智慧（AI）工具進行商品搜尋與程式開發的工作流程。整體分為三個主要步驟，分別用三個圓形表示，並通過箭頭連接，形成一個從概念到實踐的完整流程。

7 提示語設計

- **內容描述**

    1. **第一階段（左側圓形）**

        目的是到電子商品平台上尋找目標商品，並撰寫提示語（Prompt）。提示語是生成式 AI 模型運作的核心，是與模型之間進行互動的主要輸入。

    2. **第二階段（中間圓形）**

        將撰寫完成的提示語輸入到生成式 AI 的程式框架中（例如在 Google Colab 環境中執行 AI 程式碼），以產生商品的對應結果或相關數據。

    3. **第三階段（右側圓形）**

        將多筆商品的 URL 整合後，利用生成式 AI 工具產生相應對應的程式碼，並將其重新提交到 Colab 進行執行。

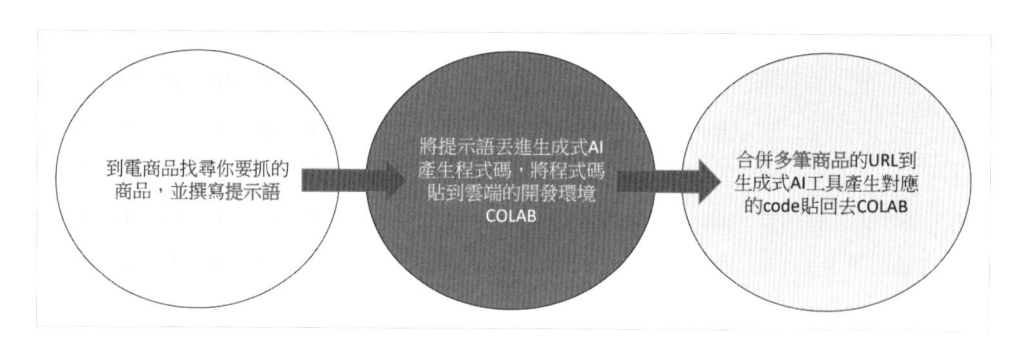

1. 第一階段（左側圓形）

    目的是到電子商品平台上尋找目標商品，並撰寫提示語（Prompt）。提示語是生成式 AI 模型運作的核心輸入，承載了的需求資訊，是與模型進行互動的橋樑。

    - **解釋**：提示語撰寫需要根據的需求進行具體描述。例如，若目標是尋找某類電子商品，提示語需包含關鍵詞（如「價格」、「性能」、「品牌」）及期望的輸出格式（如清單、詳細描述）。

7.4 提示語設計 II 應用：農業部最新法令、酷澎、生活市集商品價格為例

- 優點：

    1. 提示語的靈活性允許根據不同情境進行精確設計，提高生成結果的準確性和相關性。

    2. 使用生成式 AI 降低了人工搜尋的負擔，通過優化提示語可以實現更快速且準確的目標定位。

2. 第二階段（中間圓形）

將撰寫完成的提示語輸入到生成式 AI 的程式框架中（例如在 Google Colab 環境中執行 AI 程式碼），以產生商品的對應結果或相關數據。

- 解釋：在這一階段，提示語作為生成式 AI 模型的輸入進行處理。模型根據提示語的內容生成相關數據或結果，如商品描述、價格對比或購買建議。Google Colab 是一個雲端運算環境，支持快速執行程式碼，無需配置本地環境。

- 優點：

    1. 雲端環境降低了硬體需求，適合快速原型開發和測試。

    2. 實現提示語程式化輸入，將文字輸入轉換為具體數據輸出，提高了提示語的實用價值。

    3. AI 模型能夠在多變的提示語條件下自動適應並生成精確結果，提升使用效率。

3. 第三階段（右側圓形）

將多筆商品的 URL 整合後，利用生成式 AI 工具產生相應對應的程式碼，並將其重新提交到 Colab 進行執行。

- 解釋：這一步進一步拓展了提示語的應用場景，適用於需要批量處理多筆數據的情況。例如，從多個 URL 中擷取關鍵商品資訊，並透過生成式 AI 工具自動產生相關程式碼來進行處理。將生成的程式碼提交到 Colab，完成批量化的商品數據整合與分析。

- 優點：

  1. 提示語批量應用提升了操作效率，適合大規模數據處理。

  2. 整合多筆商品 URL 可進行更多元的分析（如跨平台對比、趨勢分析等）。

  3. 結合 Colab 環境，實現結果的快速迭代與驗證，讓可以根據輸出反饋調整提示語或處理方式。

■ 整體優點

1. **流程化設計**：從撰寫提示語到輸出程式碼，整個流程結構化且易於理解，能為提供明確的操作框架。

2. **提示語核心地位**：提示語作為生成式 AI 的核心設計要素，體現了其高度靈活性和應用價值；同時，提示語的優化過程具有學習與實踐雙重意義。

3. **雲端資源的應用**：Google Colab 作為雲端工具，不僅降低了使用門檻，還提供了高效、便捷的程式碼執行環境。

4. **多場景應用**：該流程不僅適用於電子商品搜尋，還可擴展至其他場景（如數據分析、文本生成等），展現了生成式 AI 的廣泛應用潛力。

5. **時間與資源節約**：整體流程運用 AI 模型完成了許多原本需要人工進行的操作，節省了大量時間與人力成本。

7.4 提示語設計 II 應用：農業部最新法令、酷澎、生活市集商品價格為例

- 範例三：生活市集為例

操作步驟和酷澎的抓取一樣，但是再讓讀者朋友複習一次！

範例網址：https：//www.buy123.com.tw/site/sku/2099278#ref=d_flashsale_productNomral_0

找出標題對應的標籤屬性

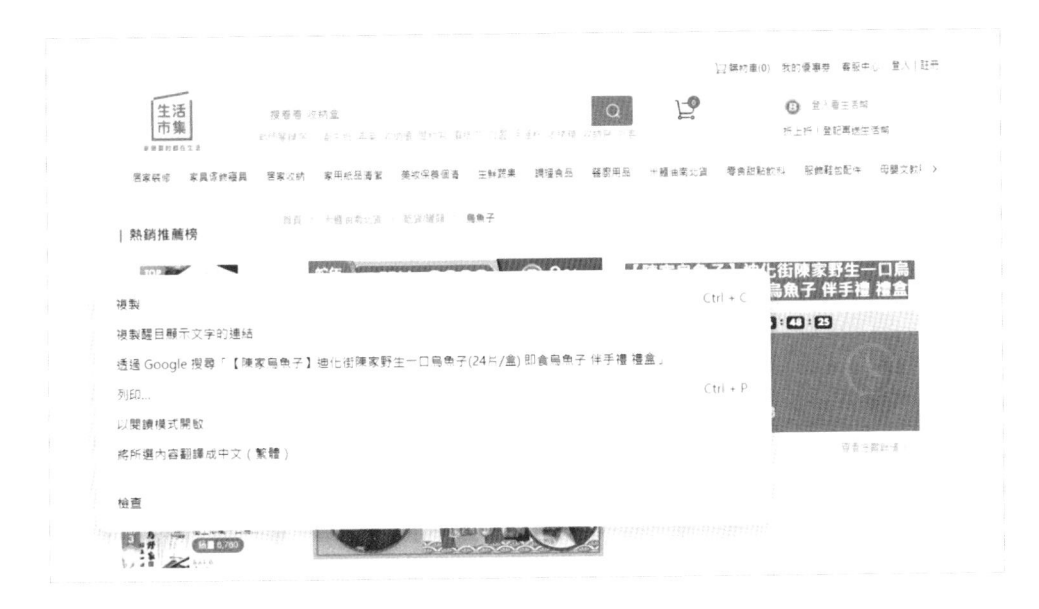

7-35

7 提示語設計

將對應的網頁標籤元素複製起來

撰寫提示語如下：

```
網址:https://www.buy123.com.tw/site/sku/2099278#ref=d_flashsale_productNomral_0
商品標題:<h1 class="name x-large-font">【陳家烏魚子】迪化街陳家野生一口烏魚子(24片/盒) 即食烏魚子
伴手禮 禮盒</h1>
價格:<span class="large-font">$472</span>
請幫我使用BS4或者requests抓取網址的商品標題和價格
並以Pandas的df格式輸出
```

將提示語丟到 chatGPT4.0+Code Copilot

7-36

7.4 提示語設計 II 應用：農業部最新法令、酷澎、生活市集商品價格為例

順利抓到第一筆，也就是找出網站的結構和規律了！

```
                        商品標題         價格
    0   【陳家烏魚子】迪化街陳家野生一口烏魚子(24片/盒)即食烏魚子 伴手禮 禮盒   18.3

[ ]  1 result_df

                        商品標題         價格
    0   【陳家烏魚子】迪化街陳家野生一口烏魚子(24片/盒)即食烏魚子 伴手禮 禮盒   18.3
```

將 10 筆想要追蹤的商品，丟到 chatGPT4.0+Code Copilot 並且下「**幫我合併**」。

```
https://www.buy123.com.tw/site/sku/2031134#ref=d_item_recommendTopSales_0
https://www.buy123.com.tw/flashsale?it=2111929&type=normal&sneakpeek=1#ref=d_main_flashSaleNormal_4
https://www.buy123.com.tw/site/sku/2054786#ref=d_flashsale_productNomral_5
https://www.buy123.com.tw/site/sku/2121475#ref=d_item_recommendSimilarity_2
https://www.buy123.com.tw/site/sku/2054786#ref=d_flashsale_productNomral_5
https://www.buy123.com.tw/site/sku/2171534#ref=d_item_recommendSimilarity_6
https://www.buy123.com.tw/site/sku/2196829#ref=d_item_recommendSimilarity_8
https://www.buy123.com.tw/site/sku/2121475#ref=d_item_recommendSimilarity_2
https://www.buy123.com.tw/site/sku/2146190#ref=d_item_recommendSimilarity_1
https://www.buy123.com.tw/site/sku/2110499#ref=d_category_product_3
```

貼到 Colab 並且順利抓取！

```
所有商品資訊：
                        商品標題         價格  \
0        手工日曬炙燒一口烏魚子 開封即食 下酒菜 休閒零嘴 不死鹹(25片/包)   12.8
1                            N/A  距離開始
2         【牛軋本舖】手工牛軋餅綜合禮盒(24入/盒) 年節限定 餅乾 零食 年貨   11.1
3         蛇年發財手工煎餅禮盒(20片/盒)綜合口味(鹹蛋黃／蜂蜜／咖啡／原味) 造型煎餅    5.5
4         【牛軋本舖】手工牛軋餅綜合禮盒(24入/盒) 年節限定 餅乾 零食 年貨   11.1
5              【食尚三味】甜蜜時光法蘭酥禮盒(18包/盒) 綜合6種口味    8.4
6         【Hello Kitty】奶油方塊酥餅乾禮盒 50週年限量造型馬克杯+杯蓋    407
7         蛇年發財手工煎餅禮盒(20片/盒)綜合口味(鹹蛋黃／蜂蜜／咖啡／原味) 造型煎餅    5.5
8             【食尚三味】香醇芝心米果禮盒(小盒14入，大盒20入/盒)     6.7
9                【享吃鮮果】家庭號鮮凍白花椰菜米 1000公克    142
10         【旭成】古早味菜脯餅任選(輕巧包12入/家庭號2入) 原味／芥末／胡椒    6.8
                                    URL
0          https://www.buy123.com.tw/site/sku/2031134
1     https://www.buy123.com.tw/flashsale?it=2111929...
2          https://www.buy123.com.tw/site/sku/2054786
3          https://www.buy123.com.tw/site/sku/2121475
4          https://www.buy123.com.tw/site/sku/2054786
5          https://www.buy123.com.tw/site/sku/2171534
6          https://www.buy123.com.tw/site/sku/2196829
7          https://www.buy123.com.tw/site/sku/2121475
8          https://www.buy123.com.tw/site/sku/2146190
9          https://www.buy123.com.tw/site/sku/2110499
10         https://www.buy123.com.tw/site/sku/2031741

結果已儲存至 buy123_products.csv
```

7 提示語設計

將合併的 result_df 印出來。

```
1 result_df
```

	商品標題	價格	URL
0	手工日曬炙燒一口烏魚子 開封即食 下酒菜 休閒零嘴 不死鹹(25片/包)	12.6	https://www.buy123.com.tw/site/sku/2031134
1		N/A	距離開始 https://www.buy123.com.tw/flashsale?it=2111929...
2	【牛軋本舖】手工牛軋餅綜合禮盒(24入/盒) 年節限定 餅乾 零食 年貨	11.1	https://www.buy123.com.tw/site/sku/2054786
3	蛇年發財手工煎餅禮盒(20片/盒)綜合口味(鹹蛋黃／蜂蜜／咖啡／原味) 造型煎餅	5.5	https://www.buy123.com.tw/site/sku/2121475
4	【牛軋本舖】手工牛軋餅綜合禮盒(24入/盒) 年節限定 餅乾 零食 年貨	11.1	https://www.buy123.com.tw/site/sku/2054786
5	【食尚三味】甜蜜時光法蘭酥禮盒(18包/盒) 綜合6種口味	8.4	https://www.buy123.com.tw/site/sku/2171534
6	【Hello Kitty】奶油方塊酥餅乾禮盒 50週年限量造型馬克杯+杯蓋	407	https://www.buy123.com.tw/site/sku/2196829
7	蛇年發財手工煎餅禮盒(20片/盒)綜合口味(鹹蛋黃／蜂蜜／咖啡／原味) 造型煎餅	5.5	https://www.buy123.com.tw/site/sku/2121475
8	【食尚三味】香醇芝心米果禮盒(小盒14入/盒，大盒20入/盒)	6.7	https://www.buy123.com.tw/site/sku/2146190
9	【享吃鮮果】家庭號凍白花椰菜米 1000公克	142	https://www.buy123.com.tw/site/sku/2110499
10	【旭成】古早味菜脯餅任選(輕巧包12入/家庭號24入) 原味／芥末／胡椒	6.7	https://www.buy123.com.tw/site/sku/2031741

透過 new interactive sheet 同步資料到個人雲端硬碟！

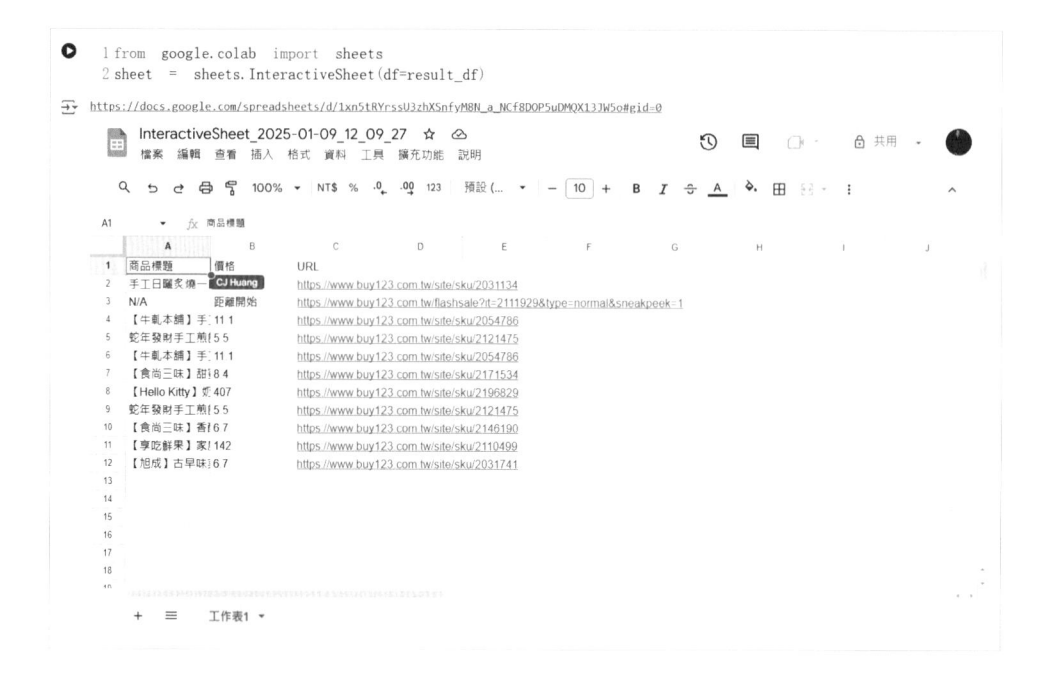

```
1 from google.colab import sheets
2 sheet = sheets.InteractiveSheet(df=result_df)
```

https://docs.google.com/spreadsheets/d/1xn5tRYrssU3zhXSnfyM8N_a_NCf8DOP5uDMQX13JW5o#gid=0

7.5　提示語設計 II 應用：公開資訊觀測站、資通法令為例

公開資訊觀測站是由**台灣證券交易所**與櫃檯買賣中心（OTC）共同建置與維護的一個資訊平台，旨在提供投資人、研究人員及一般民眾免費查詢公開公司與證券市場相關資訊的管道。此網站的主要目的是促進資訊透明化，協助投資人做出更明智的投資決策。

- **範例一：公開資訊觀測站為例**

    範例網址：https://mops.twse.com.tw/mops/web/index

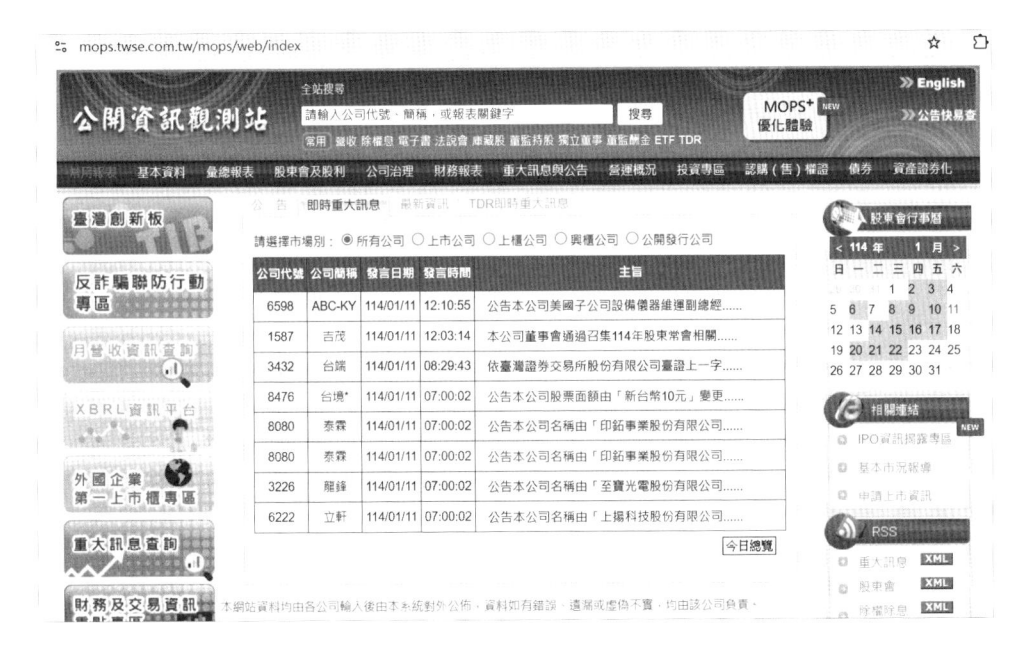

針對欄位修改，分別為公司代號、公司簡稱、發言日期、發言時間；請找一筆資料；同時進行右鍵檢視，將對應的網頁標籤貼上，撰寫如同下列的提示語格式。

7 提示語設計

```
網址:https://mops.twse.com.tw/mops/web/index
公司代號:<td>4113</td>
公司簡稱:<td>聯上</td>
發言日期:<td>114/01/10</td>
發言時間:<td>18:45:35</td>
主旨:<button style="width:300px;height:28px;text-align:left;background-
color:transparent;border:0;cursor:pointer;"
onclick="document.fm_t05sr01_1.step.value='1';document.fm_t05sr01_1.SEQ_NO.value='2';docu
ment.fm_t05sr01_1.SPOKE_TIME.value='184535';document.fm_t05sr01_1.SPOKE_DATE.value='20250
110';document.fm_t05sr01_1.COMPANY_NAME.value='聯
上';document.fm_t05sr01_1.COMPANY_ID.value='4113';document.fm_t05sr01_1.skey.value='41132
02501102';document.fm_t05sr01_1.hhc_co_name.value='聯上';openWindow(document.fm_t05sr01_1
,'')；" title="更正112Q4至113Q3財報附註揭露事項之為他人背書保證資訊">更正112Q4至113Q3財報附註揭露事
項之為他......</button>
請幫我使用BS4或者requests抓取網址的公司代號和公司簡稱和發言日期和發言時間和主旨並以Pandas的df格式輸出
```

將提示語丟到 Claude AI 產生對應的程式碼,並將程式碼貼到 Colab 做驗證,發現可以順利捕捉到即時的重大訊息!

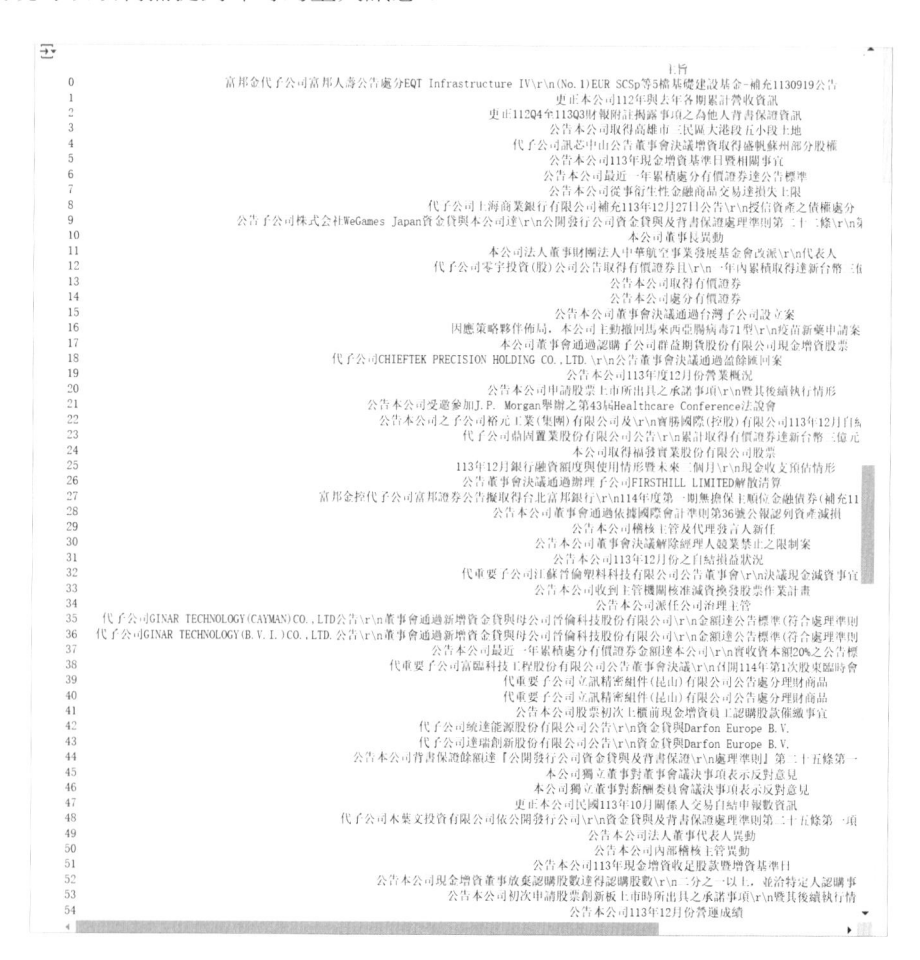

	主旨
0	富邦金代子公司富邦人壽公告處分EQT Infrastructure IV\r\n(No.1)EUR SCSp等5檔基礎建設基金-補充1130919公告
1	更正本公司112年與去年各期累計營收資訊
2	更正112Q4至113Q3財報附註揭露事項之為他人背書保證資訊
3	公告本公司取得高雄市 三民區大港段五小段土地
4	代子公司訊芯中山公告董事會決議增資取得盛帆蘇州部分股權
5	公告本公司113年現金增資基準日暨相關事宜
6	公告本公司最近一年累積處分有價證券達公告標準
7	公告本公司從事衍生性金融商品交易達預先上限
8	代子公司上海商業銀行有限公司補充113年12月27日公告\r\n授信資產之債權處分
9	公告子公司株式会社WeGames Japan資金貸與本公司達\r\n公開發行公司資金貸與及背書保證處理準則第二十二條\r\n金
10	本公司董事長異動
11	本公司法人董事財團法人中華航空事業發展基金會改派\r\n代表人
12	代子公司零壹投資(股)公司公告取得有價證券\r\n一年內累積取得達新台幣三億
13	公告本公司取得有價證券
14	公告本公司處分有價證券
15	公告本公司董事會決議通過台灣子公司設立案
16	因應策略夥伴佈局,本公司主動撤回馬來西亞腸病毒71型\r\n疫苗新藥申請案
17	本公司董事會通過認購子公司群益期貨股份有限公司現金增資股
18	代子公司CHIEFTEK PRECISION HOLDING CO., LTD.\r\n公告董事會決議通過盈餘匯回案
19	公告本公司113年12月份營業概況
20	公告本公司申請股票上市所出具之承諾事項\r\n暨其後續執行情形
21	公告本公司受邀參加J.P. Morgan舉辦之第43屆Healthcare Conference法說會
22	公告本公司之子公司格元工業(集團)有限公司及\r\n寶勝國際(控股)有限公司113年12月[位]
23	代子公司鼎固置業股份有限公司公告\r\n累計取得有價證券達新台幣 三億元
24	本公司取得福發實業股份有限公司之股票
25	113年12月銀行融資額度與使用情形暨未來 三個月\r\n現金收支預估情形
26	公告董事會決議通過辦理子公司FIRSTHILL LIMITED解散清算
27	富邦金控代子公司富邦證券公告擔取台北富邦銀行\r\n114年度第 一期無擔保主順位金融債券(補充11
28	本公司董事會通過依據國際會計準則第36號公報認列資產減損
29	本公司稽核主管及代理發言人新任
30	公告本公司董事會決議解除經理人競業禁止之限制案
31	公告本公司113年12月之自結損益狀況
32	代重要子公司江蘇晉倫塑料科技有限公司公告董事會\r\n決議現金減資事宜
33	公告本公司收到主管機關核准減資換發股票作業計畫
34	公告本公司新任治理主管
35	代子公司GINAR TECHNOLOGY(CAYMAN)CO., LTD公告\r\n董事會通過新增資金貸與母公司晉倫科技股份有限公司\r\n金額達公告標準(符合處理準則
36	代子公司GINAR TECHNOLOGY(B.V.I.)CO., LTD.公告\r\n董事會通過新增資金貸與母公司晉倫科技股份有限公司\r\n金額達公告標準(符合處理準
37	公告本公司最近一年累積處分有價證券金額達本公司\r\n實收資本額20%之公告
38	代重要子公司富臨精技工程股份有限公司公告董事會決議\r\n召開114年第1次股東臨時會
39	代重要子公司立訊精密組件(昆山)有限公司公告處理商品
40	代重要子公司立訊精密組件(昆山)有限公司公告處理商品
41	公告本公司股票初次上櫃前現金增資員工認購股款催繳事宜
42	代子公司統達能源股份有限公司公告\r\n資金貸與Darfon Europe B.V.
43	代子公司達瑞創新股份有限公司公告\r\n資金貸與Darfon Europe B.V.
44	公告本公司背書保證餘額達「公開發行公司資金貸與及背書保證」第二十五條第一
45	本公司獨立董事對董事會議決事項表示反對意見
46	本公司獨立董事對於薪酬委員會議決事項表示反對意見
47	更正本公司民國113年10月關係人交易自結申報數資訊
48	代子公司木葉文投資有限公司依公開發行公司\r\n資金貸與及背書保證處理準則第二十五條第一項
49	公告本公司法人董事代表人異動
50	公告本公司內部稽核主管異動
51	公告本公司113年現金增資收足股款暨增資基準日
52	公告本公司現金增資董事會放棄認購股數達得認購股數\r\n二分之一以上,並洽特定人認購事
53	公告本公司股票創新板上市時所出具之承諾事項\r\n暨其後續執行情
54	公告本公司113年12月份營運成績

7-40

7.5 提示語設計 II 應用：公開資訊觀測站、資通法令為例

將抓取結果的 df 印出。

```
1 df
```

	公司代號	公司簡稱	發言日期	發言時間	主旨
0	2881	富邦金	114/01/10	19:01:38	富邦金代子公司富邦人壽公告處分EQT Infrastructure IV\r\n(No.1)EUR SCSp等5檔基礎建設基金-補充1130919公告
1	3576	聯合再生	114/01/10	18:59:39	更正本公司112年與去年各期累計營收資訊
2	4113	聯上	114/01/10	18:45:35	更正112Q4至113Q3財報附註揭露事項之為他人背書保證資訊
3	4113	聯上	114/01/10	18:44:11	公告本公司取得高雄市三民區大港段五小段土地
4	6451	訊芯-KY	114/01/10	18:36:59	代子公司訊芯中山公告董事會決議增資取得盛帆蘇州部分股權
5	6682	華旭矽材	114/01/10	18:35:06	公告本公司113年現金增資基準日暨相關事宜
6	6568	宏觀	114/01/10	18:27:30	公告本公司最近一年累積處分有價證券達公告標準
7	2354	鴻準	114/01/10	18:22:43	公告本公司從事衍生性金融商品交易達損失上限
8	5876	上海商銀	114/01/10	18:22:38	代子公司上海商業銀行有限公司補充113年12月27日公告\r\n授信資產之債權處分
9	6626	唯數	114/01/10	18:19:23	公告子公司株式会社WeGames Japan資金貸與本公司達\r\n公開發行公司資金貸與及背書保證處理準則第二十二條\r\n第一項第三款公告標準。
10	2633	台灣高鐵	114/01/10	18:17:46	本公司董事長異動
11	2633	台灣高鐵	114/01/10	18:16:15	本公司法人董事財團法人中華航空事業發展基金會改派\r\n代表人
12	3029	零壹	114/01/10	18:14:08	代子公司零宇投資(股)公司公告取得有價證券且\r\n一年內累積取得達新台幣三億元
13	2323	中環	114/01/10	18:05:16	公告本公司取得有價證券
14	2323	中環	114/01/10	18:04:58	公告本公司處分有價證券
15	6728	上洋	114/01/10	18:03:00	公告本公司董事會決議通過台灣子公司設立案
16	6547	高端疫苗	114/01/10	18:01:46	因應策略夥伴佈局，本公司主動撤回馬來西亞腸病毒71型\r\n疫苗新藥申請案
17	6005	群益證	114/01/10	17:59:30	本公司董事會通過認購子公司群益期貨股份有限公司現金增資股票
18	1597	直得	114/01/10	17:48:56	代子公司CHIEFTEK PRECISION HOLDING CO.,LTD.\r\n公告董事會決議通過盈餘匯回案
19	4126	太醫	114/01/10	17:46:36	公告本公司113年度12月份營業概況
20	7705	三商餐飲	114/01/10	17:46:16	公告本公司申請股票上市所出具之承諾事項\r\n暨其後續執行情形
21	4743	合一	114/01/10	17:44:45	公告本公司受邀參加J.P. Morgan舉辦之第43屆Healthcare Conference法說會
22	9904	寶成	114/01/10	17:40:17	公告本公司之子公司裕ก工業(集團)有限公司及\r\n寶勝國際(控股)有限公司113年12月自結營收
23	2923	鼎固-KY	114/01/10	17:40:11	代子公司鼎固置業股份有限公司公告\r\n累計取得有價證券達新台幣三億元
24	1464	得力	114/01/10	17:39:40	本公司取得福發實業股份有限公司股票

7-41

同步更新到 new interactive sheet

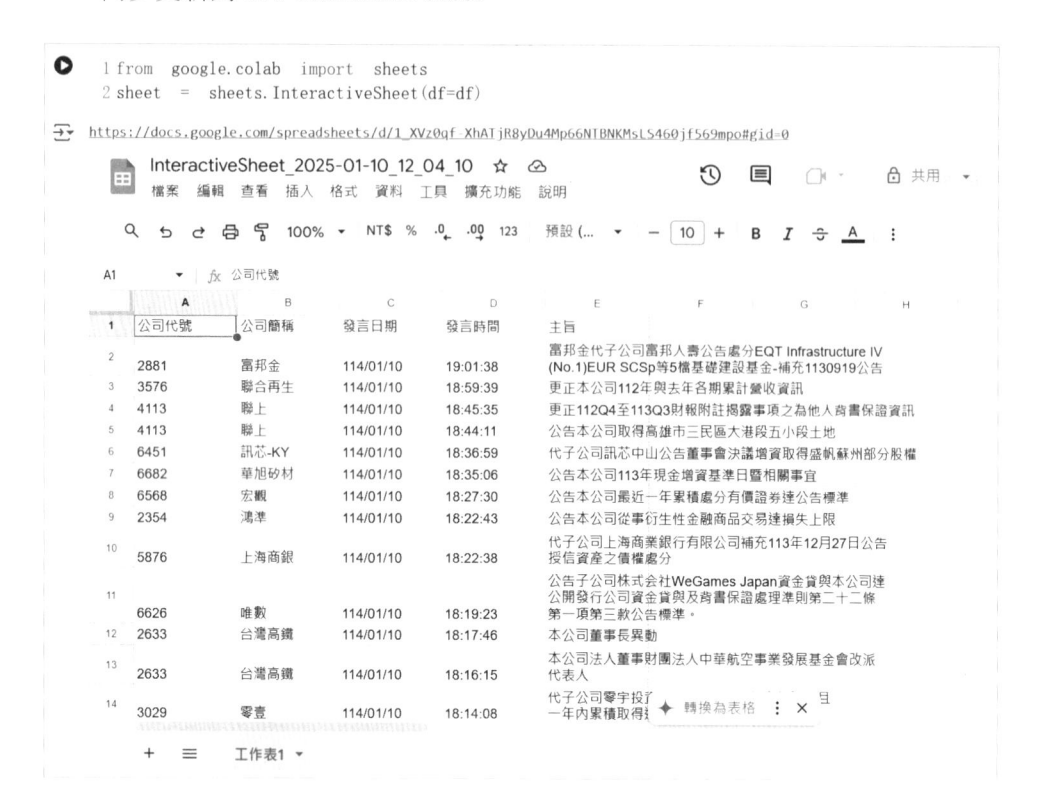

```
1 from google.colab import sheets
2 sheet = sheets.InteractiveSheet(df=df)
```

https://docs.google.com/spreadsheets/d/1_XVz0qf_XhATjR8yDu4Mp66NTBNKMsLS460jf569mpo?gid=0

	A	B	C	D	E
1	公司代號	公司簡稱	發言日期	發言時間	主旨
2	2881	富邦金	114/01/10	19:01:38	富邦金代子公司富邦人壽公告處分EQT Infrastructure IV (No.1)EUR SCSp等5檔基礎建設基金-補充1130919公告
3	3576	聯合再生	114/01/10	18:59:39	更正本公司112年與去年各期累計營收資訊
4	4113	聯上	114/01/10	18:45:35	更正112Q4至113Q3財報附註揭露事項之為他人背書保證資訊
5	4113	聯上	114/01/10	18:44:11	公告本公司取得高雄市三民區大港段五小段土地
6	6451	訊芯-KY	114/01/10	18:36:59	代子公司訊芯中山公告董事會決議增資取得盛帆蘇州部分股權
7	6682	華旭矽材	114/01/10	18:35:06	公告本公司113年現金增資基準日暨相關事宜
8	6568	宏觀	114/01/10	18:27:30	公告本公司最近一年累積處分有價證券達公告標準
9	2354	鴻準	114/01/10	18:22:43	公告本公司從事衍生性金融商品交易達損失上限
10	5876	上海商銀	114/01/10	18:22:38	代子公司上海商業銀行有限公司補充113年12月27日公告授信資產之債權處分
11	6626	唯數	114/01/10	18:19:23	公告子公司株式会社WeGames Japan資金貸與本公司連公開發行公司資金貸與及背書保證處理準則第二十二條第一項第三款公告標準。
12	2633	台灣高鐵	114/01/10	18:17:46	本公司董事長異動
13	2633	台灣高鐵	114/01/10	18:16:15	本公司法人董事團法人中華航空事業發展基金會改派代表人
14	3029	零壹	114/01/10	18:14:08	代子公司零壹投了一年內累積取得

工作表1

　　證券櫃檯買賣中心（簡稱櫃買中心，OTC）是台灣提供場外交易服務的重要機構，成立於1994年，專門為未達上市條件或選擇不上市的公司提供股票交易平台，同時涵蓋債券交易、市場創新板與衍生性金融商品交易。櫃買中心的設立旨在拓展資本市場深度，協助中小企業及新創公司募集資金，並促進證券市場多元化發展。

■ 範例二：資通法令為例

範例網址：https：//dsp.tpex.org.tw/web/listing/security.php

7.5 提示語設計 II 應用：公開資訊觀測站、資通法令為例

針對欄位修改，分別為標題、連結、日期；請找一筆資料；同時進行右鍵檢視，將對應的網頁標籤貼上，撰寫如同下列的提示語格式。

7-43

7 提示語設計

```
7_3_證券櫃買中心_Prompt02.tx ×     +
檔案   編輯   檢視
網址:https://dsp.tpex.org.tw/web/listing/security.php
標題:<td>資通安全內部控制制度查核缺失彙總</td>
連結:<a class="btn btn-pdf" href="/storage/co_download/資通安全內部控制制度查核缺失彙總.pdf?t=20240918" title="開啟新視窗，連結至：資通安全內部控制制度查核缺失彙總.pdf">下載PDF</a>
日期:<td><a class="btn btn-pdf" href="/storage/co_download/資通安全內部控制制度查核缺失彙總.pdf?t=20240918" title="開啟新視窗，連結至：資通安全內部控制制度查核缺失彙總.pdf">下載PDF</a></td>
請幫我使用BS4或者requests抓取網址的標題和連結和日期，並以Pandas的df格式輸出
```

將提示語丟進 Claude AI 並將程式碼貼到 Colab 進行驗證

※ Good evening, ROBERT

```
網址:https://dsp.tpex.org.tw/web/listing/security.php
標題:<td>資通安全內部控制制度查核缺失彙總</td>
連結:<a class="btn btn-pdf" href="/storage/co_download/資通安全內部控制制度查核缺失彙總.pdf?t=20240918" title="開啟新視窗，連結至：資通安全內部控制制度查核缺失彙總.pdf">下載PDF</a>
日期:<td><a class="btn btn-pdf" href="/storage/co_download/資通安全內部控制制度查核缺失彙總.pdf?t=20240918" title="開啟新視窗，連結至：資通安全內部控制制度查核缺失彙總.pdf">下載PDF</a></td>
請幫我使用BS4或者requests抓取網址的標題和連結和日期，並以Pandas的df格式輸出
```

Claude 3.5 Sonnet   Choose style   Claude cannot access links

Collaborate with Claude using documents, images, and more

透過執行 Colab 的程式，順利抓取到資料！

```
                                            標題
0                                資通安全內部控制制度查核缺失彙總
1                                    上市上櫃公司資通安全管控指引
2                                上市上櫃公司資通安全管控指引修訂對照表
3                                    上市上櫃公司資訊安全分級防護規範
4                    公開發行公司建立內部控制制度處理準則問答集(資通安全分請第21題至25題)
5                         資安情資分享組織-台灣電腦網路危機處理暨協調中心(TWCERT)
6           【113年07月26日上興櫃公司資安宣導會】中小企業資通安全防護實務講習 - 1.個資法 (...
7           【113年07月26日上市櫃公司資安宣導會】中小企業資通安全防護實務講習 - 2.安全維運計...
8           【113年07月26日上市櫃公司資安宣導會】中小企業資通安全防護實務講習 - 3.非公務機關...
9           【113年07月26日上市櫃公司資安宣導會】中小企業資通安全防護實務講習 - 4.資安事攻...
10          【113年07月26日上市櫃公司資安宣導會】中小企業資通安全防護實務講習 - 5.資安情資分...
11              【113年07月26日上興櫃公司資安宣導會】中小企業資通安全防護實務講習 (簡報檔)
12              【111年10月31日上市櫃公司資安宣導會】「上市上櫃公司資安管控指引」說明 (影音檔)
13              【111年10月31日上市櫃公司資安宣導會】「上市上櫃公司資安管控指引」說明 (簡報檔)
14                   【111年10月31日上市櫃公司資安宣導會】全球及國內資安發展趨勢介紹 (影音檔)
15          【110年12月17日上市櫃公司資安宣導會】台灣電腦網路危機處理暨協調中心(TWCERT)廉...
16          【110年12月17日上市櫃公司資安宣導會】台灣電腦網路危機處理暨協調中心(TWCERT)...
17              【110年12月17日上市櫃公司資安宣導會】電子郵件社交工程與機敏資料保護 (影音檔)
18              【110年12月17日上市櫃公司資安宣導會】電子郵件社交工程與機敏資料保護 (簡報檔)
                                            連結          日期
0    /storage/co_download/資通安全內部控制制度查核缺失彙總.pdf?t=20...   113.09.17
1    /storage/co_download/上市上櫃公司資通安全管控指引.pdf?t=2024...   113.09.17
2    /storage/co_download/上市上櫃公司資通安全管控指引修訂對照表.pdf?t...   113.09.17
3         /storage/co_download/上市上櫃公司資訊安全分級防護規範.pdf      111.04.07
4           https://www.sfb.gov.tw/ch/home.jsp?id=870&pare...     111.04.07
5                   https://www.twcert.org.tw/tw/mp-1.html      111.04.07
6                           https://vimeo.com/988260041      113.08.05
7                           https://vimeo.com/988268818      113.08.05
8                           https://vimeo.com/988271654      113.08.05
9                           https://vimeo.com/988275114      113.08.05
10                          https://vimeo.com/988281535      113.08.05
11   /storage/csr/中小企業資通安全防護實務講習.pdf?t=20240729     113.08.05
12                          https://vimeo.com/762096406      111.11.11
13   /storage/csr/上市上櫃公司資安管控指引.pdf?t=20221208      111.11.11
14                          https://vimeo.com/764060291      111.11.11
15           https://webpro.twse.com.tw/webportal/vod/104/A...    111.01.06
16           https://dsp.twse.com.tw/public/static/download...     111.01.06
17           https://webpro.twse.com.tw/webportal/vod/104/A...    111.01.06
18           https://dsp.twse.com.tw/public/static/download...     111.01.06
/usr/local/lib/python3.10/dist-packages/bs4/__init__.py:228: UserWarning: You provided Unicode markup but also provided a value for from_encoding
  warnings.warn("You provided Unicode markup but also provided a value for from_encoding. Your from_encoding will be ignored.")
```

7.5 提示語設計 II 應用：公開資訊觀測站、資通法令為例

將合併的 security_df 印出

同步更新到 new interactive sheet

7-45

7.6 提示語設計 III 說明

此處的 Prompt III 設計主要是將網頁原始碼丟入給予生成式 AI 提示，說明如下：

- 網址：直接貼上
- 檢視網頁原始碼

▼請幫我使用 BS4 或者 requests 抓取**網址**的 ＿＿＿＿＿＿ 並以 Pandas 的 df 格式輸出

利用 Prompt III 直接從網頁原始碼進行資料清洗，特別適用於結構化明確的表格資料抽取（如網頁報表中的 <table> 標籤），能夠快速提升大規模結構化資料的抽取效率。該提示語設計指引生成式 AI 透過 BeautifulSoup 或 requests 套件，從網頁 HTML 原始碼中清洗並提取表格數據，將其轉換為 Pandas 的 DataFrame 格式。這種方法對於處理靜態網頁中結構規範的資料非常有效，能夠自動化識別和標準化表格中的元素，為後續的數據分析和知識挖掘提供便利，極大提高了數據清洗的自動化程度，減少了人工操作的需求。此外，數據清洗後的標準化處理支持進行進一步的統計分析、視覺化及模型訓練，尤其適用於財報、統計報告、商品清單等標準化格式的資料。

然而，該方法也存在一些局限性。首先，它主要適用於靜態網頁和結構明確的 HTML，對於需要 JavaScript 動態渲染的網頁無法直接處理，這在處理動態內容時顯得不足，通常需要額外工具（如 Selenium）來補充。其次，該方法依賴於網頁結構的穩定性，若網頁標籤或結構發生變動，可能導致程式無法正常工作，從而增加維護成本。雖然生成式 AI 可以清洗並標準化大多數表格數據，但對於非標準化或格式錯誤的資料，仍需進一步的人工處理。此外，當需要處理大量數據或進行高頻次的抓取時，該方法的性能可能無法滿足要求，尤其在未進行並行處理的情況下，可能會成為性能瓶頸。總的來說，這種方法對於結構化資料的提取和清洗具有顯著的優勢，特別適合中小型規模的數據抽取，並能有效支持後續分析，但對於動態網頁和大規模數據處理仍需更多的技術。

7.6 提示語設計 III 說明

　　Prompt III 主要利用生成式 AI 的能力，直接抓取並分析網站的 HTML 原始碼，特別適用於處理結構化且明確的表格資料，如網站中的財務報表、統計數據或商品清單。此方法依賴於 BeautifulSoup 或 requests 套件的功能來解析和清洗網頁數據，將原始網頁的表格內容提取並轉換為 Pandas 的 DataFrame 格式。這樣的資料清洗流程不僅能高效處理表格數據，還能保持數據的結構和一致性，便於後續的數據分析和視覺化。

■ 該提示語的特性與優點

1. **高效的結構化數據處理**

   Prompt III 特別適合處理網頁中結構明確的表格資料（如 <table> 標籤），AI 能夠迅速識別並抽取所需的資料，並將其轉換為結構化的數據格式（如 Pandas DataFrame）。這一過程能顯著提升資料抽取的速度，尤其是在處理大量結構化資料時，更加高效。

2. **標準化與知識挖掘**

   利用 AI 的能力，資料可以進行標準化處理，將不同格式、單位或類型的數據統一成易於分析的形式。此外，透過 AI 的自動化分析，還能發現隱藏在數據中的規律和知識，進一步支持知識挖掘與數據分析工作。

3. **減少人工處理需求**

   這一提示語能自動完成資料清洗過程，從而減少大量手動處理的需求，對於需要處理大規模資料集的場合尤其有價值。無論是多層嵌套的表格還是不同格式的資料，AI 都能夠自動化處理並保持數據的完整性。

4. **易於集成後續數據分析**

   將清洗後的資料轉換為 DataFrame 格式後，便於使用各種 Python 套件（如 NumPy、Matplotlib、Seaborn）進行後續的數據分析和視覺化。這使得該方法非常適合需要進行後續數據處理和呈現的應用場景。

5. 適用於多樣化的結構化資料

    無論是財務數據、商品資料還是統計表格，這種方法都能夠高效處理，尤其在標籤結構一致的情況下，資料抽取的準確性和可靠性更高。

7.7 提示語設計 III 應用：成大、奇美、台南市立醫院病床數為例

本節希冀透過打造即時病床數通知，能夠有效的幫助病患在求診時，得到第一手的資訊和以免造成病情延誤，錯失診治的黃金時段！

■ 範例一：成大醫院病床數為例

範例網址：https://web.hosp.ncku.edu.tw/nckm/Bedstatus/BedStatus.aspx

國立成功大學醫學院附設醫院各類病床概況

資料查詢時間：2025年1月12日下午 08:30

總病床數：1198 床
保險病床數：919 床　　急性保險病床比率：76.71 %

（一）急性保險病床

病床類別	病床數	佔床數	空床數
急性一般病床	645	595	50
急性精神病床	30	23	7
成人加護病床	98	89	9
小兒加護病床	8	6	2
新生兒加護病床	20	17	3
燒傷加護病床	10	10	0
亞急性呼吸照護病床	12	8	4
嬰兒病床	23	12	11
安寧病床(不收差額)	12	8	4
其他特殊病床	61	58	3
合計	919	826	93

（二）急性差額病床

病床類別	病床等級	病床數	佔床數	空床數	病房差額
急性一般病床	單人房	123	117	6	5,500~8,800 元
	二人病房	148	141	7	1,980~2,500 元
安寧病床	單人房	2	0	2	5,500 元
	二人病房	6	2	4	1,980 元
合計		279	260	19	

《備註》
※上述床數統計不含血液透析床52床、嬰兒床10床、急診觀察床75床。
※各類病床之優先順序，須依病人輕重緩急及診療科別等因素調整，並非空床即能提供。
※入住順序因住院科別、性別及成人或兒童而不同。
※病房差額含病房費及護理費。

7.7 提示語設計 III 應用：成大、奇美、台南市立醫院病床數為例

此處，本書會針對急性保險病床的數據進行捕捉，因為該數據屬於格子狀；因此最好的方法即是使用 Prompt III 來進行操作！

首先，先觀察該病床數欄位應是介於「**（一）急性保險病床**」和「**（二）急性差額病床**」之間；因此，透過檢查網頁原始碼，即可知道該網頁標籤位置。

國立成功大學醫學院附設醫院各類病床概況

資料查詢時間:2025年1月12日下午 08:30

總病床數：1198 床
保險病床數：919 床　急性保險病床比率：76.71 %

(一)急性保險病床

病床類別	病床數	佔床數	空床數
急性一般病床	645	595	50
急性精神病床	30	23	7
成人加護病床	98	89	9
小兒加護病床	8	6	2
新生兒加護病床	20	17	3
燒傷加護病床	10	10	0
亞急性呼吸照護病床	12	8	4
嬰兒病床	23	12	11
安寧病床(不收差額)	12	8	4
其他特殊病床	61	58	3
合計	919	826	93

(二)急性差額病床

快捷鍵	
上一頁	Alt + 向左鍵
下一頁	Alt + 向右鍵
重新載入	Ctrl + R
另存新檔...	Ctrl + S
列印...	Ctrl + P
投放...	
透過 Google 智慧鏡頭搜尋	
以閱讀模式開啟	
傳送到你的裝置	
為這個頁面建立 QR 圖碼	
翻譯成中文（繁體）	
檢視網頁原始碼	Ctrl + U
檢查	

很明顯，該「急性保險病床」字樣位於第 62 行。

7 提示語設計

「急性差額病床」字樣則位於第 105 行。

```
88              <td align="left">安事病床(不收差額)
89      </tr><tr align="right" style="color:#333333;background-color:White;">
90              <td align="left">其他特殊病床
91      </tr><tr align="right" style="color:#333333;background-color:White;">
92              <td align="left">合計</td><td>919</td><td>826</td><td>93</td>
93      </tr>
94  </table>
95  </div>
96                      </td>
97                  </tr>
98                  <tr>
99                      <td class="style1">
100                          </td>
101                     <td>
102                          </td>
103                 </tr>
104                 <tr>
105                     <td colspan="2" align="center">
106                         <span id="Label19" style="color:#990000;font-family:微軟正黑體;font-size:Medium;font-weight:bold;">(二)急性差額病床</span>
107                     </td>
108                 </tr>
109                 <tr>
110                     <td colspan="2" align="center">
```

因此，該網頁原始碼推論應為 63~104 行之間。

```
63                      </td>
64                  </tr>
65                  <tr>
66                      <td colspan="2" align="center">
67                          <div>
68  <table cellspacing="0" cellpadding="4" rules="all" border="1" id="GV_EmgInsure" style="background-color:White;border-color:
69      <tr style="color:#FFFFCC;background-color:#AA0080;font-weight:bold;">
70              <th align="left" scope="col">病床類別</th><th scope="col">病床數</th><th scope="col">佔床數</th><th scope="col">空床
71      </tr><tr align="right" style="color:#333333;background-color:White;">
72              <td align="left">急性一般病床
73      </tr><tr align="right" style="color:#333333;background-color:White;">
74              <td align="left">急性精神病床
75      </tr><tr align="right" style="color:#333333;background-color:White;">
76              <td align="left">成人加護病床
77      </tr><tr align="right" style="color:#333333;background-color:White;">
78              <td align="left">小兒加護病床
79      </tr><tr align="right" style="color:#333333;background-color:White;">
80              <td align="left">新生兒加護病床
81      </tr><tr align="right" style="color:#333333;background-color:White;">
82              <td align="left">燒傷加護病床
83      </tr><tr align="right" style="color:#333333;background-color:White;">
84              <td align="left">亞急性呼吸照護病床
85      </tr><tr align="right" style="color:#333333;background-color:White;">
86              <td align="left">嬰兒病床
87      </tr><tr align="right" style="color:#333333;background-color:White;">
88              <td align="left">安寧病床(不收差額)
89      </tr><tr align="right" style="color:#333333;background-color:White;">
90              <td align="left">其他特殊病床
91      </tr><tr align="right" style="color:#333333;background-color:White;">
92              <td align="left">合計</td><td>919</td><td>871</td><td>48</td>
93      </tr>
94  </table>
95  </div>
96                      </td>
97                  </tr>
98                  <tr>
99                      <td class="style1">
100                          </td>
101                     <td>
102                          </td>
103                 </tr>
104                 <tr>
```

7.7 提示語設計 III 應用：成大、奇美、台南市立醫院病床數為例

提示語設計如下：

```
                <span id="Label5" style="color:#990000;font-family:微軟正黑體;font-size:Medium;font-weight:bold;">(一)急性保險病床</span>
            </td>
        </tr>
        <tr>
            <td colspan="2" align="center">
                <div>
                    <table cellspacing="0" cellpadding="4" rules="all" border="1" id="GV_EmgInsure" style="background-color:White;border-color:#AA0080;border-width:1px;border-style:Solid;font-family:微軟正黑體;border-collapse:collapse;">
                        <tr style="color:#FFFFCC;background-color:#AA0080;font-weight:bold;">
                            <th align="left" scope="col">病床類別</th><th scope="col">病床數</th><th scope="col">佔床數</th><th scope="col">空床數</th>
                        </tr><tr align="right" style="color:#333333;background-color:White;">
                            <td align="left">急性一般病床</td><td>645</td><td>595</td><td>50</td>
                        </tr><tr align="right" style="color:#333333;background-color:White;">
                            <td align="left">急性精神病床</td><td>30</td><td>23</td><td>7</td>
                        </tr><tr align="right" style="color:#333333;background-color:White;">
                            <td align="left">成人加護病床</td><td>98</td><td>89</td><td>9</td>
                        </tr><tr align="right" style="color:#333333;background-color:White;">
                            <td align="left">小兒加護病床</td><td>8</td><td>6</td><td>2</td>
                        </tr><tr align="right" style="color:#333333;background-color:White;">
                            <td align="left">新生兒加護病床</td><td>20</td><td>17</td><td>3</td>
                        </tr><tr align="right" style="color:#333333;background-color:White;">
                            <td align="left">燒傷加護病床</td><td>10</td><td>10</td><td>0</td>
                        </tr><tr align="right" style="color:#333333;background-color:White;">
                            <td align="left">亞急性呼吸照護病床</td><td>12</td><td>8</td><td>4</td>
                        </tr><tr align="right" style="color:#333333;background-color:White;">
                            <td align="left">嬰兒病床</td><td>23</td><td>12</td><td>11</td>
                        </tr><tr align="right" style="color:#333333;background-color:White;">
                            <td align="left">安寧病床(不收差額)</td><td>12</td><td>8</td><td>4</td>
                        </tr><tr align="right" style="color:#333333;background-color:White;">
                            <td align="left">其他特殊病床</td><td>61</td><td>58</td><td>3</td>
                        </tr><tr align="right" style="color:#333333;background-color:White;">
                            <td align="left">合計</td><td>919</td><td>826</td><td>93</td>
                        </tr>
                    </table>
                </div>
            </td>
        </tr>
        <tr>
            <td class="style1">
                 </td>
            <td>
                 </td>
        </tr>
        <tr>
            <td colspan="2" align="center">
```

請幫我使用BS4或者requests抓取https://web.hosp.ncku.edu.tw/nckm/Bedstatus/BedStatus.aspx的(一)急性保險病床並以Pandas的df格式輸出

7 提示語設計

將提示語丟進 Claude AI。

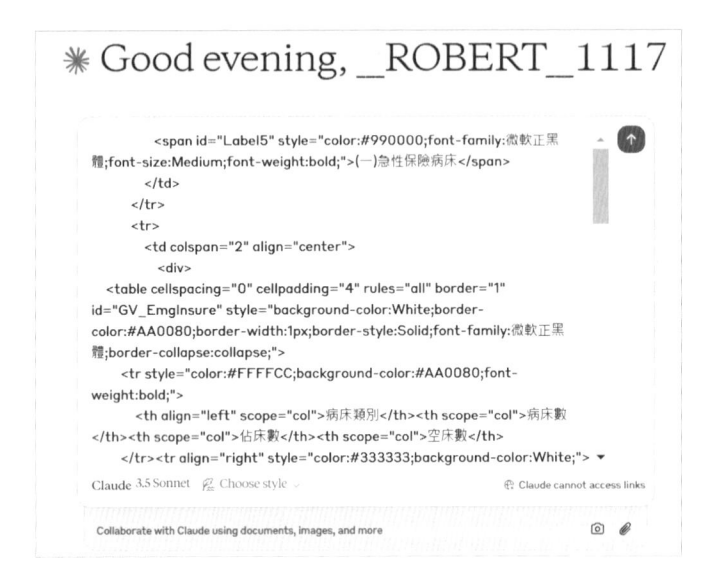

將程式碼貼到 Colab 執行並印出！

7.7 提示語設計 III 應用：成大、奇美、台南市立醫院病床數為例

將 bed_status_df 印出。

```
1 bed_status_df
```

	病床類別	病床數	佔床數	空床數
0	急性一般病床	645	595	50
1	急性精神病床	30	23	7
2	成人加護病床	98	89	9
3	小兒加護病床	8	6	2
4	新生兒加護病床	20	17	3
5	燒傷加護病床	10	10	0
6	亞急性呼吸照護病床	12	8	4
7	嬰兒病床	23	12	11
8	安寧病床(不收差額)	12	8	4
9	其他特殊病床	61	58	3
10	合計	919	826	93

後續步驟：　使用 bed_status_df 生成程式碼　　查看建議的圖表　　New interactive sheet

將抓取的資料同步更新到 new interactive sheet。

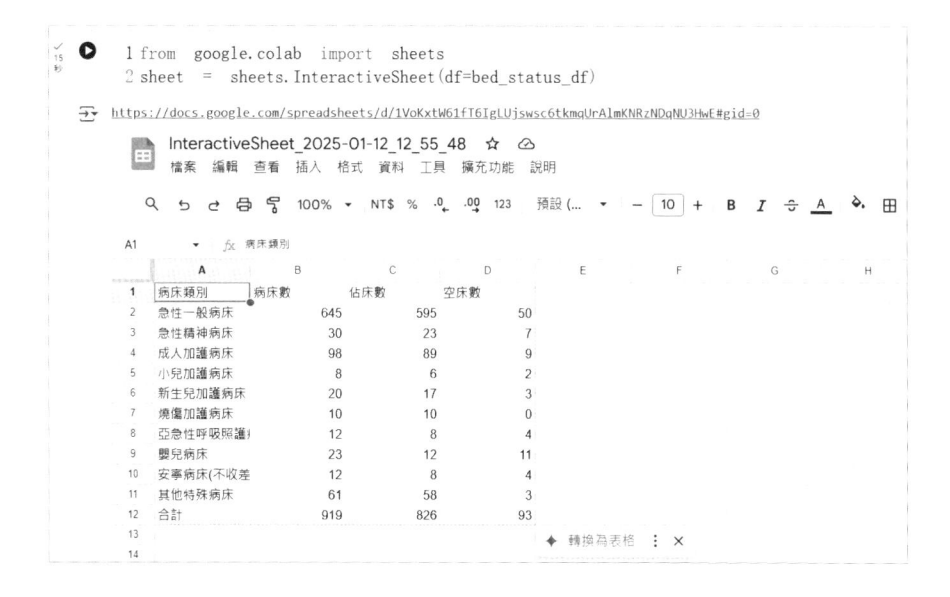

```
1 from google.colab import sheets
2 sheet = sheets.InteractiveSheet(df=bed_status_df)
```

https://docs.google.com/spreadsheets/d/1VoKxtW61fT6IgLUjswsc6tkmqUrAlmKNRzNDqNU3HwE#gid=0

InteractiveSheet_2025-01-12_12_55_48

	A	B	C	D
1	病床類別	病床數	佔床數	空床數
2	急性一般病床	645	595	50
3	急性精神病床	30	23	7
4	成人加護病床	98	89	9
5	小兒加護病床	8	6	2
6	新生兒加護病床	20	17	3
7	燒傷加護病床	10	10	0
8	亞急性呼吸照護	12	8	4
9	嬰兒病床	23	12	11
10	安寧病床(不收差	12	8	4
11	其他特殊病床	61	58	3
12	合計	919	826	93

7-53

7 提示語設計

- 範例二：奇美醫院病床數為例

範例網址：https：//www.chimei.org.tw/%E4%BD%94%E5%BA%8A%E7%8E%87%E6%9F%A5%E8%A9%A2/%E4%BD%94%E5%BA%8A%E7%8E%87%E6%9F%A5%E8%A9%A2.aspx?ihospital=10&ffloor=

奇美醫療財團法人奇美醫院

院區： ◉奇美醫院 ○柳營奇美醫院 ○佳里奇美醫院　　查詢

查詢院區：奇美醫院　　　各類病床明細表

病床類別	總床數	佔床數	空床數	佔床率
日間照護床	50	48	2	96.0%
精神科病床	40	36	4	90.0%
急性一般病床（單人房）	108	108	0	100.0%
急性一般病床（雙人房）	324	317	7	97.8%
急性一般病床（健保房）	435	429	6	98.6%
急性加護病床	109	101	8	92.7%
嬰兒床	20	10	10	50.0%
嬰兒病床	28	19	9	67.9%
安寧病床(健保房)	14	14	0	100.0%
安寧病床(單人房)	1	1	0	100.0%
亞急性呼吸照護病床	16	15	1	93.8%
燒傷加護病床	8	6	2	75.0%
負壓隔離病床	2	1	1	50.0%
骨髓移植病床	2	1	1	50.0%

備註：1. 各類病床之供應順序，皆有輕重緩急、病人住床等級意願、性別、成人或兒童及診療科別調度考量；另因應特殊情況病房調整(Ex:疫情專責病房、農曆春節……等)，非有空床即能提供。

2. 最新空床數以實際變動為準，若有疑問者請洽（06）2812811 分機 53202-3

3. 本院總病床數1296床；其中保險病床654床，差額病床數433床，保險病床比率為60.17%

4. 差額病床之差額費用：特等單人房5500元/日，單人房3200元/日，第一醫療雙人房1500元/日，第二醫療雙人房1800元/日

5. 最後更新日期／時間：114/01/12 20:57

7.7 提示語設計 III 應用：成大、奇美、台南市立醫院病床數為例

透過觀察，表格資訊應該位於「各類病床明細表」字樣與「備註」字樣之間。首先，按右鍵檢查網頁原始碼。

查詢院區：奇美醫院		各類病床明細表			
病床類別	總床數	佔床數	空床數	佔床率	
日間照護床	50	48	2	96.0%	
精神科病床	40	36	4	90.0%	
急性一般病床(單人房)	108	108	0	100.0%	
急性一般病床(雙人房)	324	317	7	97.8%	
急性一般病床(健保房)	435	429	6	98.6%	
急性加護病床	109	101	8	92.7%	
嬰兒床	20	10	10	50.0%	
嬰兒病床	28	19	9	67.9%	
安寧病床(健保房)	14	14	0	100.0%	
安寧病床(單人房)	1	1	0	100.0%	
亞急性呼吸照護病床	16	15	1	93.8%	
燒傷加護病床	8	6	2	75.0%	
負壓隔離病床	2	1	1	50.0%	
骨髓移植病床	2	1	1	50.0%	

發現，各類病床明細表在 36 行。

備註 1 則位於 80 行。

7 提示語設計

因此，推論該病床表格應該介於 37~79 行之間。

提示語設計如下：

```
<span id="Lbl結果" style="display:inline-block;color:Navy;border-width:1px;border-style:None;font-family:標楷體;font-weight:bold;height:40px;width:639px;">　查詢院區：　奇美醫院        各類病床明細表</span>
		</font>
			<br />
	
		</div>
		<br />
		<table cellspacing="0" cellpadding="4" rules="all" border="2" id="DG1" style="color:#3366CC;background-color:White;border-color:Black;border-width:2px;border-style:None;height:112px;width:700px;border-collapse:collapse;">
			<tr style="color:#FFFFCC;background-color:#990000;font-weight:bold;">
				<td>病床類別</td><td>總床數</td><td>佔床數</td><td>空床數</td><td>佔床率</td>
			</tr><tr style="color:Black;background-color:White;">
				<td>日間照護床</td><td>50</td><td align="right" style="font-weight:normal;font-style:normal;text-decoration:none;">48</td><td align="right" style="font-weight:normal;font-style:normal;text-decoration:none;">2</td><td align="right" style="font-weight:normal;font-style:normal;text-decoration:none;">96.0%</td>
			</tr><tr style="color:Black;background-color:White;font-weight:normal;font-style:normal;text-decoration:none;">
				<td>精神科病床</td><td>40</td><td align="right" style="font-weight:normal;font-style:normal;text-decoration:none;">36</td><td align="right" style="font-weight:normal;font-style:normal;text-decoration:none;">4</td><td align="right" style="font-weight:normal;font-style:normal;text-decoration:none;">90.0%</td>
			</tr><tr style="color:Black;background-color:White;">
				<td>急性一般病床（單人房）</td><td>108</td><td align="right" style="font-weight:normal;font-style:normal;text-decoration:none;">108</td><td align="right" style="font-weight:normal;font-style:normal;text-decoration:none;">0</td><td align="right" style="font-weight:normal;font-style:normal;text-decoration:none;">100.0%</td>
			</tr><tr style="color:Black;background-color:White;font-weight:normal;font-style:normal;text-decoration:none;">
				<td>急性一般病床（雙人房）</td><td>324</td><td align="right" style="font-weight:normal;font-style:normal;text-decoration:none;">317</td><td align="right" style="font-weight:normal;font-style:normal;text-decoration:none;">7</td><td align="right" style="font-weight:normal;font-style:normal;text-decoration:none;">97.8%</td>
			</tr><tr style="color:Black;background-color:White;">
				<td>急性一般病床（健保房）</td><td>435</td><td align="right" style="font-weight:normal;font-style:normal;text-decoration:none;">429</td><td align="right" style="font-weight:normal;font-style:normal;text-decoration:none;">6</td><td align="right" style="font-weight:normal;font-style:normal;text-decoration:none;">98.6%</td>
			</tr><tr style="color:Black;background-color:White;font-weight:normal;font-style:normal;text-decoration:none;">
				<td>急性加護病床</td><td>109</td><td align="right" style="font-weight:normal;font-style:normal;text-decoration:none;">101</td><td align="right" style="font-weight:normal;font-style:normal;text-decoration:none;">8</td><td align="right" style="font-weight:normal;font-style:normal;text-decoration:none;">92.7%</td>
			</tr><tr style="color:Black;background-color:White;">
				<td>嬰兒床</td><td>20</td><td align="right" style="font-weight:normal;font-style:normal;text-decoration:none;">10</td><td align="right" style="font-weight:normal;font-style:normal;text-decoration:none;">10</td><td align="right" style="font-weight:normal;font-style:normal;text-decoration:none;">50.0%</td>
			</tr><tr style="color:Black;background-color:White;font-weight:normal;font-style:normal;text-decoration:none;">
				<td>嬰兒病床</td><td>28</td><td align="right" style="font-weight:normal;font-style:normal;text-decoration:none;">19</td><td align="right" style="font-weight:normal;font-style:normal;text-decoration:none;">9</td><td align="right" style="font-weight:normal;font-style:normal;text-decoration:none;">67.9%</td>
			</tr><tr style="color:Black;background-color:White;">
				<td>安寧病床(健保房)</td><td>14</td><td align="right" style="font-weight:normal;font-style:normal;text-decoration:none;">14</td><td align="right" style="font-weight:normal;font-style:normal;text-decoration:none;">0</td><td align="right" style="font-weight:normal;font-style:normal;text-decoration:none;">100.0%</td>
			</tr><tr style="color:Black;background-color:White;font-weight:normal;font-style:normal;text-decoration:none;">
				<td>安寧病床(單人房)</td><td>1</td><td align="right" style="font-weight:normal;font-style:normal;text-decoration:none;">1</td><td align="right" style="font-weight:normal;font-style:normal;text-decoration:none;">0</td><td align="right" style="font-weight:normal;font-style:normal;text-decoration:none;">100.0%</td>
			</tr><tr style="color:Black;background-color:White;">
				<td>亞急性呼吸照護病床</td><td>16</td><td align="right" style="font-weight:normal;font-style:normal;text-decoration:none;">15</td><td align="right" style="font-weight:normal;font-style:normal;text-decoration:none;">1</td><td align="right" style="font-weight:normal;font-style:normal;text-decoration:none;">93.8%</td>
			</tr><tr style="color:Black;background-color:White;font-weight:normal;font-style:normal;text-decoration:none;">
				<td>燒傷加護病床</td><td>8</td><td align="right" style="font-weight:normal;font-style:normal;text-decoration:none;">6</td><td align="right" style="font-weight:normal;font-style:normal;text-decoration:none;">2</td><td align="right" style="font-weight:normal;font-style:normal;text-decoration:none;">75.0%</td>
			</tr><tr style="color:Black;background-color:White;">
				<td>負壓隔離病床</td><td>2</td><td align="right" style="font-weight:normal;font-style:normal;text-decoration:none;">1</td><td align="right" style="font-weight:normal;font-style:normal;text-decoration:none;">1</td><td align="right" style="font-weight:normal;font-style:normal;text-decoration:none;">50.0%</td>
			</tr><tr style="color:Black;background-color:White;font-weight:normal;font-style:normal;text-decoration:none;">
				<td>骨髓移植病床</td><td>2</td><td align="right" style="font-weight:normal;font-style:normal;text-decoration:none;">1</td><td align="right" style="font-weight:normal;font-style:normal;text-decoration:none;">1</td><td align="right" style="font-weight:normal;font-style:normal;text-decoration:none;">50.0%</td>
			</tr>
		</table>
		<br />
		<br />
		<br />
		<font face="新細明體">
		<br />
		<span id="Lbl備註0

請幫我使用BS4或者requests抓取view-source:https://www.chimei.org.tw/%E4%BD%94%E5%BA%8A%E7%8E%87%E6%9F%A5%E8%A9%A2/%E4%BD%94%E5%BA%8A%E7%8E%87%E6%9F%A5%E8%A9%A2.aspx?ihospital=10&ffloor=的各類病床明細表並以Pandas的df格式輸出
```

7.7 提示語設計 III 應用：成大、奇美、台南市立醫院病床數為例

將提示語丟到 Claude AI 產生程式碼。

將程式碼貼到 Colab 執行並印出！

	病床類別	總床數	佔床數	空床數	佔床率
0	日間照護床	50	48	2	0.960
1	精神科病床	40	36	4	0.900
2	急性一般病床（單人房）	108	108	0	1.000
3	急性一般病床（雙人房）	324	317	7	0.978
4	急性一般病床（健保房）	435	429	6	0.986
5	急性加護病床	109	100	9	0.917
6	嬰兒床	20	10	10	0.500
7	嬰兒病床	28	19	9	0.679
8	安寧病床(健保房)	14	14	0	1.000
9	安寧病床(單人房)	1	1	0	1.000
10	亞急性呼吸照護病床	16	16	0	1.000
11	燒傷加護病床	8	6	2	0.750
12	負壓隔離病床	2	1	1	0.500
13	骨髓移植病床	2	1	1	0.500

7-57

7 提示語設計

印出 df。

```
1 df
```

	病床類別	總床數	佔床數	空床數	佔床率
0	日間照護床	50	48	2	0.960
1	精神科病床	40	36	4	0.900
2	急性一般病床(單人房)	108	108	0	1.000
3	急性一般病床(雙人房)	324	317	7	0.978
4	急性一般病床(健保房)	435	429	6	0.986
5	急性加護病床	109	100	9	0.917
6	嬰兒床	20	10	10	0.500
7	嬰兒病床	28	19	9	0.679
8	安寧病床(健保房)	14	14	0	1.000
9	安寧病床(單人房)	1	1	0	1.000
10	亞急性呼吸照護病床	16	16	0	1.000
11	燒傷加護病床	8	6	2	0.750
12	負壓隔離病床	2	1	1	0.500
13	骨髓移植病床	2	1	1	0.500

後續步驟：使用 df 生成程式碼　　查看建議的圖表　　New interactive sheet

透過 new interactive sheet 同步到 Google Sheet。

```python
1 from google.colab import sheets
2 sheet = sheets.InteractiveSheet(df=df)
```

7.7 提示語設計 III 應用：成大、奇美、台南市立醫院病床數為例

- 範例三：台南市立醫院病床數為例
- 範例網址 :https://www.tmh.org.tw/tmh2016/ImpBD.aspx?Kind=2

透過觀察的結果，病床資訊應該介於「床位分配表」和「更新日期」字樣之間。

首先，按右鍵檢查網頁原始碼。

7 提示語設計

透過觀察，341 為「床位分配表」。

```
338
339  <table class="MapTable">
340  <tr>
341  <td><div class="Mtitle">床位分配表</div></td>
342  <td align="right" class="SiteMap">
343  ◎<a href="Default.aspx" target="_top">首頁</a> 》<a href="opd.aspx?Kind=2" target="_top">醫療服務</a> 》
344  </td>
345  </tr>
346  </table>
```

「更新日期」則是在 441 行。

```
435  </td>
436          </tr>
437      </table>
438  </div>
439
440  <div style="text-align:right;">
441  更新日期：2025/01/12
442  </div>
```

因此，將 341 到 441 的網頁原始碼取出。

```
341 <td><div class="Mtitle">床位分配表</div></td>
342 <td align="right" class="SiteMap">
343 ◎<a href="Default.aspx" target="_top">首頁</a> 》<a href="opd.aspx?Kind=2" target="_top">醫療服務</a> 》<a href="ImpBD.aspx?Kind=2" target="_top">床位分配表</a>
344 </td>
345 </tr>
346 </table>
347
348 <div>
349     <table class="RegTable" cellspacing="0" rules="all" border="1" id="ctl00_ContentPlaceHolder1_GV_Bed" style="border-collapse:collapse;">
350         <tr>
351             <th scope="col">病床種類</th><th scope="col">床位別數</th><th scope="col">住院人數</th><th scope="col">空床數</th><th scope="col">佔床率</th>
352         </tr><tr>
353             <td align="center">
354 <span id="ctl00_ContentPlaceHolder1_GV_Bed_ctl02_Lab_Note2">急性一般病床(非收費額病床)</span>
355 </td><td align="center">
356 <span id="ctl00_ContentPlaceHolder1_GV_Bed_ctl02_Lab_Note">179</span>
357 </td><td align="center">
358 <span id="ctl00_ContentPlaceHolder1_GV_Bed_ctl02_Lab_Note1">134</span>
359 </td><td align="center">
360 <span id="ctl00_ContentPlaceHolder1_GV_Bed_ctl02_Lab_BDEP">45</span>
361 </td><td align="center">
362 <span id="ctl00_ContentPlaceHolder1_GV_Bed_ctl02_Lab_RATE">75%</span>
363 </td>
364         </tr><tr>
365             <td align="center">
366 <span id="ctl00_ContentPlaceHolder1_GV_Bed_ctl03_Lab_Note2">急性一般病床(收費額病床)</span>
367 </td><td align="center">
368 <span id="ctl00_ContentPlaceHolder1_GV_Bed_ctl03_Lab_Note">167</span>
369 </td><td align="center">
370 <span id="ctl00_ContentPlaceHolder1_GV_Bed_ctl03_Lab_Note1">116</span>
371 </td><td align="center">
372 <span id="ctl00_ContentPlaceHolder1_GV_Bed_ctl03_Lab_BDEP">51</span>
373 </td><td align="center">
374 <span id="ctl00_ContentPlaceHolder1_GV_Bed_ctl03_Lab_RATE">69%</span>
375 </td>
376         </tr><tr>
377             <td align="center">
378 <span id="ctl00_ContentPlaceHolder1_GV_Bed_ctl04_Lab_Note2">舊陽隔離病床</span>
379 </td><td align="center">
380 <span id="ctl00_ContentPlaceHolder1_GV_Bed_ctl04_Lab_Note">6</span>
381 </td><td align="center">
382 <span id="ctl00_ContentPlaceHolder1_GV_Bed_ctl04_Lab_Note1">1</span>
383 </td><td align="center">
384 <span id="ctl00_ContentPlaceHolder1_GV_Bed_ctl04_Lab_BDEP">5</span>
385 </td><td align="center">
386 <span id="ctl00_ContentPlaceHolder1_GV_Bed_ctl04_Lab_RATE">17%</span>
387 </td>
388         </tr><tr>
389             <td align="center">
390 <span id="ctl00_ContentPlaceHolder1_GV_Bed_ctl05_Lab_Note2">加護病床</span>
391 </td><td align="center">
392 <span id="ctl00_ContentPlaceHolder1_GV_Bed_ctl05_Lab_Note">40</span>
393 </td><td align="center">
394 <span id="ctl00_ContentPlaceHolder1_GV_Bed_ctl05_Lab_Note1">32</span>
395 </td><td align="center">
396 <span id="ctl00_ContentPlaceHolder1_GV_Bed_ctl05_Lab_BDEP">8</span>
397 </td><td align="center">
398 <span id="ctl00_ContentPlaceHolder1_GV_Bed_ctl05_Lab_RATE">80%</span>
399 </td>
```

7.7 提示語設計 III 應用：成大、奇美、台南市立醫院病床數為例

```
</tr><tr>
    <td align="center">
<span id="ctl00_ContentPlaceHolder1_GV_Bed_ctl06_Lab_Note2">亞急性呼吸照護病床</span>
</td><td align="center">
<span id="ctl00_ContentPlaceHolder1_GV_Bed_ctl06_Lab_Note">12</span>
</td><td align="center">
<span id="ctl00_ContentPlaceHolder1_GV_Bed_ctl06_Lab_Note1">1</span>
</td><td align="center">
<span id="ctl00_ContentPlaceHolder1_GV_Bed_ctl06_Lab_BDEP">11</span>
</td><td align="center">
<span id="ctl00_ContentPlaceHolder1_GV_Bed_ctl06_Lab_RATE">8%</span>
</td>
</tr><tr>
    <td align="center">
<span id="ctl00_ContentPlaceHolder1_GV_Bed_ctl07_Lab_Note2">精神急性一般病床</span>
</td><td align="center">
<span id="ctl00_ContentPlaceHolder1_GV_Bed_ctl07_Lab_Note">24</span>
</td><td align="center">
<span id="ctl00_ContentPlaceHolder1_GV_Bed_ctl07_Lab_Note1">8</span>
</td><td align="center">
<span id="ctl00_ContentPlaceHolder1_GV_Bed_ctl07_Lab_BDEP">16</span>
</td><td align="center">
<span id="ctl00_ContentPlaceHolder1_GV_Bed_ctl07_Lab_RATE">33%</span>
</td>
</tr><tr>
    <td align="center">
<span id="ctl00_ContentPlaceHolder1_GV_Bed_ctl08_Lab_Note2">嬰兒病床</span>
</td><td align="center">
<span id="ctl00_ContentPlaceHolder1_GV_Bed_ctl08_Lab_Note">3</span>
</td><td align="center">
<span id="ctl00_ContentPlaceHolder1_GV_Bed_ctl08_Lab_Note1">0</span>
</td><td align="center">
<span id="ctl00_ContentPlaceHolder1_GV_Bed_ctl08_Lab_BDEP">3</span>
</td><td align="center">
<span id="ctl00_ContentPlaceHolder1_GV_Bed_ctl08_Lab_RATE">0%</span>
</td>
</tr>
</table>
</div>

<div style="text-align:right;">
更新日期：2025/01/25
```

提示語設計如下：

```
7_7_台南市立醫院_Prompt03.txt

</td><td align="center">
<span id="ctl00_ContentPlaceHolder1_GV_Bed_ctl06_Lab_RATE">50%</span>
</td>
    </tr><tr>
        <td align="center">
<span id="ctl00_ContentPlaceHolder1_GV_Bed_ctl07_Lab_Note2">精神急性一般病床</span>
</td><td align="center">
<span id="ctl00_ContentPlaceHolder1_GV_Bed_ctl07_Lab_Note">24</span>
</td><td align="center">
<span id="ctl00_ContentPlaceHolder1_GV_Bed_ctl07_Lab_Note1">13</span>
</td><td align="center">
<span id="ctl00_ContentPlaceHolder1_GV_Bed_ctl07_Lab_BDEP">11</span>
</td><td align="center">
<span id="ctl00_ContentPlaceHolder1_GV_Bed_ctl07_Lab_RATE">54%</span>
</td>
    </tr><tr>
        <td align="center">
<span id="ctl00_ContentPlaceHolder1_GV_Bed_ctl08_Lab_Note2">嬰兒病床</span>
</td><td align="center">
<span id="ctl00_ContentPlaceHolder1_GV_Bed_ctl08_Lab_Note">3</span>
</td><td align="center">
<span id="ctl00_ContentPlaceHolder1_GV_Bed_ctl08_Lab_Note1">0</span>
</td><td align="center">
<span id="ctl00_ContentPlaceHolder1_GV_Bed_ctl08_Lab_BDEP">3</span>
</td><td align="center">
<span id="ctl00_ContentPlaceHolder1_GV_Bed_ctl08_Lab_RATE">0%</span>
</td>
    </tr>
</table>
</div>

<div style="text-align:right;">
更新日期：2025/01/12

請幫我使用BS4或者requests抓取https://www.tmh.org.tw/tmh2016/ImpBD.aspx?Kind=2的床位分配表並以Pandas的df格式輸出
```

7 提示語設計

將提示語丟進 Claude AI 產生程式碼。

將程式碼貼到 Colab 執行並印出！

```
     病床類別             總床數  佔床數  空床數   佔床率
0    日間照護床              50    48     2    96.0
1    精神科病床              40    36     4    90.0
2    急性一般病床（單人房）      108   108     0   100.0
3    急性一般病床（雙人房）      324   317     7    97.8
4    急性一般病床（健保房）      435   428     7    98.4
5    急性加護病床             109   103     6    94.5
6    嬰兒床                 20    10    10    50.0
7    嬰兒病床                28    19     9    67.9
8    安寧病床(健保房)          14    14     0   100.0
9    安寧病床(單人房)           1     1     0   100.0
10   亞急性呼吸照護病床         16    16     0   100.0
11   燒傷加護病床              8     6     2    75.0
12   負壓隔離病床              2     1     1    50.0
13   骨髓移植病床              2     1     1    50.0
```

將 df 格式印出。

7-62

7.7 提示語設計 III 應用：成大、奇美、台南市立醫院病床數為例

```
1 df
```

	病床類別	總床數	佔床數	空床數	佔床率
0	日間照護床	50	48	2	96.0
1	精神科病床	40	36	4	90.0
2	急性一般病床(單人房)	108	108	0	100.0
3	急性一般病床(雙人房)	324	317	7	97.8
4	急性一般病床(健保房)	435	428	7	98.4
5	急性加護病床	109	103	6	94.5
6	嬰兒床	20	10	10	50.0
7	嬰兒病床	28	19	9	67.9
8	安寧病床(健保房)	14	14	0	100.0
9	安寧病床(單人房)	1	1	0	100.0
10	亞急性呼吸照護病床	16	16	0	100.0
11	燒傷加護病床	8	6	2	75.0
12	負壓隔離病床	2	1	1	50.0
13	骨髓移植病床	2	1	1	50.0

後續步驟： 使用 df 生成程式碼　　查看建議的圖表　　New interactive sheet

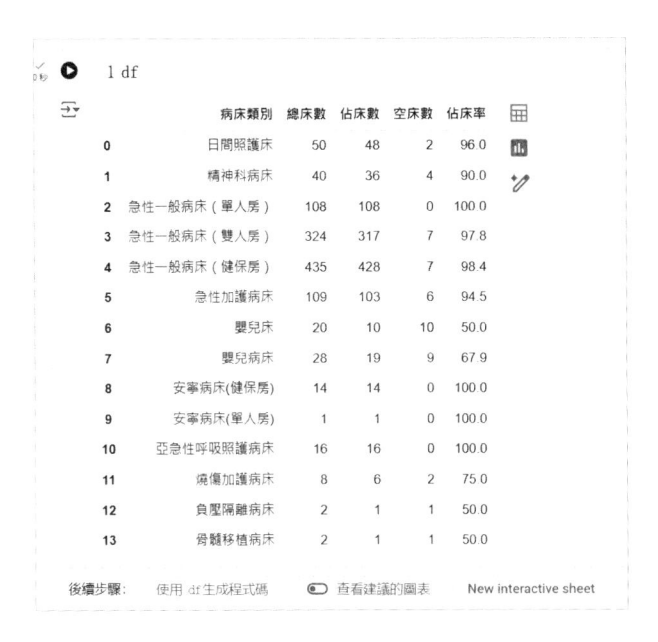

透過 new interactive sheet 同步更新到 sheet。

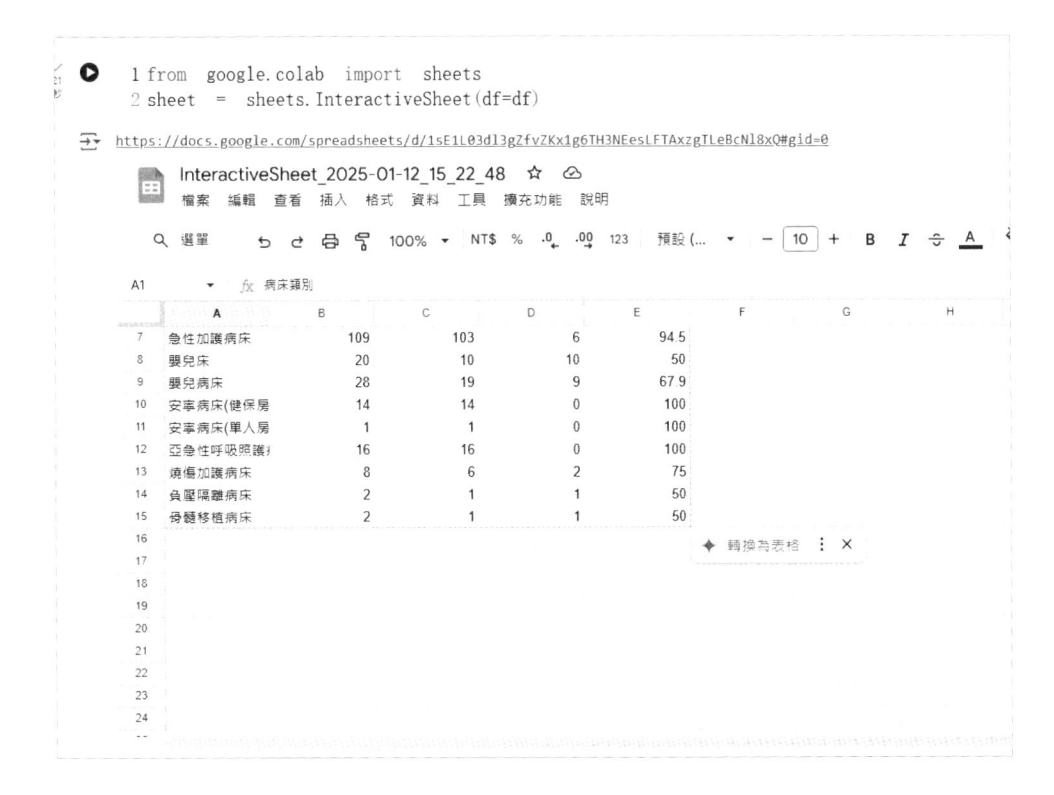

```
1 from google.colab import sheets
2 sheet = sheets.InteractiveSheet(df=df)
```

https://docs.google.com/spreadsheets/d/1sE1L03dl3gZfvZKx1g6TH3NEesLFTAxzgTLeBcNl8xQ#gid=0

InteractiveSheet_2025-01-12_15_22_48

	A	B	C	D	E
	病床類別				
7	急性加護病床	109	103	6	94.5
8	嬰兒床	20	10	10	50
9	嬰兒病床	28	19	9	67.9
10	安寧病床(健保房)	14	14	0	100
11	安寧病床(單人房)	1	1	0	100
12	亞急性呼吸照護	16	16	0	100
13	燒傷加護病床	8	6	2	75
14	負壓隔離病床	2	1	1	50
15	骨髓移植病床	2	1	1	50

7-63

7 提示語設計

■ 透過程式碼合併三家醫院的病床數據

在分析醫院病床數據時,可能需要將多家醫院的數據合併進行對比或匯總。本例中,我們以三家醫院為例:成大醫院(df1)、奇美醫院(df2)和台南市立醫院(df3),使用 pandas 提供的 concat 函式進行資料整合。

設計概念:

```
# 成大醫院:df1 奇美醫院:df2 台南市立醫院:df3
combine_df = pd.concat([df1,df2,df3],axis=1,join="inner")
```

■ 程式碼詳解

1. pd.concat() 函式

pandas 提供的 concat() 函式,用於將多個資料框進行縱向(列)或橫向(欄)合併。

2. 合併參數解析

[df1,df2,df3]:指定要合併的資料框清單,這裡包含三家醫院的病床數據。

axis=1:表示沿著列(欄位)方向合併,即將每個資料框的欄位並排在一起。

join="inner":指定合併方式為「內聯結(inner join)」。

只有三個資料框共同擁有的索引(例如相同日期或病房類型)才會被保留。

不匹配的索引會被排除,保證結果中的資料具有一致性。

■ 合併結果的特徵

欄位來源:合併後的資料框會包含三家醫院的欄位,例如病床數、病房類型等,每家醫院的數據分別成為一組獨立欄位。

索引篩選:合併後只會保留三個資料框中共同的索引,這確保了數據的對齊與準確性。

應用場景：適用於分析多家醫院針對相同時間段或相同病房類型的病床數據，以便進行對比分析或匯總報告。

7.8 連續的提示語設計規律：立法院公報爬取

■ 推論網頁抓取工具的選擇與設計提示語

在進行網頁資訊抓取時，選擇適合的抓取工具是關鍵。這需要基於網頁的特性來進行推論與分析。以下是一篇整合的說明，結合推論方向與結構化的提示語。

1. 使用了什麼 API？

在進行網頁資料抓取時，選擇合適的工具至關重要。首先需根據網頁特性進行判斷。如果目標網頁是靜態 HTML 結構，數據直接嵌套於源碼中，可以使用輕量化的工具如 requests 或 urllib 進行抓取；若網頁內容依賴 JavaScript 動態載入或需要交互（如滾動、點擊）來顯示完整數據，應選擇更高級的工具如 Selenium 或 Puppeteer，模擬操作。此外，需考慮網站是否有反爬機制，例如頻繁請求限制或 IP 封禁，可通過使用代理伺服器、標頭偽裝（如添加 User-Agent）等方式繞過限制。同時，建議優先檢查是否存在數據 API，若有則應利用 API 獲取數據，避免解析 HTML 的複雜性。這樣的判斷和工具選擇有助於高效完成抓取工作。

2. 網頁的規律分析

在進行網頁資料抓取時，分析目標數據的 HTML 結構是關鍵步驟。可通過瀏覽器的開發者工具（F12）檢查數據所在的標籤，判斷其規律性。例如，觀察數據是否位於固定的標籤中（如 `<div>`、`<span>` 或 `<table>`），並確認是否存在一致的 class 或 id 屬性以方便定位。如果目標數據是表格型結構，需要檢查表頭與表內容是否對應清晰，以便於後續的解析與抓取。數據的分布方式也很重要，需判斷是集中於單一區塊還是分散於多層結構中，這決定了是否需要多層級的標籤遍歷來提取內容。通過這些分析，可以制定更精確的抓取策略，提升抓取效率與準確性。

3. 要用什麼容器或格式輸出？

在網頁數據抓取中，輸出的目標格式需根據數據用途進行決策。如果數據具有結構化特徵（如表格形式），建議使用 .csv 或 .json 格式，方便存儲和後續分析；若數據為非結構化文本內容，可考慮存儲為 .txt 文件。對於大規模數據或需要頻繁查詢的情況，將數據存入資料庫（如 SQL）是一個更高效的選擇。如果抓取的目標是圖片或檔案，則需將其下載並存儲於本地文件夾中。

連續的 Prompt 設計如下（Prompt IV）：

- 網址：直接貼上
- 標題 1：copy element
- 內容 1：copy element
- 標題 2：copy element
- 內容 2：copy element

▼請幫我使用 BS4 或者 requests 抓取**網址**的標題和內容並以 Pandas 的 df 格式輸出

範例網址：https：//ppg.ly.gov.tw/ppg/

7.8 連續的提示語設計規律：立法院公報爬取

對法案進行右鍵檢視。

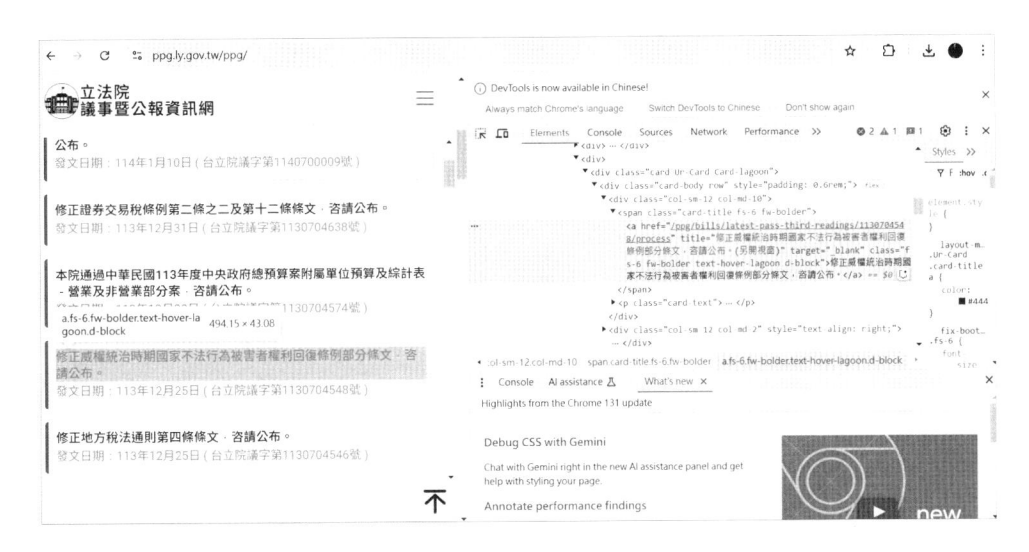

可以直接針對兩筆連續的法規進行提示語的撰寫！

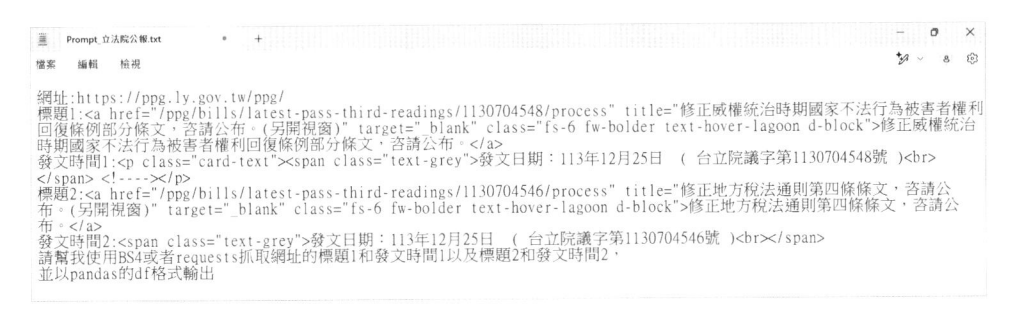

```
網址：https://ppg.ly.gov.tw/ppg/
標題1:<a href="/ppg/bills/latest-pass-third-readings/1130704548/process" title="修正威權統治時期國家不法行為被害者權利回復條例部分條文，咨請公布。(另開視窗)" target="_blank" class="fs-6 fw-bolder text-hover-lagoon d-block">修正威權統治時期國家不法行為被害者權利回復條例部分條文，咨請公布。</a>
發文時間1:<p class="card-text"><span class="text-grey">發文日期：113年12月25日　( 台立院議字第1130704548號 )<br></span> <!----></p>
標題2:<a href="/ppg/bills/latest-pass-third-readings/1130704546/process" title="修正地方稅法通則第四條條文，咨請公布。(另開視窗)" target="_blank" class="fs-6 fw-bolder text-hover-lagoon d-block">修正地方稅法通則第四條條文，咨請公布。</a>
發文時間2:<span class="text-grey">發文日期：113年12月25日　( 台立院議字第1130704546號 )<br></span>
請幫我使用BS4或者requests抓取網址的標題1和發文時間1以及標題2和發文時間2，
並以pandas的df格式輸出
```

將提示語丟進 Claude AI 產生程式碼。

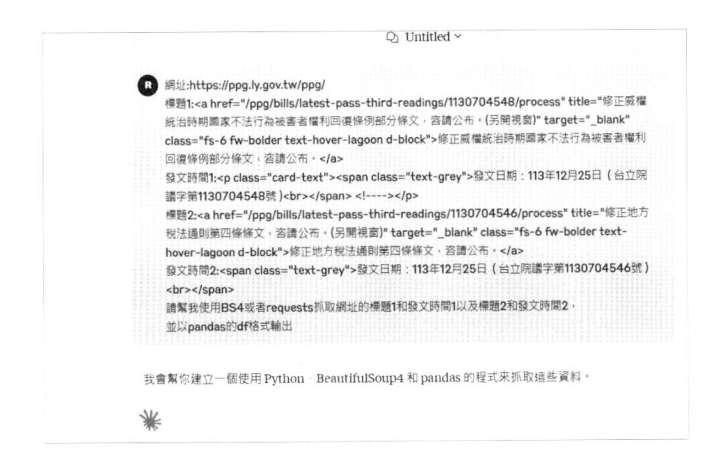

7 提示語設計

將程式碼貼到 jupyter Notebook。

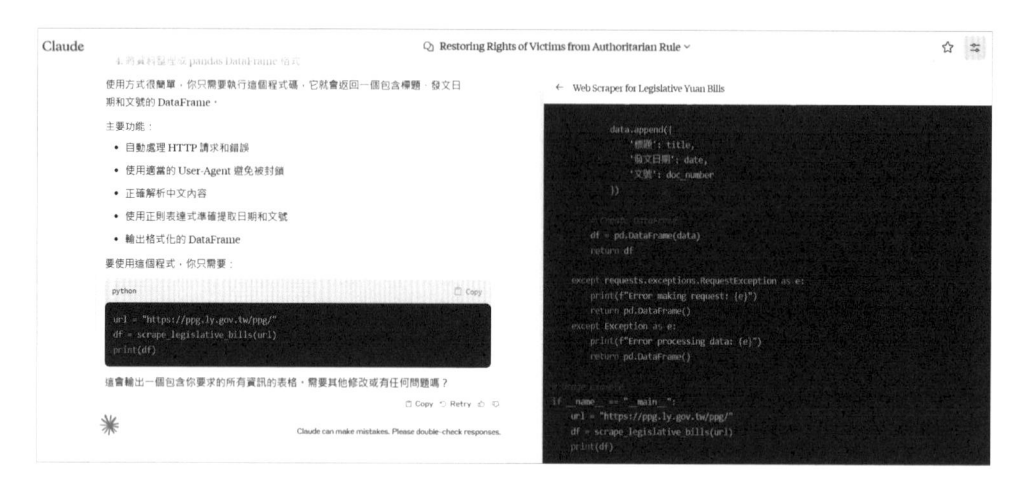

執行產生的程式碼。

將即時公報捕捉。

7.8 連續的提示語設計規律：立法院公報爬取

```python
In [29]: import time
         import pandas as pd
         from selenium import webdriver
         from selenium.webdriver.common.by import By
         from selenium.webdriver.chrome.service import Service
         from selenium.webdriver.chrome.options import Options
         from fake_useragent import UserAgent
         import undetected_chromedriver as uc

         # Set up fake user agent
         ua = UserAgent()
         user_agent = ua.random

         # Configure undetected-chromedriver
         options = uc.ChromeOptions()
         options.add_argument(f'user-agent={user_agent}')
         options.add_argument('--headless')  # Optional: run in headless mode
         options.add_argument('--disable-blink-features=AutomationControlled')
         options.add_argument('--no-sandbox')
         options.add_argument('--disable-dev-shm-usage')
         options.add_argument('--disable-extensions')
         options.add_argument('--disable-gpu')
         options.add_argument('--disable-infobars')

         # Initialize the undetected-chromedriver
         service = Service("chromedriver")  # Update with the correct path to chromedriver
         browser = uc.Chrome(service=service, options=options)

         # Define the URL
         url = "https://ppg.ly.gov.tw/ppg"

         # Open the webpage
         browser.get(url)
         time.sleep(3)  # Wait for the page to load

         # Extract the required information (內文 and 日期)
         entries = []
         articles = browser.find_elements(By.CSS_SELECTOR, 'a.fs-6.fw-bolder.text-hover-lagoon.d-block')
         dates = browser.find_elements(By.CSS_SELECTOR, 'span.text-grey')

         for article, date in zip(articles, dates):
             title = article.text.strip()
             link = article.get_attribute('href')  # Get the full URL
             date_text = date.text.strip().replace('\n', '').replace('\r', '')
             entries.append({"Title": title, "Date": date_text, "Link": link})

         # Convert the list of entries to a Pandas DataFrame
         df = pd.DataFrame(entries)

         # Close the browser
         browser.quit()

         # Display the DataFrame
         print(df)

         # Save to CSV for further use (optional)
         df.to_csv("ppg_data.csv", index=False, encoding='utf-8-sig')
```

```
                                          Title   \
0         修正威權統治時期國家不法行為被害者權利回復條例部分條文，咨請公布。
1                         修正地方稅法通則第四條條文，咨請公布。
2                修正原住民族委員會組織法第三條、第四條及第七條條文，咨請公布。
3              增訂運動產業發展條例第七條之一至第七條之三條文，咨請公布。
4                修正憲法訴訟法第四、第三十條及第九十五條條文，咨請公布。
5                         修正貨物稅條例第十二條條文，咨請公布。
6                            修正學生輔導法部分條文，咨請公布。
7                            修正法院組織法部分條文，咨請公布。
8                              修正消防法部分條文，咨請公布。
9              修正國家通訊傳播委員會組織法第十六條條文，咨請公布。
10                     修正都市更新條例第六十五條條文，咨請公布。
11                       修正海關進口稅則部分稅則，咨請公布。
12                              制定新住民基本法，咨請公布。
13                              制定植物診療師法，咨請公布。
14                    修正地方制度法第三十三條條文，咨請公布。
15                        制定軍人權益事件處理法，咨請公布。
16                      修正不動產估價師法部分條文，咨請公布。
17                          修正所得稅法部分條文，咨請公布。
```

捕捉的立法院公報存成 csv 檔。

.ipynb_checkpoints	2025/1/13 上午 12:25	檔案資料夾	
ppg_data.csv	2025/1/13 上午 12:25	Microsoft Excel 逗...	16 KB

7-69

7 提示語設計

即時立法院公報內容如下：

Title	Date	Link
修正國土計畫法部分條文，咨請公布。	發文日期：114年1月10日（台立院議字第1140700005號）	https://ppg.ly.gov.tw/ppg/bills/latest-pass-th
修正殯葬服務法第四十六條條文，咨請公布。	發文日期：114年1月10日（台立院議字第1140700001號）	https://ppg.ly.gov.tw/ppg/bills/latest-pass-th
修正中央行政機關組織基準法第二十九條及第三十三條條文，咨請公布。	發文日期：114年1月10日（台立院議字第1140700009號）	https://ppg.ly.gov.tw/ppg/bills/latest-pass-th
修正證券交易稅條例第二條之二及第十二條條文，咨請公布。	發文日期：113年12月31日（台立院議字第1130704638號）	https://ppg.ly.gov.tw/ppg/bills/latest-pass-th
本院通過中華民國113年度中央政府總預算案附屬單位預算及綜計表－營業及非營業部分案，	發文日期：113年12月30日（台立院議字第1130704574號）	https://ppg.ly.gov.tw/ppg/bills/latest-pass-th
修正戒嚴時期國家不法行為被害者權利回復條例部分條文，咨請公布。	發文日期：113年12月25日（台立院議字第1130704548號）	https://ppg.ly.gov.tw/ppg/bills/latest-pass-th
修正地方稅法通則第四條條文，咨請公布。	發文日期：113年12月25日（台立院議字第1130704546號）	https://ppg.ly.gov.tw/ppg/bills/latest-pass-th
修正原住民族委員會組織法第三條、第四條及第七條條文，咨請公布。	發文日期：113年12月25日（台立院議字第1130704543號）	https://ppg.ly.gov.tw/ppg/bills/latest-pass-th
增訂運動產業發展條例第七條之一至第七條之三，咨請公布。	發文日期：113年12月25日（台立院議字第1130704538號）	https://ppg.ly.gov.tw/ppg/bills/latest-pass-th
修正憲法訴訟法第四條、第三十條及第九十五條條文，咨請公布。	發文日期：113年12月24日（台立院議字第1130704580號）	https://ppg.ly.gov.tw/ppg/bills/latest-pass-th
修正貨物稅條例第十二條條文，咨請公布。	發文日期：113年12月9日（台立院議字第1130704296號）	https://ppg.ly.gov.tw/ppg/bills/latest-pass-th
修正學生輔導法部分條文，咨請公布。	發文日期：113年12月9日（台立院議字第1130704290號）	https://ppg.ly.gov.tw/ppg/bills/latest-pass-th
修正法院組織法部分條文，咨請公布。	發文日期：113年11月25日（台立院議字第1130703981號）	https://ppg.ly.gov.tw/ppg/bills/latest-pass-th
修正消防法部分條文，咨請公布。	發文日期：113年11月21日（台立院議字第1130703937號）	https://ppg.ly.gov.tw/ppg/bills/latest-pass-th
修正國家通訊傳播委員會組織法第十六條條文，咨請公布。	發文日期：113年11月18日（台立院議字第1130703979號）	https://ppg.ly.gov.tw/ppg/bills/latest-pass-th
修正都市更新條例第六十五條條文，咨請公布。	發文日期：113年11月6日（台立院議字第1130703528號）	https://ppg.ly.gov.tw/ppg/bills/latest-pass-th
修正海關進口稅則部分稅則，咨請公布。	發文日期：113年8月22日（台立院議字第1130702755號）	https://ppg.ly.gov.tw/ppg/bills/latest-pass-th
制定新住民基本法，咨請公布。	發文日期：113年8月2日（台立院議字第1130702816號）	https://ppg.ly.gov.tw/ppg/bills/latest-pass-th
制定植物診療師法，咨請公布。	發文日期：113年8月2日（台立院議字第1130702780號）	https://ppg.ly.gov.tw/ppg/bills/latest-pass-th
修正地方制度法第三十三條條文，咨請公布。	發文日期：113年8月1日（台立院議字第1130702840號）	https://ppg.ly.gov.tw/ppg/bills/latest-pass-th
制定軍人權益事件處理法，咨請公布。	發文日期：113年8月1日（台立院議字第1130702791號）	https://ppg.ly.gov.tw/ppg/bills/latest-pass-th
修正不動產估價師法部分條文，咨請公布。	發文日期：113年7月31日（台立院議字第1130702769號）	https://ppg.ly.gov.tw/ppg/bills/latest-pass-th
修正所得稅法部分條文，咨請公布。	發文日期：113年7月31日（台立院議字第1130702761號）	https://ppg.ly.gov.tw/ppg/bills/latest-pass-th
修正兒童及少年性剝削防制條例部分條文，咨請公布。	發文日期：113年7月31日（台立院議字第1130702755號）	https://ppg.ly.gov.tw/ppg/bills/latest-pass-th
修正中小企業發展條例部分條文，咨請公布。	發文日期：113年7月31日（台立院議字第1130702755號）	https://ppg.ly.gov.tw/ppg/bills/latest-pass-th
修正證券交易法第十四條條文，咨請公布。	發文日期：113年7月31日（台立院議字第1130702818號）	https://ppg.ly.gov.tw/ppg/bills/latest-pass-th
修正陸海空軍懲罰法，咨請公布。	發文日期：113年7月31日（台立院議字第1130702789號）	https://ppg.ly.gov.tw/ppg/bills/latest-pass-th
增訂民體育法第二十條之一條文；並修正第五條及第二十三條條文，咨請公布。	發文日期：113年7月31日（台立院議字第1130702772號）	https://ppg.ly.gov.tw/ppg/bills/latest-pass-th
修正多層次傳銷管理法第十三條條文，咨請公布。	發文日期：113年7月31日（台立院議字第1130702767號）	https://ppg.ly.gov.tw/ppg/bills/latest-pass-th
修正電業法第四十九條條文，咨請公布。	發文日期：113年7月30日（台立院議字第1130702837號）	https://ppg.ly.gov.tw/ppg/bills/latest-pass-th
修正刑事訴訟法部分條文，咨請公布。	發文日期：113年7月30日（台立院議字第1130702820號）	https://ppg.ly.gov.tw/ppg/bills/latest-pass-th
本院通過「馬拉喀什世界貿易組織協定修正議定書」，及其附件「漁業補貼協定」，復請查照。	發文日期：113年7月30日（台立院議字第1130702786號）	https://ppg.ly.gov.tw/ppg/bills/latest-pass-th
本院通過我國與宏都拉斯共和國間自112年12月6日終止「中華民國（臺灣）與薩爾瓦多共和國暨宏	發文日期：113年7月30日（台立院議字第1130702785號）	https://ppg.ly.gov.tw/ppg/bills/latest-pass-th
本院通過「中華民國（臺灣）政府部分停止中華民國（臺灣）與薩爾瓦多共和國暨宏都拉斯共	發文日期：113年7月30日（台立院議字第1130702784號）	https://ppg.ly.gov.tw/ppg/bills/latest-pass-th
修正洗錢防制法，咨請公布。	發文日期：113年7月30日（台立院議字第1130702770號）	https://ppg.ly.gov.tw/ppg/bills/latest-pass-th
修正宗教團體以自然人名義登記不動產應處罰行條例第五條條文，咨請公布。	發文日期：113年7月30日（台立院議字第1130702770號）	https://ppg.ly.gov.tw/ppg/bills/latest-pass-th
修正離島建設條例第五條條文，咨請公布。	發文日期：113年7月30日（台立院議字第1130702767號）	https://ppg.ly.gov.tw/ppg/bills/latest-pass-th
修正土地法第十四條條文，咨請公布。	發文日期：113年7月30日（台立院議字第1130702767號）	https://ppg.ly.gov.tw/ppg/bills/latest-pass-th
修正加值型及非加值型營業稅法部分條文，咨請公布。	發文日期：113年7月30日（台立院議字第1130702759號）	https://ppg.ly.gov.tw/ppg/bills/latest-pass-th
修正通訊保障及監察法部分條文，咨請公布。	發文日期：113年7月30日（台立院議字第1130702747號）	https://ppg.ly.gov.tw/ppg/bills/latest-pass-th
制定詐欺犯罪危害防制條例，咨請公布。	發文日期：113年7月30日（台立院議字第1130702744號）	https://ppg.ly.gov.tw/ppg/bills/latest-pass-th
修正中華民國刑法第二百八十六條條文，咨請公布。	發文日期：113年7月29日（台立院議字第1130702823號）	https://ppg.ly.gov.tw/ppg/bills/latest-pass-th
修正國家通訊傳播委員會組織法第四條條文，咨請公布。	發文日期：113年7月29日（台立院議字第1130702825號）	https://ppg.ly.gov.tw/ppg/bills/latest-pass-th
修正勞動基準法第五十四條條文，咨請公布。	發文日期：113年7月29日（台立院議字第1130702768號）	https://ppg.ly.gov.tw/ppg/bills/latest-pass-th
修正中高齡者及高齡者就業促進法部分條文，咨請公布。	發文日期：113年7月29日（台立院議字第1130702765號）	https://ppg.ly.gov.tw/ppg/bills/latest-pass-th
制定海洋育療法，咨請公布。	發文日期：113年6月14日（台立院議字第1130702294號）	https://ppg.ly.gov.tw/ppg/bills/latest-pass-th
修正地方民意代表費用支給及村里長事務補助費補助條例部分條文，咨請公布。	發文日期：113年6月14日（台立院議字第1130702294號）	https://ppg.ly.gov.tw/ppg/bills/latest-pass-th
修正原住民保留地禁伐補償條例第六條條文，咨請公布。	發文日期：113年6月14日（台立院議字第1130702290號）	https://ppg.ly.gov.tw/ppg/bills/latest-pass-th
制定再生醫療製劑條例，咨請公布。	發文日期：113年6月14日（台立院議字第1130702288號）	https://ppg.ly.gov.tw/ppg/bills/latest-pass-th
制定再生醫療法，咨請公布。	發文日期：113年6月14日（台立院議字第1130702288號）	https://ppg.ly.gov.tw/ppg/bills/latest-pass-th
增訂中華民國刑法第五章之一罪名及第一百四十一條之一條文，咨請公布。	發文日期：113年6月5日（台立院議字第1130702164號）	https://ppg.ly.gov.tw/ppg/bills/latest-pass-th
修正立法院職權行使法部分條文，咨請公布。	發文日期：113年6月5日（台立院議字第1130702162號）	https://ppg.ly.gov.tw/ppg/bills/latest-pass-th
修正道路交通管理處罰條例第七條之一、第六十三條及第六十三條之二條文，咨請公布。	發文日期：113年5月22日（台立院議字第1130702011號）	https://ppg.ly.gov.tw/ppg/bills/latest-pass-th
修正姓名條例部分條文，咨請公布。	發文日期：113年5月22日（台立院議字第1130702014號）	https://ppg.ly.gov.tw/ppg/bills/latest-pass-th
修正羈押法部分條文，咨請公布。	發文日期：113年5月15日（台立院議字第1130701835號）	https://ppg.ly.gov.tw/ppg/bills/latest-pass-th
增訂工廠管理輔導法第二十八條之十四條文；並修正第三十一條及第三十九條條文，咨請公布。	發文日期：113年5月15日（台立院議字第1130701833號）	https://ppg.ly.gov.tw/ppg/bills/latest-pass-th
修正電子簽章法，咨請公布。	發文日期：113年5月8日（台立院議字第1130701664號）	https://ppg.ly.gov.tw/ppg/bills/latest-pass-th
修正遠洋漁業條例部分條文，咨請公布。	發文日期：113年5月1日（台立院議字第1130701484號）	https://ppg.ly.gov.tw/ppg/bills/latest-pass-th
制定行人交通安全設施條例，咨請公布。	發文日期：113年4月24日（台立院議字第1130701230號）	https://ppg.ly.gov.tw/ppg/bills/latest-pass-th
	召集人：蘇清泉委員	https://ppg.ly.gov.tw/ppg/bills/latest-second
	無	https://ppg.ly.gov.tw/ppg/bills/latest-second
	召集人：林德君委員	https://ppg.ly.gov.tw/ppg/bills/latest-second
	無	https://ppg.ly.gov.tw/ppg/bills/latest-second
	召集人：徐欣瑩委員	https://ppg.ly.gov.tw/ppg/bills/latest-second
	紅樓202會議室	https://ppg.ly.gov.tw/ppg/bills/latest-second
	召集人：邱志偉委員	https://ppg.ly.gov.tw/ppg/bills/latest-second
	召集人：陳玉珍委員	https://ppg.ly.gov.tw/ppg/bills/latest-second
	無	https://ppg.ly.gov.tw/ppg/bills/latest-second
	召集人：萬美玲委員	https://ppg.ly.gov.tw/ppg/bills/latest-second
	無	https://ppg.ly.gov.tw/ppg/bills/latest-second
	召集人：詹明哲委員	https://ppg.ly.gov.tw/ppg/bills/latest-second
	無	https://ppg.ly.gov.tw/ppg/bills/latest-second
	召集人：鍾佳濱委員	https://ppg.ly.gov.tw/ppg/bills/latest-second
	紅樓302會議室	https://ppg.ly.gov.tw/ppg/bills/latest-second

7.9　爬取圖片的提示語設計：酷澎線上商城圖片爬取

使用 urllib 設計針對圖片爬取的提示語如下（Prompt V）：

網址：直接貼上

▼請幫我使用 urllib bs4 requests 抓取網址的圖（copy element），並以 matplotlib 的 plt.savefig() 儲存

範例網址：https://www.tw.coupang.com/products/OLITALIA-%E5%A5%A7%E5%88%A9%E5%A1%94-%E7%B4%94%E6%A9%84%E6%AC%96%E6%B2%B9%2C-1L%2C-2%E7%93%B6-149674635788300?itemId=278679443701773&vendorItemId=278677426225159&sourceType=CATEGORY&rank=&searchId=feed-1c7d47de46d14fcca31231da6f97e13c&q=

7 提示語設計

對圖片進行右鍵檢視：

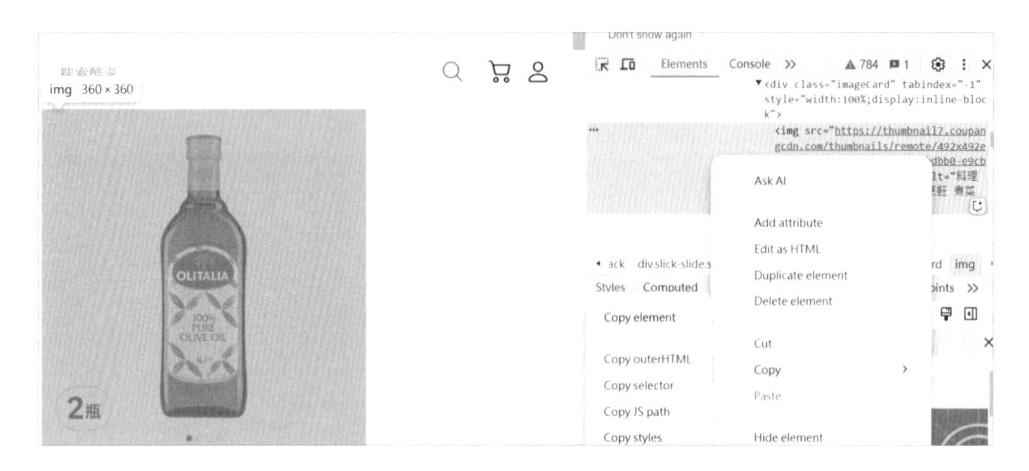

抓圖片提示語設計如下：

將設計好的提示語丟進 Claude AI。

7-72

7.10 通用爬蟲流程設計：以家樂福為例

將程式碼貼回去 jupyter Notebook。

順利抓取圖片 olive_oil.png。

7.10 通用爬蟲流程設計：以家樂福為例

下圖為優化讀取多筆 URL 方法的通用爬蟲設計：

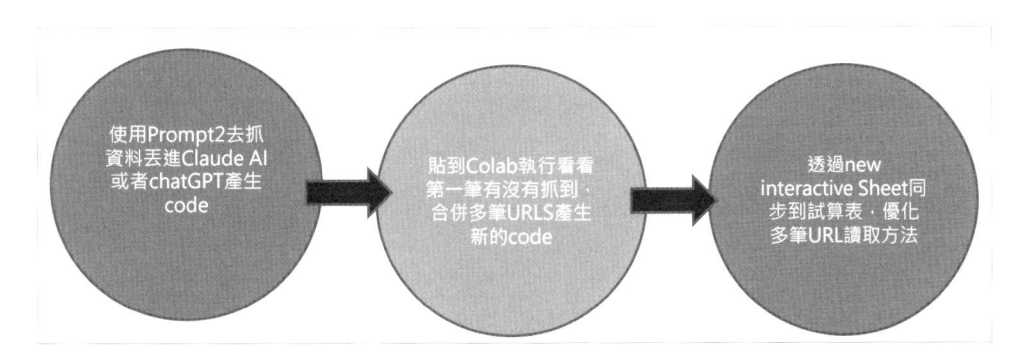

本節描述了一個多步驟的工作流程，主要目的是透過使用 Claude AI 或 ChatGPT 產生程式碼，並進一步優化多 URL 的讀取方法。以下是各步驟的解釋：

7 提示語設計

1. 左側圓形：

使用 **Prompt II** 提供輸入，讓 Claude AI 或 ChatGPT 生成程式碼。

此步驟的重點是通過設計良好的 Prompt 來抓取相關資料，並生成初始程式碼。

2. 中間圓形：

將生成的程式碼貼到 Google Colab 中執行。

測試程式碼是否能抓取第一筆資料。如果第一筆資料抓取成功，則進一步合併多筆 URL，生成新的程式碼以處理更多資料。

3. 右側圓形：

使用新的互動式試算表（Interactive Sheet），同步測試程式碼執行結果。

重點在於優化多筆 URL 的讀取方法，以提升效率和準確性。

總結來說，這是一個結合 AI 工具與 Colab 平台的流程，旨在自動化資料抓取並持續改進程式碼的效能和靈活性。

- 範例網站 :https://online.carrefour.com.tw/zh/2003505900101.html

7.10 通用爬蟲流程設計：以家樂福為例

按右鍵檢查標題對應的網頁標籤。

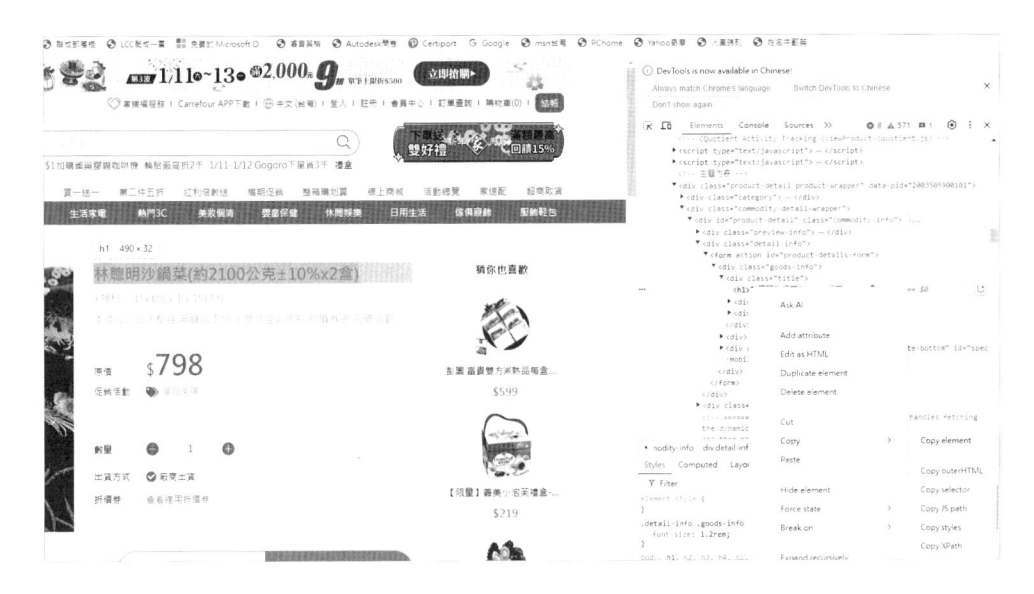

按右鍵檢查價格對應的網頁標籤。

將捕捉的網頁標籤並貼上並完成提示語。

```
網址:https://online.carrefour.com.tw/zh/2003505900101.html
商品名稱:<h1>林聰明沙鍋菜(約2100公克±10%x2盒)</h1>
價格:<span class="money">798</span>
請幫我使用BS4或者requests抓取網址的商品名稱和價格，並以Pandas的df格式輸出
```

7 提示語設計

將提示語丟進 Claude AI 產生程式碼。

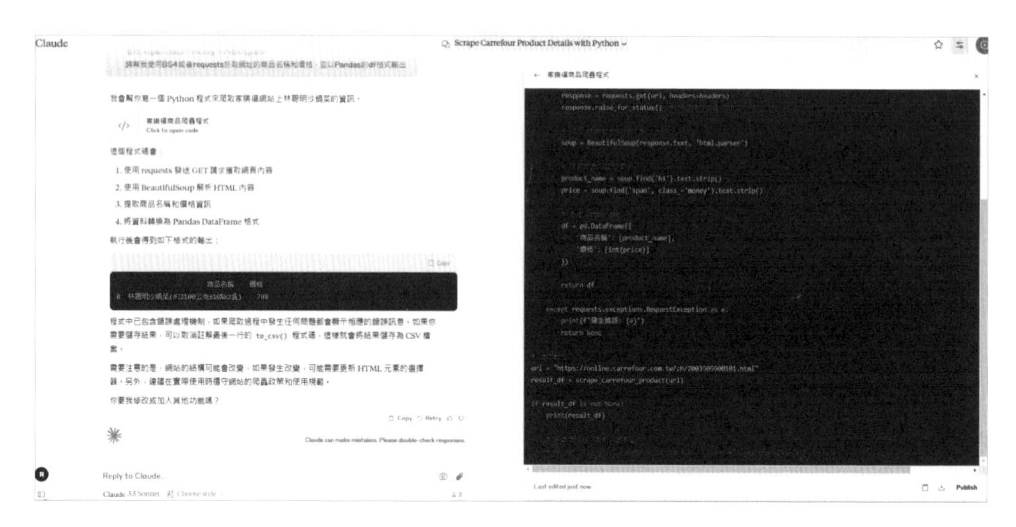

把產生的 code 貼到 colab 執行觀察是否有抓到商品價格（主要是觀察 AI 有無理解網站結構）。

7-76

7.10 通用爬蟲流程設計：以家樂福為例

將多筆想追蹤的網址請 Cluade AI 合併（請注意，此處需要連續的提問，但前提是上述提到的第一筆商品資訊已經被捕捉到）。

產生新的程式碼，此時多筆網址已經被製作成串列檔。

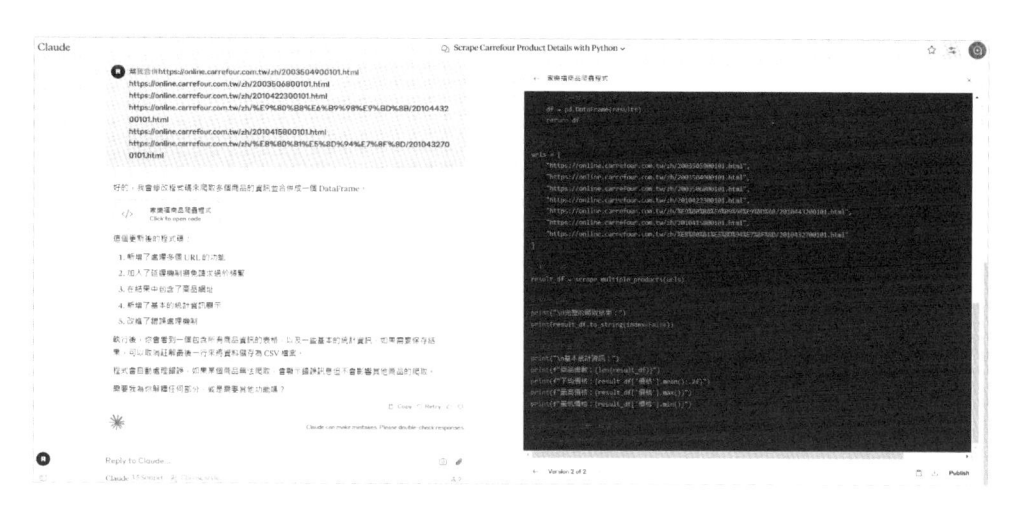

順利捕捉多筆商品資訊。

7 提示語設計

（續上圖）

完整的爬取結果：
```
          商品名稱                                          價格    網址
林聰明沙鍋菜(約2100公克±10%x2盒)                              798   https://online.carrefour.com.tw/zh/20035059001.html
王品嚴選山海盛宴享食尚(5菜)                                   2799  https://online.carrefour.com.tw/zh/20035049001.html
【十得私廚】珍藏年菜套組(4菜1甜點)                           2688  https://online.carrefour.com.tw/zh/20035068001.html
老協珍佛跳牆-寶可夢款(附罐)※熟品每盒含湯汁約1490克            1288  https://online.carrefour.com.tw/zh/20104223001.html
逸湘齋 南門市場跳牆-無附罐※熟品每盒含湯汁約1600克               488  https://online.carrefour.com.tw/zh/%E9%80%B8%E6%B9%98%E9%BD%8B/2010443200101.html
王品嚴選 極品海鮮羹※熟品每盒含湯汁約1200克                     499  https://online.carrefour.com.tw/zh/20104158001.html
老協珍x太子油飯 櫻花蝦干貝飯(無附蒸籠)※熟品每盒約850克          629  https://online.carrefour.com.tw/zh/%E7%8E%8D%E5%93%81%E5%8D%94%E7%8F%8D/2010432700101.html
```

基本統計資訊：
- 商品總數：7
- 平均價格：1312.71
- 最高價格：2799
- 最低價格：488

將 df 印出。

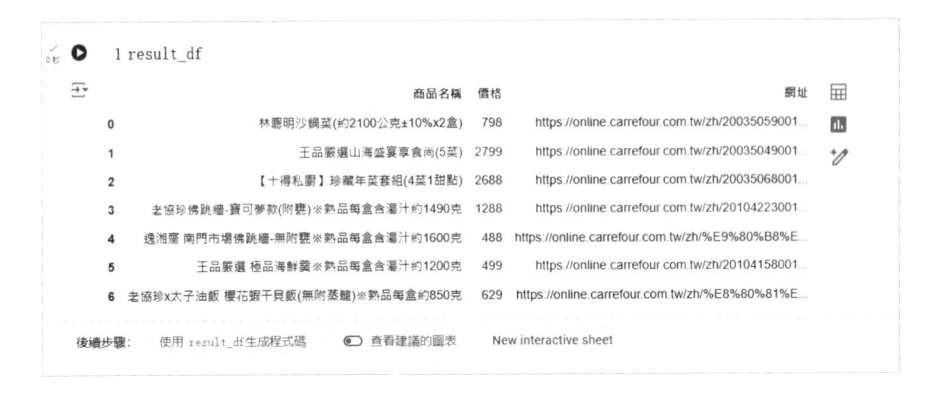

	商品名稱	價格	網址
0	林聰明沙鍋菜(約2100公克±10%x2盒)	798	https://online.carrefour.com.tw/zh/20035059001...
1	王品嚴選山海盛宴享食尚(5菜)	2799	https://online.carrefour.com.tw/zh/20035049001...
2	【十得私廚】珍藏年菜套組(4菜1甜點)	2688	https://online.carrefour.com.tw/zh/20035068001...
3	老協珍佛跳牆-寶可夢款(附罐)※熟品每盒含湯汁約1490克	1288	https://online.carrefour.com.tw/zh/20104223001...
4	逸湘齋 南門市場跳牆-無附罐※熟品每盒含湯汁約1600克	488	https://online.carrefour.com.tw/zh/%E9%80%B8%E...
5	王品嚴選 極品海鮮羹※熟品每盒含湯汁約1200克	499	https://online.carrefour.com.tw/zh/20104158001...
6	老協珍x太子油飯 櫻花蝦干貝飯(無附蒸籠)※熟品每盒約850克	629	https://online.carrefour.com.tw/zh/%E7%8E%8D%E...

後續步驟：使用 `result_df` 生成程式碼　查看建議的圖表　New interactive sheet

透過 new interactive sheet 同步到雲端試算表。

```python
from google.colab import sheets
sheet = sheets.InteractiveSheet(df=result_df)
```

https://docs.google.com/spreadsheets/d/1L3c7aSy3Dnb_UtpcoMwvaO8wjjs1Z846_ALqSXat-TY#gid=0

InteractiveSheet_2025-01-12_03_29_01

	A 商品名稱	B 價格	C 網址
1	商品名稱	價格	網址
2	林聰明沙鍋菜(約	798	https://online.carrefour.com.tw/zh/2003505900101.html
3	王品嚴選山海盛	2799	https://online.carrefour.com.tw/zh/2003504900101.html
4	【十得私廚】珍	2688	https://online.carrefour.com.tw/zh/2003506800101.html
5	老協珍佛跳牆-寶	1288	https://online.carrefour.com.tw/zh/2010422300101.html
6	逸湘齋 南門市場	488	https://online.carrefour.com.tw/zh/%E9%80%B8%E6%B9%98%E9%BD%8B/2010443200101.html
7	王品嚴選 極品海	499	https://online.carrefour.com.tw/zh/2010415800101.html
8	老協珍x太子油飯	629	https://online.carrefour.com.tw/zh/%E8%80%81%E5%8D%94%E7%8F%8D/2010432700101.html

7.10 通用爬蟲流程設計：以家樂福為例

使用優化程式碼，取代掉多筆網址的部分。

```
50 #   要爬取的網址列表
51 #   商品URL列表
52 # Define the Google Sheets CSV URL
53 sheet_id = "1FSv6og1CR3K43FUelU52atHuG6bMMsgotZOkb2H3kP0"
54 sheet_url = f"https://docs.google.com/spreadsheets/d/{sheet_id}/export?format=csv"
55
56 # Read the sheet into a DataFrame
57 df1 = pd.read_csv(sheet_url)
58
59 # Extract "網址" column into a list
60 urls = df1["網址"].tolist()
```

新增試算表，並將多筆網址貼到雲端的試算表上。

	A
1	網址
2	https://online.carrefour.com.tw/zh/2003504900101.html
3	https://online.carrefour.com.tw/zh/2003506800101.html
4	https://online.carrefour.com.tw/zh/2010422300101.html
5	https://online.carrefour.com.tw/zh/%E9%80%B8%E6%B9%98%E9%BD%8B/2010443200101.html
6	https://online.carrefour.com.tw/zh/2010415800101.html
7	https://online.carrefour.com.tw/zh/%E8%80%81%E5%8D%94%E7%8F%8D/2010432700101.html
8	https://online.carrefour.com.tw/zh/%E7%B5%B1%E4%B8%80/1450301300103.html
9	https://online.carrefour.com.tw/zh/%E7%B5%B1%E4%B8%80/1450104500103.html
10	

MEMO

8

防爬套件與排程自動化

8.1　fake-useragent 和 undected-chromedriver 介紹與實戰
8.2　APScheduler 和 Schedule 排程介紹
8.3　selenium 照相辨識模組實作應用 I：台南市政府行事曆擷取辨識為例
8.4　selenium 照相辨識模組實作應用 II：電子書翻頁擷取自動化
8.5　selenium 網頁自動化按鈕點擊應用 III：以 Costco 大賣場購買為例

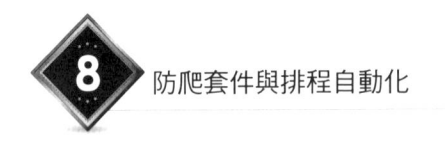

8.1 fake-useragent 和 undected-chromedriver 介紹與實戰

fake-useragent 和 undected-chromedriver 以及 selenium+webdriver 比較：

工具	功能	使用情境	優缺點
fake-useragent	隨機生成真實瀏覽器的 User-Agent，模擬不同設備的請求頭	適用於： 1. 簡單網站的資料爬取。 2. 避免使用固定 User-Agent 被封禁。 3. 測試多種設備的請求表現。	優點：簡單易用，支持多種瀏覽器。缺點：可能需要頻繁更新 User-Agent 資料庫。
undetected-chromedriver	改良版的 chromedriver，可繞過目標網站的機器人檢測（如 Cloudflare、reCAPTCHA 等）	適用於： 1. 高安全性網站的資料爬取。 2. 避免自動化工具被反爬機制檢測。 3. 與 Selenium 配合使用提高穩定性。	優點：高效繞過檢測，穩定性高。缺點：可能因目標網站策略更新需要維護。
selenium + chromedriver	自動化控制瀏覽器，執行如打開頁面、點擊按鈕、提取資料等操作	適用於： 1. 網頁需要 JavaScript 渲染。 2. 自動化測試網頁交互功能。 3. 配合爬蟲處理複雜數據抓取任務。	優點：功能全面，支持多種瀏覽器操作。缺點：依賴於瀏覽器，資源消耗較高。

工具比較與應用分析：以資料爬取與網頁自動化為例

在資料爬取與網頁自動化的過程中，選擇合適的工具能顯著提升任務的效率與成功率。本文將從三個常見工具：fake-useragent、undetected-chromedriver 與 selenium + chromedriver，對其功能、適用場景及優缺點進行分析，以期為研究者與工程師提供參考。

1. fake-useragent

- 功能

fake-useragent 是一款用於隨機生成真實瀏覽器 User-Agent 的工具，旨在模擬多種設備的請求頭。其運作方式是從內建的 User-Agent 資料庫中選取不同的瀏覽器請求頭，進一步模仿人類的行為。

- 適用場景

  1. **簡單網站的資料爬取**：在爬取防護較低的網站時，fake-useragent 可用於隱匿機器請求，減少因大量相同請求導致的封禁風險。

  2. **避免固定 User-Agent 的偵測**：許多網站會檢測請求頭的一致性，隨機化的 User-Agent 能夠有效降低反爬策略的觸發率。

  3. **測試多設備的請求表現**：模擬不同設備（如桌面與行動裝置）發送的請求，用於研究網站對不同設備的相容性。

- 技術解釋

User-Agent 是 HTTP 請求中標識客戶端軟體資訊的重要字段，描述瀏覽器類型、版本及操作系統等資訊。通過隨機生成這些字段，fake-useragent 可有效模擬真實流量特徵，干擾網站的流量分析模型。

- **優缺點**
  - 優點：工具輕量級，操作簡單，且支持多種瀏覽器請求頭的生成。
  - 缺點：需要定期更新 User-Agent 資料庫，以應對新版本瀏覽器的需求；對於高安全性網站，其效果有限。

2. undetected-chromedriver

- **功能**

    undetected-chromedriver 是改良版的 Selenium 驅動工具，專為繞過目標網站的機器人檢測而設計。其內建的規避機制包括繞過常見的反爬工具（如 Cloudflare、reCAPTCHA 等），提供更高的穩定性。

- **適用場景**

  1. **高安全性網站的資料爬取**：面對具有嚴格反爬策略的網站，undetected-chromedriver 能夠大幅提升爬取成功率。
  2. **避免被機器人檢測**：該工具模擬人類行為，通過屏蔽 Selenium 常見的標記，降低網站識別其為自動化工具的可能性。
  3. **與 Selenium 配合**：適合需長期穩定運行的爬取任務，特別是在涉及高頻互動的情境中。

- **技術解釋**

    大多數網站的反爬機制會檢測 Selenium 的痕跡（例如瀏覽器特徵標記、JS 屬性等）。undetected-chromedriver 通過修改這些特徵，避免目標網站將其判定為機器人請求。該工具還能動態更新，應對目標網站的安全策略變化。

- **優缺點**
  - 優點：高效繞過目標網站的檢測機制，能應對多數反爬策略更新。
  - 缺點：需要定期更新以適應網站安全策略的變化，並可能增加系統配置的複雜性。

3. selenium + chromedriver

- **功能**

　　Selenium 是一款功能全面的瀏覽器自動化測試工具，結合 ChromeDriver 可以實現對瀏覽器的精確控制，如頁面打開、按鈕點擊及數據提取等。該組合因其靈活性與兼容性，成為爬蟲與測試領域的主流選擇。

- **適用場景**

  1. **需要 JavaScript 渲染的網頁**：許多現代網頁使用 JavaScript 生成動態內容，Selenium 能夠正確執行這些腳本以獲取完整的數據。
  2. **自動化測試網頁交互功能**：模擬操作，驗證網頁功能的正確性與穩定性。
  3. **複雜數據抓取任務**：適合需要多步驟操作的爬取場景，如表單填寫與登入驗證。

- **技術解釋**

　　Selenium 通過控制瀏覽器與網頁進行交互，模擬行為，執行如點擊、滾動等操作。ChromeDriver 是 Chrome 瀏覽器的驅動，負責接收 Selenium 指令並執行相應操作，從而實現自動化控制。

- **優缺點**

　　優點：功能全面，支持多種瀏覽器與操作環境，適應範圍廣。

　　缺點：依賴瀏覽器執行，資源消耗較高，並需配置相應的環境與驅動程序。

- **結論**

　　本文分析了 fake-useragent、undetected-chromedriver 和 selenium + chromedriver 三種工具的特性與應用情境。針對不同需求，研究者與工程師可選擇適合的工具組合：

1. 在簡單網站爬取中，fake-useragent 是高效且低成本的選擇。
2. 面對具備高安全性防護的目標網站時，undetected-chromedriver 能顯著提高爬取成功率。
3. 若需處理 JavaScript 渲染或進行複雜交互操作，selenium + chromedriver 提供了全面的解決方案。

8.2 APScheduler 和 Schedule 排程介紹

APScheduler 和 Schedule 排程比較表說明：

功能特性	APScheduler	Schedule
排程設置方式	基於時間表的靈活排程（如 cron、interval、date）	基於 Python 代碼設置，語法簡單
支持的任務類型	一次性任務、重複任務、基於特定時間點的任務	簡單的重複任務
執行時間精度	秒級	分鐘級
適用場景	適合需要精確排程的應用，例如後台作業、自動化任務	適合輕量化、快速開發的排程需求
優點	功能豐富，支持多種排程方式，與 Web 框架（如 Flask）整合性強	語法簡單易學，適合快速開發小型排程
缺點	學習曲線較高，對於簡單任務可能顯得繁瑣	功能相對簡單，無法處理複雜排程邏輯

- 比較與分析：APScheduler 與 Schedule 排程工具

在現代軟體開發中，任務排程是確保系統按計劃執行的關鍵組件。本文將深入探討兩種常見的排程工具：APScheduler 和 Schedule，分析其功能、應用場景及優缺點，為開發者選擇合適工具提供參考。

■ APScheduler 與 Schedule 工具簡介

APScheduler（Advanced Python Scheduler）是一個功能強大的 Python 排程框架，支持靈活的任務計劃與執行方式。通過其模塊化設計，開發者可根據不同的需求選擇合適的觸發器（Trigger），如固定間隔執行（interval）、指定時間執行（date），或基於 Cron 表達式的復雜排程。

Schedule 是一款簡單易用的 Python 排程工具，專為輕量級任務設計。其核心優勢在於語法直觀，適合於快速開發與小型應用，特別是在需要簡單重複任務的場景中。

APScheduler 的架構設計具有高度模組化，包含三大核心元件：Trigger（觸發器）、Job Store（任務存儲）及 Executor（執行器）。觸發器可以靈活定義任務的執行條件，例如固定間隔執行或基於 Cron 表達式的計劃排程；任務存儲支持內存及持久化選項，適合需要長期執行的計劃；執行器則提供多線程或多進程的支持，適用於高性能應用需求。而 Schedule 的設計則側重於簡單易用，採用直觀的鏈式語法（如 every().day.at("10：00").do(task)），讓開發者能夠快速部署基本的排程功能。

從應用場景的角度來看，APScheduler 非常適合需要高精度排程的應用，例如企業級數據同步、定期報表生成或需要秒級精確度的任務；而 Schedule 則以輕量化為特點，適用於個人專案、小型應用或短期任務，例如每日提醒或簡單的資料檢查。

APScheduler 強調功能完整性與高度可配置性，適用於處理複雜的排程需求；Schedule 則因其簡單易用的特性，更適合快速開發的輕量級任務。在台灣的開發環境中，根據專案的特性與需求選擇合適的工具，不僅能提升工作效率，亦能確保系統的穩定性與效能。

8.3 selenium 照相辨識模組實作應用 I：台南市政府行事曆擷取辨識為例

圖為某醫院病床數之截圖

病床別	病床數	現住床數	空床數	佔床率
健保床急性一般床	905	768	137	84.9%
健保床急性精神床	93	74	19	79.6%
健保床慢性一般床	270	262	8	97%
非健保床急性一般差額床	481	472	9	98.1%
非健保床急性精神差額床	6	4	2	66.7%
非健保床慢性一般差額床	72	71	1	98.6%
加護病床	207	179	28	86.5%
燒燙傷病床	14	2	12	14.3%
嬰兒床	30	9	21	30%
嬰兒病床	40	33	7	82.5%
急診觀察床	100	100	0	100%

該網站無法使用提示語的方法進行捕捉，因為網站無法進行網頁標籤的檢視；因此此處的抓取策略為使用本機端開發環境以及使用 selenium 套件加上中文辨識模組進行辨識。

```
[2]: !pip install paddlepaddle -i https://pypi.tuna.tsinghua.edu.cn/simple
     !pip install paddleocr -i https://pypi.tuna.tsinghua.edu.cn/simple
     # 匯入套件
     from paddleocr import PaddleOCR

     # 初始化 OCR 模型 (設定語言為繁體中文和英文)
     ocr = PaddleOCR(lang='ch')  # 使用 'ch' 會同時支援簡體及繁體

     # 設定圖片路徑
     image_path = 'medical.png'  # 請替換為你的圖片路徑

     # 執行 OCR 辨識
     results = ocr.ocr(image_path)

     # 輸出辨識結果
     print("OCR 辨識結果：")
     for line in results:
         for word_info in line:
             text, confidence = word_info[1]
             print(f"文字：{text} (信心度：{confidence:.2f})")
```

8.3 selenium 照相辨識模組實作應用 I: 台南市政府行事曆擷取辨識為例

```
文字：病床數 (信心度：0.86)
文字：現住床數 (信心度：0.88)
文字：空床數 (信心度：0.92)
文字：佔床率 (信心度：0.86)
文字：健保床急性一般床 (信心度：1.00)
文字：905 (信心度：1.00)
文字：768 (信心度：1.00)
文字：137 (信心度：1.00)
文字：84.9% (信心度：1.00)
文字：健保床急性精神床 (信心度：1.00)
文字：93 (信心度：1.00)
文字：74 (信心度：1.00)
文字：19 (信心度：1.00)
文字：79.6% (信心度：1.00)
文字：健保床慢性一般床 (信心度：0.99)
文字：270 (信心度：1.00)
文字：262 (信心度：1.00)
文字：8 (信心度：1.00)
```

將辨識結果儲存成 df 格式，並轉成 csv 儲存

```python
# 匯入套件
import pandas as pd
from paddleocr import PaddleOCR

# 初始化 OCR 模型 (設定語言為繁體中文和英文)
ocr = PaddleOCR(lang='ch')  # 使用 'ch' 同時支援簡體及繁體

# 設定圖片路徑
image_path = 'medical.png'  # 請替換為你的圖片路徑

# 執行 OCR 辨識
results = ocr.ocr(image_path)

# 提取辨識結果中的文字
texts = []
for line in results:
    for word_info in line:
        text = word_info[1][0]  # 提取文字部分
        texts.append(text)

# 將文字結果轉為 DataFrame
ocr_df = pd.DataFrame(texts, columns=['文字'])

# 輸出 DataFrame
print("OCR 辨識結果 DataFrame：")
print(ocr_df)

# 如果需要將結果儲存為 CSV 檔案：
ocr_df.to_csv('ocr_results.csv', index=False, encoding='utf-8-sig')
```

8 防爬套件與排程自動化

辨識結果成功！

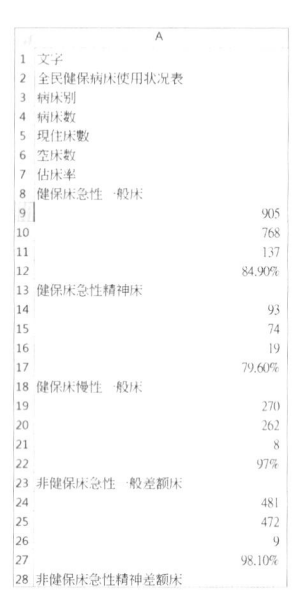

	A
1	文字
2	全民健保病床使用狀況表
3	病床別
4	病床數
5	現住床數
6	空床數
7	佔床率
8	健保床急性一般床
9	905
10	768
11	137
12	84.90%
13	健保床急性精神床
14	93
15	74
16	19
17	79.60%
18	健保床慢性一般床
19	270
20	262
21	8
22	97%
23	非健保床急性一般差額床
24	481
25	472
26	9
27	98.10%
28	非健保床急性精神差額床

- 範例網站：https://www.tainan.gov.tw/cp.aspx?n=1484

8-10

8.3 selenium 照相辨識模組實作應用 I: 台南市政府行事曆擷取辨識為例

■ **使用 OCR 自動擷取台南市政府行事曆資料**

目前政府部門透過網頁發布行事資訊，但資料常以動態網頁或圖像化日曆形式呈現，對於想要快速擷取內容的來說可能有挑戰。政府行事曆資料有時以非結構化格式發布，例如圖片或動態載入的內容，這使得人工收集資料非常耗時。透過整合自動化工具和 OCR 技術，可以將這些資訊轉化為可編輯的結構化數據，方便分析和應用。本次實作採用了 Selenium 自動訪問台南市政府行事曆頁面，並運用 PaddleOCR 提取圖片中的文字內容。

整個流程主要分為自動化操作與文字辨識兩大部分。首先，利用 Selenium 模擬操作，自動訪問網站、定位行事曆區塊並截取圖片。若行事曆內容需要 JavaScript 動態載入，透過設置適當的等待機制確保內容完整加載後再進行截圖。接下來，將截取的圖片交由 PaddleOCR 進行文字辨識。為提升辨識效果，此處採取了多項圖像處理措施，例如二值化處理增強文字與背景的對比，以及去除影像中的干擾雜訊。

辨識完成後，為了更方便進行後續分析，我們利用 Pandas 將辨識結果儲存為 DataFrame 格式。這種格式便於操作，能輕鬆進行篩選、排序和匯出。舉例來說，將辨識出的行事曆內容，包括日期、時間、活動名稱和地點等欄位結構化存入 DataFrame，然後再輸出為 JSON 或 CSV 格式進行存檔。透過這樣的數據處理方式，不僅提升了資料的整合效率，也為後續應用提供了高度靈活的處理能力。

透過這種方法，能有效提升資料擷取的效率，一次完整操作僅需約 2 分鐘即可完成。從實驗結果來看，靜態文字部分的辨識準確率幾乎達到 100%，而圖像化文字部分則受限於影像品質，辨識準確率約為 88%。為了進一步改善這些限制，我們採用了高解析度截圖與後處理技術，顯著減少辨識錯誤的發生。此外，針對動態網頁內容的加載挑戰，本書利用 Selenium 的等待功能確保所有內容完整呈現後再執行擷取操作，從而解決了網頁動態加載的問題。

這項應用不僅展示了 PaddleOCR 在處理非結構化資料上的潛能，還證明了自動化與 AI 技術結合的有效性。這套流程同樣可以被應用於其他需要處理非結構化資料的情境，例如電子發票、影像化文件或複雜報表的處理。未來本書計

8 防爬套件與排程自動化

劃進一步優化這套系統,可能結合機器學習模型來提升辨識率,並探索如何有效處理更多樣化的資料格式。

```python
# 匯入套件
import time
import pandas as pd
from selenium import webdriver
from selenium.webdriver.common.by import By
from selenium.webdriver.chrome.options import Options
from paddleocr import PaddleOCR

# 初始化 Chrome 選項
chrome_options = Options()
# 如果需要無頭模式,可以加上進行
# chrome_options.add_argument('--headless')
chrome_options.add_argument('--disable-gpu')  # 適用於無頭模式下的瀏覽器性能提升

# 初始化 WebDriver 並指定選項
driver = webdriver.Chrome(options=chrome_options)

# 設定目標網站
url = "https://www.tainan.gov.tw/cp.aspx?n=14848"
driver.get(url)

# 等待頁面加載
time.sleep(5)  # 可視需求調整

# 初始化 OCR 模型 (設定語言為繁體中文和英文)
ocr = PaddleOCR(lang='ch')  # 使用 'ch' 同時支援簡體及繁體

# 初始化結果列表
all_results = []

# 進行兩次截圖與辨識
for i in range(2):
    # 截圖並保存
    screenshot_path = f"webpage_screenshot_{i + 1}.png"
    driver.save_screenshot(screenshot_path)
    print(f"已保存截圖到 {screenshot_path}")

    # 執行 OCR 辨識
    results = ocr.ocr(screenshot_path)

    # 提取辨識結果中的文字
    texts = []
    for line in results:
        for word_info in line:
            text = word_info[1][0]  # 提取文字部分
            texts.append(text)

    # 將文字結果轉為 DataFrame
    ocr_df = pd.DataFrame(texts, columns=['文字'])

    # 儲存每次的結果為單獨的 CSV 檔案
    csv_path = f'ocr_results_{i + 1}.csv'
    ocr_df.to_csv(csv_path, index=False, encoding='utf-8-sig')
    print(f"OCR 結果已儲存為 {csv_path}")

    # 將結果加入總列表
    all_results.append(ocr_df)

    # 向下滾動頁面
    driver.execute_script("window.scrollBy(0, window.innerHeight);")
    time.sleep(2)  # 等待加載

# 關閉瀏覽器
driver.quit()

# 輸出兩次截圖的結果
for idx, result_df in enumerate(all_results):
    print(f"第 {idx + 1} 次截圖 OCR 辨識結果 DataFrame:")
    print(result_df)
```

8.3 selenium 照相辨識模組實作應用 I: 台南市政府行事曆擷取辨識為例

```
20                              全天
21   【多日活動】神農街-元宵花燈展（第5天，共44天）神農街，700台灣台南市中西區神.
22                           Facebook
23                              全天
24   【多日活動】2025月津港燈節（第5大，共30大）月津港，737台灣台南市鹽水區月津路
25                              全天
26   【多日活動】新春蛇年喜洋洋：游燈節.吃美食.送小提燈（第5天，共30天）鹽水觀光..
27                          07:30 -12:30
28   【單次活動】臺南市114年度(第六屆)學校午餐「節慶暨創意料理」廚藝競賽及臺南市學校
29                          08:30 - 09:30
30   【單次活動】「臺南市喜樹灣里地區市地重劃停20抽水站工程」峻工典禮臺南市喜灣
31                              聊
32                             絡我們
33                          09:00-12:30
34   【單次活動】114年寫春聯送春聯活動學甲區綜合體育館，726台灣台南市學甲區建國路
35        顯示活動時用的時區：（GMT+08:00）台北標時間
36                           Google日曆
37                         新增至Google日曆
```

辨識結果使用 csv 進行儲存

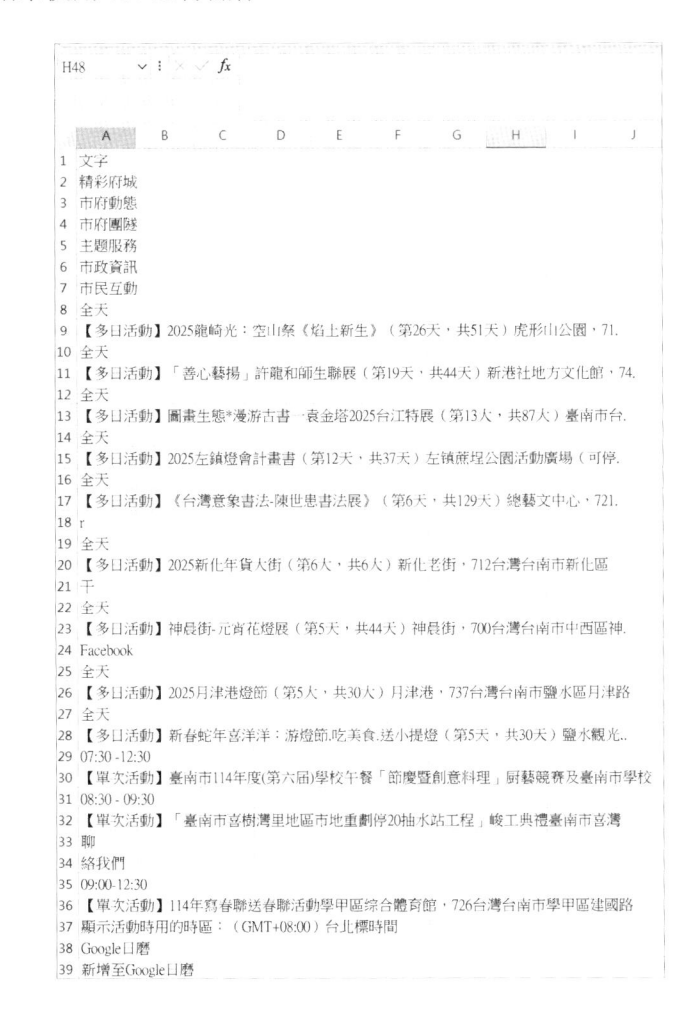

```
H48          fx
     A       B     C     D     E     F     G     H     I     J
1   文字
2   精彩府城
3   市府動態
4   市府團隊
5   主題服務
6   市政資訊
7   市民互動
8   全天
9   【多日活動】2025龍崎光：空山祭《焰上新生》（第26天，共51天）虎形山公園，71.
10  全天
11  【多日活動】「善心藝揚」許龐和師生聯展（第19天，共44天）新港社地方文化館，74.
12  全天
13  【多日活動】圖畫生態*漫游古吉 —袁金塔2025台江特展（第13天，共87天）臺南市台.
14  全天
15  【多日活動】2025左鎮燈會計畫書（第12天，共37天）左鎮蔗埕公園活動廣場（可停.
16  全天
17  【多日活動】《台灣意象書法-陳世患書法展》（第6天，共129天）總藝文中心，721.
18  r
19  全天
20  【多日活動】2025新化年貨大街（第6大，共6天）新化老街，712台灣台南市新化區
21  干
22  全天
23  【多日活動】神晨街-元宵花燈展（第5天，共44天）神晨街，700台灣台南市中西區神.
24  Facebook
25  全天
26  【多日活動】2025月津港燈節（第5大，共30大）月津港，737台灣台南市鹽水區月津路
27  全天
28  【多日活動】新春蛇年喜洋洋：游燈節.吃美食.送小提燈（第5天，共30天）鹽水觀光..
29  07:30 -12:30
30  【單次活動】臺南市114年度(第六屆)學校午餐「節慶暨創意料理」廚藝晚賽及臺南市學校
31  08:30 - 09:30
32  【單次活動】「臺南市喜樹灣里地區市地重劃停20抽水站工程」峻工典禮臺南市喜灣
33  聊
34  絡我們
35  09:00-12:30
36  【單次活動】114年寫春聯送春聯活動學甲區綜合體育館，726台灣台南市學甲區建國路
37  顯示活動時用的時區：（GMT+08:00）台北標時間
38  Google日曆
39  新增至Google日曆
```

8-13

8.4 selenium 照相辨識模組實作應用 II: 電子書翻頁擷取自動化

範例網站：https://fliphtml5.com/fwspv/lmri/basic/#google_vignette

此處，我們將使用自動化的技術模擬操作瀏覽器時的動作。

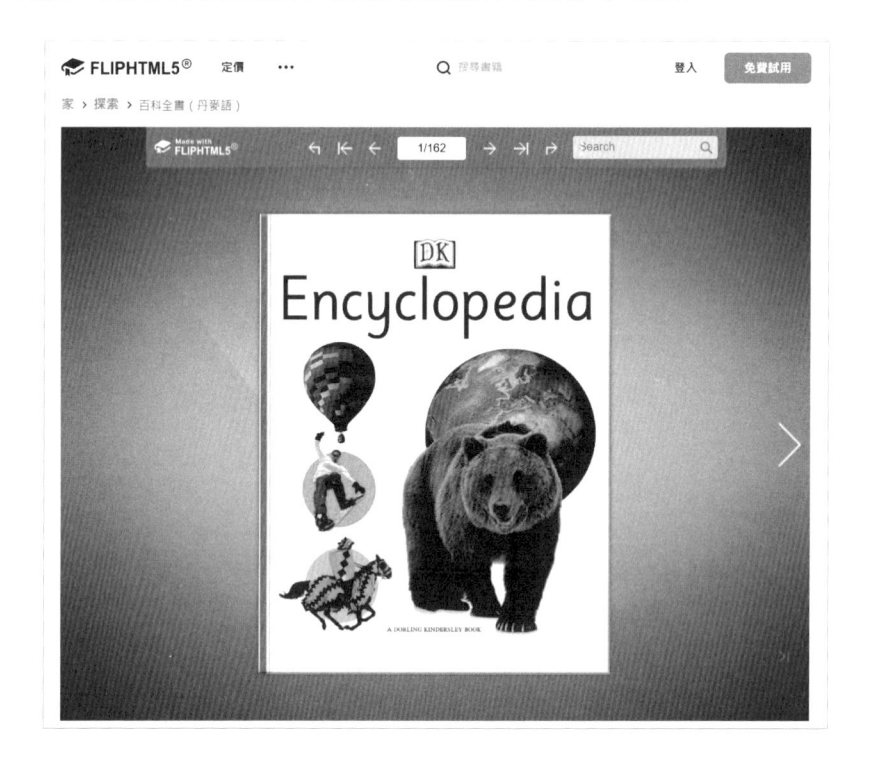

目標

1. 自動瀏覽控制器載入電子書頁面

  Selenium 作為瀏覽器自動化工具，可模擬人工操作開啟瀏覽器，載入指定的 URL。

  透過 Selenium 的操作，可模擬完成從開啟網站、處理彈窗到確認頁面載入完成的全過程。

8.4 selenium 照相辨識模組實作應用 II: 電子書翻頁擷取自動化

2. 模擬操作完成翻頁功能

翻頁功能的觸發方式可能包括點擊按鈕、滑鼠拖曳或鍵盤操作。

Selenium 提供豐富的操作介面，如 click()、send_keys() 和 ActionChains，可實現真實操作的模擬。

3. 抓取每一頁的內容（如截圖或文字）

截圖方式：直接抓取整個瀏覽器視窗或頁面的特定區域。

文字擷取：透過 HTML DOM 結構，定位頁面上的文字元素，提取其內容。

4. 將取得的資料進行處理與儲存

擷取的內容可進行多種處理，例如：將截圖整理為 PDF。將文字內容結構化，儲存為 TXT、JSON 或 CSV 格式。儲存的資料可用於後續分析或轉存至雲端進行管理。

- **操作步驟詳細說明**

讀者朋友可以看附錄的教學投影片

📄 自動化模擬使用者操作瀏覽器.pdf

主要是用來模擬使用者的操作瀏覽器行為

- 主要任務為主: (自動化)
- 1.到對應的網站進行螢幕截圖
- 2.到對應的網站進行點擊

RTM(先點擊再翻頁)移動方...
二進位檔案

8 防爬套件與排程自動化

（續上圖）

```
操作流程

• 1.打開網址
• 2.到對應的網站進行(縮放)
• 3.點翻頁(觸發左鍵的點擊)
• 4.點十次，每點一次就拍一次照
• 5.將拍照結果儲存下來
```

1. 載入電子書頁面

使用 Selenium 的 webdriver 啟動瀏覽器並載入目標頁面：

```python
from selenium import webdriver
import time
driver = webdriver.Chrome()    # 初始化 Chrome 瀏覽器
driver.get("https://fliphtml5.com/fwspv/lmri/basic/#google_vignette")    # 載入電子書頁面
time.sleep(5)    # 等待頁面載入
```

處理彈窗：

```python
try:
    popup_close = driver.find_element_by_id("popup-close-button")
    popup_close.click()
except:
    print(" 無彈窗或已被自動關閉 ")
```

2. 模擬翻頁操作

根據網站結構，找到翻頁功能的觸發方式：

按鈕點擊：

```python
next_button = driver.find_element(By.CLASS_NAME,"nextPageButton")
next_button.click()
```

8-16

8.4 selenium 照相辨識模組實作應用 II: 電子書翻頁擷取自動化

滑鼠拖動：

```
rom selenium.webdriver.common.action_chains import ActionChains
action = ActionChains(driver)
drag_area = driver.find_element(By.CLASS_NAME,"drag-area-class")   #替換為實際的拖曳區域
action.click_and_hold(drag_area).move_by_offset(-200,0).release().perform()
```

鍵盤事件：

```
from selenium.webdriver.common.keys import Key
sbody = driver.find_element(By.TAG_NAME,"body")
body.send_keys(Keys.RIGHT)   #模擬按下右方向鍵
```

3. 擷取內容

    截圖擷取：

```
for page in range(1,11):   #假設有 10 頁
    driver.save_screenshot(f"page_{page}.png")
    next_button.click()   #點擊翻頁按鈕
    time.sleep(2)   #等待翻頁動畫完成
```

    文字擷取：

```
page_content = driver.find_element(By.CLASS_NAME,"page-content-class").text
print(page_content)
```

4. 資料處理與儲存

    儲存截圖為 PDF：

```
from PIL import Image
images = [Image.open(f"page_{i}.png")for i in range(1,11)]
images[0].save("ebook.pdf",save_all=True,append_images=images[1:])
```

    儲存文字為結構化檔案：

```
import json
data = {"pages":[]}
for i in range(10):
```

8 防爬套件與排程自動化

```
        content = driver.find_element(By.CLASS_NAME,"page-content-class").text
        data["pages"].append({"page":i + 1,"content":content})
with open("ebook.json","w")as f:
        json.dump(data,f)
```

1. 移動方向鍵並拍照

    - 範例程式碼一：

    ```
    !pip install paddleocr
    # 匯入套件
    import time
    import pandas as pd
    from selenium import webdriver
    from selenium.webdriver.common.by import By
    from selenium.webdriver.chrome.options import Options
    from paddleocr import PaddleOCR

    # 初始化 Chrome 選項
    chrome_options = Options()
    # 如果需要無頭模式，可以加上這行
    # chrome_options.add_argument('--headless')
    chrome_options.add_argument('--disable-gpu')  # 適用於無頭模式下的瀏覽器性能提升

    # 初始化 WebDriver 並指定選項
    driver = webdriver.Chrome(options=chrome_options)

    # 設定目標網站
    url = "https://fliphtml5.com/fwspv/lmri/basic/#google_vignette"
    driver.get(url)

    # 等待頁面加載
    time.sleep(5)  # 可視需求調整

    # 截圖並保存
    screenshot_path = "webpage_screenshot.png"
    driver.save_screenshot(screenshot_path)
    print(f"已保存截圖到 {screenshot_path}")

    # 關閉瀏覽器
    driver.quit()

    # 初始化 OCR 模型 (設定語言為繁體中文和英文)
    ocr = PaddleOCR(lang='ch')  # 使用 'ch' 同時支援簡體及繁體

    # 執行 OCR 辨識
    results = ocr.ocr(screenshot_path)

    # 擷取辨識結果中的文字
    texts = []
    for line in results:
        for word_info in line:
            text = word_info[1][0]  # 擷取文字部分
            texts.append(text)

    # 將文字結果轉為 DataFrame
    ocr_df = pd.DataFrame(texts, columns=['文字'])

    # 輸出 DataFrame
    print("OCR 辨識結果 DataFrame：")
    print(ocr_df)

    # 如果需要將結果儲存為 CSV 檔案：
    ocr_df.to_csv('ocr_results.csv', index=False, encoding='utf-8-sig')
    ```

8.4 selenium 照相辨識模組實作應用 II：電子書翻頁擷取自動化

- 範例程式碼二：

```python
# 匯入套件
import time
import pandas as pd
from selenium import webdriver
from selenium.webdriver.common.by import By
from selenium.webdriver.chrome.options import Options
from paddleocr import PaddleOCR

# 初始化 Chrome 選項
chrome_options = Options()
# 如果需要無頭模式，可以加上這行
# chrome_options.add_argument('--headless')
chrome_options.add_argument('--disable-gpu')  # 適用於無頭模式下的瀏覽器性能提升

# 初始化 WebDriver 並指定選項
driver = webdriver.Chrome(options=chrome_options)

# 設定目標網站
url = "https://fliphtml5.com/fwspv/lmri/basic/"
driver.get(url)

# 等待頁面加載
time.sleep(5)  # 可視需求調整

# 初始化 OCR 模型 (設定語言為繁體中文和英文)
ocr = PaddleOCR(lang='ch')  # 使用 'ch' 同時支援簡體及繁體

# 初始化結果列表
all_results = []

# 進行兩次截圖與辨識
for i in range(2):
    # 截圖並保存
    screenshot_path = f"webpage_screenshot_{i + 1}.png"
    driver.save_screenshot(screenshot_path)
    print(f"已保存截圖到 {screenshot_path}")

    # 執行 OCR 辨識
    results = ocr.ocr(screenshot_path)

    # 提取辨識結果中的文字
    texts = []
    for line in results:
        for word_info in line:
            text = word_info[1][0]  # 提取文字部分
            texts.append(text)

    # 將文字結果轉為 DataFrame
    ocr_df = pd.DataFrame(texts, columns=['文字'])

    # 儲存每次的結果為單獨的 CSV 檔案
    csv_path = f'ocr_results_{i + 1}.csv'
    ocr_df.to_csv(csv_path, index=False, encoding='utf-8-sig')
    print(f"OCR 結果已儲存為 {csv_path}")

    # 將結果加入列表
    all_results.append(ocr_df)

    # 向下滾動頁面
    driver.execute_script("window.scrollBy(0, window.innerHeight);")
    time.sleep(2)  # 等待加載

# 關閉瀏覽器
driver.quit()

# 輸出兩次截圖的結果
for idx, result_df in enumerate(all_results):
    print(f"第 {idx + 1} 次截圖 OCR 辨識結果 DataFrame：")
    print(result_df)
```

2. 先點擊再翻頁

- 範例程式碼一：

```python
# 匯入套件
import time
from selenium import webdriver
from selenium.webdriver.common.action_chains import ActionChains
from selenium.webdriver.chrome.options import Options

# 初始化 Chrome 選項
chrome_options = Options()
# 如果需要無頭模式，可以加上這行
# chrome_options.add_argument('--headless')
chrome_options.add_argument('--disable-gpu')  # 適用於無頭模式下的瀏覽器性能提升

# 初始化 WebDriver 並指定選項
driver = webdriver.Chrome(options=chrome_options)

# 設定目標網站
url = "https://fliphtml5.com/fwspv/lmri/basic/"
driver.get(url)

# 等待頁面加載
time.sleep(5)  # 可視需求調整

# 初始化結果列表
screenshot_paths = []

# 模擬按右鍵進行五次截圖
actions = ActionChains(driver)
for i in range(5):
    # 截圖並保存
    screenshot_path = f"webpage_screenshot_{i + 1}.png"
    driver.save_screenshot(screenshot_path)
    print(f"已保存截圖到 {screenshot_path}")

    # 將截圖路徑加入列表
    screenshot_paths.append(screenshot_path)

    # 模擬按右方向鍵
    actions.send_keys("\ue014").perform()  # \ue014 是方向鍵右的對應鍵碼
    time.sleep(2)  # 等待頁面切換

# 關閉瀏覽器
driver.quit()

# 輸出所有截圖路徑
for idx, path in enumerate(screenshot_paths):
    print(f"第 {idx + 1} 次截圖已儲存：{path}")
```

```
已保存截圖到 webpage_screenshot_1.png
已保存截圖到 webpage_screenshot_2.png
已保存截圖到 webpage_screenshot_3.png
已保存截圖到 webpage_screenshot_4.png
已保存截圖到 webpage_screenshot_5.png
第 1 次截圖已儲存：webpage_screenshot_1.png
第 2 次截圖已儲存：webpage_screenshot_2.png
第 3 次截圖已儲存：webpage_screenshot_3.png
第 4 次截圖已儲存：webpage_screenshot_4.png
第 5 次截圖已儲存：webpage_screenshot_5.png
```

8.4 selenium 照相辨識模組實作應用 II: 電子書翻頁擷取自動化

- 範例程式碼二：

當執行程式碼的時候，會自動打開瀏覽器，同時點擊翻頁鍵並截圖！

```python
# 匯入套件
import time
from selenium import webdriver
from selenium.webdriver.common.action_chains import ActionChains
from selenium.webdriver.chrome.options import Options
from selenium.webdriver.common.by import By

# 初始化 Chrome 選項
chrome_options = Options()
# 如果需要無頭模式，可以加上這行
# chrome_options.add_argument('--headless')
chrome_options.add_argument('--disable-gpu')  # 適用於無頭模式下的瀏覽器性能提升

# 初始化 WebDriver 並指定選項
driver = webdriver.Chrome(options=chrome_options)

# 設定目標網站
url = "https://fliphtml5.com/fwspv/lmri/basic/"
driver.get(url)

# 等待頁面加載
time.sleep(5)  # 可視需求調整

# 初始化結果列表
screenshot_paths = []

# 模擬點擊滑鼠左鍵並按右鍵進行五次截圖
actions = ActionChains(driver)
for i in range(5):
    # 點擊畫面確保聚焦
    actions.move_by_offset(100, 100).click().perform()  # 移動滑鼠並點擊左鍵

    # 截圖並保存
    screenshot_path = f"webpage_screenshot_{i + 1}.png"
    driver.save_screenshot(screenshot_path)
    print(f"已保存截圖到 {screenshot_path}")

    # 將截圖路徑加入列表
    screenshot_paths.append(screenshot_path)

    # 模擬按右方向鍵
    actions.send_keys("\ue014").perform()  # \ue014 是方向鍵右的對應鍵碼
    time.sleep(2)  # 等待頁面切換

# 關閉瀏覽器
driver.quit()

# 輸出所有截圖路徑
for idx, path in enumerate(screenshot_paths):
    print(f"第 {idx + 1} 次截圖已儲存：{path}")

已保存截圖到 webpage_screenshot_1.png
已保存截圖到 webpage_screenshot_2.png
已保存截圖到 webpage_screenshot_3.png
已保存截圖到 webpage_screenshot_4.png
已保存截圖到 webpage_screenshot_5.png
第 1 次截圖已儲存：webpage_screenshot_1.png
第 2 次截圖已儲存：webpage_screenshot_2.png
第 3 次截圖已儲存：webpage_screenshot_3.png
第 4 次截圖已儲存：webpage_screenshot_4.png
第 5 次截圖已儲存：webpage_screenshot_5.png
```

3. 模擬自動化操作瀏覽器

範例程式碼：

```python
# 匯入套件
import time
from selenium import webdriver
from selenium.webdriver.common.action_chains import ActionChains
from selenium.webdriver.chrome.options import Options
from selenium.webdriver.common.by import By

# 初始化 Chrome 選項
chrome_options = Options()
# 如果需要無頭模式，可以加上這行
# chrome_options.add_argument('--headless')
chrome_options.add_argument('--disable-gpu')  # 適用於無頭模式下的視覺渲染性能提升

# 初始化 WebDriver 並指定選項
driver = webdriver.Chrome(options=chrome_options)

# 設定目標網站
url = "https://fliphtml5.com/fwspv/lmri"
driver.get(url)

# 等待頁面加載
time.sleep(5)  # 可視需求調整

# 初始化結果列表
screenshot_paths = []

# 點擊畫面中間以確保聚焦
actions = ActionChains(driver)
body_element = driver.find_element(By.TAG_NAME, "body")
actions.move_to_element(body_element).move_by_offset(0, 0).click().perform()  # 點擊頁面中間

# 模擬點擊滑鼠左鍵並按右鍵進行五次截圖
for i in range(10):
    # 截圖並保存
    screenshot_path = f"webpage_screenshot_{i + 1}.png"
    driver.save_screenshot(screenshot_path)
    print(f"已保存截圖到 {screenshot_path}")

    # 將截圖路徑加入列表
    screenshot_paths.append(screenshot_path)

    # 模擬按右方向鍵
    actions.send_keys("\ue014").perform()  # \ue014 是方向鍵右的對應鍵碼
    time.sleep(2)  # 等待頁面切換

# 關閉瀏覽器
driver.quit()

# 輸出所有截圖路徑
for idx, path in enumerate(screenshot_paths):
    print(f"第 {idx + 1} 次截圖已儲存：{path}")
```

```
已保存截圖到 webpage_screenshot_1.png
已保存截圖到 webpage_screenshot_2.png
已保存截圖到 webpage_screenshot_3.png
已保存截圖到 webpage_screenshot_4.png
已保存截圖到 webpage_screenshot_5.png
已保存截圖到 webpage_screenshot_6.png
已保存截圖到 webpage_screenshot_7.png
已保存截圖到 webpage_screenshot_8.png
已保存截圖到 webpage_screenshot_9.png
已保存截圖到 webpage_screenshot_10.png
第 1 次截圖已儲存：webpage_screenshot_1.png
第 2 次截圖已儲存：webpage_screenshot_2.png
第 3 次截圖已儲存：webpage_screenshot_3.png
第 4 次截圖已儲存：webpage_screenshot_4.png
第 5 次截圖已儲存：webpage_screenshot_5.png
第 6 次截圖已儲存：webpage_screenshot_6.png
第 7 次截圖已儲存：webpage_screenshot_7.png
第 8 次截圖已儲存：webpage_screenshot_8.png
第 9 次截圖已儲存：webpage_screenshot_9.png
第 10 次截圖已儲存：webpage_screenshot_10.png
```

8.5　selenium 網頁自動化按鈕點擊應用 III：以 Costco 大賣場購買為例

自動化模擬操作的應用情境

隨著電子商務的高速發展，需求呈現多樣化，涵蓋搜尋商品、加入購物車以及完成結帳等各個操作環節。這些操作中，重複性與高需求情境常常成為的痛點。透過基於 Selenium 的自動化技術，可以模擬真實行為，針對高頻重複任務提供解決方案。例如，當需每日檢查促銷商品時，自動化技術能有效完成搜尋、檢查庫存、加入購物車與提交訂單等繁瑣操作，顯著提升操作效率並降低錯誤風險。

特別是在限量搶購或高流量情境中，自動化操作的價值更加明顯。限量商品或折扣商品通常會在短時間內售罄，手動操作可能因網站延遲、伺服器擁堵或個人反應速度不足而導致錯失購買機會。自動化技術可以通過精準且快速的操作，大幅增強在競爭激烈環境中的成功率。同時，自動化操作還能在電商平台的開發與測試中發揮重要作用。對於網站測試人員而言，模擬真實操作有助於驗證系統功能，例如按鈕的可用性、購物車的正確性，以及網站在不同瀏覽器與裝置下的兼容性，從而提升整體體驗。

此外，自動化技術還能應用於資料收集與分析。雖然大多數電商平台對資料抓取有所限制，但在遵守法律與平台規範的前提下，仍可利用自動化技術追蹤商品價格變化與庫存狀態，進一步輔助購物決策。例如，建立一個價格監控系統，當商品價格達到預設的購買門檻時，自動觸發購買行為。同時，對於擁有特殊需求的，自動化技術能根據預設條件進行篩選（如庫存充足或高評價商品）並批量完成操作，為個性化購物提供高效解決方案。

防爬套件與排程自動化

注意事項與結論

儘管自動化模擬操作在電子商務中具備廣泛應用價值，但其實施過程中需要充分考量法律、技術與道德層面的風險。首先，在法律層面，自動化操作應遵守電商平台的使用條款與相關法律法規，避免因違規操作導致帳號被封或觸犯法律。例如，某些平台禁止使用模擬操作的自動化工具，應提前審閱服務條款以確保合規性。其次，在技術層面，網站結構的動態變更可能影響自動化程式的穩定性，因此需要定期對自動化腳本進行維護與更新，以適應平台的技術變化。同時，還需考量執行效率與資源成本，避免因過於頻繁的自動化操作影響平台伺服器的正常運行。

道德風險也是不可忽視的問題。過度搶購限量商品可能對其他的公平性造成負面影響，特別是在高需求商品的競購中，自動化操作可能加劇資源分配的不平衡。因此，建議以謹慎態度合理使用自動化技術，避免對其他人的體驗造成負面影響。同時，對於電商平台而言，也需建立相應的技術與政策機制，確保自動化技術的使用不會破壞市場秩序。自動化模擬操作在電子商務領域中展現了卓越的應用潛力，特別是在提升操作效率、應對高需求情境與支援個性化需求方面，均具有顯著優勢。然而，該技術的應用應以合法、合規與道德為基礎，並結合技術持續優化，確保其在需求與平台公平性之間實現平衡。通過適當的應用與規範，自動化技術可望成為促進電子商務持續發展的重要推動力。

- 目標網站 : https://www.costco.com.tw/Televisions-Appliances/TV-Home-Entertainment/Projectors-Movies/OVO-4K-UHD-Projector-Space-Black-K9/p/148974

8.5 selenium 網頁自動化按鈕點擊應用 III: 以 Costco 大賣場購買為例

按右鍵檢視按鈕對應的標籤

8-25

8 防爬套件與排程自動化

撰寫提示語：

```
網址：
https://www.costco.com.tw/Televisions-Appliances/TV-Home-Entertainment/Projectors-Movies/OVO-4K-UHD-Projector-Space-Black-
K9/p/148974
程式1：
# 匯入套件
!pip install selenium
import time
from selenium import webdriver
from selenium.webdriver.common.action_chains import ActionChains
from selenium.webdriver.chrome.options import Options
from selenium.webdriver.common.by import By

# 初始化 Chrome 選項
chrome_options = Options()
# 如果需要無頭模式，可以加上這行
# chrome_options.add_argument('--headless')
chrome_options.add_argument('--disable-gpu')  # 適用於無頭模式下的瀏覽器性能提升

# 初始化 WebDriver 並指定選項
driver = webdriver.Chrome(options=chrome_options)

# 設定目標網站
url = "https://www.costco.com.tw/Televisions-Appliances/TV-Home-Entertainment/Projectors-Movies/OVO-4K-UHD-Projector-Space-Black-
K9/p/148974"
driver.get(url)

# 等待頁面加載
time.sleep(10)  # 可視需求調整
driver.quit()

按鈕標籤：
<button _ngcontent-storefront-c147="" id="add-to-cart-button" type="submit" data-cy="addtocart-button-148974" class="notranslate
btn btn-primary add-to-cart__btn ng-sta

請幫我使用程式1，針對網址的按鈕標籤對應的按鈕點擊一次；停滯10秒，同時進行螢幕截圖；將截圖儲存在對應資料夾，最後關閉瀏覽器
```

■ 提示語說明：

　　本書應用了 Selenium 自動化工具來實現對 Costco 官網特定商品頁面之操作流程，並詳細說明了每一步的實現方法及其背後的邏輯。以下針對程式的各部分功能進行詳細的說明。

1. 初始化 WebDriver（chromedriver）

　　操作首先透過 chromedriver 初始化瀏覽器控制介面。為提升效能與支援不同的使用場景，額外配置了瀏覽器選項（chrome_options）。其中，--headless 選項允許瀏覽器在無圖形介面的環境中執行，有助於在伺服器端或測試環境下運行腳本；--disable-gpu 則是為了解決無頭模式可能出現的渲染問題。此外，這些設定也有助於提升整體運行效率，適合在大規模測試情境下應用。

8.5 selenium 網頁自動化按鈕點擊應用 III: 以 Costco 大賣場購買為例

2. 加載目標網址

利用 driver.get(url) 方法，腳本將 Costco 官網中特定商品頁面的網址載入瀏覽器。這步驟模擬了在瀏覽器中輸入網址並按下 Enter 的操作，從而進入目標商品頁面。透過靜態的商品網址（https：//www.costco.com.tw/...），腳本可精準定位到目標商品頁面。

3. 定位並操作"加入購物車"按鈕

在頁面加載完成後，腳本透過 find_element(By.ID，"add-to-cart-button") 方法定位到「加入購物車」按鈕。該按鈕具有唯一的 id="add-to-cart-button" 屬性，使其成為頁面中容易被識別的元素。除了使用 ID 定位，按鈕還包含其他輔助屬性（例如 data-cy="addtocart-button-148974" 與 class="btn btn-primary add-to-cart__btn"），這些屬性不僅提供了按鈕的功能性與樣式描述，也可作為備選的定位依據。在成功定位按鈕後，透過 add_to_cart_button.click() 方法模擬點擊，完成將商品加入購物車的操作。

4. 等待與觀察頁面反應

由於點擊操作可能觸發頁面動態更新或跳轉，因此腳本設置了 time.sleep(10)，以等待頁面完成相關操作。這段靜態等待時間能確保後續截圖時，頁面已更新為按鈕點擊後的狀態。

5. 截圖並保存

腳本使用 driver.save_screenshot(screenshot_path) 將當前頁面的視覺畫面保存為圖片檔案。此操作將頁面截圖存儲於本地（例如：./screenshot.png），為後續檢視或分析提供資料支持。該截圖能清楚記錄按鈕點擊後頁面的變化，尤其適合用於驗證操作是否如預期進行。

6. 釋放資源並關閉瀏覽器

為避免占用系統資源，腳本在完成操作後通過 driver.quit() 關閉瀏覽器並釋放相關資源。這是一個良好的資源管理習慣，特別是在長時間或高頻次執行 Script 的場景中尤為重要。

將提示語丟進 Claude AI 並產生程式碼

將原始碼和Button的標籤一起丟到Claude AI中產生code

- 1.處理cookie (同意並接收全部)
- 2.點擊"加入購物車"的按鈕
- 3.針對"加入購物車"的畫面進行截圖

執行後，會模擬操作點擊加入購物車，再點擊查看購物車

8.5 selenium 網頁自動化按鈕點擊應用 III: 以 Costco 大賣場購買為例

- 範例程式碼一：

此處會遇到 Cookie 的處理，需要先點擊才有辦法進到下一個步驟

```python
import time
from selenium import webdriver
from selenium.webdriver.common.by import By
from selenium.webdriver.support.ui import WebDriverWait
from selenium.webdriver.support import expected_conditions as EC
from selenium.webdriver.chrome.options import Options
from selenium.common.exceptions import TimeoutException

def main():
    # 設定 Chrome 選項
    chrome_options = Options()
    chrome_options.add_argument('--disable-gpu')
    chrome_options.add_argument('--window-size=1920,1080')

    # 初始化 driver
    driver = webdriver.Chrome(options=chrome_options)

    try:
        # 前往目標網頁
        url = "https://www.costco.com.tw/Televisions-Appliances/TV-Home-Entertainment/Projectors-Movies/OVO-4K-UHD-Pro
        driver.get(url)

        # 設定等待時間
        wait = WebDriverWait(driver, 30)

        # 等待並點擊 cookie 同意按鈕
        cookie_button = wait.until(EC.element_to_be_clickable((
            By.XPATH,
            "//button[contains(text(), '同意接受全部')]"
        )))
        print("找到 cookie 同意按鈕")
        cookie_button.click()
        print("已點擊 cookie 同意按鈕")

        # 等待並點擊加入購物車按鈕
        add_to_cart_button = wait.until(EC.element_to_be_clickable((
            By.XPATH,
            "//button[contains(text(), '加入購物車')]"
        )))
        print("找到加入購物車按鈕")
        add_to_cart_button.click()
        print("已點擊加入購物車按鈕")

    except TimeoutException:
        print("等待按鈕超時")
    except Exception as e:
        print(f"發生錯誤: {str(e)}")
    finally:
        # 關閉瀏覽器
        driver.quit()
        print("瀏覽器已關閉")

if __name__ == "__main__":
    main()
```

```
找到 cookie 同意按鈕
已點擊 cookie 同意按鈕
找到加入購物車按鈕
已點擊加入購物車按鈕
瀏覽器已關閉
```

8-29

8 防爬套件與排程自動化

- 範例程式碼二：

```python
import time
import os
from selenium import webdriver
from selenium.webdriver.common.by import By
from selenium.webdriver.support.ui import WebDriverWait
from selenium.webdriver.support import expected_conditions as EC
from selenium.webdriver.chrome.options import Options
from selenium.common.exceptions import TimeoutException

def main():
    # 建立截圖儲存資料夾
    screenshot_dir = "screenshots"
    if not os.path.exists(screenshot_dir):
        os.makedirs(screenshot_dir)

    # 設定 Chrome 選項
    chrome_options = Options()
    chrome_options.add_argument('--disable-gpu')
    chrome_options.add_argument('--window-size=1920,1080')

    # 初始化 driver
    driver = webdriver.Chrome(options=chrome_options)

    try:
        # 前往目標網頁
        url = "https://www.costco.com.tw/Televisions-Appliances/TV-Home-Entertainment/Projectors-Movies/OVO-4K-UHD-Pro
        driver.get(url)

        # 設定等待時間
        wait = WebDriverWait(driver, 30)

        # 等待並點擊 cookie 同意按鈕
        cookie_button = wait.until(EC.element_to_be_clickable((
            By.XPATH,
            "//button[contains(text(), '同意接受全部')]"
        )))
        print("找到 cookie 同意按鈕")
        cookie_button.click()
        print("已點擊 cookie 同意按鈕")

        # 等待並點擊加入購物車按鈕
        add_to_cart_button = wait.until(EC.element_to_be_clickable((
            By.XPATH,
            "//button[contains(text(), '加入購物車')]"
        )))
        print("找到加入購物車按鈕")
        add_to_cart_button.click()
        print("已點擊加入購物車按鈕")

        # 等待一下讓頁面加載完成
        time.sleep(2)

        # 進行截圖
        timestamp = time.strftime("%Y%m%d-%H%M%S")
        screenshot_path = os.path.join(screenshot_dir, f"costco_cart_{timestamp}.png")
        driver.save_screenshot(screenshot_path)
        print(f"已儲存截圖至: {screenshot_path}")

    except TimeoutException:
        print("等待按鈕超時")
    except Exception as e:
        print(f"發生錯誤: {str(e)}")
    finally:
        # 關閉瀏覽器
        driver.quit()
        print("瀏覽器已關閉")

if __name__ == "__main__":
    main()
```

```
找到 cookie 同意按鈕
已點擊 cookie 同意按鈕
找到加入購物車按鈕
已點擊加入購物車按鈕
已儲存截圖至: screenshots\costco_cart_20250102-133939.png
瀏覽器已關閉
```

8.5 selenium 網頁自動化按鈕點擊應用 III：以 Costco 大賣場購買為例

- 範例程式碼三：

```python
#再追加"查看購物車"
import time
import os
from selenium import webdriver
from selenium.webdriver.common.by import By
from selenium.webdriver.support.ui import WebDriverWait
from selenium.webdriver.support import expected_conditions as EC
from selenium.webdriver.chrome.options import Options
from selenium.common.exceptions import TimeoutException

def main():
    # 建立截圖儲存資料夾
    screenshot_dir = "screenshots"
    if not os.path.exists(screenshot_dir):
        os.makedirs(screenshot_dir)

    # 設定 Chrome 選項
    chrome_options = Options()
    chrome_options.add_argument('--disable-gpu')
    chrome_options.add_argument('--window-size=1920,1080')

    # 初始化 driver
    driver = webdriver.Chrome(options=chrome_options)

    try:
        # 前往目標網頁
        url = "https://www.costco.com.tw/Televisions-Appliances/TV-Home-Entertainment/Projectors-Movies/OVO-4K-UHD-Pr
        driver.get(url)

        # 設定等待時間
        wait = WebDriverWait(driver, 30)

        # 等待並點擊 cookie 同意按鈕
        cookie_button = wait.until(EC.element_to_be_clickable((
            By.XPATH,
            "//button[contains(text(), '同意接受全部')]"
        )))
        print("找到 cookie 同意按鈕")
        cookie_button.click()
        print("已點擊 cookie 同意按鈕")

        # 等待並點擊加入購物車按鈕
        add_to_cart_button = wait.until(EC.element_to_be_clickable((
            By.XPATH,
            "//button[contains(text(), '加入購物車')]"
        )))
        print("找到加入購物車按鈕")
        add_to_cart_button.click()
        print("已點擊加入購物車按鈕")

        # 等待一下讓頁面加載完成
        time.sleep(2)

        # 進行第一次截圖
        timestamp = time.strftime("%Y%m%d-%H%M%S")
        screenshot_path = os.path.join(screenshot_dir, f"costco_cart_{timestamp}.png")
        driver.save_screenshot(screenshot_path)
        print(f"已儲存第一次截圖至：{screenshot_path}")

        # 等待並點擊查看購物車按鈕
        view_cart_button = wait.until(EC.element_to_be_clickable((
            By.XPATH,
            "//a[contains(text(), '查看購物車')]"
        )))
        print("找到查看購物車按鈕")
        view_cart_button.click()
        print("已點擊查看購物車按鈕")

        # 等待購物車頁面加載完成
        time.sleep(3)

        # 進行第二次截圖
        timestamp = time.strftime("%Y%m%d-%H%M%S")
        screenshot_path = os.path.join(screenshot_dir, f"costco_cart_view_{timestamp}.png")
        driver.save_screenshot(screenshot_path)
        print(f"已儲存第二次截圖至：{screenshot_path}")
```

防爬套件與排程自動化

```
找到 cookie 同意按鈕
已點擊 cookie 同意按鈕
找到加入購物車按鈕
已點擊加入購物車按鈕
已儲存第一次截圖至: screenshots\costco_cart_20250102-134410.png
找到查看購物車按鈕
已點擊查看購物車按鈕
已儲存第二次截圖至: screenshots\costco_cart_view_20250102-134413.png
瀏覽器已關閉
```

　　截圖的主要目的是用於驗證 Script 執行的效果，確保操作結果符合預期。在執行自動化腳本時，截圖可以幫助確認每個步驟是否正確完成，例如加入購物車按鈕是否被成功點擊，以及商品是否正確地添加到購物車中。截圖還能記錄網頁在操作後的動態變化，尤其是現代網站中經常出現的頁面跳轉或彈窗行為，幫助檢查網站對腳本操作的反應是否如預期。此外，在 Script 運行過程中，如果出現按鈕無法點擊或操作無效等問題，截圖能提供當前頁面狀態的直觀證據，有助於排查錯誤原因，如按鈕未正確定位、網頁元素尚未完全加載或操作被 Cookie 同意彈窗阻擋等。對於自動化測試而言，截圖還能作為測試報告的一部分，提供視覺化的操作結果，便於分析和審核。在批量或長時間執行腳本時，截圖更能作為操作歷程的紀錄，幫助回溯某一時刻的執行情況。實際應用中，截圖廣泛用於電商網站測試、動態內容監控和結果報告等場景，例如確認購物車中商品數量和價格顯示是否正確，或者將操作結果以圖像形式分享給團隊或客戶。因此，檢視截圖不僅能驗證腳本執行的準確性，還能快速定位問題，是自動化測試和操作分析中不可或缺的重要工具。

　　本書展示了 Selenium 在電商網站操作中的應用，涵蓋了從瀏覽器控制到具體按鈕操作的全流程。此實現方式不僅適用於功能測試，也可用於行為模擬與界面測試分析。未來可以進一步優化，例如透過動態等待（WebDriverWait）替代靜態等待（time.sleep）提升效率，並實現更複雜的操作流程，如結帳模擬與多商品添加。此類技術可有效減少手動操作的重複性工作，並提升測試的準確性與效率。

Hugging Face 平台介紹

9.1　Hugging Face 平台介紹與註冊

9.2　Hugging Face 平台部署方法

9.3　Gradio 介面和 APP 開發實戰

9.4　Gemini API 申請與對話機器人實作應用

9.5　GroqAPI 申請與對話機器人實作應用

9.6　Groq 與 Elon Musk 的 Grok AI 模型介紹

9.7　Hugging Face Agent 課程

9 Hugging Face 平台介紹

9.1 Hugging Face 平台介紹與註冊

　　Hugging Face 是當前機器學習領域最重要的開源平台之一，為研究人員與開發者提供強大工具，特別是在自然語言處理（NLP）、電腦視覺（CV）與語音處理等領域發揮關鍵作用。其核心產品 **Transformers 函式庫**支援多種深度學習框架，包括 PyTorch、TensorFlow 與 JAX，使開發者能夠輕鬆載入預訓練模型，並快速進行微調（Fine-tuning）。目前 Hugging Face 提供數千種預訓練模型，例如 BERT、GPT、T5、Stable Diffusion 等，涵蓋從文本生成、機器翻譯到圖像處理的廣泛應用。此外，Hugging Face Hub 作為開源模型與數據集共享平台，使得開發者能夠輕鬆下載、測試並部署 AI 模型，無需從零開始訓練。Hub 上不僅提供完整的模型 API，還整合 **Diffusers 函式庫**來支援擴散模型（Diffusion Models），例如 Stable Diffusion 與 ControlNet，讓使用者能夠進行高品質圖像生成。

　　除了模型與數據，Hugging Face 也提供 **Gradio** 這類簡易開發工具，讓開發者能夠透過少量程式碼快速建立 AI 應用的 Web 介面，適用於展示 AI Demo 或內部測試。為了進一步降低部署門檻，Hugging Face 提供 **Inference API**，允許企業與開發者透過 REST API 直接存取與運行 AI 模型，無需自行管理基礎設施。此外，該平台也積極推動 Edge AI（邊緣運算）應用，透過最佳化模型來支援行動設備與嵌入式系統，擴展 AI 的應用場景。

　　Hugging Face 的影響力已經超越傳統的 NLP 領域，開始涉足多模態 AI，例如圖像與語音的綜合應用，並且支援低參數微調技術（如 PEFT），讓開發者可以更有效率地運行大型語言模型（LLM）。此外，Hugging Face 還透過社群推廣與開源貢獻，讓開發者可以參與不同的 AI 研究專案，並且建立自己的 AI 模型與應用生態系統。未來，Hugging Face 預計將進一步擴展其 AI 基礎設施，提升推論效能，並支援更多領域的 AI 研究與應用，為開發者提供更加全面的工具與資源。

9.1 Hugging Face 平台介紹與註冊

▼ Hugging Face 主要工具與功能比較

工具 / 功能	主要用途	支援技術	特色
Transformers	NLP、語音、CV 模型	PyTorch、TensorFlow、JAX	預訓練模型庫，支援微調
Hugging Face Hub	共享與下載模型	Hugging Face API	提供數千個 AI 模型與數據集
Diffusers	影像生成	Stable Diffusion、ControlNet	擴散模型專用，支援圖像合成
Gradio	AI Web 介面	Python	簡單易用的 AI 應用 UI 架設工具
Inference API	雲端推論	REST API	無需管理基礎設施，直接部署 AI

- 註冊步驟 1: 首先在 Google 搜尋引擎輸入「Hugging Face」

- 註冊步驟 2: 到官方網站 https://huggingface.co/

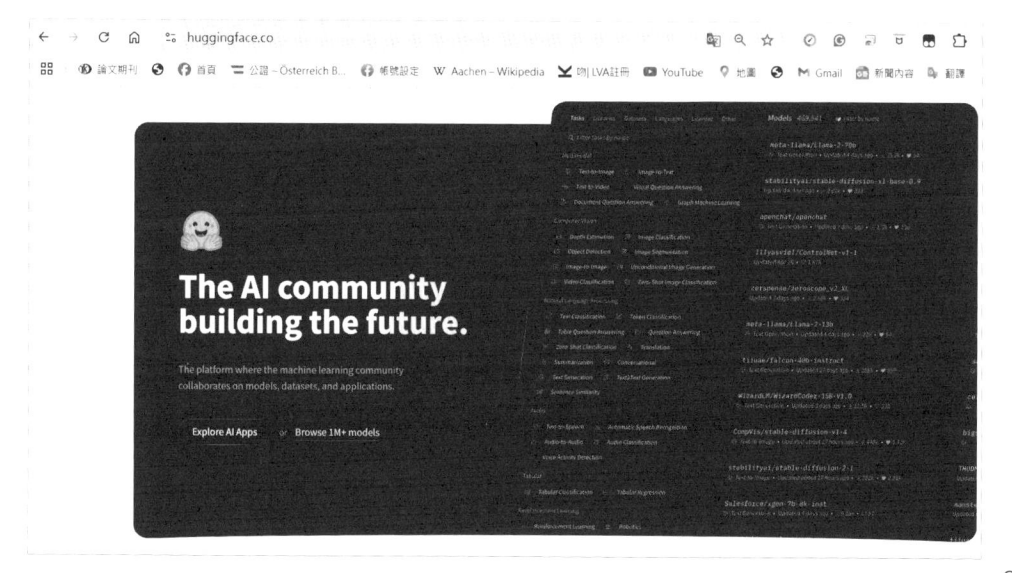

9-3

9 Hugging Face 平台介紹

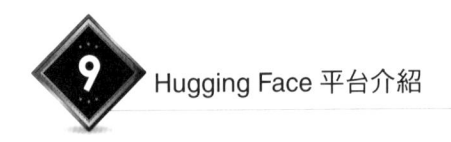

- 註冊步驟 3: 點右上角 Sign Up，進到此畫面

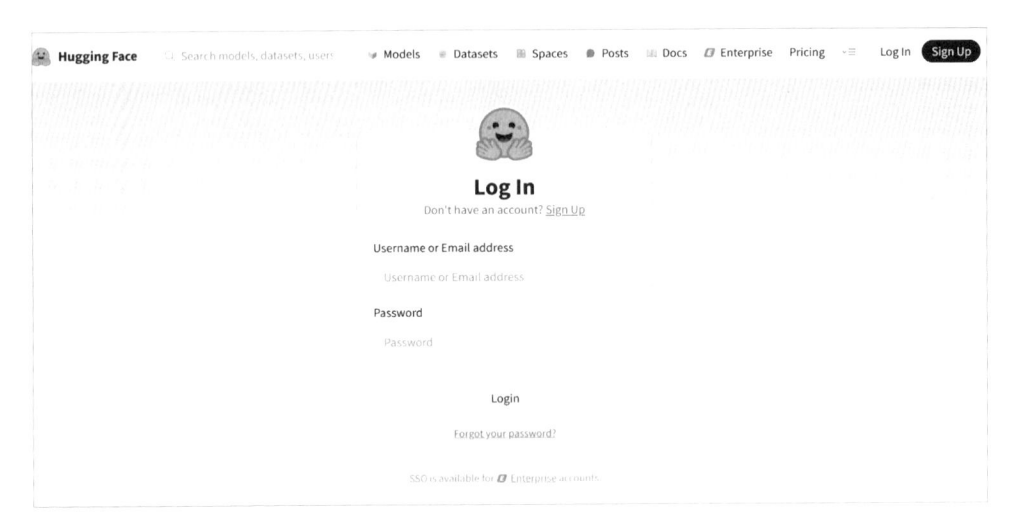

- 註冊步驟 4: 此處初學者第一次登入可以使用 Gmail 信箱，重點在於密碼的設定要有大小寫或者特殊符號，否則會不給登入，針對第一次註冊的讀友，也會在註冊的信箱收到一封信，點擊驗證後即可以使用 Hugging Face 平台！

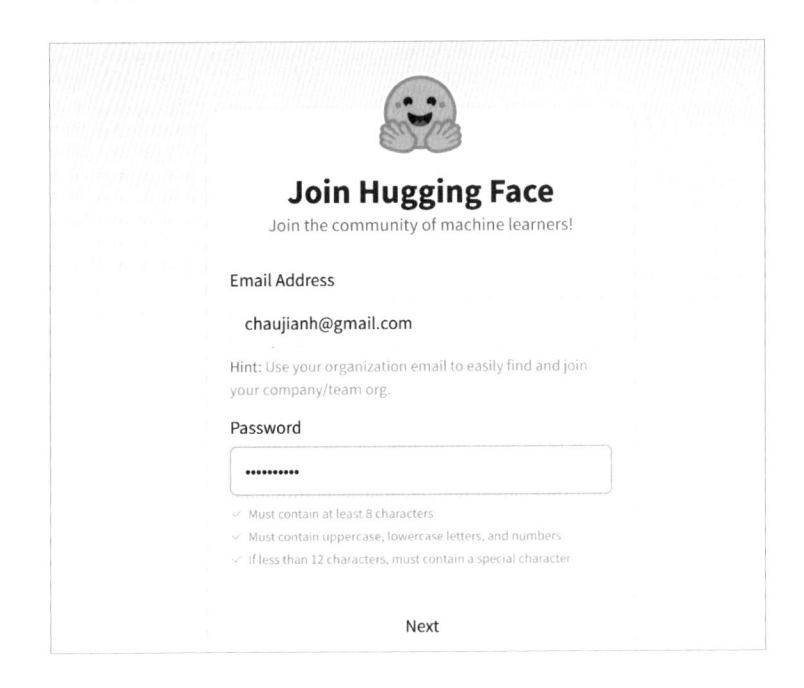

驗證信如下：

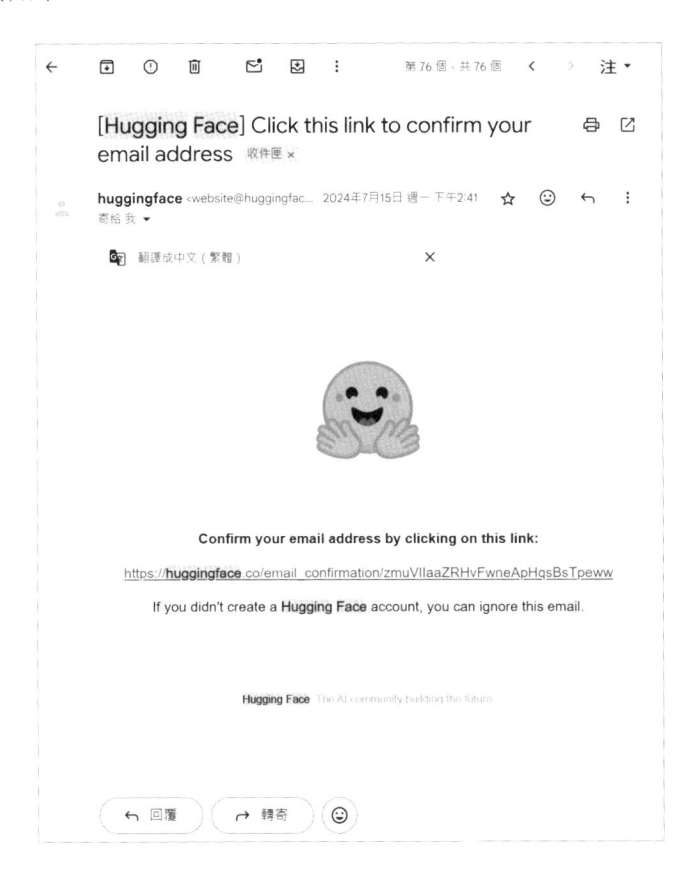

9.2 Hugging Face 平台部署方法

要在 Hugging Face 上部署兩個應用 APP，其中包含 PCHOME 爬蟲和 requests 爬取模組，並使用不同的框架來開發 UI：

1. PCHOME 爬蟲：使用 Streamlit

Streamlit 是一個適合快速開發數據應用的 Python 框架，適用於像 PCHOME 這種需要展示動態數據的應用。

你可以透過 Streamlit 來建立一個網頁應用，使用 BeautifulSoup 或 Selenium 來爬取 PCHOME 商品資訊，並將結果即時展示在頁面上。

Hugging Face 平台介紹

使用 st.text_input() 讓使用者輸入商品關鍵字,然後透過 st.button() 來觸發爬取功能,最後用 st.dataframe() 或 st.table() 來顯示商品資訊。

2. Requests 爬取模組:使用 Gradio

Gradio 是一個用於構建機器學習應用或 API 介面的工具,可以讓 Hugging Face Spaces 部署簡單且具有交互性。

這部分的功能可能是針對某個 API 進行請求,例如:

- 抓取某個網站的資料並返回 JSON
- 呼叫 Hugging Face 的模型 API 來處理文字或圖片

可以使用 gr.Interface() 來設計 UI,例如:

```
import gradio as gr
import requests

def fetch_data(url):
    response = requests.get(url)
    return response.text

demo = gr.Interface(fn=fetch_data,inputs="text",outputs="text")
demo.launch()
```

Hugging Face Spaces 部署方式

1. 建立新專案

進入 Hugging Face Spaces,選擇 Streamlit 或 Gradio 來建立新專案。

2. 設定依賴環境

在 requirements.txt 中加入

```
requests
beautifulsoup4
streamlit
gradio
selenium# 若需要動態爬取
```

若使用 Selenium，可能需要在 Dockerfile 或 App.py 中設置 WebDriver。

3. 推送到 Hugging Face

在本地測試完成後，將程式碼推送到 Hugging Face Spaces，等待部屬完成。

9.3 Gradio 介面和 APP 開發實戰

- 範例一：部屬 requests.get() 抓取 ESG 政府資料開發平台資料

STEP01：首先將 Colab 程式建立副本（可以見本書附件 Hugging Face 部署範例 .txt）

Hugging Face 平台介紹

檔案　編輯　檢視

Hugging Face Space
https://huggingface.co/

範例
https://colab.research.google.com/drive/11q3KXAWITJ9I_cx3gmXJC5GgvPe_PPoj?usp=sharing

Claude AI
https://claude.ai/login?returnTo=%2F%3F

請幫我改寫成gradio框架

STEP02：將程式碼下載成 .py 檔

9.3 Gradio 介面和 APP 開發實戰

STEP03：Py 檔使用記事本打開

點擊更多更多應用程式

9 Hugging Face 平台介紹

使用記事本打開！

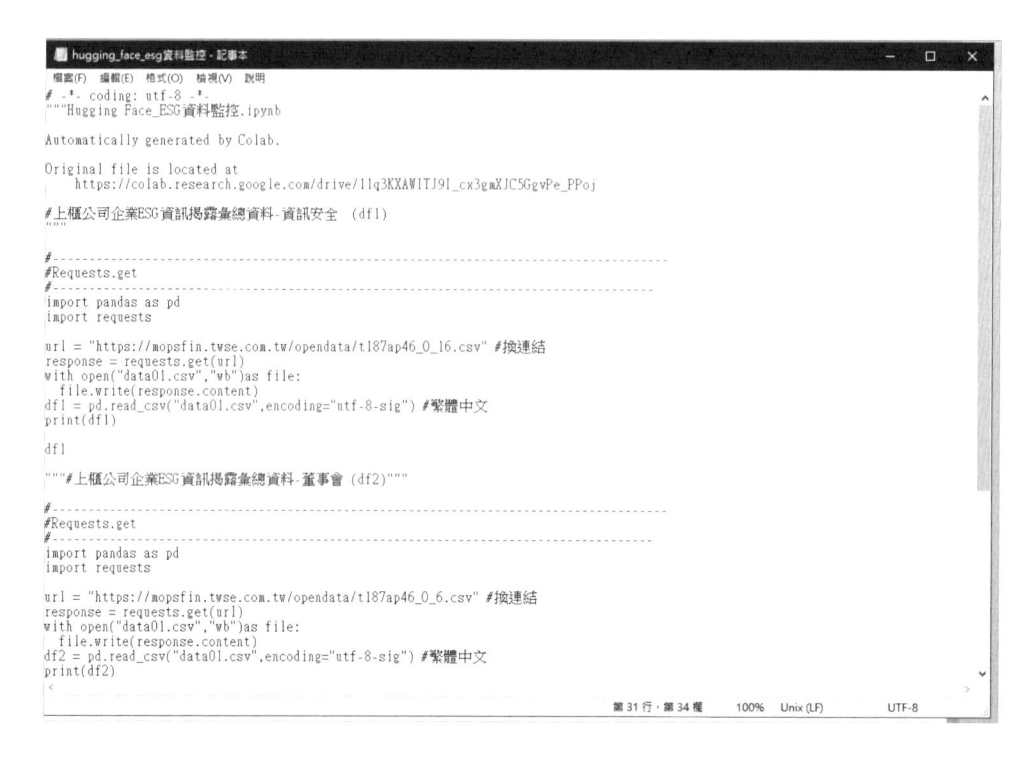

```
# -*- coding: utf-8 -*-
"""Hugging Face_ESG資料監控.ipynb

Automatically generated by Colab.

Original file is located at
    https://colab.research.google.com/drive/11q3KXAWITJ9I_cx3gmXJC5GgvPe_PPoj

#上櫃公司企業ESG資訊揭露彙總資料-資訊安全 (df1)
"""
#-----------------------------------------------------------
#Requests.get
#-----------------------------------------------------------
import pandas as pd
import requests
url = "https://mopsfin.twse.com.tw/opendata/t187ap46_0_16.csv" #換連結
response = requests.get(url)
with open("data01.csv","wb")as file:
    file.write(response.content)
df1 = pd.read_csv("data01.csv",encoding="utf-8-sig") #繁體中文
print(df1)

df1

"""#上櫃公司企業ESG資訊揭露彙總資料-董事會 (df2)"""

#-----------------------------------------------------------
#Requests.get
#-----------------------------------------------------------
import pandas as pd
import requests
url = "https://mopsfin.twse.com.tw/opendata/t187ap46_0_6.csv" #換連結
response = requests.get(url)
with open("data01.csv","wb")as file:
    file.write(response.content)
df2 = pd.read_csv("data01.csv",encoding="utf-8-sig") #繁體中文
print(df2)
```

STEP04：直接在記事本下方加入 **"幫我改寫成 gradio 框架"**

```
"""Hugging Face_ESG資料監控.ipynb

Automatically generated by Colab.

Original file is located at
    https://colab.research.google.com/drive/11q3KXAWITJ9I_cx3gmXJC5GgvPe_PPoj

#上櫃公司企業ESG資訊揭露彙總資料-資訊安全 (df1)
"""
#-----------------------------------------------------------
#Requests.get
#-----------------------------------------------------------
import pandas as pd
import requests
url = "https://mopsfin.twse.com.tw/opendata/t187ap46_0_16.csv" #換連結
response = requests.get(url)
with open("data01.csv","wb")as file:
    file.write(response.content)
df1 = pd.read_csv("data01.csv",encoding="utf-8-sig") #繁體中文
print(df1)

df1
```

9-10

9.3 Gradio 介面和 APP 開發實戰

```
"""#上櫃公司企業ESG資訊揭露彙總資料-董事會 (df2)"""
#-----------------------------------------------------------------
#Requests.get
#-----------------------------------------------------------------
import pandas as pd
import requests
url = "https://mopsfin.twse.com.tw/opendata/t187ap46_0_6.csv" #換連結
response = requests.get(url)
with open("data01.csv","wb")as file:
    file.write(response.content)
df2 = pd.read_csv("data01.csv",encoding="utf-8-sig") #繁體中文
print(df2)

"""#上櫃公司企業ESG資訊揭露彙總資料-溫室氣體排放 (df3)"""
#-----------------------------------------------------------------
#Requests.get
#-----------------------------------------------------------------
import pandas as pd
import requests
url = "https://mopsfin.twse.com.tw/opendata/t187ap46_0_1.csv" #換連結
response = requests.get(url)
with open("data01.csv","wb")as file:
    file.write(response.content)
df3 = pd.read_csv("data01.csv",encoding="utf-8-sig") #繁體中文
print(df3)
df3=df3.dropna()

df3
```

請幫我改寫成gradio框架

STEP05：將結合 Prompt 的 sorce code 丟到 Claude AI，並產生對應的程式碼

　　Claude AI：https：//claude.ai/new

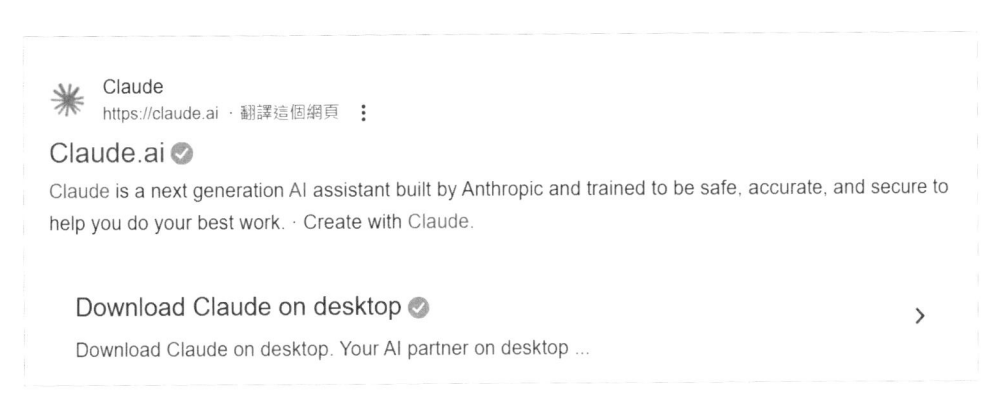

Claude
https://claude.ai · 翻譯這個網頁

Claude.ai ✓

Claude is a next generation AI assistant built by Anthropic and trained to be safe, accurate, and secure to help you do your best work. · Create with Claude.

Download Claude on desktop ✓ 〉

Download Claude on desktop. Your AI partner on desktop ...

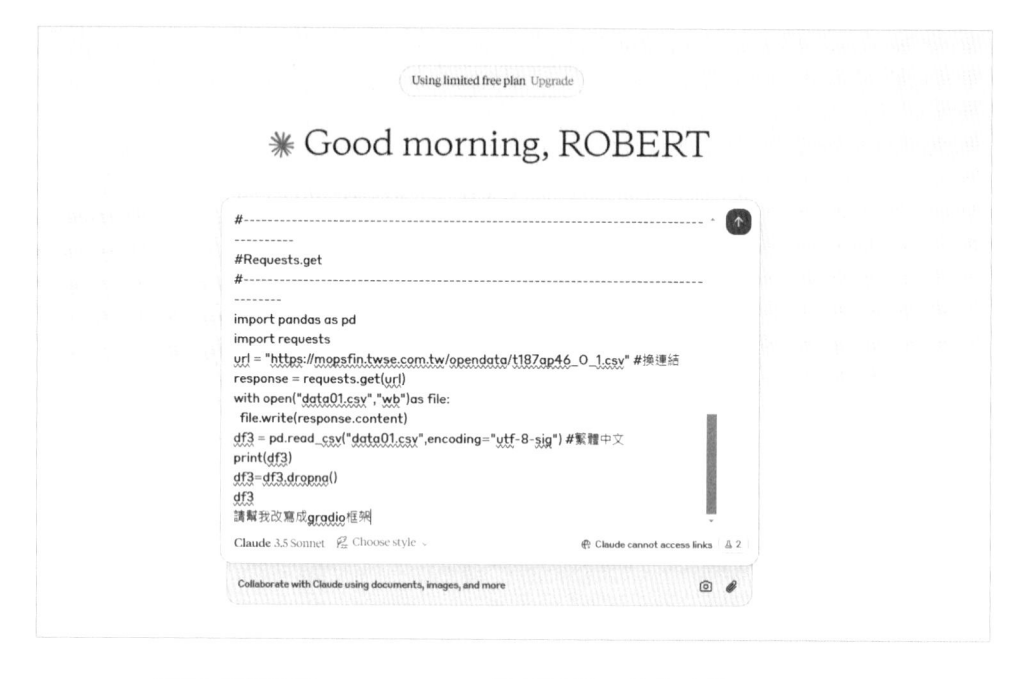

Hugging Face 平台介紹

STEP06：將程式碼貼回 Google Colab 進行測試，首先安裝 API 做測試

```
1 !pip install gradio
2 !pip install pandas
3 !pip install requests
4 !pip install plotly
5
6 #!pip install gradio pandas requests plotly
```

STEP07：回到 Google Colab 做個測試，將改寫的 gradio 框架的 code 貼回去

```
1 import gradio as gr
2 import pandas as pd
3 import requests
4 import io
5 import plotly.express as px
6
7 def fetch_data(url):
8     """Fetch data from URL and return as pandas DataFrame"""
9     try:
```

9.3 Gradio 介面和 APP 開發實戰

```
10        response = requests.get(url)
11        response.raise_for_status()
12        return pd.read_csv(io.StringIO(response.content.decode('utf-8-sig')))
13    except Exception as e:
14        return f"Error fetching data: {str(e)}"
15
16 def load_board_data():
17    """Load board related ESG data"""
18    url = "https://mopsfin.twse.com.tw/opendata/t187ap46_0_16.csv"
19    df = fetch_data(url)
20    if isinstance(df, pd.DataFrame):
21        return df, "董事會資料載入成功！"
22    return None, df
23
24 def load_ghg_data():
25    """Load greenhouse gas emission ESG data"""
26    url = "https://mopsfin.twse.com.tw/opendata/t187ap46_0_6.csv"
27    df = fetch_data(url)
28    if isinstance(df, pd.DataFrame):
29        return df, "溫室氣體排放資料載入成功！"
30    return None, df
31
```

在 Colab 執行後的結果，看起來效果還不錯，可以進行下一步的部署動作！

上櫃公司 ESG 資訊查詢系統

選擇資料類型
- ◉ 董事會　　○ 溫室氣體　　○ ESG綜合

[　　　　　　　　　　　　　　　　　　　　　　　　　　　　　　　　　　載入資料　]

狀態訊息

董事會資料載入成功！

資料統計

資料列數：519
資料欄位：出表日期,報告年度,公司代號,公司名稱,資訊外洩事件數量(件),與個資相關的資訊外洩事件占比,因資訊外洩事件而受影響的顧客數(人)

	出表日期	報告年度	公司代號	公司名稱	資訊外洩事件數量(件)	與個資相關的資訊外洩事件占比	因資訊外洩事件而受影響的顧客數(人)
0	1131231	112	1240	茂生農經	NaN	NaN	NaN
1	1131231	112	1259	安心	0.0	0.00%	0.0
2	1131231	112	1264	德麥	0.0	0.00%	NaN
3	1131231	112	1268	漢來美食	0.0	0.00%	0.0
4	1131231	112	1336	台翰	0.0	0.00%	0.0

Hugging Face 平台介紹

STEP08：回到 Hugging Face 後台

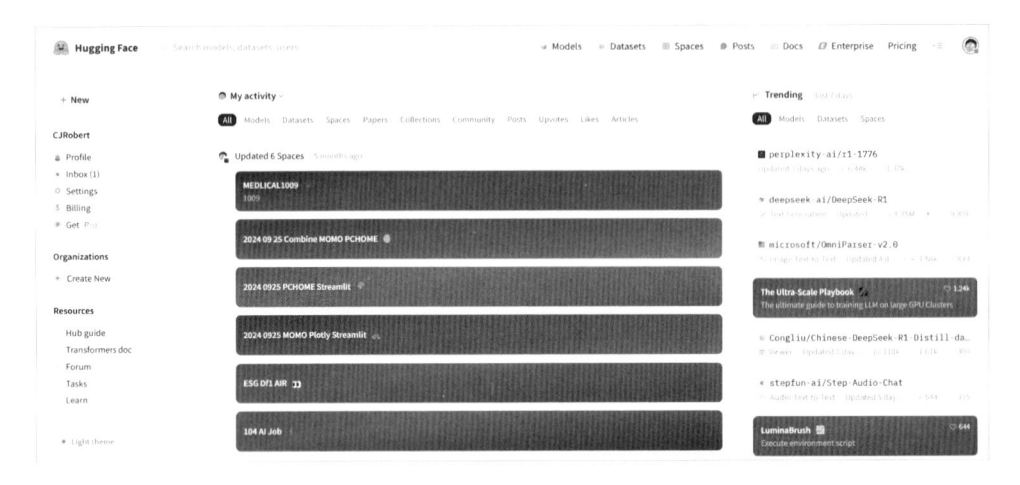

STEP09：點擊 Spaces 進行部署

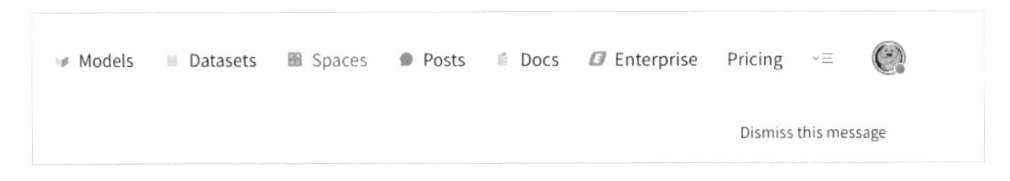

新增空間（New Space）

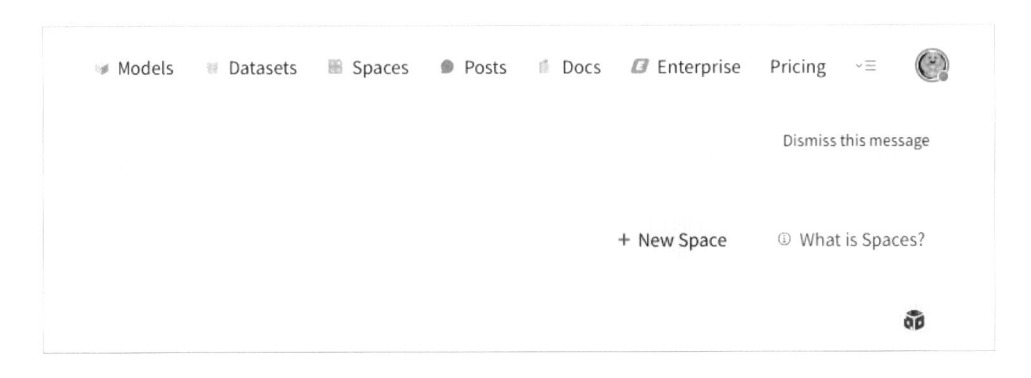

9.3 Gradio 介面和 APP 開發實戰

進到編輯填寫畫面如下：

Create a new Space

Spaces are Git repositories that host application code for Machine Learning demos.
You can build Spaces with Python libraries like Streamlit or Gradio, or using Docker images.

Owner
Rooobert

Space name
New Space name

Short description
Short Description

License
License

Select the Space SDK
You can choose between Streamlit, Gradio and Static for your Space. Or pick Docker to host any other app.

- Streamlit
- Gradio (NEW) — 3 templates
- Docker — 16 templates
- Static — 3 templates

Space hardware Free

CPU basic · 2 vCPU · 16 GB · FREE

9-15

Hugging Face 平台介紹

STEP10：填寫範例如下：其中 License 記得選 other

Spaces are Git repositories that host application code for Machine Learning demos.
You can build Spaces with Python libraries like Streamlit or Gradio, or using Docker images.

Owner
Rooobert

Space name
ESG 測試專案_20250216

Short description
Short Description

License
other

Select the Space SDK
You can choose between Streamlit, Gradio and Static for your Space. Or pick Docker to host any other app.

- Streamlit
- Gradio (NEW) — 3 templates
- Docker — 16 templates
- Static — 3 templates

Choose a Gradio template:
- Blank
- chatbot
- text-to-image
- leaderboard

Space hardware Free

CPU basic · 2 vCPU · 16 GB · FREE

You can switch to a different hardware at any time in your Space settings.
You will be billed for every minute of uptime on a paid hardware.

Space Dev Mode BETA PRO subscribers
Dev mode allows you to remotely access your Space using SSH or VS Code. Learn more.

◯ Enable dev mode
This feature is available for PRO users only.

⦿ **Public**
Anyone on the internet can see this Space. Only you (personal Space) or members of your organization (organization Space) can commit.

9.3 Gradio 介面和 APP 開發實戰

此處要注意 Space name（專案名稱要注意不要有特殊符號）

Spaces are Git repositories that host application code for Machine Learning demos.
You can build Spaces with Python libraries like Streamlit or Gradio, or using Docker images.

Owner: Rooobert
Space name: ESG_20250216

STEP11：點擊 create the app.py

Start by cloning this repo by using:

HTTPS SSH

```
# When prompted for a password, use an access token with write permissions.
# Generate one from your settings: https://huggingface.co/settings/tokens
git clone https://huggingface.co/spaces/Rooobert/ESG_20250216
```

Create your Gradio app.py file:

```python
import gradio as gr

def greet(name):
    return "Hello " + name + "!!"

demo = gr.Interface(fn=greet, inputs="text", outputs="text")
demo.launch()
```

Then commit and push:

```
git add app.py
git commit -m "Add application file"
git push
```

Hint Alternatively, you can **create the app.py** file directly in your browser.

Finally, your Space should be running on this page after a few moments!

9-17

Hugging Face 平台介紹

STEP12：進到 Hugging Face 部署後台

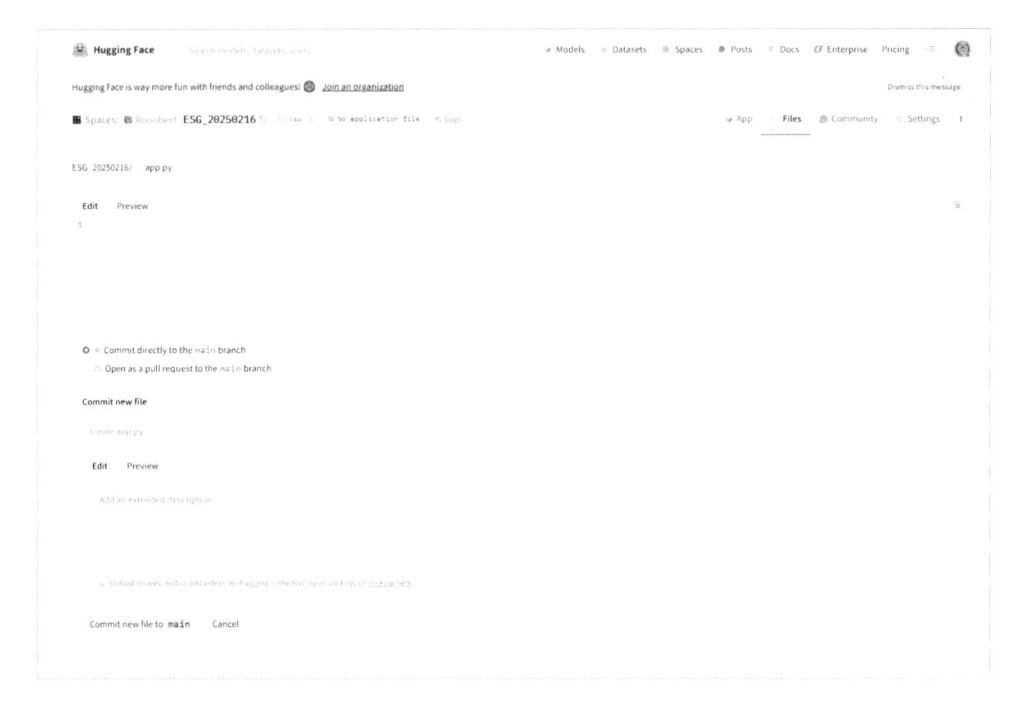

STEP13：將改寫的 gradio 框架的 code 貼上

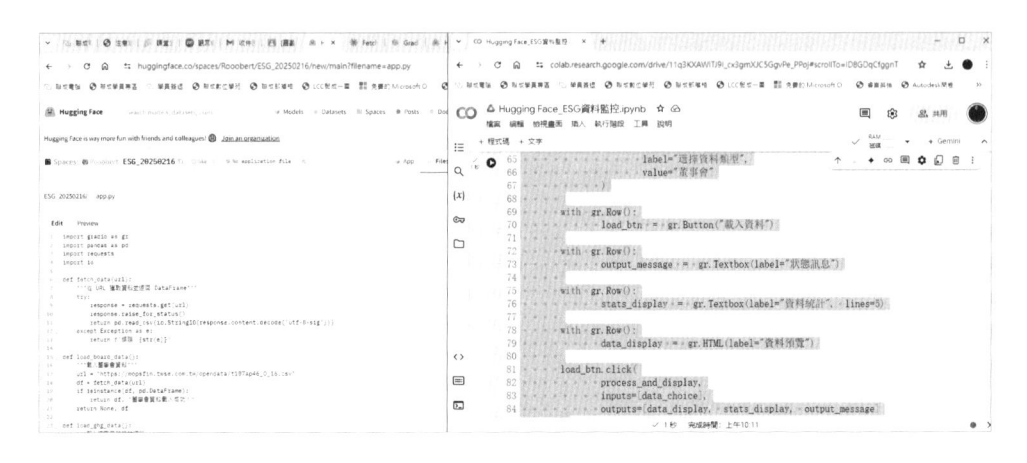

將程式碼貼上後，點擊 Commit new file to main

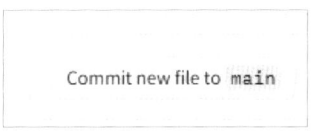

STEP14：點一下專案名稱到編輯畫面

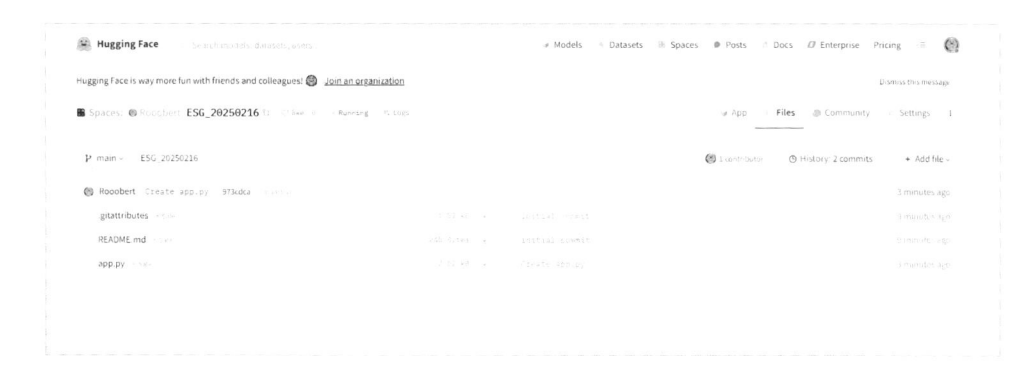

STEP15：開始撰寫 requirements.txt

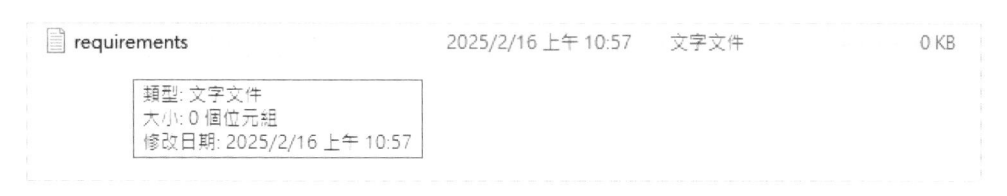

將該專案會使用到的 API 套件填上

Hugging Face 平台介紹

STEP16：上傳 requirements.txt（upload）

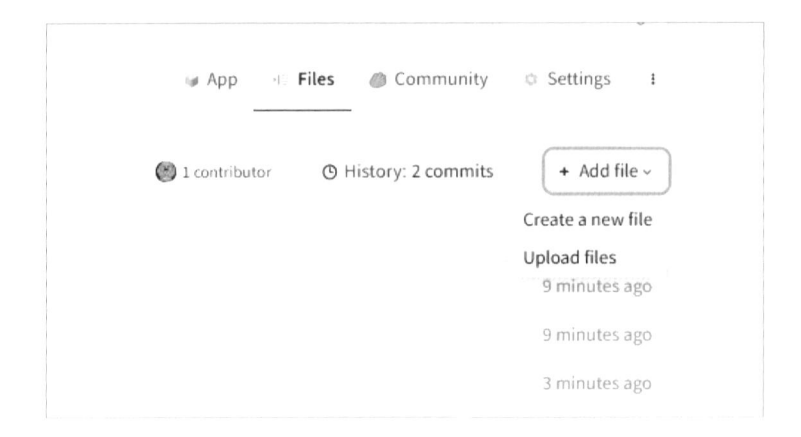

直接將 requiremensts.txt 拖進去編輯畫面

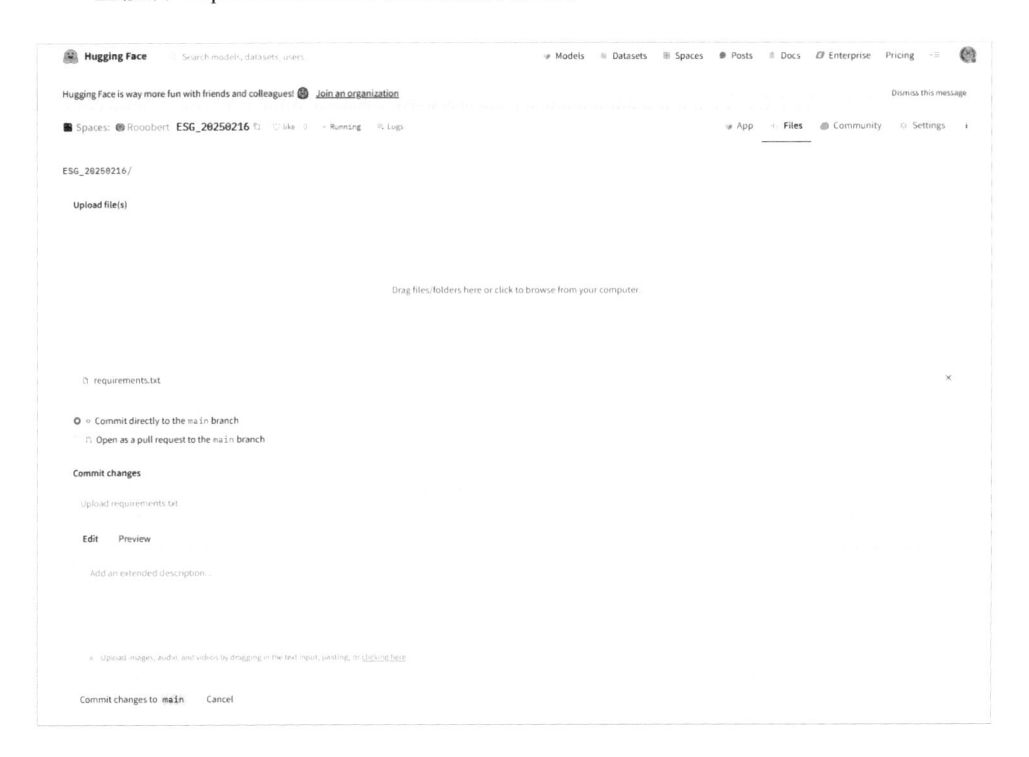

9.3 Gradio 介面和 APP 開發實戰

STEP17：點擊 Commit changes to main

完成後編輯後的畫面

STEP18：等待編輯，並觀察有無亮綠燈（Running）正確執行

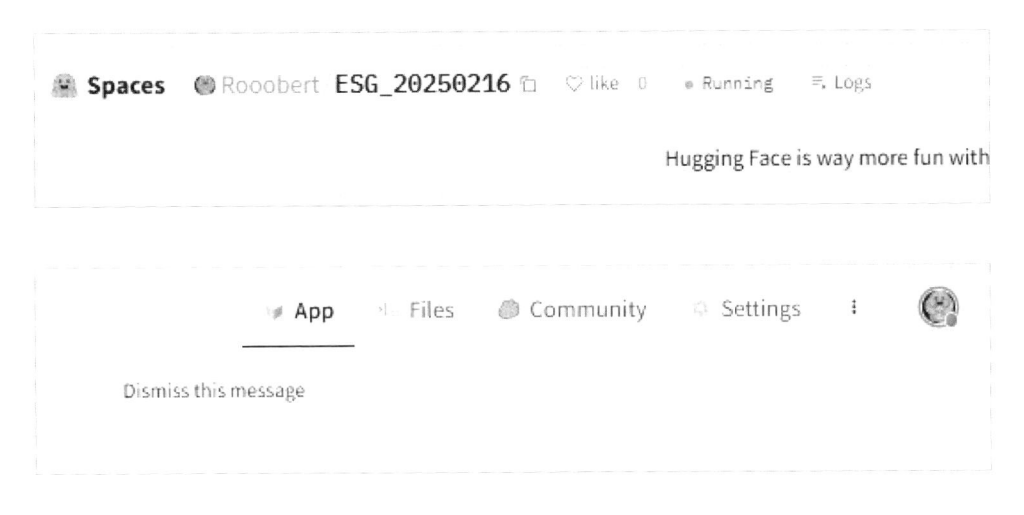

Hugging Face 平台介紹

STEP19：完成後打包專案，點擊 Embed this Space

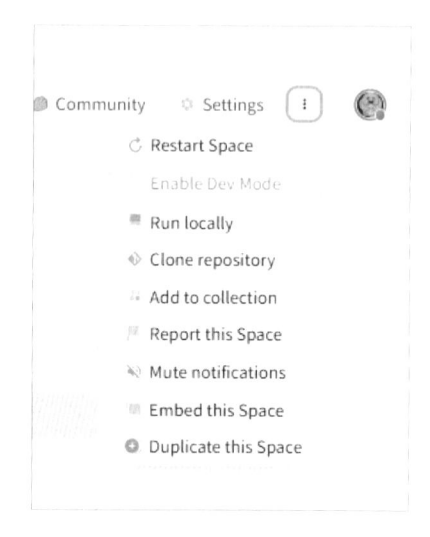

其中，Direct URL 就是專案連結

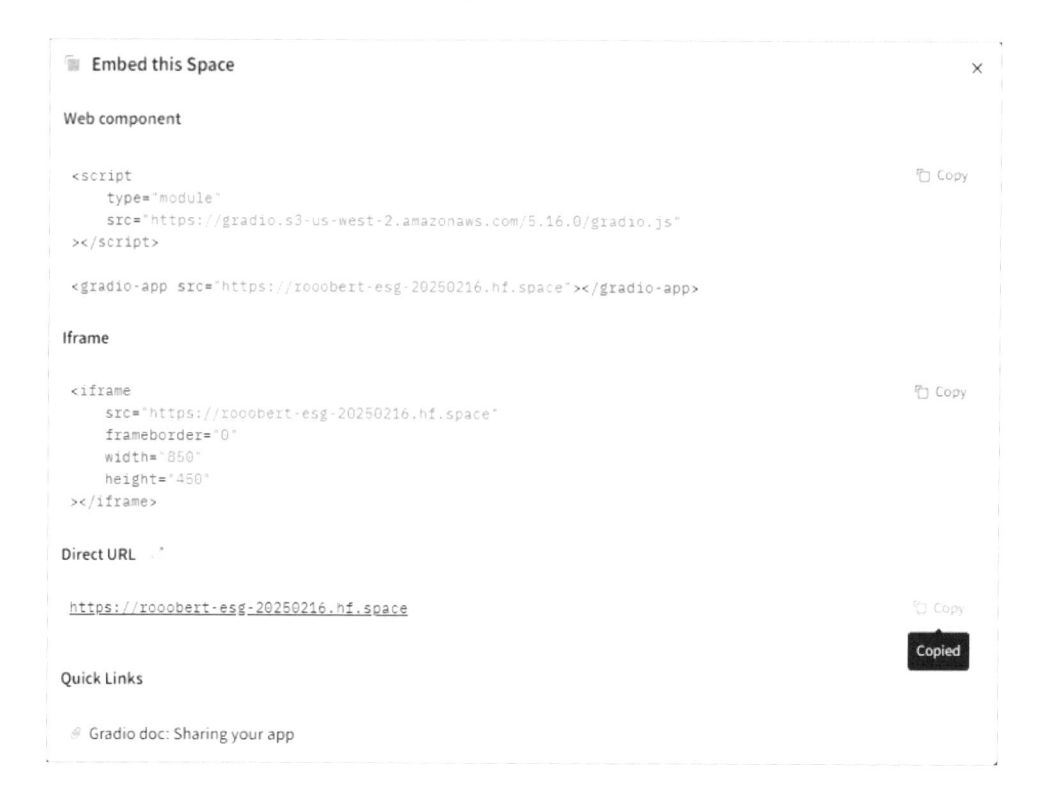

9.3 Gradio 介面和 APP 開發實戰

完成專案的部署後,仍可以修正專案,接下來介紹專案的修正如下:

STEP01:點擊 Files 到專案畫面

STEP02:點擊該專案,並點擊 edit

```
import gradio as gr
import pandas as pd
import requests
import io
```

Hugging Face 平台介紹

編輯後,直接點 Commit changes to main

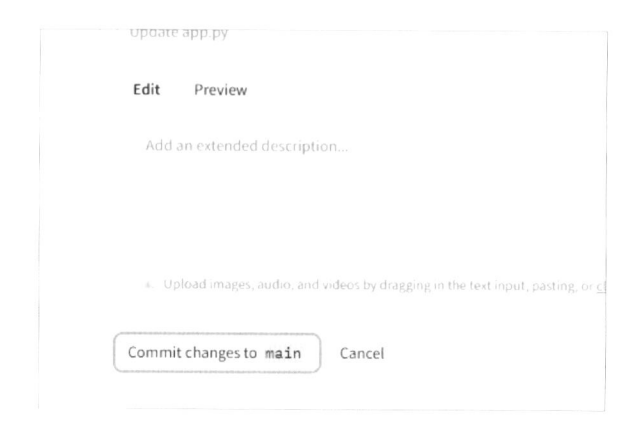

此處也介紹專案 debug 的方法,此處也建議讀者朋友使用生成式 AI 工具進行除錯。

STEP01:觀察是否可以執行?通常執行結果有問題就會出現 Runtime error

STEP02:直接點擊 Logs,並將 Logs 說明的錯誤訊息和程式碼一起丟到生成式 AI 工具進行產生新程式碼

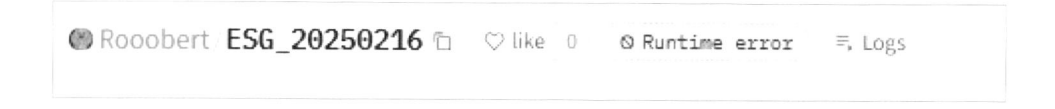

9.3 Gradio 介面和 APP 開發實戰

Container 底下有 log

```
Container logs:

≡ Logs    Build    Container

===== Application Startup at 2025-02-16 03:36:49 =====
Traceback (most recent call last):
  File "/home/user/app/app.py", line 3, in <module>
    import request
ModuleNotFoundError: No module named 'request'
Traceback (most recent call last):
  File "/home/user/app/app.py", line 3, in <module>
    import request
ModuleNotFoundError: No module named 'request'
```

- 範例二：部署 PCHOME 電商爬蟲

STEP01：讀者可以使用 PCHOME_Prompt.txt

9　Hugging Face 平台介紹

STEP02：Prompt 丟到 Claude AI，同時產生對應的程式碼

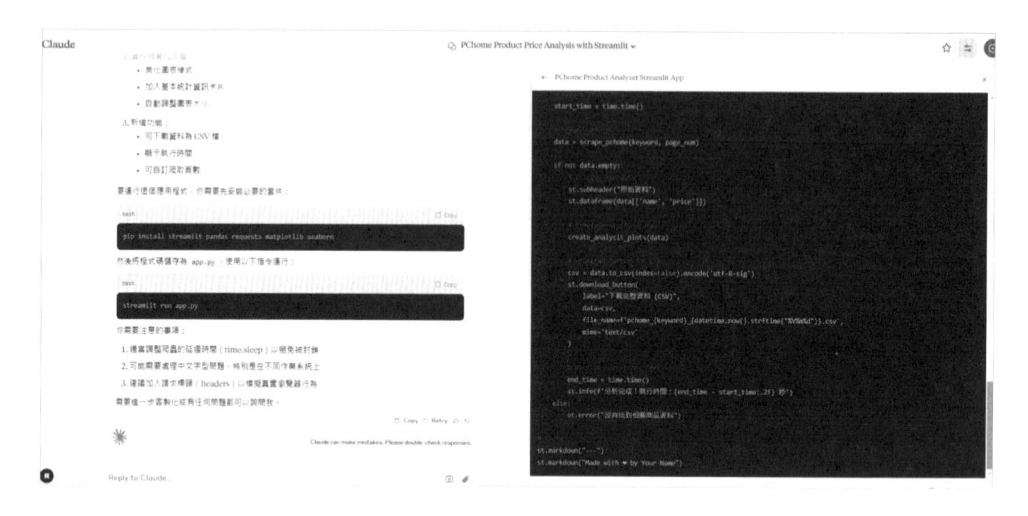

STEP03：回到 Hugging Face 編輯畫面進行部署

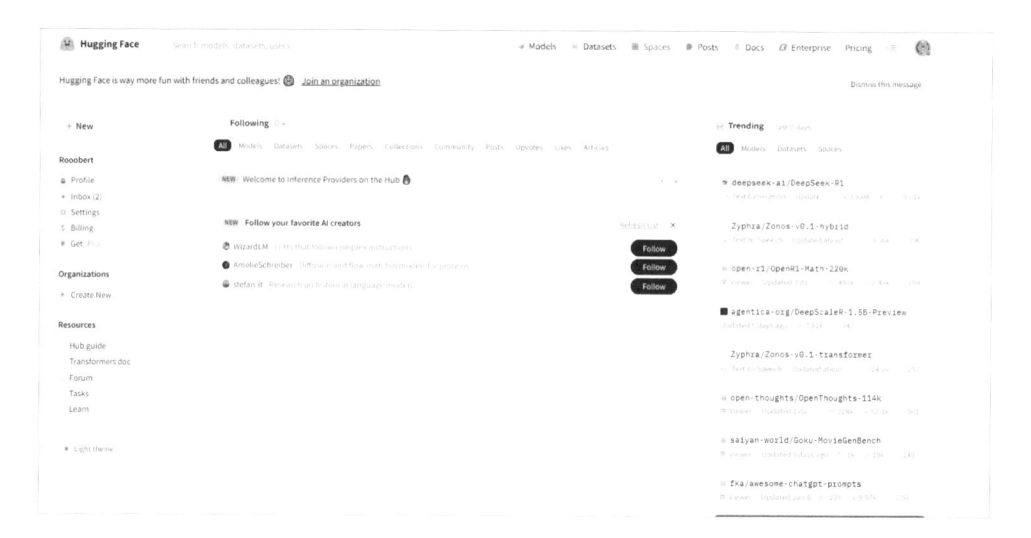

9.3 Gradio 介面和 APP 開發實戰

STEP04：選擇 streamlit 進行部署

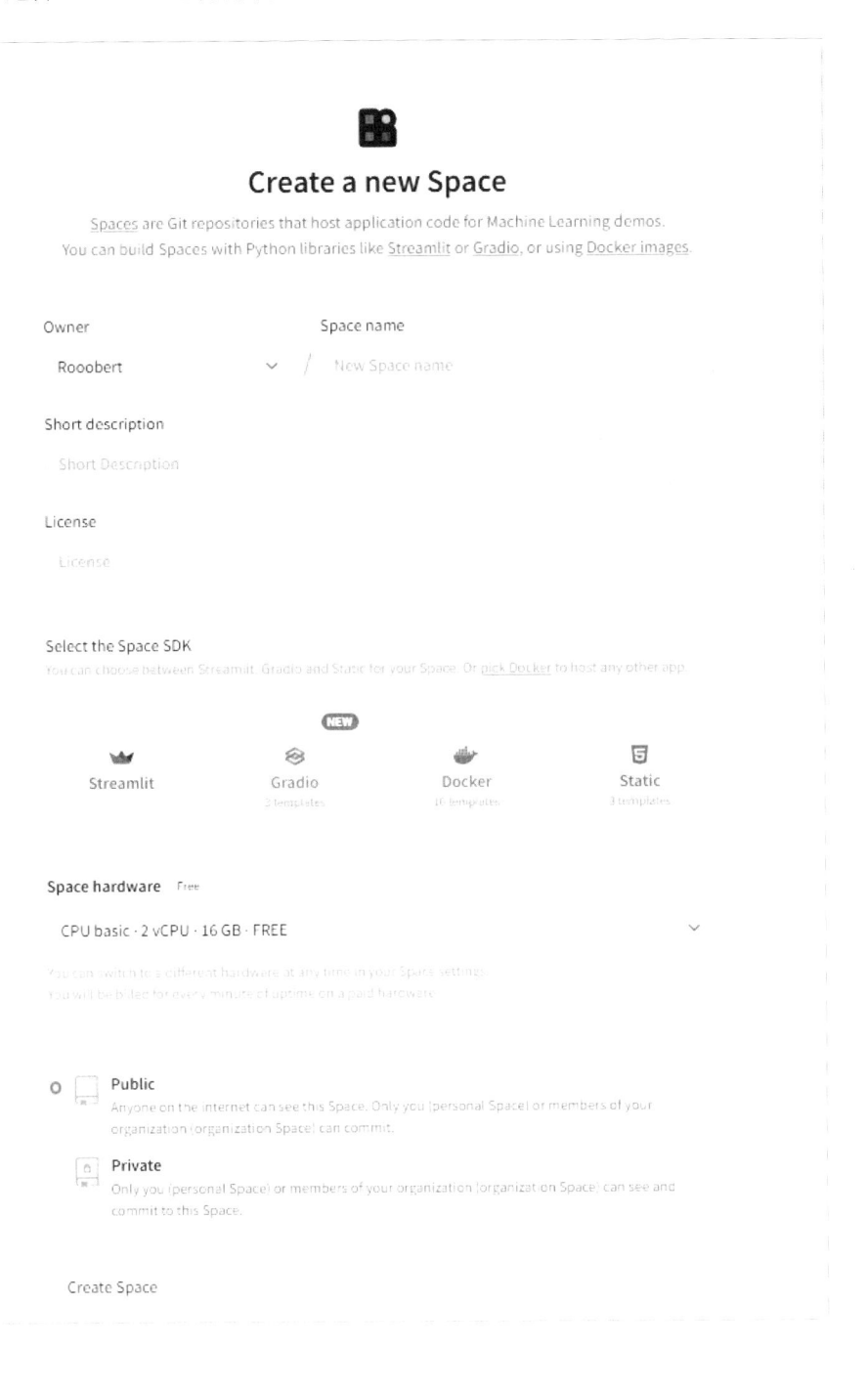

Create a new Space

Spaces are Git repositories that host application code for Machine Learning demos.
You can build Spaces with Python libraries like Streamlit or Gradio, or using Docker images.

Owner　　　　　　　　　**Space name**
Rooobert　　　∨　　/　　New Space name

Short description
Short Description

License
License

Select the Space SDK
You can choose between Streamlit, Gradio and Static for your Space. Or pick Docker to host any other app.

- Streamlit
- Gradio (NEW) — 3 templates
- Docker — 16 templates
- Static — 3 templates

Space hardware　Free

CPU basic · 2 vCPU · 16 GB · FREE

You can switch to a different hardware at any time in your Space settings.
You will be billed for every minute of uptime on a paid hardware.

○ **Public**
Anyone on the internet can see this Space. Only you (personal Space) or members of your organization (organization Space) can commit.

Private
Only you (personal Space) or members of your organization (organization Space) can see and commit to this Space.

Create Space

9-27

Hugging Face 平台介紹

STEP05：同樣回到編輯畫面

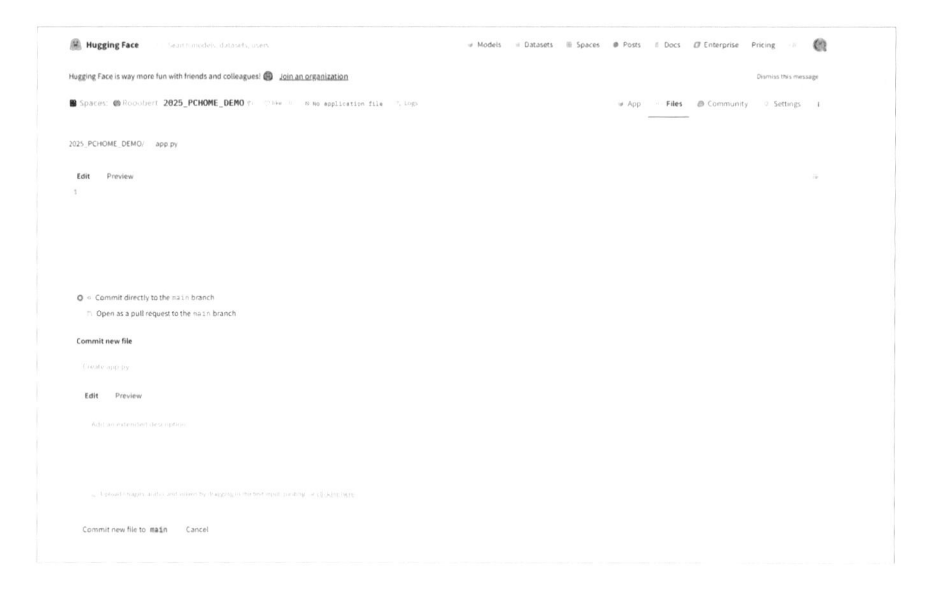

STEP06：將 Prompt 丟進生成式 AI 產生 source code，再點擊 Commit file to main

9.3 Gradio 介面和 APP 開發實戰

STEP07：撰寫 requirements.txt

```
streamlit
pandas
requests
matplotlib
seaborn
```

同時上傳 requirements.txt

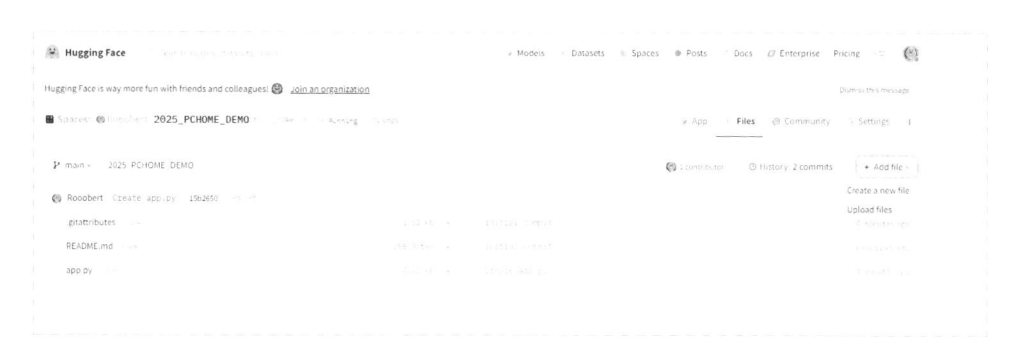

Hugging Face 平台介紹

STEP08：上傳之後，即可以點擊專案執行

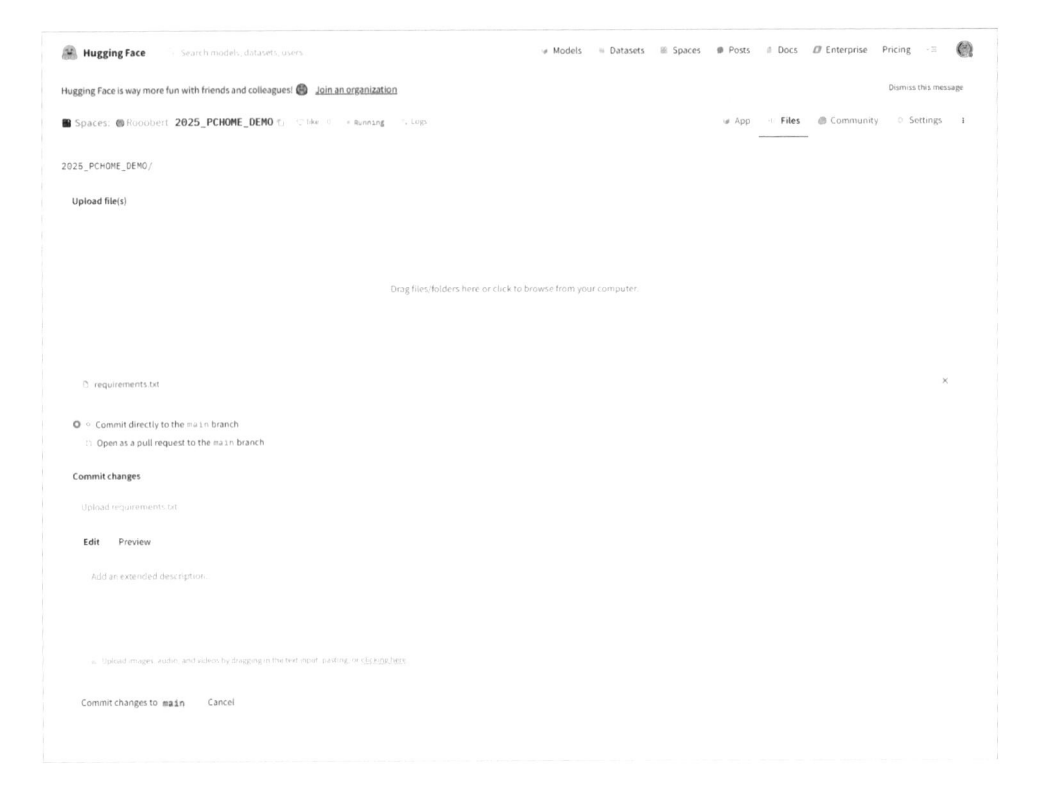

STEP09：部署成功的專案如下

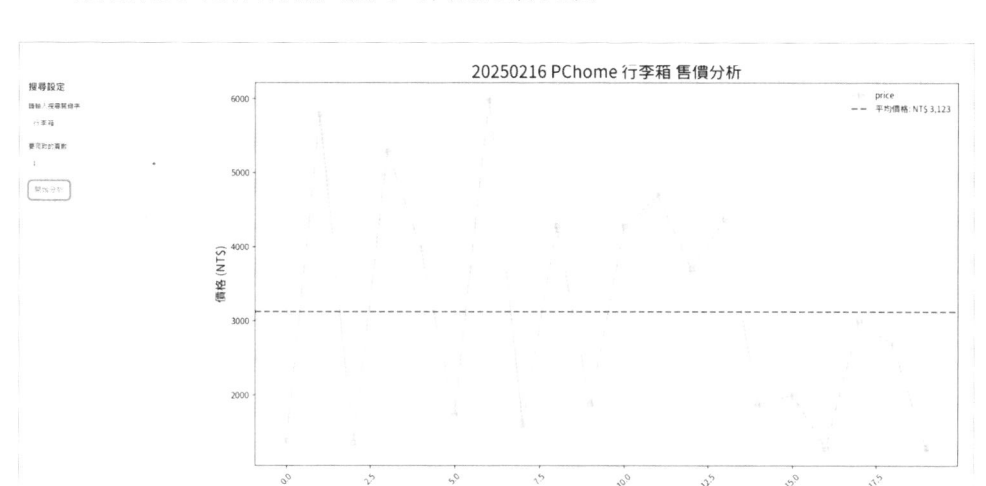

讀者朋友可以自行輸入搜尋的商品進行比價！

20250216 PChome 行李箱 售價分析

兩個專案的使用連結如下：

ESG：

https：//rooobert-esg-20250216.hf.space

PCHOME：

https：//rooobert-2025-pchome-demo.hf.space

9.4 Gemini API 申請與對話機器人實作應用

1. 概述

　　隨著人工智慧技術的發展，對話機器人已經成為許多應用程式的重要組成部分。Google 推出的 Gemini API 提供強大的自然語言處理能力，讓開發者能夠輕鬆建立對話式應用。本章將介紹如何申請 Gemini API 並運用於對話機器人開發。

9 Hugging Face 平台介紹

2. 申請 Gemini API

在開始使用 Gemini API 之前,需要先申請 API 金鑰。步驟如下:

1. 前往 Google AI Studio 並使用 Google 帳戶登入。

2. 在左側選單中選擇「取得 API 金鑰」,然後點擊「在新專案中建立 API 金鑰」。

3. 生成 API 金鑰後,請妥善保存,因為後續開發需要使用該金鑰。

到官網:https://ai.google.dev/gemini-api/docs/api-key?hl=zh-tw

此時可以直接點擊 Get API key

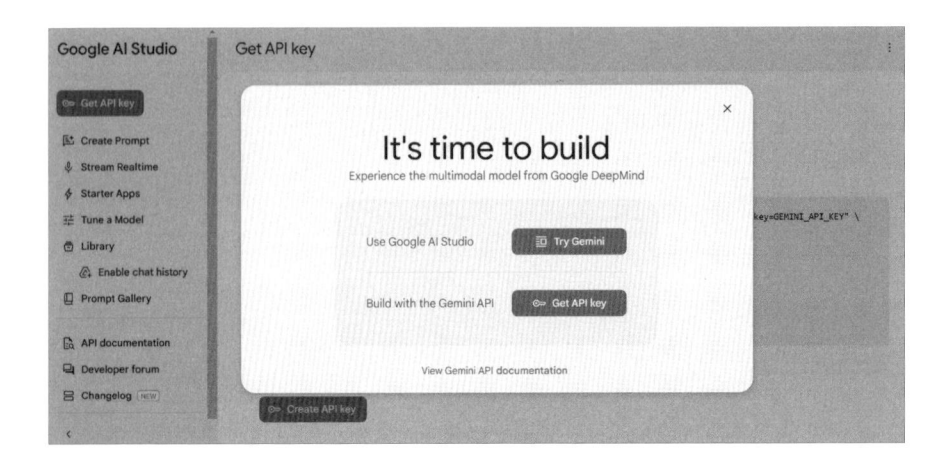

9.4 Gemini API 申請與對話機器人實作應用

接著，可以再點擊 Create API key

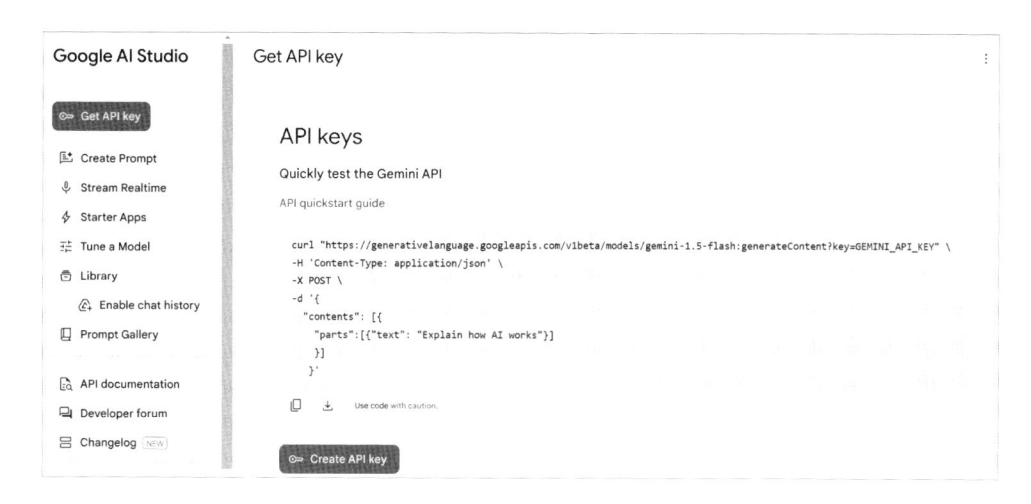

可以自己取專案名稱或者使用先前註冊過後的金鑰

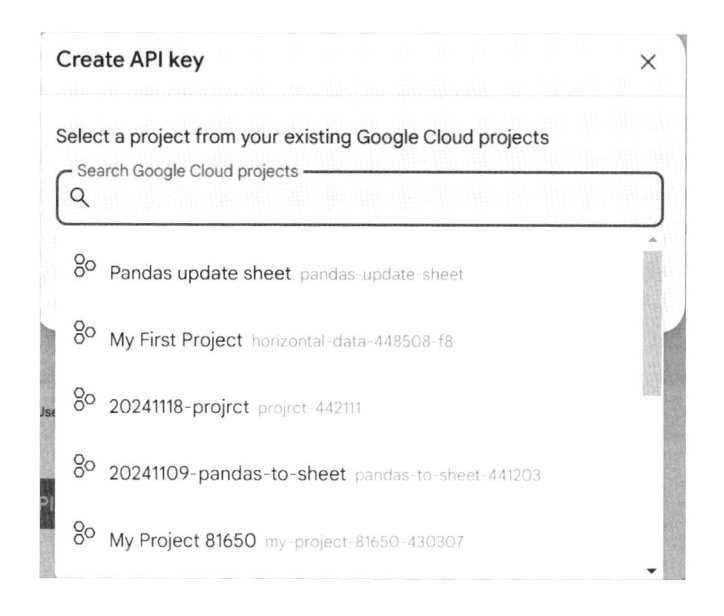

Hugging Face 平台介紹

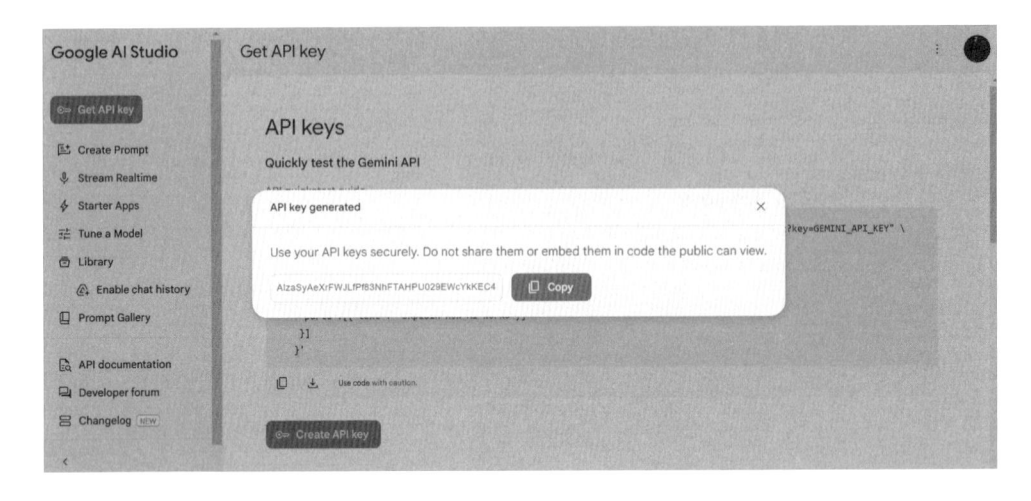

3. 建立對話機器人

3.1 設計對話機器人的角色與對話邏輯

在 Google AI Studio 中，開發者可以使用內建的提示設計機器人行為：

1. 選擇「建立新提示」。

2. 在「系統操作說明」中設定機器人的角色，例如：「你是一個住在木星衛星歐羅巴的外星人」。

3. 在「輸入內容」中測試使用者可能輸入的問題，調整機器人的回應。

3.2 使用 Gemini API 進行文字生成

使用 API 金鑰呼叫 Gemini API，可以讓機器人回應使用者的問題。以下是 Python 版的基本示範程式：

```
import google.generativeai as genai

genai.configure(api_key=' 您的 API 金鑰 ')

response = genai.generate_text(
    model='gemini-pro',
    prompt=' 請介紹一下木星衛星歐羅巴。'
```

9.4 Gemini API 申請與對話機器人實作應用

)

print(response.result)

讀者朋友可以使用專案範例如下:

```
檔案   編輯   檢視

1.Gemini API key
參考答案:
https://ai.google.dev/gemini-api/docs/api-key?hl=zh-tw (Google Gemini API key)
https://colab.research.google.com/drive/1m85-jRa7FyWAXNt8IyVkTn2X8B7IqkW5?usp=sharing

2.GraqAI API key
https://console.groq.com/keys
https://colab.research.google.com/drive/1bqgo5yUttF-BdG2afykquIeWY2RKp-fU?usp=sharing

Gemini Code +
請幫我使用twstock或者yfinance結合股價的問答,使用者提到公司名稱或者代號,就印出對應日期的股價

參考答案
https://colab.research.google.com/drive/1NPENIwsqhgkGsXjpaut_tFrE4nnYs-nG?usp=sharing
```

讀者朋友可以使用本人的範例程式進行置換金鑰

```
1 import os
2 import google.generativeai as genai
3
4 # 安全地設置API Key (建議使用環境變數)
5 API_KEY = 'AIzaSyC3zq3kh91ZjC-DKs1klNcyzw-YhYWi2RY'    # 請替換為您的實際API Key
6 genai.configure(api_key=API_KEY)
7
8 # 配置生成模型參數
9 generation_config = {
10     'temperature': 0.7,        # 控制隨機性
11     'top_p': 1.0,              # 核取樣參數
12     'max_output_tokens': 2048  # 最大輸出token數
13 }
14
15 # 安全設定
16 safety_settings = [
17     {
18         "category": "HARM_CATEGORY_HARASSMENT",
19         "threshold": "BLOCK_MEDIUM_AND_ABOVE"
20     },
```

可以直接透過輸入框和 Gemini AI 直接進行對話;作者透過反詰的方式進行提問,可見 Gemini AI 給的答案十分正確!

Hugging Face 平台介紹

```
... 開始與Gemini AI對話，輸入'退出'結束對話。
您：請問赤崁樓是位於台中嗎
Gemini： 否
您：我印象所及是在台北
Gemini： 你的印象有誤，赤崁樓位於台南市，不在台北。
您：是這樣嗎?!
Gemini： 是的，赤崁樓位於台南市中西區，是一座建於明鄭時期的古蹟，也是台南市的著名地標。
您：有沒有證據
Gemini： **證據：**

* **官方網站：**
    * 台南市政府文化局：https://www.bocach.tainan.gov.tw/
    * 赤崁樓：https://cktower.tainan.gov.tw/

* **維基百科**
    * 赤崁樓：https://zh.wikipedia.org/wiki/%E8%B5%A4%E5%9D%82%E6%A8%93

* **Google 地圖：**
    * 赤崁樓：https://goo.gl/maps/aH2qZ31G4Y7e268SA

* **歷史文獻：**
    * 《臺灣府志》：記載赤崁樓於明鄭時期建於赤崁山上，作為軍事用途。

以上證據均明確指出赤崁樓位於台南市，而非台北市。
您：台南還有什麼有名的古蹟，介紹一下吧
Gemini：   台南還有許多著名的古蹟，以下列出幾個較為知名的：

* **安平古堡：**建於 17 世紀的荷蘭時期，是台灣現存最古老的古堡。
* **億載金城：**建於 19 世紀的清朝時期，是台灣規模最大的古砲台。
* **孔廟：**建於 17 世紀的明鄭時期，是台灣最早的孔廟。
* **祀典武廟：**建於 17 世紀的清朝時期，是台灣規模最大的關帝廟。
* **大天后宮：**建於 17 世紀的明鄭時期，是台灣最古老的媽祖廟。
* **鹿耳門聖母廟：**建於 17 世紀的明鄭時期，是台灣最古老的天主教堂。
* **赤崁樓：**建於 17 世紀的明鄭時期，是台南市的著名地標。
* **台南府城隍廟：**建於 18 世紀的清朝時期，是台灣最古老的城隍廟。
* **南鯤鯓代天府：**建於 17 世紀的明鄭時期，是台灣規模最大的王爺廟。
* **開基武廟：**建於 17 世紀的明鄭時期，是台灣最古老的武廟。

這些古蹟見證了台南豐富的歷史文化，是遊客到台南必訪的景點。
您：
```

讀者若有興趣，可進一步改寫成 gradio 框架

4. 整合 Gemini API 至應用程式

4.1 建立 API 服務

在應用程式中，建議建立一個 API 服務來處理與 Gemini API 的互動。例如，在 Flask 應用程式中可以這樣設計：

```python
from flask import Flask,request,jsonify
import google.generativeai as genai


app = Flask(__name__)
genai.configure(api_key=' 您的 API 金鑰 ')


@app.route('/chat',methods=['POST'])
def chat():
```

```
    data = request.json
    prompt = data.get('prompt','')
    response = genai.generate_text(model='gemini-pro',prompt=prompt)
    return jsonify({'response':response.result})

if __name__ == '__main__':
    app.run(debug=True)
```

這樣的設計可以讓前端應用透過 HTTP 請求與對話機器人互動。

4.2 前端應用整合

如果要在 Vue.js 應用程式中整合對話機器人，可以透過 fetch 方法呼叫後端 API：

```
async function sendMessage(userInput){
    const response = await fetch('/chat',{
        method:'POST',
        headers:{'Content-Type':'application/json'},
        body:JSON.stringify({prompt:userInput})
    });
    const data = await response.json();
    console.log('AI 回應：',data.response);
}
```

5. 部署與測試

完成應用程式開發後，可以將後端 API 部署到雲端伺服器，例如 Google Cloud Run 或 AWS Lambda，確保應用程式可以隨時提供服務。

測試步驟：

1. 在開發環境中測試 API 回應是否符合預期。

2. 透過不同的輸入測試對話機器人的靈活度。

3. 在不同平台上測試整合效果。

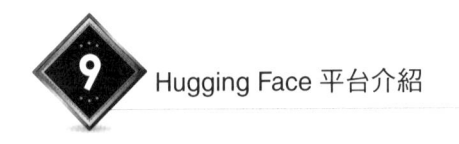

Hugging Face 平台介紹

6. 結論

Gemini API 提供強大的 AI 模型，讓開發者能夠快速開發對話式應用。透過 API 申請、對話設計、後端整合與前端應用的搭配，開發者可以構建智慧對話機器人並應用於多種場景，例如客服、教育與內容生成。

本章介紹了完整的申請與開發流程，希望能夠幫助讀者順利開發自己的 AI 對話應用。

9.5 GroqAPI 申請與對話機器人實作應用

1. 概述

在 AI 驅動的應用程式開發中，對話機器人已成為許多行業的重要工具。GroqAPI 提供強大的自然語言處理（NLP）功能，使開發者能夠構建智能對話機器人。本章將介紹如何申請 GroqAPI 並運用於對話機器人的開發。

2. 申請 GroqAPI

在開始使用 GroqAPI 之前，需要先申請 API 金鑰。以下是步驟：

1. 前往 GroqAPI 官方網站並使用您的帳戶登入或註冊新帳號。

2. 在「API 管理」頁面，點擊「申請 API 金鑰」。

3. 選擇適合您的方案（免費或付費方案）。

4. 生成 API 金鑰，請妥善保存，後續開發需要使用該金鑰。

到官網：https://console.groq.com/login

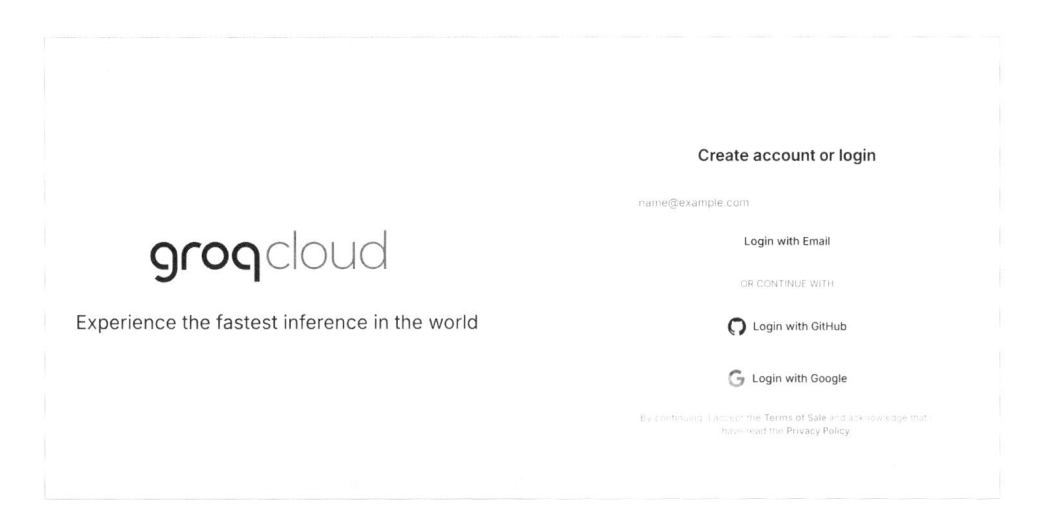

9.5 GroqAPI 申請與對話機器人實作應用

讀者可以點擊 Create API key

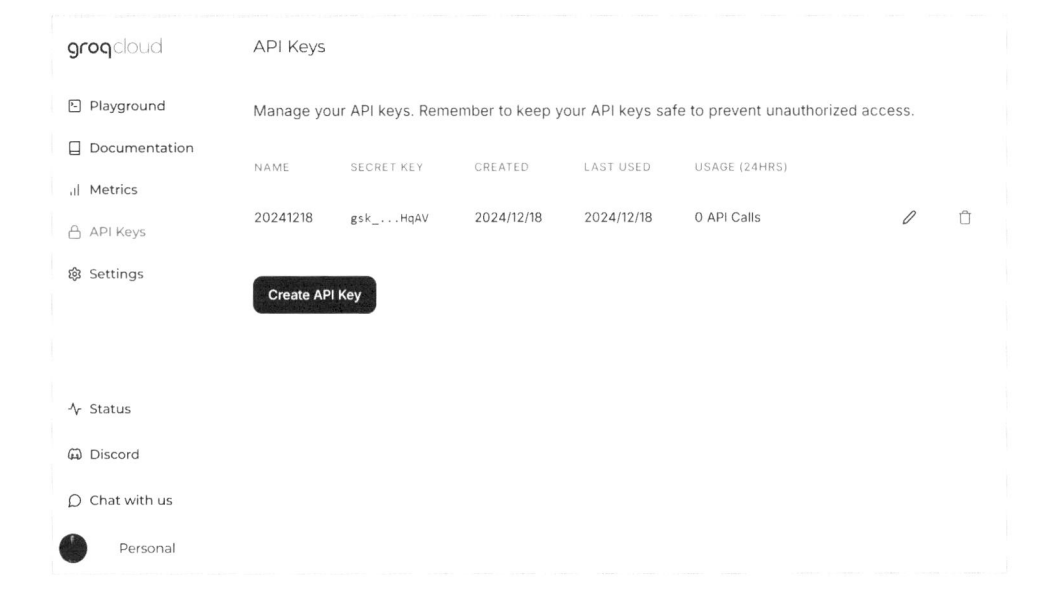

Hugging Face 平台介紹

讀者可以輸入自行取的 API 的名稱

產生 API 金鑰

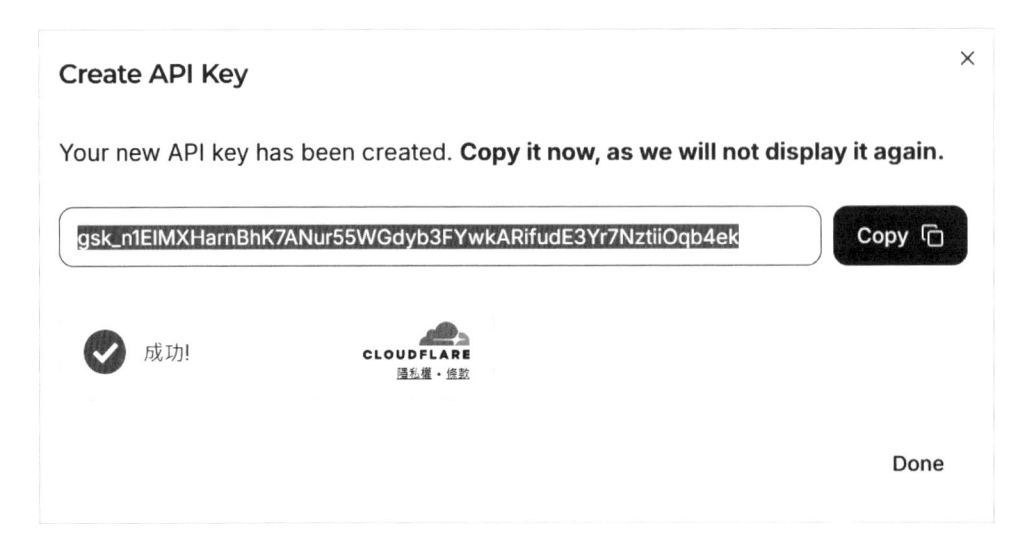

3. 建立對話機器人

3.1 設計對話機器人的角色與對話邏輯

開發者可以透過 GroqAPI 提供的 NLP 模型設計對話機器人。

9.5 GroqAPI 申請與對話機器人實作應用

1. 決定機器人的角色，例如：「你是一個專業的技術客服人員」。

2. 設計可能的使用者輸入，如「如何重設密碼？」

3. 定義機器人的回應，例如「請前往設定頁面並點擊『重設密碼』按鈕」。

3.2 使用 GroqAPI 進行文字生成

以下是使用 Python 呼叫 GroqAPI 進行對話的基本範例：

```python
import requests
API_KEY = "您的 API 金鑰"
ENDPOINT = "https://api.groqapi.com/v1/chat"

def chat_with_bot(user_input):
    payload = {"api_key":API_KEY,"message":user_input}
    response = requests.post(ENDPOINT,json=payload)
    return response.json().get("reply","抱歉，我無法理解您的問題。")
print(chat_with_bot("請介紹 GroqAPI 的功能"))
```

讀者可以使用附件的檔案

```python
import gradio as gr
from groq import Groq

class GroqChatbot:
    def __init__(self, api_key, model="mixtral-8x7b-32768"):
        """
        初始化 Groq AI 聊天機器人

        :param api_key: Groq API 金鑰
        :param model: 要使用的模型，預設為 mixtral-8x7b-32768
        """
        self.client = Groq(api_key=api_key)
        self.model = model
        self.conversation_history = []

    def generate_response(self, user_message):
        """
        使用 Groq AI 產生回覆

        :param user_message: 使用者輸入的訊息
        :return: AI 的回覆
```

Hugging Face 平台介紹

讀者朋友可以置換金鑰,並進行詢問

```
108                     inputs=input_text,
109                     outputs=[output_text, history_text]
110         )
111
112         # 範例按鈕邏輯
113         for btn, ex in zip(example_buttons, examples):
114             btn.click(
115                 fn=chatbot.chat_interface,
116                 inputs=gr.State(ex),
117                 outputs=[output_text, history_text]
118             )
119
120     return demo
121
122 # 使用方法
123 if __name__ == "__main__":
124     # 請更換為您的 Groq API 金鑰
125     GROQ_API_KEY = "gsk_nlElMXHarnBhK7ANur55WGdyb3FYwkARifudE3Yr7NztiiOqb4ekS"
126
127     # 啟動 Gradio 介面
```

此處將該專案改寫成 gradio 框架,讀者朋友可以和 AI 互動進行問答

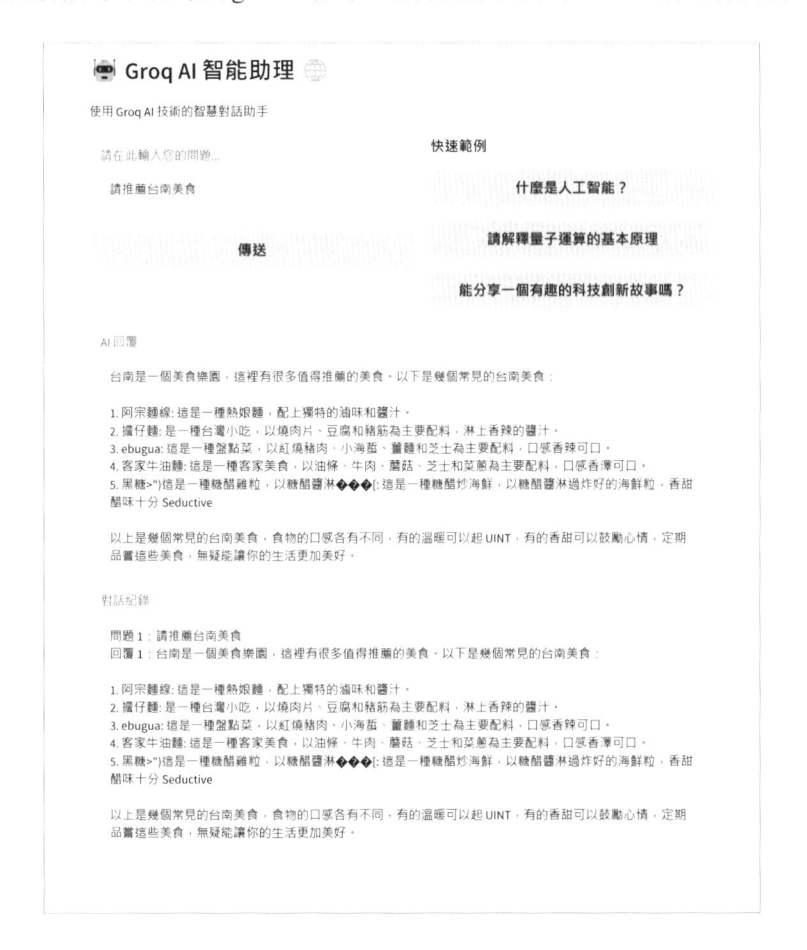

🤖 Groq AI 智能助理 🌐

使用 Groq AI 技術的智慧對話助手

請在此輸入您的問題...

請推薦台南美食

傳送

快速範例

什麼是人工智能?

請解釋量子運算的基本原理

能分享一個有趣的科技創新故事嗎?

AI 回覆

台南是一個美食樂園,這裡有很多值得推薦的美食,以下是幾個常見的台南美食:

1. 阿宗麵線: 這是一種熱娘麵,配上獨特的滷味和醬汁。
2. 擔仔麵: 是一種台灣小吃,以燒肉片、豆腐和豬筋為主要配料,淋上香辣的醬汁。
3. ebugua: 這是一種盤點菜,以紅燒豬肉、小海蜇、薑麵和芝士為主要配料,口感香辣可口。
4. 客家牛油麵: 這是一種客家美食,以油條、牛肉、蘭花、芝士和菜蔥為主要配料,口感香薄可口。
5. 黑糖>")這是一種糖醋雞粒,以糖醋醬淋���[:這是一種糖醋炒海鮮,以糖醋醬淋過炸好的海鮮粒,香甜醋味十分 Seductive

以上是幾個常見的台南美食,食物的口感各有不同,有的溫暖可以起 UINT,有的香甜可以鼓勵心情,定期品嘗這些美食,無疑能讓你的生活更加美好。

對話紀錄

問題 1:請推薦台南美食
回覆 1:台南是一個美食樂園,這裡有很多值得推薦的美食,以下是幾個常見的台南美食:

1. 阿宗麵線: 這是一種熱娘麵,配上獨特的滷味和醬汁。
2. 擔仔麵: 是一種台灣小吃,以燒肉片、豆腐和豬筋為主要配料,淋上香辣的醬汁。
3. ebugua: 這是一種盤點菜,以紅燒豬肉、小海蜇、薑麵和芝士為主要配料,口感香辣可口。
4. 客家牛油麵: 這是一種客家美食,以油條、牛肉、蘭花、芝士和菜蔥為主要配料,口感香薄可口。
5. 黑糖>")這是一種糖醋雞粒,以糖醋醬淋���[:這是一種糖醋炒海鮮,以糖醋醬淋過炸好的海鮮粒,香甜醋味十分 Seductive

以上是幾個常見的台南美食,食物的口感各有不同,有的溫暖可以起 UINT,有的香甜可以鼓勵心情,定期品嘗這些美食,無疑能讓你的生活更加美好。

9.5 GroqAPI 申請與對話機器人實作應用

也可以提供地圖連結

Groq AI 智能助理

使用 Groq AI 技術的智慧對話助手

請在此輸入您的問題...

有沒有地圖連結

傳送

快速範例

什麼是人工智能？

請解釋量子運算的基本原理

能分享一個有趣的科技創新故事嗎？

AI 回覆

以下是每家餐廳的地圖連結：

1. 阿宗麵線: <https://www.google.com/maps/place/阿宗麵線/@22.9939502,120.2053185,17z/data=!3m1!4b1!4m5!3m4!1s0x346808d5f9e660e7:0xf8d70b6c303fe49c!8m2!3d22.9939502!4d120.2075072>
2. 擔仔麵:
<https://www.google.com/maps/place/Shin+Yeh+101+Da+Dong/@22.9979509,120.2018425,17z/data=!3m1!4b1!4m5!3m4!1s0x346808d4690f9a0b:0x64395c9d46e9d87f!8m2!3d22.9979509!4d120.2040312>
3. ebugua:
<https://www.google.com/maps/place/%E5%AE%A2%E4%BD%93%E7%87%92%E6%B2%B9%E9%BA%BC%E8%8F%9C/@22.9943946,120.1924808,17z/data=!3m1!4b1!4m5!3m4!1s0x346808d3bf75b97b:0x8f790b508a3c834!8m2!3d22.9943946!4d120.19467>
4. 客家牛油麵:
<https://www.google.com/maps/place/%E5%AE%A2%E4%BD%93%E7%87%92%E6%B2%B9%E9%BA%BC%E8%8F%9C/@22.9950887,120.204212,17z/data=!3m1!4b1!4m5!3m4!1s0x346808d45c5d736b:0x92d11013f53d090!8m2!3d22.9950887!4d120.2064007>
5. 黑糖紅燒海鮮粄:
<https://www.google.com/maps/place/%E7%8B%B1%E9%A0%8A%E7%8C%BB%E9%85%8D%E9%81%8A/@22.9962269,120.2053772,17z/data=!3m1!4b1!4m5!3m4!1s0x346808d5c514dd69:0xaf2b8638dab9d914!8m2!3d22.9962269!4d120.2075659>

對話紀錄

線/@22.9939502,120.2053185,17z/data=!3m1!4b1!4m5!3m4!1s0x346808d5f9e660e7:0xf8d70b6c303fe49c!8m2!3d22.9939502!4d120.2075072>
2. 擔仔麵:
<https://www.google.com/maps/place/Shin+Yeh+101+Da+Dong/@22.9979509,120.2018425,17z/data=!3m1!4b1!4m5!3m4!1s0x346808d4690f9a0b:0x64395c9d46e9d87f!8m2!3d22.9979509!4d120.2040312>
3. ebugua:
<https://www.google.com/maps/place/%E5%AE%A2%E4%BD%93%E7%87%92%E6%B2%B9%E9%BA%BC%E8%8F%9C/@22.9943946,120.1924808,17z/data=!3m1!4b1!4m5!3m4!1s0x346808d3bf75b97b:0x8f790b508a3c834!8m2!3d22.9943946!4d120.19467>
4. 客家牛油麵:
<https://www.google.com/maps/place/%E5%AE%A2%E4%BD%93%E7%87%92%E6%B2%B9%E9%BA%BC%E8%8F%9C/@22.9950887,120.204212,17z/data=!3m1!4b1!4m5!3m4!1s0x346808d45c5d736b:0x92d11013f53d090!8m2!3d22.9950887!4d120.2064007>
5. 黑糖紅燒海鮮粄:
<https://www.google.com/maps/place/%E7%8B%B1%E9%A0%8A%E7%8C%BB%E9%85%8D%E9%81%8A/@22.9962269,120.2053772,17z/data=!3m1!4b1!4m5!3m4!1s0x346808d5c514dd69:0xaf2b8638dab9d914!8m2!3d22.9962269!4d120.2075659>

希望這些地圖連結能夠幫到你！你可以直接點擊連結，在地圖上找到店家的位置。

9-43

4. 整合 GroqAPI 至應用程式

4.1 建立 API 服務

為了讓前端應用程式能夠與 GroqAPI 交互，可以建立一個 Flask API 服務：

```python
from flask import Flask,request,jsonify
import requests

app = Flask(__name__)
API_KEY = " 您的 API 金鑰 "
ENDPOINT = "https://api.groqapi.com/v1/chat"

@app.route('/chat',methods=['POST'])
def chat():
    user_input = request.json.get("message","")
    payload = {"api_key":API_KEY,"message":user_input}
    response = requests.post(ENDPOINT,json=payload)
    return jsonify({"reply":response.json().get("reply"," 無法回應您的問題 ")})

if __name__ == '__main__':
    app.run(debug=True)
```

這樣的設計讓前端應用可以透過 HTTP 請求與對話機器人互動。

4.2 前端應用整合

如果在 Vue.js 應用程式中整合 GroqAPI，可以使用 fetch 進行 API 呼叫：

```javascript
async function sendMessage(userInput){
    const response = await fetch('/chat',{
        method:'POST',
        headers:{'Content-Type':'application/json'},
        body:JSON.stringify({message:userInput})
    });
    const data = await response.json();
    console.log('AI 回應 :',data.reply);
}
```

5. 部署與測試

5.1 部署後端 API

1. 在開發環境測試 API 是否正常運作。
2. 選擇雲端平台（如 Google Cloud Run、AWS Lambda），將 Flask 應用部署上線。
3. 設定適當的權限與 API 安全機制。

5.2 測試與優化

1. 測試不同輸入情境，確保對話機器人能夠正確回應。
2. 根據使用者回饋，優化 NLP 設定，提高回應的準確性。
3. 設計錯誤處理機制，確保機器人能夠應對異常輸入。

6. 結論

GroqAPI 提供強大的對話機器人開發能力，適用於客服、教育、內容生成等應用場景。透過 API 申請、對話設計、後端整合與前端應用的搭配，開發者能夠輕鬆構建智慧對話機器人。

本章介紹了完整的申請與開發流程，希望能幫助讀者順利開發自己的 AI 對話應用。

9.6 Groq 與 Elon Musk 的 Grok AI 模型介紹

在人工智慧（AI）領域，「Groq」和「Grok」是兩個看似相似但完全不同的概念。**Groq** 是一家專注於 AI 晶片開發的公司，致力於提供高效能 AI 推理處理器。而 **Grok** 則是 Elon Musk 創辦的 xAI 公司所開發的 AI 語言模型。這兩者在 AI 計算領域各有優勢，Groq 提供高效能的 AI 硬體，而 Grok 則專注於語言模型的智能進化。

Groq AI 晶片技術概覽

1. Groq 公司的技術與發展

　　Groq 成立於 2016 年，由 Google TPU（張量處理單元）團隊的前成員 Jonathan Ross 創立，目標是打造專門為 AI 推理優化的處理器。Groq 採用了獨特的**時序指令集計算（TISC，Tensor Streaming Processor）**架構，提供極低的延遲與高吞吐量，使其能夠在 AI 應用中提供更快的推理速度。

　　Groq 主要的技術優勢包括：

- **高頻寬 SRAM**：內建 **230MB SRAM**，存取頻寬高達 **80TB/s**，遠超 NVIDIA H100 的 3.35TB/s。
- **低功耗與高效能計算**：避免 GPU 需要的高功耗與多層記憶體存取，降低 AI 推理過程中的延遲。
- **高效能推理處理**：在 INT8 精度下可達 **750 TOPS**，FP16 精度則可達 **188 TFLOPS**。

2. Groq AI 晶片版本比較

版本	發布時間	計算能力	記憶體配置	主要特點
TSP	2020 年	未公開	未公開	採用 TISC 架構，提供高吞吐量與低延遲的 AI 推理計算。
LPU	未公開	未公開	未公開	以 TPU 為基礎設計，強調完全軟體可控制性，避免傳統 AI 硬體的延遲問題。

Elon Musk 的 xAI 及 Grok 模型發展

1. xAI 的願景與發展

　　Elon Musk 於 2023 年成立 **xAI**，目標是打造更具思考能力、能夠理解世界的 AI。與 OpenAI（Musk 曾參與創立但後來退出）不同，xAI 將 AI 發展與 **Twitter**（現改名為 **X**）緊密結合，提供更自由與透明的 AI 互動模式。

9.6 Groq 與 Elon Musk 的 Grok AI 模型介紹

2. Grok AI 模型的版本比較

版本	發布時間	計算能力提升	主要功能與特點
Grok 1	2023 年 11 月	-	提供基本對話式AI功能，與X平台整合。
Grok 2	2024 年 8 月	-	強化指令遵循性、推理能力與資訊準確性，提高 AI 對於用戶需求的理解度。
Grok 3	2025 年 2 月	**10 倍提升**	引入 DeepSearch、Think 和 Big Brain 模式，增強問題解決能力與抽象思維。

3. Grok 3 的核心模式

Grok 3 在 AI 模型設計上更強調思考能力與決策透明度，特別推出了以下三種模式：

模式	主要功能
DeepSearch	深入分析問題，提供更詳細的研究結果，適用於複雜問題的解決。
Think	顯示AI的推理過程，使決策過程更透明，增強使用者對AI反應的理解。
Big Brain	強化 AI 的抽象思考能力，能夠處理創意與高層次的推理問題。

■ 結語

Groq 和 Grok 在 AI 技術發展的不同層面上發揮著關鍵作用，Groq 專注於硬體的突破，使 AI 運行更高效，而 Grok 則致力於創造能夠真正「理解」世界的 AI 模型。

隨著 AI 技術的快速進步，這兩種技術的結合可能會帶來更強大的人工智慧應用，例如更快速、低功耗的 AI 計算，或更接近人類思維的 AI 助理。未來，我們將持續關注 Groq 晶片的演進以及 Grok AI 模型如何改變人機交互的方式。

■ Elon Musk 的 Grok AI 與 DeepSeek AI 模型比較

在人工智慧（AI）領域，Elon Musk 創辦的 **xAI** 推出了 **Grok** 語言模型，而 **DeepSeek AI** 也成為 AI 領域的重要參與者，專注於大規模語言模型的開發與創新。這兩款 AI 模型皆致力於提升語言理解、推理與決策能力,但它們的設計目標與技術特點有所不同。

■ Grok AI 模型發展

1. xAI 的願景與發展

Elon Musk 於 2023 年成立 **xAI**,目標是打造更具思考能力、能夠理解世界的 AI。與 OpenAI(Musk 曾參與創立但後來退出)不同,xAI 將 AI 發展與 **Twitter(現改名為 X)**緊密結合,提供更自由與透明的 AI 互動模式。

2. Grok AI 模型的版本比較

版本	發布時間	計算能力提升	主要功能與特點
Grok 1	2023 年 11 月	-	提供基本對話式 AI 功能,與 X 平台整合。
Grok 2	2024 年 8 月	-	強化指令遵循性、推理能力與資訊準確性,提高 AI 對於用戶需求的理解度。
Grok 3	2025 年 2 月	**10 倍提升**	引入 DeepSearch、Think 和 Big Brain 模式,增強問題解決能力與抽象思維。

3. Grok 3 的核心模式

Grok 3 在 AI 模型設計上更強調思考能力與決策透明度,特別推出了以下三種模式:

模式	主要功能
DeepSearch	深入分析問題,提供更詳細的研究結果,適用於複雜問題的解決。
Think	顯示 AI 的推理過程,使決策過程更透明,增強使用者對 AI 反應的理解。
Big Brain	強化 AI 的抽象思考能力,能夠處理創意與高層次的推理問題。

- **DeepSeek AI 的發展**

DeepSeek AI 是近來崛起的一個 AI 語言模型開發團隊，專注於構建更高效、更符合人類語言處理方式的 AI 系統。DeepSeek AI 的技術亮點包括：

- **開放性架構**：支持開源，並允許研究者參與改進。
- **多模態處理**：能夠處理文本、圖像、語音等多種輸入方式。
- **強化學習與人類回饋機制（RLHF）**：透過 RLHF（Reinforcement Learning with Human Feedback）提升 AI 的語言理解能力。
- **大規模語料訓練**：專注於提供更自然、更符合人類思維邏輯的語言模型。

DeepSeek 旨在提供與 Grok 競爭的強大 AI 模型，使其在語言理解、資料分析和決策支持領域擁有更強大的能力。

Grok AI 與 DeepSeek AI 的比較

項目	Grok（AI 語言模型）	DeepSeek（AI 模型）
開發公司	xAI（Elon Musk）	DeepSeek AI
主要目標	創造能夠思考的 AI 語言模型	提供更符合人類思維的 AI 模型
核心技術	Transformer（LLM 模型）	多模態 AI 與 RLHF 技術
主要應用	語言理解、社交平台互動、智慧問答	自然語言處理、決策支持、資料分析
透明度	強調決策透明度，提供 AI 推理過程	支持開源，允許研究者參與改進
訓練方法	深度學習與強化學習結合	以 RLHF 強化人機交互體驗

9.7 Hugging Face Agent 課程

讀者朋友有興趣可到 Hugging Face 官網參與課程！人工智慧代理（Agents）已成為現今最令人興奮的 AI 領域之一。本課程由 Hugging Face 提供，從基礎到專家，帶領學員深入理解、使用並構建 AI Agents。這門免費課程適合

9 Hugging Face 平台介紹

對 AI Agents 感興趣的學習者，課程內容涵蓋理論、設計與實踐，學習如何使用 smolagents、LangChain 和 LlamaIndex 等工具來開發 AI Agents。此外，學員將能在 Hugging Face Hub 上分享自己的代理程式，並參與挑戰，與其他學員進行競爭，完成作業後還可獲得認證證書。課程包含五大單元，分別涵蓋入門指引、代理基礎、代理框架、實際應用與最終專案，確保學員能夠循序漸進地掌握 AI Agents 的運作方式。

學習者需要具備基本的 Python 與 LLM 知識，並準備一台可上網的電腦及 Hugging Face 帳號。本課程提供兩種學習模式：自學模式與認證模式，其中認證模式需要完成特定單元與作業，並在 2025 年 5 月 1 日前提交。課程建議每週投入 3-4 小時，依照推薦的進度學習，以確保在期限內完成所有內容。學習者可加入 Discord 群組與同學交流，透過實作與作業強化學習效果。本課程由 Hugging Face 的 AI 工程師團隊開發，包括 Joffrey Thomas、Ben Burtenshaw 和 Thomas Simonini，並開放社群參與改進與貢獻。如果學員發現錯誤或有改進建議，可以透過 GitHub 提交 issue 或 PR，讓課程內容更加完善。

https：//huggingface.co/learn/agents-course/unit0/introduction

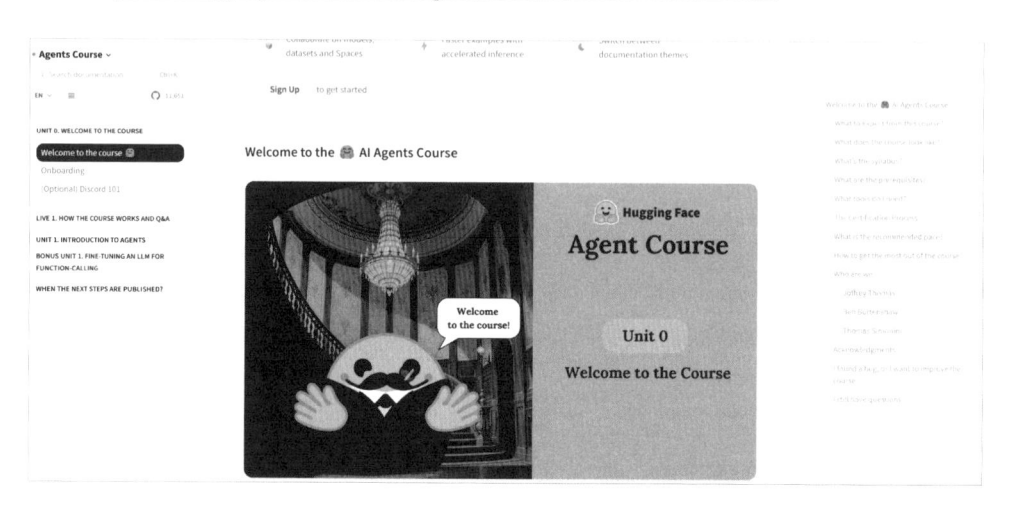

該課程由 Hugging Face 提供，適合任何想從基礎學習到專家級應用的學習者，並且完全免費。本課程將帶領你學習 AI Agents 的概念、開發工具與應用，涵蓋 smolagents、LangChain 和 LlamaIndex 等熱門框架。此外，學員將能在

9.7 Hugging Face Agent 課程

Hugging Face Hub 上分享自己的 AI Agents，探索社群作品，並參與挑戰機制，與其他學員互相比拼代理模型的效能。完成課程後，學員將能夠獨立構建 AI Agents，並取得官方認證。

■ AI Agents 理論與應用背景

AI Agents 是人工智慧領域的一個關鍵研究方向，結合機器學習、自然語言處理（NLP）、強化學習（Reinforcement Learning）以及符號推理（Symbolic Reasoning）等技術來實現智能決策與自動化應用。代理系統通常由感知（Perception）、推理（Reasoning）與行動（Action）三個核心模組組成，並透過學習演算法來適應不同環境的變化。

近年來，隨著大規模語言模型（LLM）的發展，AI Agents 逐漸與 LLMs 結合，以增強其在對話理解、上下文推理及自適應學習等方面的能力。本課程不僅關注 AI Agents 的核心技術架構，還強調實務應用，例如在自動化客服、金融分析、醫療診斷及智慧機器人等領域的應用。

■ 你將學到的核心內容

學習內容	主要內容
AI Agents 理論基礎	了解 AI Agents 的內部運作機制，包括工具（Tools）、思考（Thoughts）、行動（Actions）和觀察（Observations）的互動方式。
AI Agents 框架應用	學習如何使用 smolagents、LangChain 和 LlamaIndex 來簡化代理模型的開發，快速搭建智能系統。
Hugging Face Hub 應用	學習如何在 Hugging Face Hub 上分享並探索 AI Agents，發佈模型至社群並與其他學員交流與改進。
AI Agents 競賽	參與 AI Agents 競賽，評估你的模型與其他學員的表現，透過實戰測試不同代理策略，提升你的 AI 開發能力。
官方認證	完成作業後獲得官方認證，這將為你的履歷增添價值，並證明你對 AI Agents 開發有深入理解。

Hugging Face 平台介紹

■ 課程模組詳解

本課程包含五大模組，分別涵蓋基礎導覽、代理概念、框架應用、實戰案例與最終專案，確保學員循序漸進地掌握 AI Agents 的開發與應用。

單元	內容
基礎導覽（Onboarding）	幫助學員設定學習環境，介紹 Hugging Face 平台與開發工具。
代理概念（Agent Fundamentals）	介紹 AI Agents 的核心概念與運作方式，並展示簡單的 Python 應用案例。
框架應用（Frameworks）	解析熱門 AI Agents 框架的運作機制，學習如何應用這些工具來開發智能代理。
實戰案例（Use Cases）	透過真實應用場景，學習如何使用 AI Agents 解決實際問題。
最終專案（Final Assignment）	學員需構建一個符合特定基準測試的 AI Agent，並在排行榜上與其他學員的模型進行比較。

這門課程不僅讓你獲得 AI Agents 的核心知識，還提供了豐富的實作機會，確保你能夠將學到的技能應用於真實場景。此外，我們將探討 AI Agents 在不同領域的學術研究與產業應用，提供學員更廣闊的視野，幫助你將這些技術應用到更具挑戰性的問題中。

Recommended pace

This is just a recommendation you can follow the course at your own pace

	RECOMMENDED PACE	FINAL DEADLINE
Unit 1: Introduction to Agents	Week of February the 10th	May the 1st 2025
Bonus Unit: Fine-tune your agent	Week of February the 17th	May the 1st 2025
Unit 2: Frameworks	Week of February the 24th	May the 1st 2025
Unit 3: Use Cases	Week of March the 10th	May the 1st 2025
Unit 4: Final Assessment with Benchmark	Week of April the 1st	May the 1st 2025

9.7 Hugging Face Agent 課程

如果讀者仍有問題,可以到官網的 disscord 發問!

https：//discord.com/invite/UrrTSsSyjb

MEMO

10

RAG 檢索增強生成說明與應用

10.1 RAG 介紹與企業落地應用

10.2 LangChain API 介紹

10.3 Nvidia Mistral NeMo Minitron 8B 模型介紹

10.4 多模態打造 RAG 知識檢索系統

10.5 LM studio 應用

10.6 AnythingLLM 應用

10 RAG 檢索增強生成說明與應用

10.1 RAG 介紹與企業落地應用

隨著 AI 技術的發展，我們發現一個關鍵問題：AI 主要依靠訓練數據來回答問題，而這些數據通常是靜態的，不會隨著時間更新。因此，當使用者詢問最新的資訊時，AI 可能無法提供正確的答案，甚至可能產生過時或錯誤的資訊。為了解決這個問題，RAG（Retrieval-Augmented Generation，檢索增強生成）應運而生。

10.1.1 RAG 是怎麼運作的？

RAG 是一種結合檢索（Retrieval）和生成（Generation）的技術，它讓 AI 在回答問題時，不僅依靠內部訓練的知識，還能從外部資料庫檢索最新資訊，並將這些資訊整合進回答中。這種方法大幅提升了 AI 的準確性和即時性，特別適合應用於企業內部知識管理、智能客服、醫療資訊等領域。

1. **檢索相關資訊**

AI 會從企業內部知識庫、公開數據庫或其他外部來源搜尋與問題相關的資訊。這個步驟通常會使用向量搜尋（Vector Search）技術，如 FAISS、Milvus、Pinecone，或使用傳統的關鍵字檢索方法，如 Elasticsearch。

FAISS（Facebook AI Similarity Search）：這是一個高效的相似度搜尋庫，由 Facebook AI 開發，能夠在大規模向量資料集中快速找到相似項目，適用於需要高效檢索的應用，如圖像搜尋、推薦系統。

Milvus：專為處理海量向量數據設計的開源檢索引擎，適用於 AI 影像識別、語音分析、基因數據檢索等場景。

Pinecone：一種雲端向量數據庫，專注於可擴展的即時相似性檢索，適合企業級應用，如個性化推薦與詐欺偵測。

Elasticsearch：傳統的全文檢索引擎，基於反向索引技術，適用於結構化與非結構化資料的快速檢索，廣泛用於企業內部知識管理與日誌分析。

2. 整合資訊與內容生成

AI 會根據檢索到的資訊，整理並優化回答，使其語句流暢且符合上下文邏輯。

3. 提供回應

最終，AI 會提供一個詳細且準確的回答，例如：「2025 年的 AI 發展趨勢包括自適應 AI、增強學習技術以及更高效的 LLM 訓練方法。」

這樣的過程讓 AI 不僅能夠回答常見問題，還能提供最新、最相關的資訊，減少錯誤回應的機率。

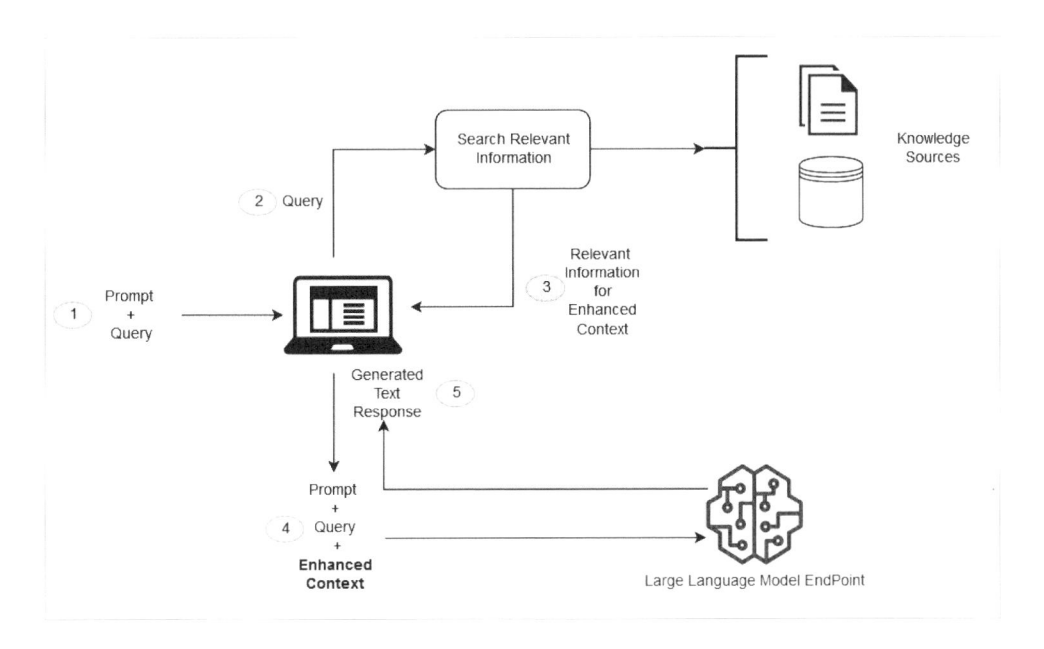

圖片引用 AWS 官網：https://aws.amazon.com/tw/what-is/retrieval-augmented-generation/

上圖主要說明一個典型的檢索增強生成（Retrieval-Augmented Generation，RAG）流程，這是一種提升大型語言模型（LLM）準確性與資訊完整度的技術。傳統 LLM 僅依賴內部已訓練的知識來回答問題，而 RAG 則透過檢索外部資料，使回應更具時效性、準確性與上下文相關性。流程如下：

首先,使用者輸入 Prompt + Query(步驟 1),這可以是任何問題或請求,例如「什麼是量子計算?」。接著,系統會發送 Query(步驟 2)到一個資訊檢索模組,該模組會從知識來源(Knowledge Sources)(如資料庫、文件存儲、維基百科等)搜尋與查詢相關的內容。這些檢索到的資訊(步驟 3)被用來增強上下文,確保模型能基於最新的、可靠的資料回答問題,而非僅靠內部訓練的知識。

然後,這些額外的資訊會與原始的 Prompt + Query 結合,形成增強上下文(Enhanced Context)(步驟 4),再將其傳送給大型語言模型(LLM)進行處理。LLM 會根據這個更完整的輸入來生成更具參考價值的回答(步驟 5),並將結果回傳給使用者。

這個流程的最大優勢在於,它解決了傳統 LLM 記憶範圍受限的問題,使系統能夠基於最新、最可靠的資訊來生成回應,特別適用於技術支援、醫療、法律諮詢、企業內部知識管理等應用場景。例如,一個醫療 AI 助手可以先檢索最新的醫學文獻,再結合 LLM 來回答使用者的健康問題,而不是僅依賴模型預訓練時的知識。這不僅提升了回應的精確度,也降低了 LLM 產生錯誤資訊的風險。

10.1.2 RAG 在企業中的應用

RAG 的技術已被廣泛應用於多個領域,以下是一些具體的應用場景:

1. 企業內部知識管理

許多企業內部擁有大量技術文件、員工手冊、產品規範等,傳統的檢索方式可能需要人工篩選大量資料。透過 RAG,員工可以直接輸入問題,系統會自動檢索內部文件,提供最相關的資訊。例如,工程師詢問:「如何配置公司的 VPN ?」RAG 會檢索 IT 文件並提供詳細步驟。

2. 智能客服與自動化支援

客服部門經常需要回答客戶的重複性問題,例如產品使用方式、退貨政策等。透過 RAG,AI 客服可以即時檢索 FAQ 或使用手冊,提供更精確的回應,減少人工客服負擔。例如，電商平台可讓 AI 直接回答：「如何退貨？」並提供對應的步驟與政策。

3. 法律與合規應用

法律領域的資訊量大且需要高度準確性，RAG 可以幫助律師快速查找相關法條與案例，提高案件分析效率。例如，律師詢問：「台灣最新的勞基法修正條例有哪些？」RAG 會即時檢索並整理修正內容。

4. 研發與技術分析

科技公司與研究機構經常需要分析最新的技術論文或專利文件，RAG 可以幫助研發人員快速檢索並整理關鍵技術資訊。例如，半導體研發人員詢問：「目前最先進的 3nm 製程技術發展如何？」AI 會檢索最新論文並提供概要。

5. 醫療與健康領域

醫療專業人員需要即時獲取最新的臨床研究、診斷指南與藥物資訊。透過 RAG，醫生可以查詢最新的醫學期刊或臨床試驗結果，提升診療決策的準確性。例如，腫瘤科醫生詢問：「2024 年最新的肺癌治療指南是什麼？」AI 會檢索權威期刊並提供相關建議。

10.1.3 RAG 的挑戰與未來發展

雖然 RAG 技術在提升 AI 檢索與生成能力方面表現優異，但在企業落地時仍然面臨幾個挑戰。

RAG 面臨的挑戰

1. 資料整合與維護

企業內部的數據可能存放於不同系統中，例如關係型資料庫、NoSQL 儲存或文件伺服器。如何有效整合並維護這些資料，確保其可檢索性，是 RAG 部署的一大挑戰。

2. 隱私與安全風險

企業可能存有機密數據，例如法律合約、財務報表或專利技術文件，這些資料若未適當管理，可能會造成洩漏風險。必須設定適當的存取權限與數據加密機制。

3. 生成內容的準確性

雖然 RAG 可以檢索相關資訊，但 AI 仍可能產生錯誤的推論或誤解文本內容。因此，企業應該導入「來源驗證」機制，確保 AI 回應的資訊具備可信度。

4. 運行成本與效能

向量搜索需要高效能硬體與良好的索引管理，若企業的知識庫規模龐大，可能會增加基礎設施成本。因此，如何在效能與成本間取得平衡，是 RAG 技術應用時的重要考量。

未來發展趨勢

1. 多模態 RAG

除了文本檢索，未來的 RAG 技術可能會結合圖像、語音、影片資料，使 AI 能夠在多種資訊來源間進行跨模態檢索與內容生成。

2. 個性化 RAG

根據使用者的需求與歷史查詢記錄，RAG 可以提供更符合個人需求的答案，提升準確度與使用者體驗。

3. 混合索引技術

結合關鍵字檢索與向量檢索技術，以提高查找準確度，讓 AI 能更快速且準確地找到所需資料。

4. 低成本、高效能解決方案

透過壓縮向量索引、採用量子計算技術或進一步優化檢索演算法，未來 RAG 技術的運行成本有望降低，讓更多企業能夠負擔並導入該技術。

10.1.4 總結：為什麼 RAG 重要？

RAG 的出現解決了傳統 AI 訓練資料更新不易的問題，讓 AI 具備即時檢索與內容生成能力，使其能夠提供更精準且即時的回應。這對於需要大量資訊處理的企業來說，帶來了巨大的價值。

RAG 在企業中的關鍵優勢如下：

1. 提升知識查詢效率

讓員工能夠快速檢索內部文件，減少人工作業，提高生產力。

2. 優化客戶服務體驗

透過智能客服系統，RAG 能夠即時回答客戶問題，減少人工客服負擔，並提升客戶滿意度。

3. 強化決策支援

在法律、醫療、技術研發等領域，RAG 可以提供最新的專業知識，幫助決策者做出更準確的判斷。

4. 推動 AI 在多領域的應用

未來，RAG 技術將持續發展，進一步拓展 AI 在企業、教育、金融等領域的應用。

隨著 AI 技術的不斷演進，RAG 將成為企業智慧應用的重要支柱，提升競爭力並促進數位轉型。

10.2 LangChain API 介紹

　　LangChain 是一個用於構建基於 LLM（大型語言模型）的應用程式的框架。它提供了統一的 API 來整合不同的 LLM 模型、數據存儲、記憶機制以及工具，讓開發者能夠輕鬆開發 AI 驅動的應用程式。

▼ **LangChain API 主要模組與功能**

模組名稱	功能描述	用途	範例 API 調用
LLMs	連接各種大型語言模型，如 OpenAI、Anthropic、Hugging Face	讓應用程式與 LLM 進行互動	from langchain.llms import OpenAI
Prompt Templates	提供可重用的 Prompt 模板，方便管理提示詞	簡化 Prompt 設計，提高靈活性	from langchain.prompts import PromptTemplate
Chains	串聯多個 LLM 及其他元件以完成複雜工作流程	建立多步驟問答、文本處理等應用	from langchain.chains import LLMChain
Memory	為 Chain 提供長短期記憶能力，使對話具備上下文	讓 LLM 懂得「記住」過去對話	from langchain.memory import Conversation-BufferMemory
Agents	讓 LLM 透過工具動態選擇不同的動作	用於開發智能助手、自動化決策系統	from langchain.agents import AgentExecutor
Retrieval	支援從外部數據源檢索資訊（RAG 技術）	讓 LLM 獲取更多知識，如 PDF、向量數據庫	from langchain.vectorstores import FAISS
Document Loaders	加載和解析不同格式的文檔，如 PDF、CSV、HTML	讓應用能處理不同數據來源	from langchain.document_loaders import PyPDFLoader

10.2 LangChain API 介紹

模組名稱	功能描述	用途	範例 API 調用
Embeddings	轉換文本為向量表達形式，以進行相似性檢索	用於語義搜尋、RAG 應用	from langchain.embeddings import OpenAIEmbeddings
Tools	整合外部 API 或功能，如 Google Search、計算器	讓 LLM 能夠查詢即時資訊或計算	from langchain.tools import Tool

LangChain API 特色

1. **跨平台支持**：可與 OpenAI、Hugging Face、Cohere 等 LLM 供應商整合。

2. **模組化設計**：允許開發者自由組合不同的功能模組。

3. **多種記憶機制**：如短期記憶（Buffer）、長期記憶（Vector DB）等。

4. **強大檢索能力**：整合 RAG 技術，使 AI 能夠查詢即時或本地數據。

5. **動態代理（Agent）**：讓 AI 根據需求選擇不同工具，如網頁爬取、計算器等。

接著，我會再提供 LangChain API 的 Gemini 版本與 ChatGPT 版本比較，包括概念說明、API 模組表格、程式範例，幫助你快速理解兩者的使用方式。

▼ LangChain API：Gemini vs ChatGPT

功能	Gemini API（Google）	ChatGPT API（OpenAI）
提供商	Google AI（DeepMind）	OpenAI
支援模型	Gemini 1、Gemini Pro、Gemini Ultra	GPT-3.5、GPT-4、GPT-4-turbo
API 調用方式	google.generativeai	openai.ChatCompletion.create
主要特點	原生支援多模態（圖像＋文本）、內建 Google 搜尋加強推理	強大的自然語言處理能力、擅長長文本理解

10 RAG 檢索增強生成說明與應用

功能	Gemini API（Google）	ChatGPT API（OpenAI）
適用場景	創意寫作、圖像生成、資訊檢索、程式碼輔助	自然語言對話、自動化客服、程式碼輔助、知識庫問答
價格	**部分免費**，高級版需 Google Cloud 訂閱	需要 OpenAI 訂閱計畫
記憶能力	無長期記憶，但可透過上下文維持短期記憶	ChatGPT Plus 計畫具備長期記憶

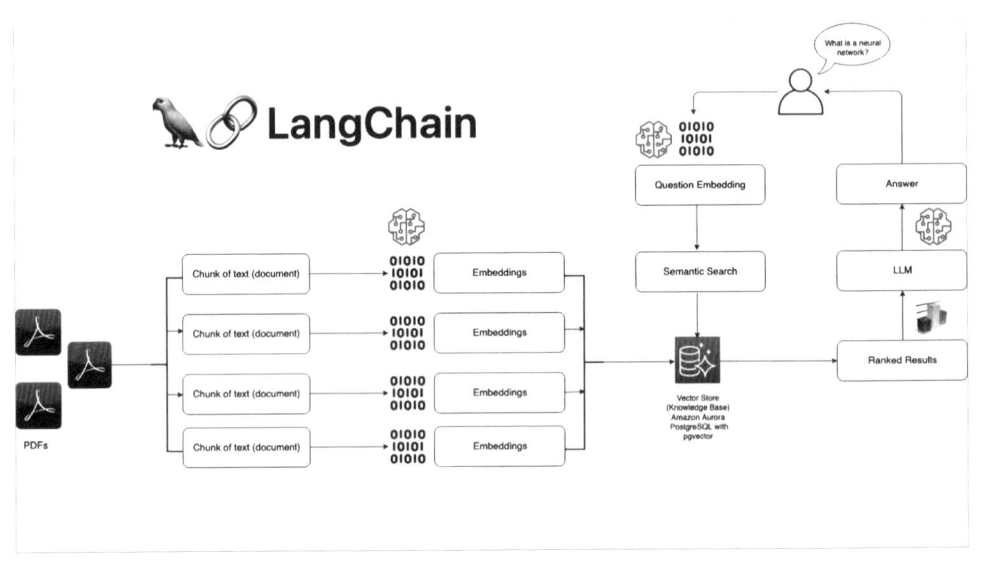

▲ 引用 AWS 官網：https://aws.amazon.com/tw/what-is/langchain/

　　上圖展示了 LangChain 如何處理 PDF 文檔並透過語義搜尋（Semantic Search）和大型語言模型（LLM）來回答使用者問題，屬於 RAG（Retrieval-Augmented Generation，檢索增強生成）架構。整個流程從文檔處理開始，系統首先將 PDF 文件讀取並拆分為多個小文本區塊（Chunks of text），接著透過嵌入技術（Embeddings），將這些文本轉換為向量格式，使 AI 能夠理解語義。這些向量嵌入會存入向量資料庫（Vector Store），如 Amazon Aurora PostgreSQL with pgvector，用於後續的檢索。

10-10

10.2 LangChain API 介紹

當使用者提出問題,例如「What is a neural network?」,系統會將該問題轉換為向量嵌入,並在向量資料庫中進行語義搜尋(Semantic Search),找出與問題最相關的文本區塊。接著,這些檢索結果會被傳送到 LLM(如 GPT-4 或 Gemini),由 AI 生成最符合語境的答案,最終將回應提供給使用者。這樣的架構不僅提升了回答的準確性,還能確保 LLM 產生的內容是基於檢索到的真實資料,而非單純的模型推測,從而降低幻覺(Hallucination)問題。

這種 RAG 技術的優勢在於語義搜尋比傳統關鍵字搜尋更精準,並且能夠結合 LLM 的生成能力與外部知識庫,提供可靠的回答,適用於企業知識管理、法律文件分析、醫療文獻檢索等應用場景。透過這樣的架構,LangChain 能夠幫助開發者構建更智能的問答系統,實現高效的信息檢索與應用。

- 範例一:Gemini API 的 LangChain 整合

使用 Google Gemini 生成回答

```
import google.generativeai as genai

# 設定 API Key
genai.configure(api_key="your-google-api-key")

# 初始化 Gemini Pro
model = genai.GenerativeModel("gemini-pro")

# 發送請求
response = model.generate_content("請介紹 LangChain API 是什麼?")
print(response.text)
```

Gemini API 進行 Prompt 調用

```
from langchain.prompts import PromptTemplate

# 設定 Prompt 模板
prompt = PromptTemplate(
    input_variables=["topic"],
    template="請詳細說明 {topic}。",
)
# 生成 Prompt
```

```python
formatted_prompt = prompt.format(topic="LangChain API")
# 發送到 Gemini Pro
response = model.generate_content(formatted_prompt)
print(response.text)
```

使用 Gemini 記憶對話

```python
from langchain.memory import ConversationBufferMemory
# 初始化記憶體
memory = ConversationBufferMemory()
# 儲存對話內容
memory.save_context({"input":" 你好，我是小黃 "},{"output":" 你好，小黃！"})
# 取得記憶內容
print(memory.load_memory_variables({}))
```

- 範例二 :ChatGPT API 的 LangChain 整合

使用 OpenAI GPT-4 生成回答

```python
import openai

# 設定 API Key
openai.api_key = "your-openai-api-key"

# 生成回應
response = openai.ChatCompletion.create(
    model="gpt-4",
    messages=[{"role":"user","content":" 請介紹 LangChain API 是什麼？ "}]
)

print(response["choices"][0]["message"]["content"])
```

使用 ChatGPT 進行 Prompt 調用

```python
from langchain.prompts import PromptTemplate
from langchain.llms import OpenAI

# 設定 OpenAI LLM
llm = OpenAI(model_name="gpt-4",openai_api_key="your-openai-api-key")
```

10.2 LangChain API 介紹

```
# 設定 Prompt 模板
prompt = PromptTemplate(
    input_variables=["topic"],
    template=" 請詳細說明 {topic}。",
)

# 執行 LLM 生成
response = llm.predict(prompt.format(topic="LangChain API"))
print(response)
```

使用 ChatGPT 記憶對話

```
from langchain.memory import ConversationBufferMemory
from langchain.chains import ConversationChain

# 初始化記憶體
memory = ConversationBufferMemory()

# 建立對話 Chain
conversation = ConversationChain(
    llm=OpenAI(model_name="gpt-4",openai_api_key="your-openai-api-key"),
    memory=memory
)

# 進行對話
print(conversation.run(" 嗨！我是小明。"))
print(conversation.run(" 你還記得我是誰嗎？"))
```

在選擇合適的 AI 方案時，你可以根據應用需求來決定是使用 Gemini API 還是 ChatGPT API。如果你的應用需要圖片處理或多模態輸入（如語音 + 文字），那麼 Gemini API 會是更好的選擇，因為它原生支援多模態處理，並且能夠與 Google 生態系統深度整合，特別適合需要即時資訊檢索的應用，如與 Google Search 結合的 AI 系統。如果你的應用主要是對話機器人、文字生成、程式碼輔助，則 ChatGPT API 更適合，因為它在自然語言處理和文本生成方面表現出色，且能夠提供高品質的對話能力。對於需要長對話應用、AI 助理、LLM 工作流（RAG 技術）的場景，ChatGPT API 具有更強的記憶能力和上下文處理能力，能夠持續記錄對話歷史，並提供更連貫的回應。因此，Gemini API 適合需要即

10 RAG 檢索增強生成說明與應用

時檢索和 Google Search 結合的應用，而 ChatGPT API 則更適用於需要長對話與記憶功能的 LLM 應用。這兩者都可以與 LangChain 整合，讓開發者能夠利用其強大的 LLM 工具來構建更多應用。

10.3 Nvidia Mistral NeMo Minitron 8B 模型介紹

Mistral-NeMo-Minitron 8B 是 NVIDIA 在其 NeMo 平台上的一款強大語言模型。它具有高效的性能，並且專注於結合準確度和計算效率，特別適合處理語言生成等任務。這款模型的設計和優化過程中，採用了先進的技術，如寬度剪枝和知識蒸餾，這使得它能夠在保持高性能的同時，減少計算資源的消耗。

以下是更多關於 Mistral-NeMo-Minitron 8B 模型的技術細節和優勢：

1. 架構與技術優化

寬度剪枝（Width Pruning）：Mistral 8B 模型透過寬度剪枝對 NeMo 12B 模型進行縮小，精簡了部分模型參數，達到較小的計算需求和較高的效率。

知識蒸餾（Knowledge Distillation）：這是一種將大模型的知識傳遞給小模型的技術，能夠提升模型性能同時減少參數量，從而提高推理速度。

Grouped-Query Attention（GQA）：這是一種優化注意力機制的技術，能夠提升大規模語言模型在處理大數據集時的計算效率。

Rotary Position Embeddings（RoPE）：這項技術改善了模型處理長文本的能力，進一步提升了其長距離依賴建模的效果。

2. 模型的應用領域

聊天機器人：由於其強大的語言生成能力，Mistral 8B 非常適合用於開發智能聊天機器人，尤其是需要進行長時間對話的應用。

虛擬助理：這款模型能夠理解和生成多種語言，因此在虛擬助手系統中非常有用。

10.3 Nvidia Mistral NeMo Minitron 8B 模型介紹

內容生成：它也可用於創建文本內容，無論是文章、博客還是其他類型的創作。

教育工具：可以作為教學工具，幫助學生進行自學或輔助學習。

3. 基準測試

- 在各種自然語言處理基準測試中，Mistral-NeMo-Minitron 8B 顯示出了優異的性能，超越了許多相同參數量級的模型，如 Llama-3.1 8B 和 Gemma 7B。

4. 高效的推理與服務部署

NIM 微服務：Mistral 8B 透過 NVIDIA 的 NIM（NeMo Inference Model）微服務進行封裝，實現了低延遲和高吞吐量的推理。這樣的設計不僅提升了效率，還使得其適用於多種實際應用場景，包括雲端部署和本地推理。

硬體加速：NVIDIA 利用其圖形處理單元（GPU）來加速 Mistral 8B 模型的推理速度，這對於需要高效計算的應用場景來說是至關重要的。

5. 應用範圍與市場需求

- **多模態應用**：儘管 Mistral 8B 是一個純語言模型，但其強大的語言理解和生成能力可以和其他模型進行組合，開發多模態的人工智慧應用，如語音到文本、文本到圖像等。
- **商業應用**：在客服、個性化推薦、內容創作、行銷自動化等領域，Mistral 8B 都可以發揮巨大的價值。

這些特性使得 Mistral-NeMo-Minitron 8B 成為一款非常有競爭力的語言處理模型，能夠滿足多種行業的需求，並在許多應用場景中提供極高的性能。

- 本節實作範例如下：

Mistral-NeMo-Minitron 8B 在 Hugging Face 平台介紹：

https：//huggingface.co/nvidia/Mistral-NeMo-Minitron-8B-Base

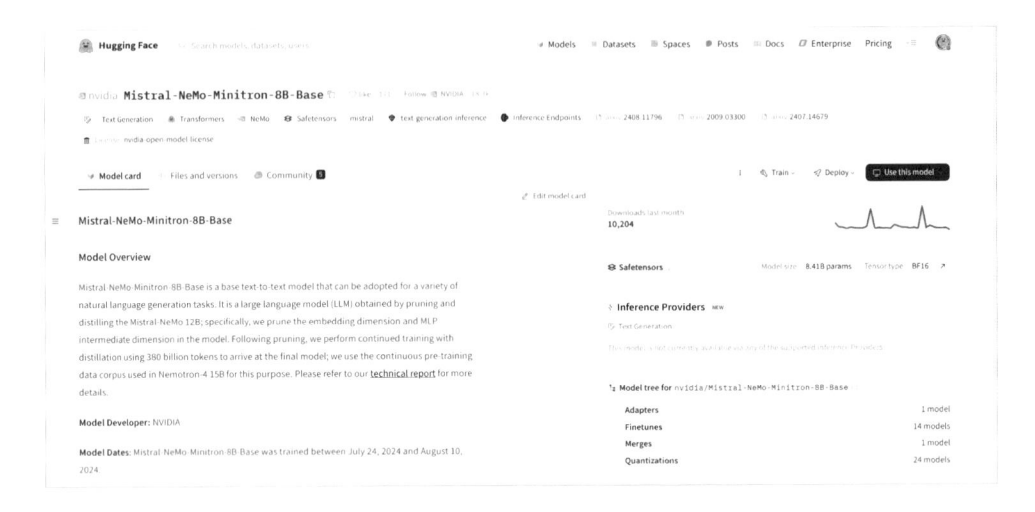

10 RAG 檢索增強生成說明與應用

實作介面如下：

STEP01：到 https://huggingface.co/spaces/Roberta2024/Nvidia_RAG_pdf

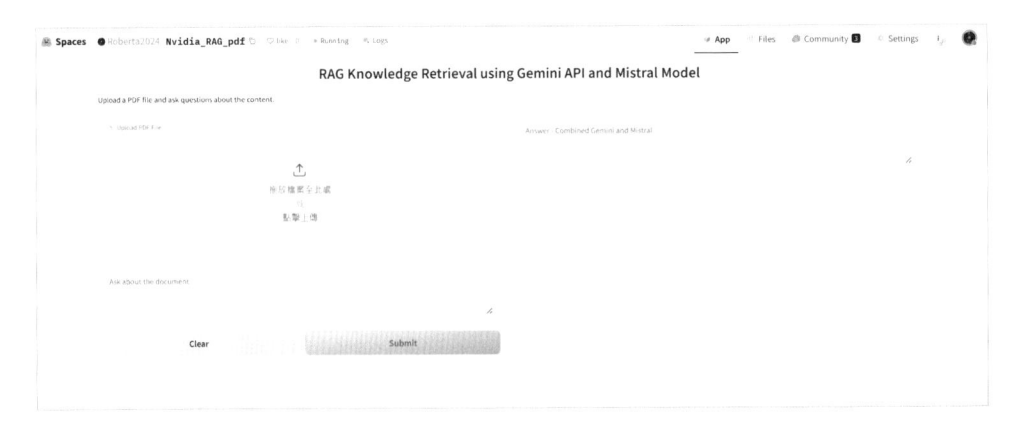

STEP02：上傳查詢文件（可以使用本書附件文件進行實作）

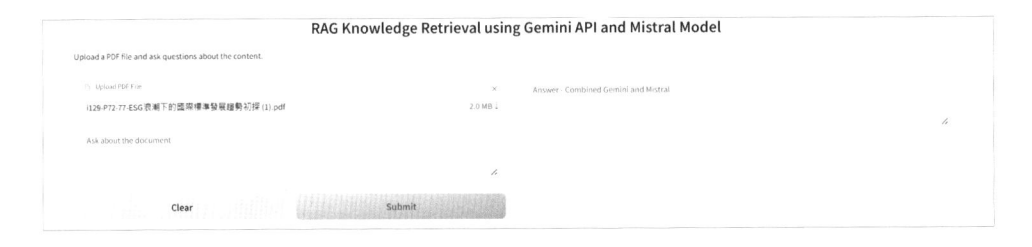

10.3 Nvidia Mistral NeMo Minitron 8B 模型介紹

STEP03：輸入"風險管理 Risk Management 對應的國際標準為何？"（必須是文章內容進行查詢）

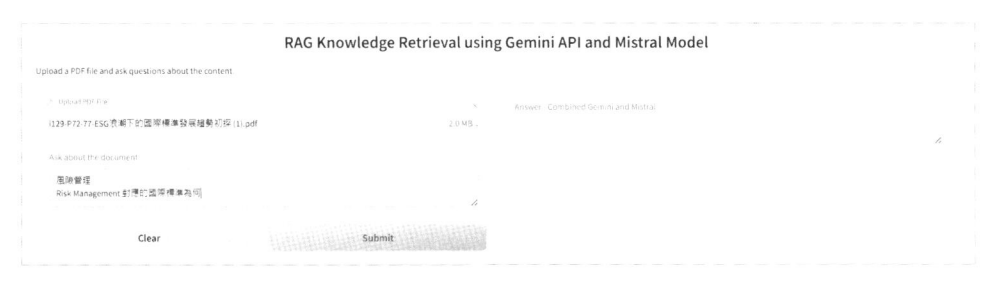

- 範例程式碼:(讀者可以使用生成式 AI 工具進行改寫)

  https：//colab.research.google.com/drive/1VJcv8y2_zQ1x1a81-trJt-j1_FuoVmTA?usp=sharing

10-17

10 RAG 檢索增強生成說明與應用

```python
import os
import gradio as gr
from langchain_community.document_loaders import PyPDFLoader
import torch
from transformers import AutoTokenizer, AutoModelForCausalLM
from langchain_community.llms import HuggingFacePipeline
from langchain.chains.question_answering import load_qa_chain
from langchain_core.prompts import PromptTemplate
from transformers import pipeline

# 載入 Mistral 模型
model_path = "nvidia/Mistral-NeMo-Minitron-8B-instruct"
device = 'cuda' if torch.cuda.is_available() else 'cpu'
dtype = torch.bfloat16
print(f"使用設備: {device}")

# 初始化 tokenizer
mistral_tokenizer = AutoTokenizer.from_pretrained(model_path)

# 初始化模型
mistral_model = AutoModelForCausalLM.from_pretrained(
    model_path,
    torch_dtype=dtype,
    device_map=device,
    low_cpu_mem_usage=True
)

# 創建 pipeline
text_generation_pipeline = pipeline(
    "text-generation",
    model=mistral_model,
    tokenizer=mistral_tokenizer,
    max_length=512,
    temperature=0.3,
    top_p=0.95,
    device_map=device
)

# 為 pipeline 創建 LangChain 包裝器
llm = HuggingFacePipeline(pipeline=text_generation_pipeline)

def initialize(file_path, question):
    try:
        prompt_template = """根據提供的上下文盡可能準確地回答問題，如果上下文中沒有包含答案，請說「上下文中沒有提供答案」\
        上下文: \n {context}?\n
        問題: \n {question} \n
        回答:
        """
        prompt = PromptTemplate(template=prompt_template, input_variables=["context", "question"])

        if os.path.exists(file_path):
            pdf_loader = PyPDFLoader(file_path)
            pages = pdf_loader.load_and_split()

            # 限制上下文以避免超出令牌限制
            max_pages = 5  # 根據模型容量和文檔長度調整
            context = "\n".join(str(page.page_content) for page in pages[:max_pages])

            try:
                # 使用 Mistral 創建問答鏈
                stuff_chain = load_qa_chain(llm, chain_type="stuff", prompt=prompt)

                # 使用有限的頁面獲取答案
                stuff_answer = stuff_chain(
                    {"input_documents": pages[:max_pages], "question": question, "context": context},
                    return_only_outputs=True
                )

                main_answer = stuff_answer['output_text']

                # 生成後續問題
                follow_up_prompt = f"根據這個回答: {main_answer}\n生成一個相關的後續問題:"
                follow_up_inputs = mistral_tokenizer.encode(follow_up_prompt, return_tensors='pt').to(device)

                with torch.no_grad():
                    follow_up_outputs = mistral_model.generate(
                        follow_up_inputs,
                        max_length=256,
                        temperature=0.7,
                        top_p=0.9,
                        do_sample=True
                    )

                follow_up = mistral_tokenizer.decode(follow_up_outputs[0], skip_special_tokens=True)

                # 提取問題
                if "後續問題:" in follow_up.lower():
                    follow_up = follow_up.split("後續問題:", 1)[1].strip()

                combined_output = f"回答: {main_answer}\n\n可能的後續問題: {follow_up}"
                return combined_output
```

10-18

10.4 多模態打造 RAG 知識檢索系統

本節將介紹檢索增強生成（Retrieval-Augmented Generation，RAG）實作，這結合了資訊檢索與生成模型的優勢，能夠在生成回應前引用權威知識庫中的資訊，提升回答的準確性和相關性。

模態 RAG 系統進一步拓展了 RAG 的應用範圍，整合了文本、圖像、音頻、視頻等多種數據模態，使系統能夠處理更複雜的查詢需求，提供更豐富的回應。

多模態 RAG 系統的運作方式：

多模態檢索：根據用戶輸入的查詢，同時從文本、圖像、音頻等多種數據源中檢索相關資訊。

上下文融合：將檢索到的多模態資訊整合，形成統一的上下文，供生成模型使用。

答案生成：生成模型基於融合的上下文，生成包含多種模態資訊的回應。

多模態 RAG 系統的優勢：

豐富的資訊來源：整合多種數據模態，提供更全面的資訊支持。

精確的資訊檢索：利用先進的檢索技術，如語義搜索和向量檢索，提升檢索準確性。靈活的應用場景：適用於需要處理多模態資料的場景，如智能問答、推薦系統等。例如，結合 Sentence Transformer 技術，可以高效地將多模態資料轉換為向量表示，進行相似度計算，進一步提升檢索和生成的效果。

總而言之，多模態 RAG 知識檢索系統通過融合多種數據模態，提升了系統的資訊處理能力和回應質量，為用戶提供了更豐富、準確的資訊服務。

10 RAG 檢索增強生成說明與應用

實作介面如下：https：//huggingface.co/spaces/Roberta2024/Multidata0828

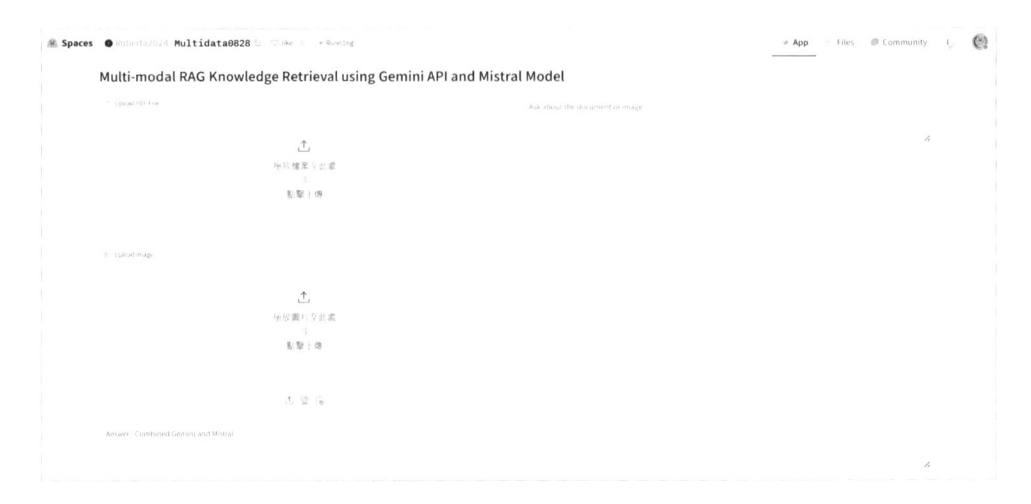

讀者可以使用附件進行查詢

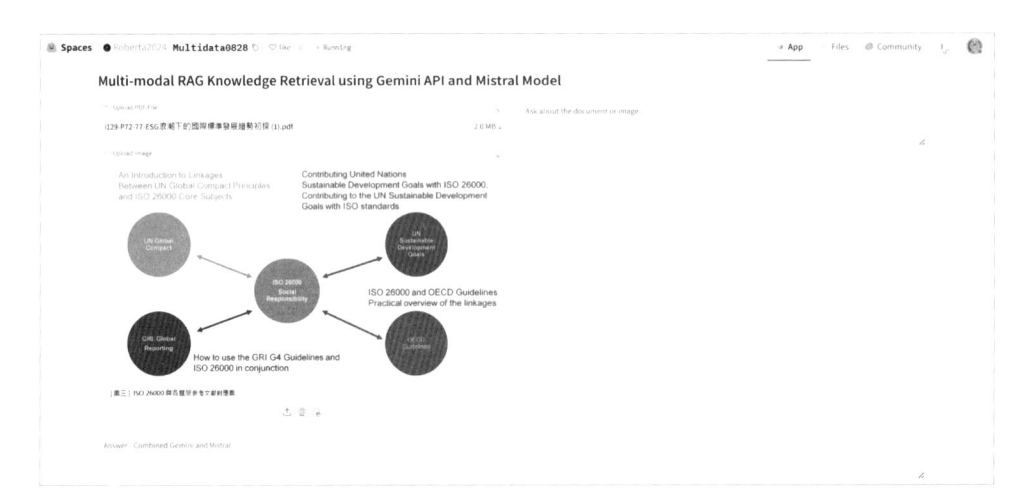

- 範例程式碼:(讀者可以使用生成式 AI 工具進行改寫)

https：//colab.research.google.com/drive/1GzhTMdmxDx0HY5h81u4gdeAJxUH93MQN?usp=sharing

10.4 多模態打造 RAG 知識檢索系統

```python
import os
import gradio as gr
from langchain_core.prompts import PromptTemplate
from langchain_community.document_loaders import PyPDFLoader
from langchain_google_genai import ChatGoogleGenerativeAI
import google.generativeai as genai
from langchain.chains.question_answering import load_qa_chain
import torch
from transformers import AutoTokenizer, AutoModelForCausalLM
from PIL import Image
import io

# Configure Gemini API
genai.configure(api_key=os.getenv("GOOGLE_API_KEY"))

# Load Mistral model
model_path = "nvidia/Mistral-NeMo-Minitron-8B-Base"
mistral_tokenizer = AutoTokenizer.from_pretrained(model_path)
device = 'cuda' if torch.cuda.is_available() else 'cpu'
dtype = torch.bfloat16
mistral_model = AutoModelForCausalLM.from_pretrained(model_path, torch_dtype=dtype, device_map=device)

def process_pdf(file_path, question):
    model = ChatGoogleGenerativeAI(model="gemini-pro", temperature=0.3)
    prompt_template = """Answer the question as precise as possible using the provided context. If the answer is
    prompt = PromptTemplate(template=prompt_template, input_variables=["context", "question"])

    pdf_loader = PyPDFLoader(file_path)
    pages = pdf_loader.load_and_split()
    context = "\n".join(str(page.page_content) for page in pages[:200])
    stuff_chain = load_qa_chain(model, chain_type="stuff", prompt=prompt)
    stuff_answer = stuff_chain({"input_documents": pages, "question": question, "context": context}, return_only_outputs=
    return stuff_answer['output_text']

def process_image(image, question):
    model = genai.GenerativeModel('gemini-pro-vision')
    response = model.generate_content([image, question])
    return response.text

def generate_mistral_followup(answer):
    mistral_prompt = f"Based on this answer: {answer}\nGenerate a follow-up question:"
    mistral_inputs = mistral_tokenizer.encode(mistral_prompt, return_tensors='pt').to(device)
    with torch.no_grad():
        mistral_outputs = mistral_model.generate(mistral_inputs, max_length=200)
    mistral_output = mistral_tokenizer.decode(mistral_outputs[0], skip_special_tokens=True)
    return mistral_output

def process_input(file, image, question):
    try:
        if file is not None:
            gemini_answer = process_pdf(file.name, question)
        elif image is not None:
            gemini_answer = process_image(image, question)
        else:
            return "Please upload a PDF file or an image."

        mistral_followup = generate_mistral_followup(gemini_answer)
        combined_output = f"Gemini Answer: {gemini_answer}\n\nMistral Follow-up: {mistral_followup}"
        return combined_output
    except Exception as e:
        return f"An error occurred: {str(e)}"

# Define Gradio Interface
with gr.Blocks() as demo:
    gr.Markdown("# Multi-modal RAG Knowledge Retrieval using Gemini API and Mistral Model")

    with gr.Row():
        with gr.Column():
            input_file = gr.File(label="Upload PDF File")
            input_image = gr.Image(type="pil", label="Upload Image")
            input_question = gr.Textbox(label="Ask about the document or image")

    output_text = gr.Textbox(label="Answer - Combined Gemini and Mistral")

    submit_button = gr.Button("Submit")
    submit_button.click(fn=process_input, inputs=[input_file, input_image, input_question], outputs=output_text)

demo.launch()
```

10.5 LM studio 應用

LM Studio 是一款專為開發者設計的本地大型語言模型運行平台，允許用戶在本地計算環境中運行各種開源語言模型。它使得用戶可以輕鬆地將強大的自然語言處理功能整合到自己的應用程式中，同時避免依賴雲端服務，確保數據隱私和安全性。

■ 1. 核心功能

本地運行大型語言模型：LM Studio 支援在本地設備上運行多個開源的語言模型，如 Llama 2、Vicuna、Mistral 等。這意味著開發者可以將這些模型部署在自己的硬體上，實現完全控制並保護敏感數據。

多模型支持：該平台支持多種模型的加載和切換，開發者可根據需求選擇最適合的模型進行運行，進行測試或開發。

直觀的使用介面：LM Studio 提供一個圖形使用者介面（GUI），即使是對人工智慧不熟悉的用戶也可以輕鬆操作。這大大降低了技術門檻，使開發者能夠迅速開始使用。

離線使用：由於模型完全運行在本地，LM Studio 可在無網路連接的情況下繼續工作，這對於需要高度保密或限制網絡存取的場合尤為重要。

■ 2. 安裝與配置

下載安裝包：用戶可以直接從 LM Studio 官方網站下載適合其操作系統的安裝包。安裝過程簡單直觀，按照提示完成安裝即可。

安裝過程：

1. 下載並啟動安裝程式。

2. 跟隨指引完成安裝。

3. 選擇安裝目錄，並安裝所需的依賴項。

模型下載：安裝完成後，啟動 LM Studio，進入「模型管理」界面，選擇所需的語言模型進行下載。用戶可以選擇適合自己應用的不同模型，並將其部署在本地環境中。

3. 使用流程

模型選擇與加載：用戶啟動 LM Studio 之後，可以從內建的模型庫中選擇一個語言模型。選擇後，點擊加載按鈕，LM Studio 會自動將該模型加載到本地環境中。

設定模型參數：根據具體應用需求，用戶可以調整模型的輸入參數，這包括上下文長度、生成文本的長度等設定。

開始運行：配置完成後，用戶可以輸入查詢或任務要求，模型將根據輸入的文本進行處理並生成相應的回應或執行特定任務。

4. 應用場景

文本生成：用戶可以利用 LM Studio 來進行文本生成，包括但不限於故事創作、新聞摘要、產品描述等。這些功能在自動化內容生成、聊天機器人開發等領域中非常實用。

語音助手與客服系統：開發者可利用 LM Studio 開發本地化的語音助手或客服系統，實現語音識別和生成的無縫對接。

自定義應用開發：由於 LM Studio 支援自定義模型和參數設定，開發者可以將其應用於特定領域，如法律、醫療或金融等，根據需求調整模型來適應不同的語言任務。

5. 性能與效率

本地運行的優勢：與基於雲端的語言模型不同，LM Studio 的本地運行使其具有更高的執行效率，並且能在無需穩定網絡連接的情況下工作。這對於高要求的應用場景（如線下使用、私密數據處理）尤其重要。

10 RAG 檢索增強生成說明與應用

硬體要求：儘管 LM Studio 可以在標準的 PC 或筆記型電腦上運行，但為了獲得最佳性能，建議使用高效的 GPU 支援來加速模型運行，特別是在處理大規模語言模型時。

■ 總結

LM Studio 提供了一個強大的本地環境來運行和測試大型語言模型。透過其直觀的界面、強大的功能和靈活的模型支持，開發者能夠在不依賴雲端的情況下，輕鬆實現多種語言處理任務。這使得 LM Studio 成為希望保護數據隱私、提高效率並降低延遲的開發者和企業的理想選擇。

安裝步驟說明如下：

STEP01：到官網 https：//lmstudio.ai/

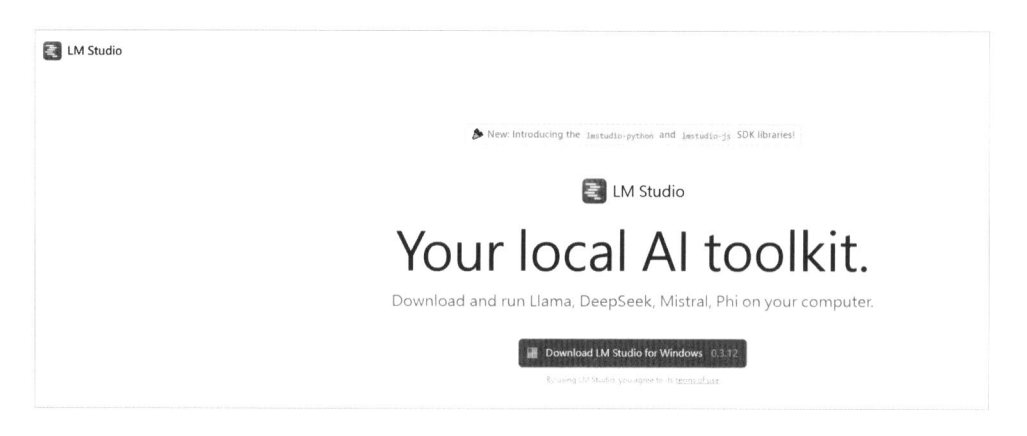

STEP02：下載後直接安裝

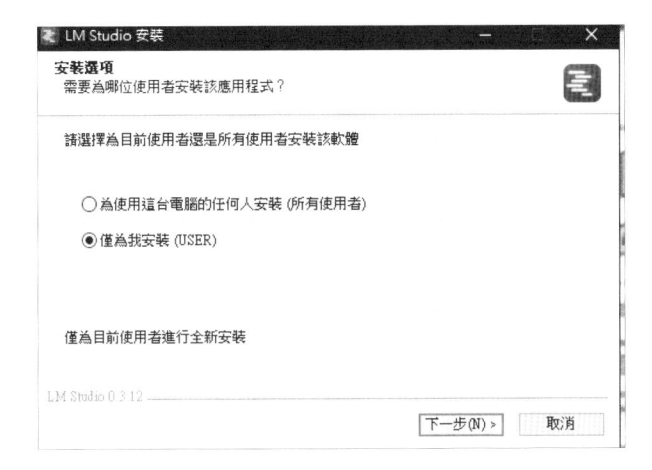

10.5 LM studio 應用

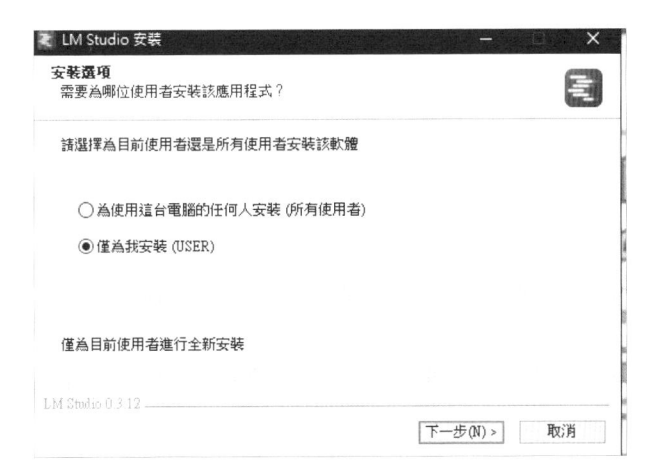

10 RAG 檢索增強生成說明與應用

STEP03：下載後直接執行

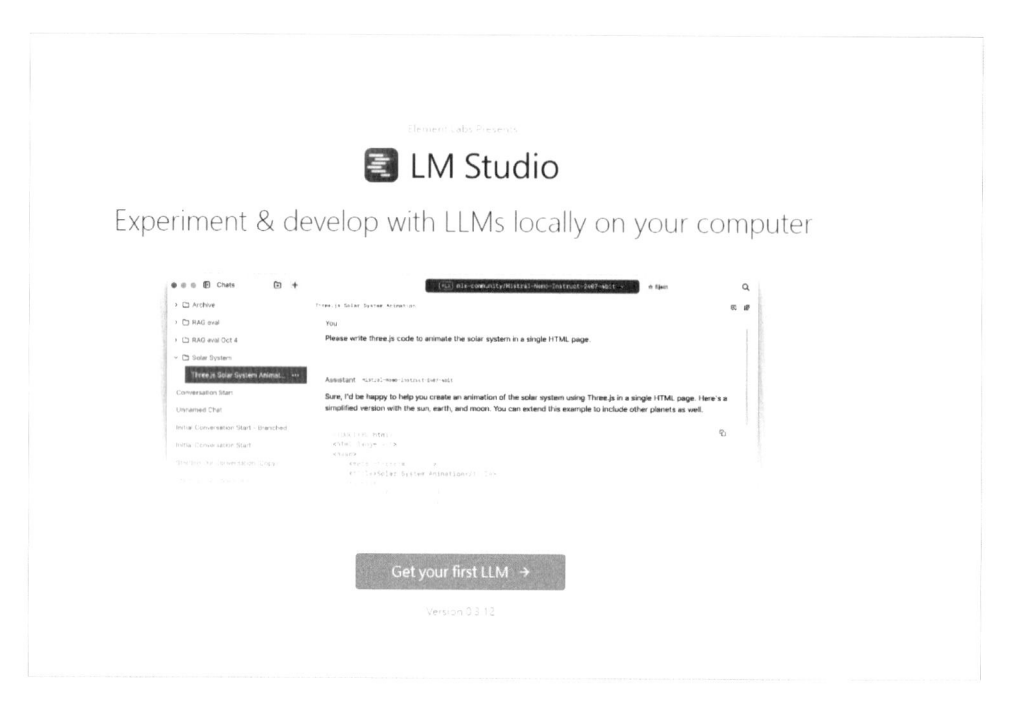

STEP04：執行畫面如下（點擊左邊放大鏡進行模型搜尋）

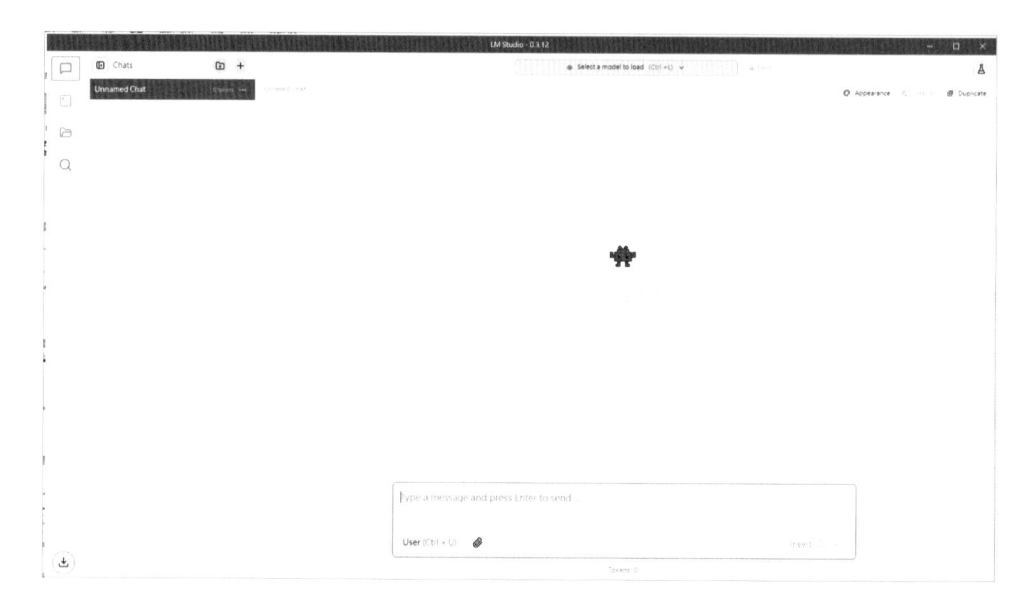

10.5 LM studio 應用

STEP05：以免費的大型語言模型進行實作說明（使用 DeepSeek R1 進行安裝）

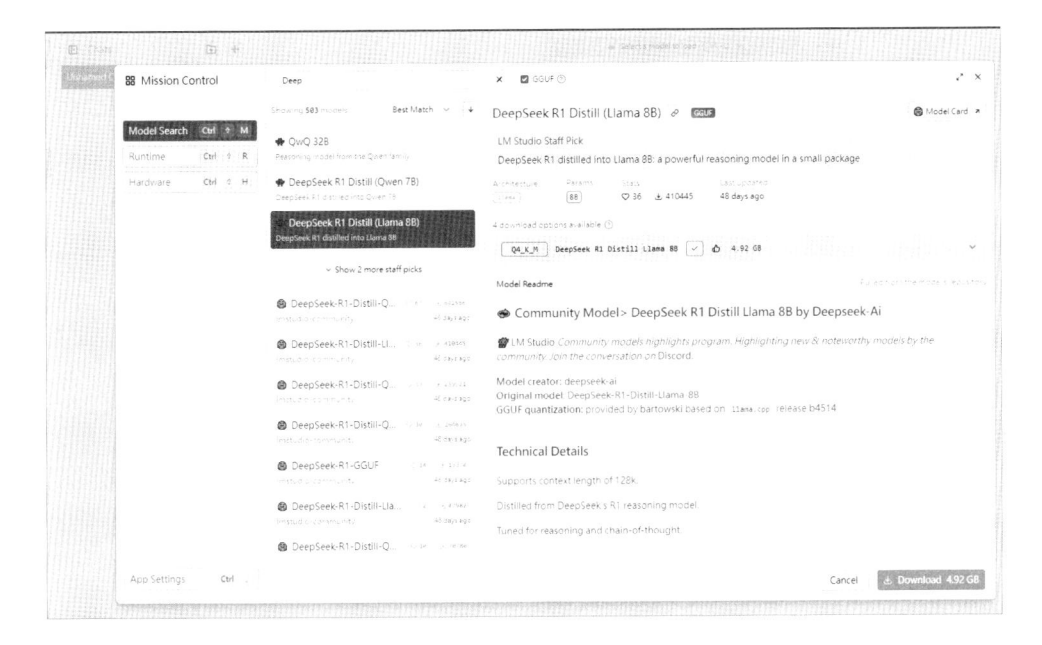

STEP06：安裝完畢後即可進行詢問

10.6 AnythingLLM 應用

什麼是 AnythingLLM？

AnythingLLM 是一種基於大型語言模型（LLM）的應用平台，旨在幫助開發者和企業更加高效地利用語言模型來解決多種語言處理的問題。這類模型通常具備強大的自然語言理解和生成能力，能夠幫助用戶處理從文本生成、語音識別到智能對話等各種需求。

AnythingLLM 的核心特性

1. **多領域適應性** AnythingLLM 能夠根據不同的應用場景進行調整，無論是企業內部的知識庫管理、產品推薦，還是個人助手應用，模型都能夠快速適應並提供精準的服務。

2. **高效語言理解和生成能力** 利用先進的深度學習技術，AnythingLLM 具備強大的文本生成與理解能力，可以用於生成流暢且合乎邏輯的對話內容，或根據需求提供智能摘要、語言翻譯等。

3. **集成與定制化** 開發者可以通過簡單的 API 集成進行自定義擴展，無論是語言模型的微調，還是與其他應用的無縫協作，AnythingLLM 都提供了豐富的功能來支持各種需求。

AnythingLLM 的應用範疇

1. **智能客服系統** 在客戶服務領域，AnythingLLM 能夠幫助企業建立高效的自動化客服系統。該系統能夠理解用戶的問題，並生成合適的回答，從而大幅提升客服效率和用戶體驗。

2. **內容生成與編輯** 在媒體與內容創作領域，AnythingLLM 可以幫助創作者生成高質量的文本，從自動寫作新聞報導到撰寫專業的技術文檔，模型的創作能力無疑是提高生產力的關鍵工具。

3. **教育與學習輔助**在教育領域，AnyhtingLLM 可以成為教師的輔助工具，協助學生解答疑問，並根據學生的學習進度提供個性化的學習建議。此外，模型還能自動生成習題、練習題等，為學生提供無時無刻的學習支持。

4. **智能助手**作為個人智能助手，AnythingLLM 不僅能夠處理基本的日程安排和任務管理，還能根據上下文理解用戶的需求，並給出個性化的建議。無論是在工作中還是在日常生活中，這些智能助手都能夠提供巨大的幫助。

技術架構與運作原理

AnythingLLM 基於 Transformer 架構，這是一種深度學習模型，專為處理大規模文本數據設計。該模型通過數以億計的文本樣本進行訓練，學會語言結構、詞彙意圖及上下文關聯性。訓練過程中，模型學會如何生成語言、理解語言的含義、以及如何根據語境調整其回答。

模型的核心運作原理包括：

- **語言預訓練**：模型首先進行無監督的語言預訓練，通過海量的文本數據學習語言規則和結構。
- **微調**：根據特定領域的需求，對模型進行微調，使其更加精確地處理特定領域的語言問題。
- **生成模型**：在運行時，模型根據用戶輸入的文本生成對應的回答，並不斷優化其輸出結果。

AnythingLLM 作為一種多用途的語言處理工具，無論是在企業應用還是個人生活中，都展現出巨大的潛力。隨著語言模型技術的進步，這類工具將會在未來的數字化世界中發揮更加重要的作用。透過對 AnythingLLM 的進一步開發與應用，開發者和企業將能夠解決更多的挑戰，並推動智慧化的工作方式。

10 RAG 檢索增強生成說明與應用

安裝步驟說明如下：

STEP01：到官網 https：//anythingllm.com/

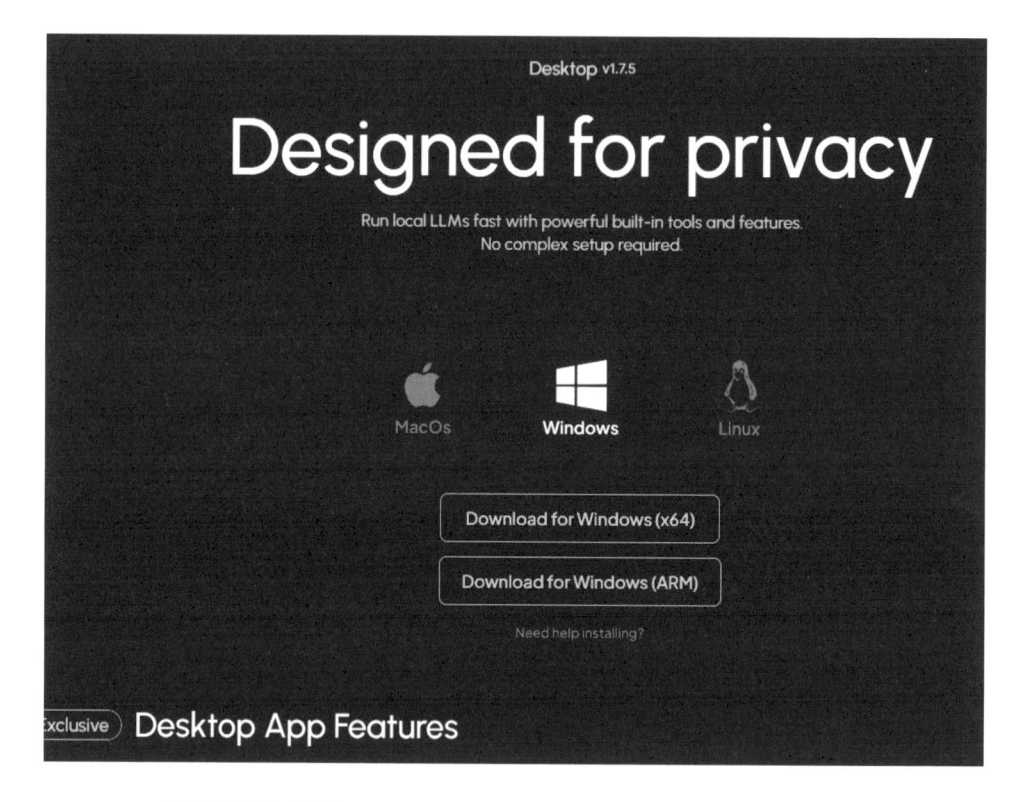

STEP02：直接執行安裝檔

10.6 AnythingLLM 應用

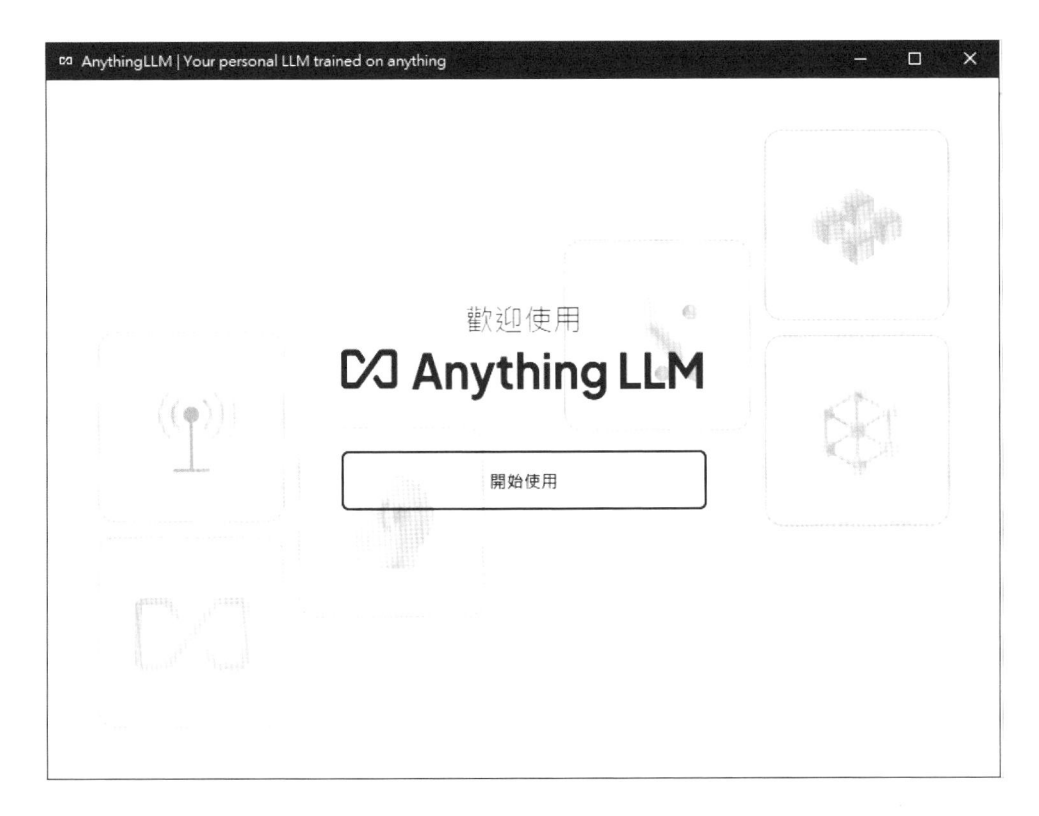

STEP03：此處我們可以使用 Gemini API 進行實作申請（申請金鑰後注意版本）

10 RAG 檢索增強生成說明與應用

STEP04：建立工作區（讀者可以自行建立）

STEP05：進到編輯後台

10.6 AnythingLLM 應用

STEP06：接著我們可以上傳文件（就和 NotebookLM 一樣，打造本機端的 RAG）

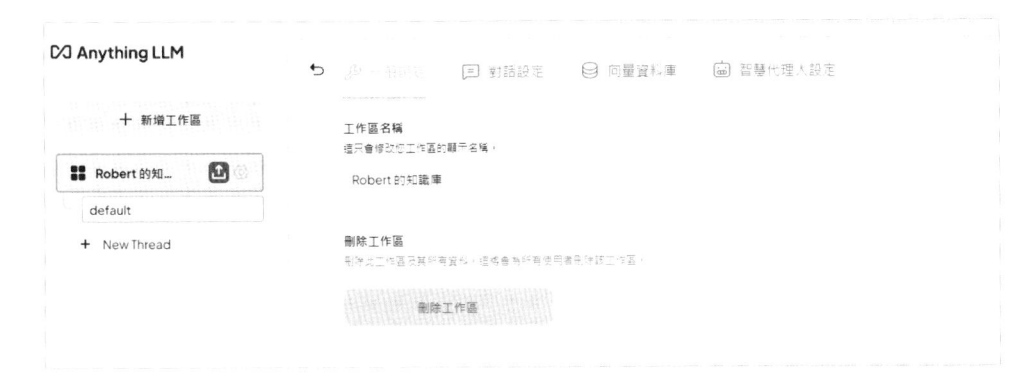

STEP07：將文件拖進編輯後台

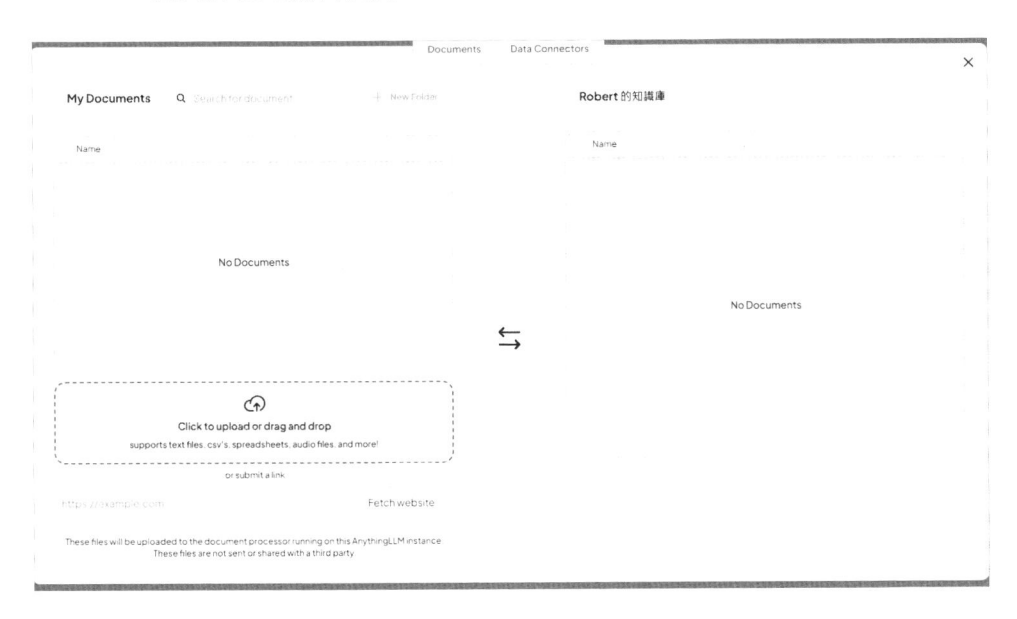

RAG 檢索增強生成說明與應用

STEP08：此處我們仍以法律文件為主，上傳到後台

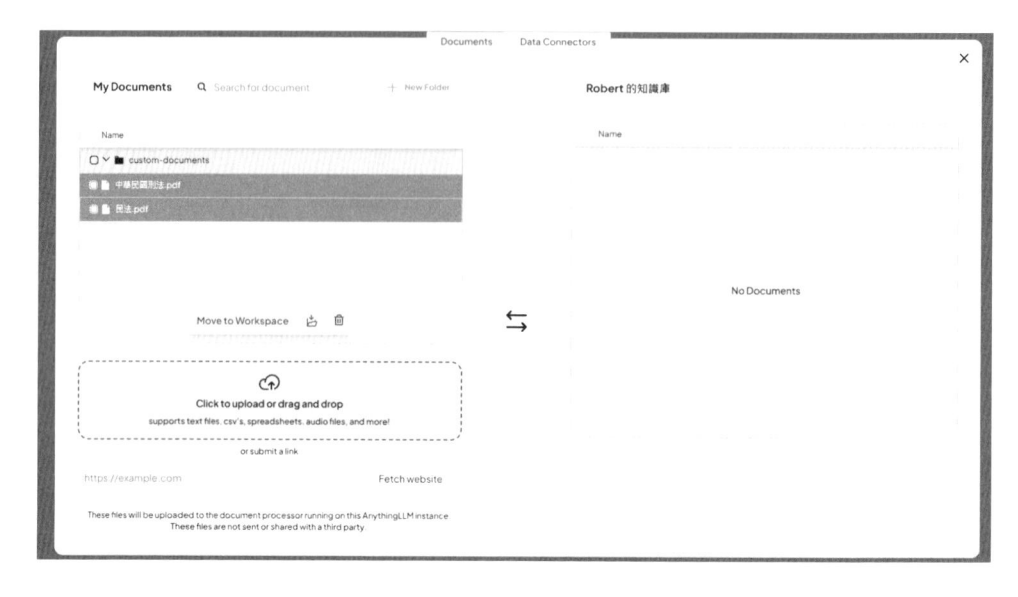

STEP09：點擊 Move to workspace

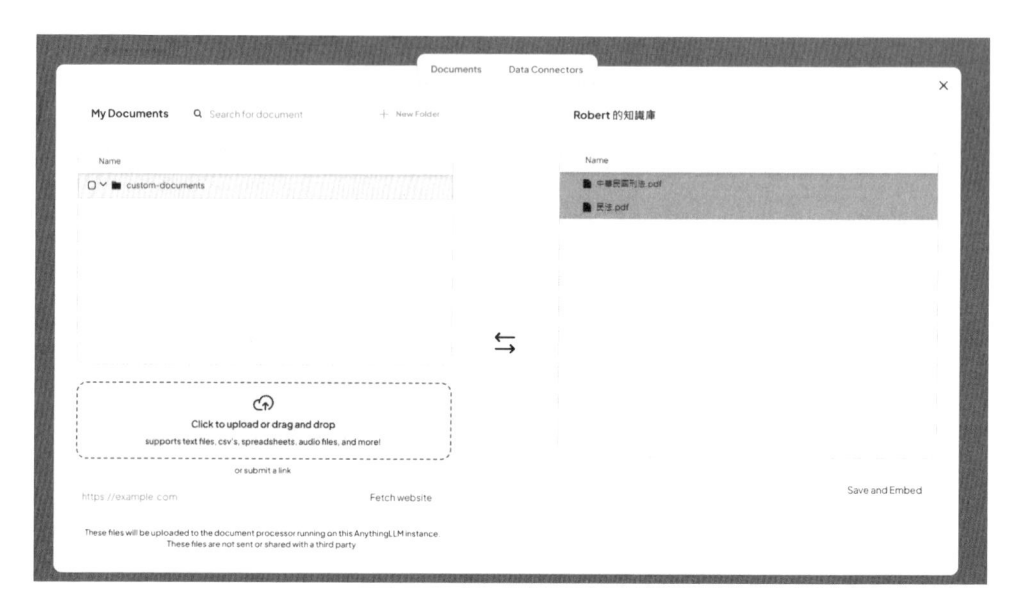

10.6 AnythingLLM 應用

STEP10：請注意，這裡要提醒讀者的地方是 Gemini API 的版號

API keys

Quickly test the Gemini API

API quickstart guide

```
curl "https://generativelanguage.googleapis.com/v1beta/models/gemini-2.0-flash:generateContent?key=GEMINI_API_KEY" \
-H 'Content-Type: application/json' \
-X POST \
-d '{
  "contents": [{
    "parts":[{"text": "Explain how AI works"}]
    }]
   }'
```

Use code with caution.

[Create API key]

Your API keys are listed below. You can also view and manage your project and API keys in Google Cloud.

Project number	Project name	API key	Created	Plan
...8053	Gemini API	...BfxO	Mar 9, 2025	Free of charge Set up Billing View usage data

Remember to use API keys securely. Don't share or embed them in public code. Use of Gemini API from a billing-enabled project is subject to pay-as-you-go pricing.

STEP11：針對版號做調整

10-35

10 RAG 檢索增強生成說明與應用

STEP12：挑選我們申請的 Gemini API 版本，再做一次確認（gemini-2.0-flash）

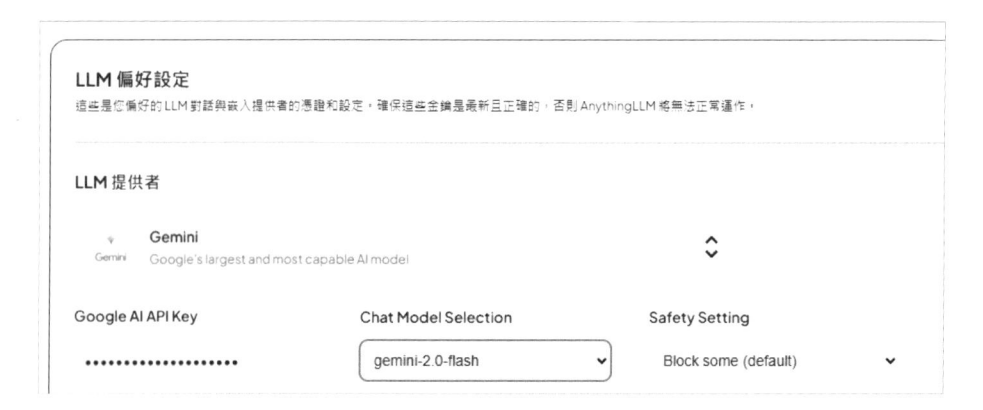

10.6 AnythingLLM 應用

STEP13：儲存後就可以使用並進行詢問，可以就文件內容進行互動！

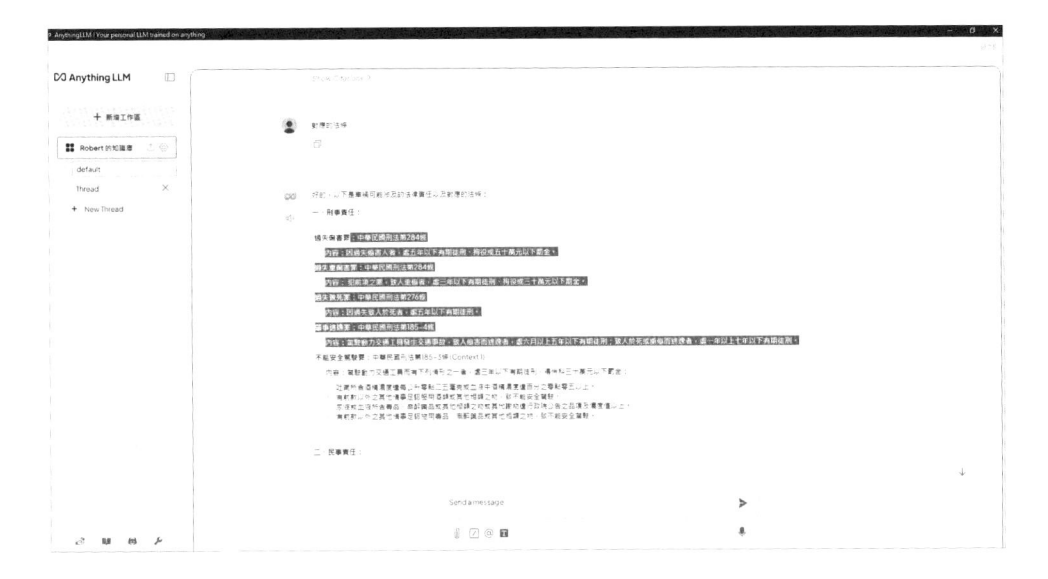

MEMO

打造企業內部聊天室與自動化

11.1 內部聊天室設計

11.2 自動化設計

11.3 加入時間的自動化操作

11.4 打造本機端的 AI 助手

11 打造企業內部聊天室與自動化

11.1 內部聊天室設計

在現代網路應用中,聊天室是一種常見的即時通訊工具,而 Socket 程式設計則是其核心技術之一。Socket 允許設備之間透過網路進行數據交換,使得即時通訊應用能夠高效運行。

本章將詳細介紹如何使用 Python 的 Socket 程式設計來構建一個簡單的聊天室,並從伺服器(Service)與客戶端(Client)的角度說明其運作方式。我們將首先探討 Socket 的基本概念,然後逐步搭建一個可運行的聊天應用,最後探討進階功能的擴充方向。

Socket 通訊概念

■ 什麼是 Socket?

Socket(套接字)是一種通訊機制,允許不同設備之間或同一設備內的應用程式透過網路交換數據。它提供了一個標準化的接口,使得開發者能夠在不同的網路環境中建立可靠的通訊。

■ TCP 與 UDP 的比較

在 Socket 通訊中,常見的傳輸協議有 TCP(Transmission Control Protocol)和 UDP(User Datagram Protocol)。它們各有優缺點,適用於不同的應用場景。

協議	連線方式	傳輸可靠性	適用場景
TCP	需建立連線	可靠,確保訊息順序與完整性	即時聊天、文件傳輸
UDP	無需建立連線	不可靠,可能出現數據丟失	視訊直播、線上遊戲

由於聊天室通常需要確保訊息完整性和順序性,因此我們選擇使用 TCP 作為通訊協議。

建立聊天室伺服器（Service）

■ 伺服器架構

聊天室伺服器的主要職責包括：

1. 監聽指定的網路埠（port），等待客戶端的連線。

2. 接受並管理多個客戶端的連線。

3. 接收來自客戶端的訊息，並將其廣播給所有已連線的客戶端。

■ Python Socket 伺服器實作

以下是使用 Python 建立的簡單聊天室伺服器程式碼：

```python
import socket
import threading

# 設定伺服器資訊
HOST = '0.0.0.0'# 監聽所有 IP
PORT = 12345# 伺服器埠號

server = socket.socket(socket.AF_INET,socket.SOCK_STREAM)
server.bind((HOST,PORT))
server.listen()
print(f' 伺服器啟動，監聽於 {HOST}:{PORT}')

clients = []

def handle_client(client_socket,address):
    print(f' 新連線來自 {address}')
    while True:
        try:
            message = client_socket.recv(1024).decode('utf-8')
            if not message:
                break
            print(f' 收到來自 {address} 的訊息 :{message}')
            for client in clients:
                client.sendall(message.encode('utf-8'))
```

```
            except:
                break
        print(f' 連線中斷 :{address}')
        clients.remove(client_socket)
        client_socket.close()

while True:
    client_socket,addr = server.accept()
    clients.append(client_socket)
    threading.Thread(target=handle_client,args=(client_socket,addr)).start()
```

建立聊天室客戶端（Client）

▪ 客戶端架構

客戶端的主要功能包括：

1. 連線至伺服器。

2. 傳送訊息至伺服器。

3. 接收並顯示來自伺服器的訊息。

    Python Socket 客戶端實作

    以下是 Python 實作的聊天室客戶端程式碼：

```
import socket
import threading

# 設定伺服器資訊
HOST = '0.0.0.0'# 監聽所有 IP
PORT = 12345# 伺服器埠號


server = socket.socket(socket.AF_INET,socket.SOCK_STREAM)
server.bind((HOST,PORT))
server.listen()
print(f' 伺服器啟動，監聽於 {HOST}:{PORT}')
```

```
clients = []

def handle_client(client_socket,address):
    print(f' 新連線來自 {address}')
    while True:
        try:
            message = client_socket.recv(1024).decode('utf-8')
            if not message:
                break
            print(f' 收到來自 {address} 的訊息 :{message}')
            for client in clients:
                client.sendall(message.encode('utf-8'))
        except:
            break
    print(f' 連線中斷 :{address}')
    clients.remove(client_socket)
    client_socket.close()

while True:
    client_socket,addr = server.accept()
    clients.append(client_socket)
    threading.Thread(target=handle_client,args=(client_socket,addr)).start()
```

進階功能拓展

本章的聊天室範例為最基本的版本，未來可進一步擴展以下功能：

圖形化介面（GUI）：使用 Tkinter 或 PyQt 提供更友善的視覺化聊天介面。

多聊天室支援：允許用戶加入不同的房間，分開對話。

加密通訊：使用 SSL/TLS 技術保護聊天內容，提高安全性。

聊天紀錄儲存：使用資料庫（如 SQLite、MySQL）儲存聊天紀錄。

WebSocket 支援：改用 WebSocket 技術，使聊天室可以在網頁上運行。

11 打造企業內部聊天室與自動化

本章詳細介紹了如何使用 Python 的 Socket 程式設計來建立聊天室，並探討了伺服器與客戶端的基本架構和運作方式。透過這些基礎概念，讀者可以進一步發展更完整的即時通訊系統，並整合其他技術來提升功能與效能。

程式碼操作說明

- **Server 端的程式說明：**

讀者可以使用 Jupyter Notebook 就程式碼直接執行 Server 端的部分，如下圖所示：

執行後的 GUI 畫面如下圖所示：

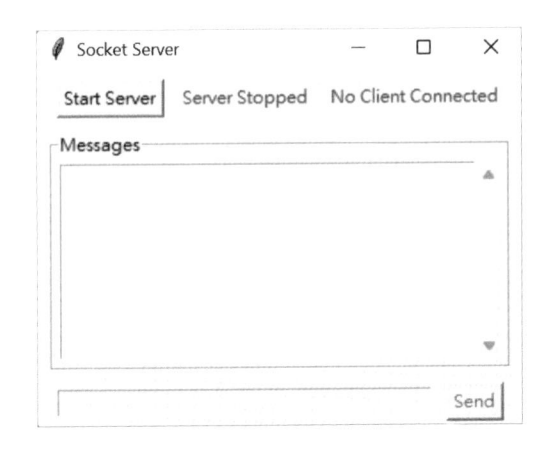

11.1 內部聊天室設計

這段程式碼是 Python 類別 (class) 的一部分，主要是用來設定網路連線的相關參數，並建立 GUI(圖形使用者介面) 的元素。以下是對這段程式碼的詳細解釋：

```python
# Connection details
self.host = socket.gethostname()
self.port = 2255
self.server_socket = None
self.client_socket = None
self.client_address = None
self.running = False
self.listening = False

# Create GUI elements
self.create_widgets()
```

程式碼說明如下：

```python
#Connection details
self.host = socket.gethostname()# 取得本機的主機名稱
self.port = 2255# 設定伺服器的通訊埠 (Port)

self.server_socket = None   # 伺服器的 socket，初始為 None
self.client_socket = None   # 用來儲存客戶端 socket，初始為 None
self.client_address = None  # 用來儲存客戶端的位址，初始為 None

self.running = False   # 代表伺服器是否在運行的布林值 (False = 未運行 )
self.listening = False  # 代表伺服器是否在監聽的布林值 (False = 未監聽 )

#Create GUI elements
self.create_widgets()   # 呼叫方法來建立 GUI 元件
```

11 打造企業內部聊天室與自動化

■ **Client 端的程式說明：**

讀者可以使用 Jupyter Notebook 就程式碼直接執行 Client 端的部分，如下圖所示：

此處要提醒讀者朋友們，Client 端和 Service 端要同時打開

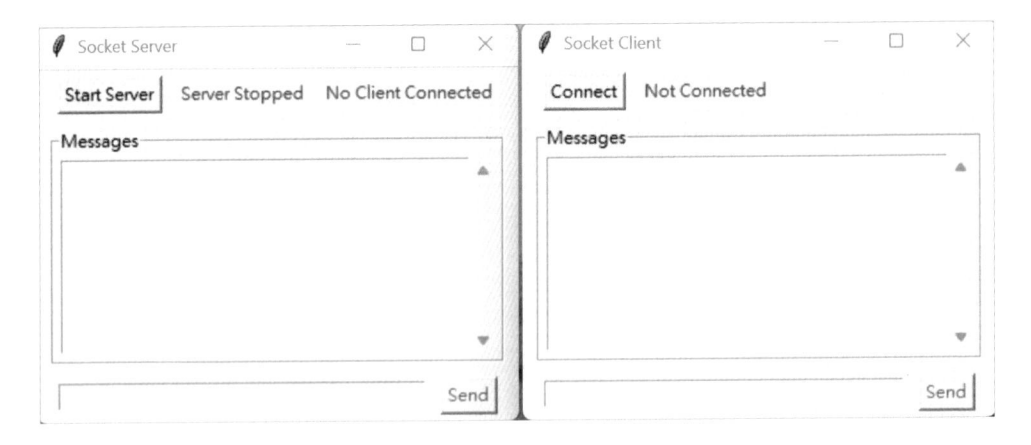

目前先以本機端進行測試，當點擊 Client 端點擊 Start Server 時，Service 端也要同時點擊 Connect 端，以便連通兩個聊天室，如下圖所示：

11-8

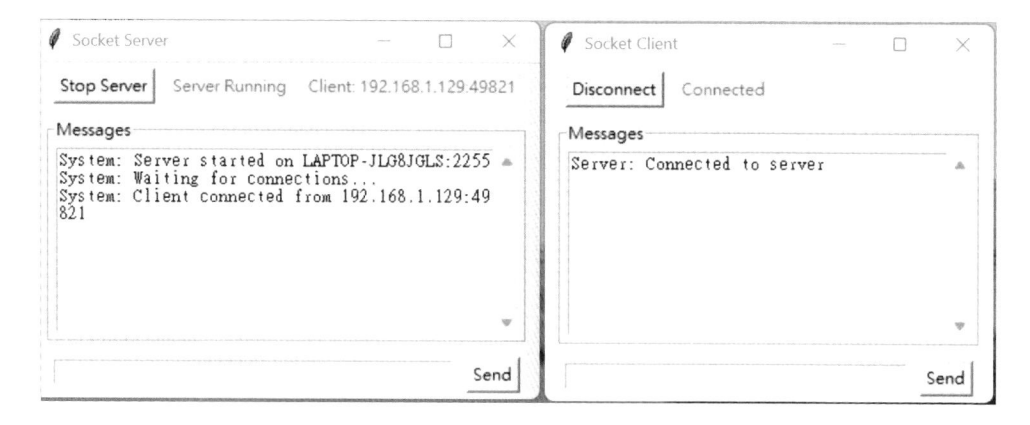

11.1 內部聊天室設計

```
Socket Server                    — □ ×
[Stop Server] Server Running  Client: 192.168.1.129:49821
Messages
System: Server started on LAPTOP-JLG8JGLS:2255
System: Waiting for connections...
System: Client connected from 192.168.1.129:49
821
                                           Send
```

```
Socket Client                    — □ ×
[Disconnect] Connected
Messages
Server: Connected to server
                                           Send
```

讀者可以在 Client 端輸入文字進行對話，並按出 send

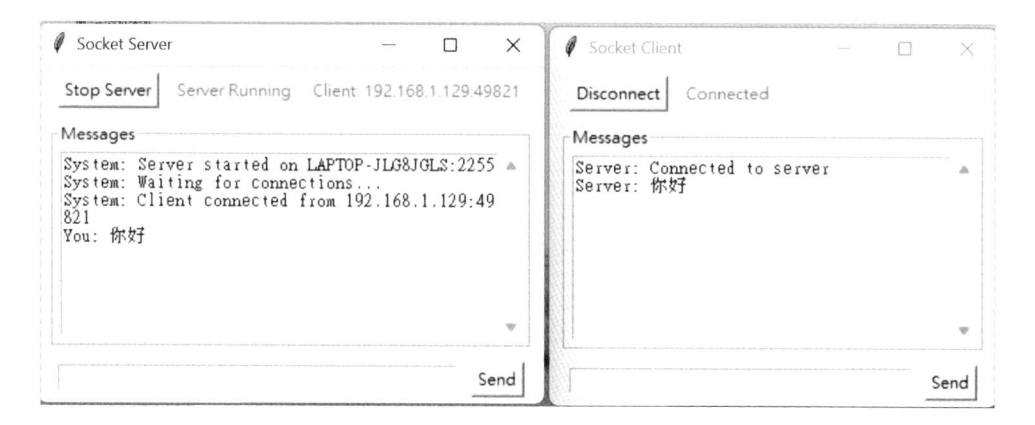

```
Socket Server                    — □ ×
[Stop Server] Server Running  Client: 192.168.1.129:49821
Messages
System: Server started on LAPTOP-JLG8JGLS:2255
System: Waiting for connections...
System: Client connected from 192.168.1.129:49
821
You: 你好
                                           Send
```

```
Socket Client                    — □ ×
[Disconnect] Connected
Messages
Server: Connected to server
Server: 你好
                                           Send
```

讀者也可以在 Server 端輸入文字進行對話，並按出 send

```
Socket Server                    — □ ×
[Stop Server] Server Running  Client: 192.168.1.129:49821
Messages
System: Server started on LAPTOP-JLG8JGLS:2255
System: Waiting for connections...
System: Client connected from 192.168.1.129:49
821
You: 你好
Client: 我很好
                                           Send
```

```
Socket Client                    — □ ×
[Disconnect] Connected
Messages
Server: Connected to server
Server: 你好
You: 我很好
                                           Send
```

打造企業內部聊天室與自動化

為了使聊天功能更有趣，在程式開發中新增表情符號！

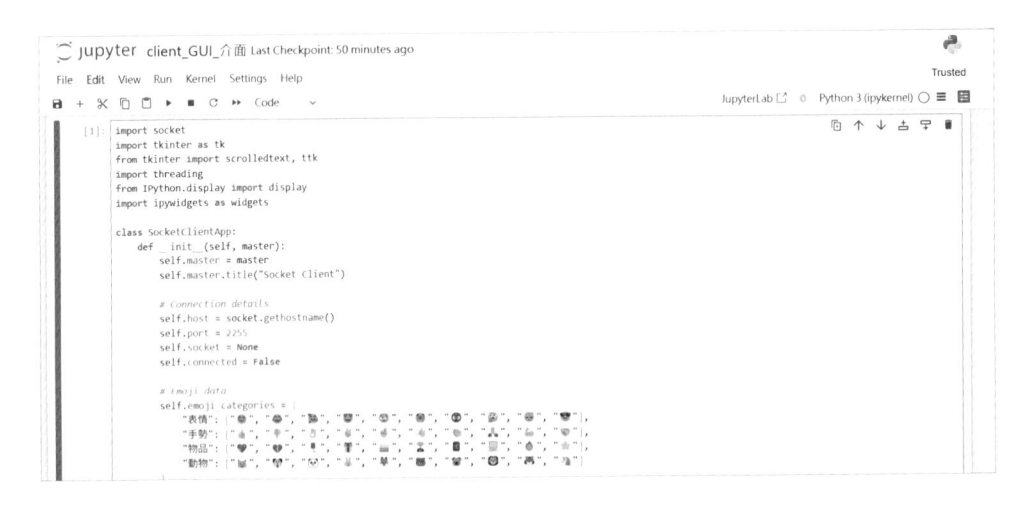

```python
import socket
import tkinter as tk
from tkinter import scrolledtext, ttk
import threading
from IPython.display import display
import ipywidgets as widgets

class SocketClientApp:
    def __init__(self, master):
        self.master = master
        self.master.title("Socket Client")

        # Connection details
        self.host = socket.gethostname()
        self.port = 2255
        self.socket = None
        self.connected = False

        # emoji data
        self.emoji_categories = {
            "表情": ["😀", "😁", "😂", "😃", "😄", "😅", "😆", "😇"],
            "手勢": ["👍", "👎", "👌", "👋", "👏", "🙏", "🤝", "✌"],
            "物品": ["❤", "💔", "💯", "📱", "💻", "📷", "🎁", "🎉"],
            "動物": ["🐶", "🐱", "🐭", "🐹", "🐰", "🦊", "🐻", "🐼"]
        }
```

執行結果如下圖所示：

11.1 內部聊天室設計

讀者朋友在操作時，記得要將 Server 端和 Client 端同時打開

可以試著從 Client 端發送訊息和表情符號，看看 Server 端是否有收到訊息

11 打造企業內部聊天室與自動化

```
Socket Server
[Stop Server]  Server Running  Client: 192.168.1.129:50063
Messages
9821
You: 你好
Client: 我很好
You: HI
Client: bye
System: Client disconnected
System: Client connected from 192.168.1.129:49970
Client: 你好
System: Client disconnected
System: Client connected from 192.168.1.129:50063
Client: 😊😊😊
                                          [Send]
```

11.2 自動化設計

在自動化領域中，PyAutoGUI 是一個非常受歡迎的 Python 函式庫，專門用來自動化桌面 GUI 交互。它的核心功能之一就是滑鼠自動化，讓你能夠模擬滑鼠移動、點擊、滾動和拖曳等操作。這項技術在自動執行重複性任務、測試 GUI 應用程式或創建遊戲機器人等方面非常有用。

本章節將深入介紹如何使用 PyAutoGUI 控制滑鼠，並探索一些能夠提升自動化腳本效能的功能。

安裝 PyAutoGUI

在開始進行滑鼠自動化之前，你需要安裝 PyAutoGUI。這可以通過 Python 的包管理工具 pip 完成：

```
pip install pyautogui
import pyautogui
```

基本滑鼠操作

PyAutoGUI 提供了多種滑鼠操作，讓你能夠輕鬆進行自動化。以下是一些常見的滑鼠操作：

1. 移動滑鼠

要將滑鼠移動到指定的螢幕座標位置，可以使用 moveTo() 函數。例如，將滑鼠移動到螢幕的（500，500）位置：

```
pyautogui.moveTo(500,500)
```

如果你希望滑鼠以某種速度移動，可以使用 duration 參數指定移動時間：

```
pyautogui.moveTo(500,500,duration=1) #1 秒內移動到指定位置
```

2. 滑鼠拖曳

如果你需要模擬拖曳動作，可以使用 dragTo() 或 dragRel()。dragTo() 會將滑鼠從當前位置拖曳到指定的座標，而 dragRel() 則是從當前位置拖曳相對距離。

例如，將滑鼠從（100，100）拖曳到（400，400）：

```
pyautogui.moveTo(100,100)
pyautogui.dragTo(400,400,duration=1)
```

3. 滑鼠點擊

click() 函數用來模擬滑鼠點擊，可以指定點擊的座標、按鈕以及點擊次數。例如，點擊當前滑鼠位置：

```
pyautogui.click()
```

如果要指定點擊位置，可以傳遞座標：

```
pyautogui.click(500,500)
```

4. 雙擊與右鍵點擊

除了單擊，你還可以模擬雙擊或右鍵點擊。以下是如何進行雙擊和右鍵點擊：

```python
# 雙擊
pyautogui.doubleClick()

# 右鍵點擊
pyautogui.rightClick()
```

5. 滑鼠滾動

如果你需要模擬滾動滑鼠滾輪，可以使用 `scroll()` 函數。正數表示向上滾動，負數表示向下滾動：

```python
pyautogui.scroll(100)    # 向上滾動 100 單位
pyautogui.scroll(-100)   # 向下滾動 100 單位
```

■ 程式執行說明：滑鼠移動並秀出座標

主要用來自動化操作滑鼠，從左上到右下自動移動

11.2 自動化設計

```
程式將在 3 秒後開始執行...
螢幕解析度：1920 x 1080
當前位置：x=5, y=5
在該位置檢測到 0 個可能的圖示：
當前位置：x=196, y=112
當前位置：x=387, y=219
在該位置檢測到 0 個可能的圖示：
當前位置：x=578, y=326
當前位置：x=769, y=433
在該位置檢測到 0 個可能的圖示：
當前位置：x=960, y=540
當前位置：x=1151, y=647
在該位置檢測到 0 個可能的圖示：
當前位置：x=1342, y=754
當前位置：x=1533, y=861
在該位置檢測到 0 個可能的圖示：
當前位置：x=1724, y=968
當前位置：x=1915, y=1075
在該位置檢測到 0 個可能的圖示：
滑鼠移動完成！
```

- **程式執行說明：滑鼠移動與圖像辨識**

此處的設計主要用來偵測桌面上圖示的位置

```python
import tkinter as tk
from tkinter import ttk, messagebox
import pyautogui
import threading
import time
import cv2
import numpy as np
from PIL import ImageGrab, Image, ImageTk

class MouseControllerApp:
    def __init__(self, root):
        self.root = root
        self.root.title("滑鼠控制器與桌面圖示檢測")
        self.root.geometry("800x600")
        self.root.resizable(True, True)
        
        # 關閉 PyAutoGUI 的 failsafe (取消註解以完全關閉安全措施)
        # pyautogui.FAILSAFE = False
        
        # 擷取螢幕解析度
        self.screen_width, self.screen_height = pyautogui.size()
        
        # 創建主框架
        self.main_frame = ttk.Frame(root, padding="10")
        self.main_frame.pack(fill=tk.BOTH, expand=True)
```

11-15

11 打造企業內部聊天室與自動化

當滑鼠移動時，則秀出對應的座標

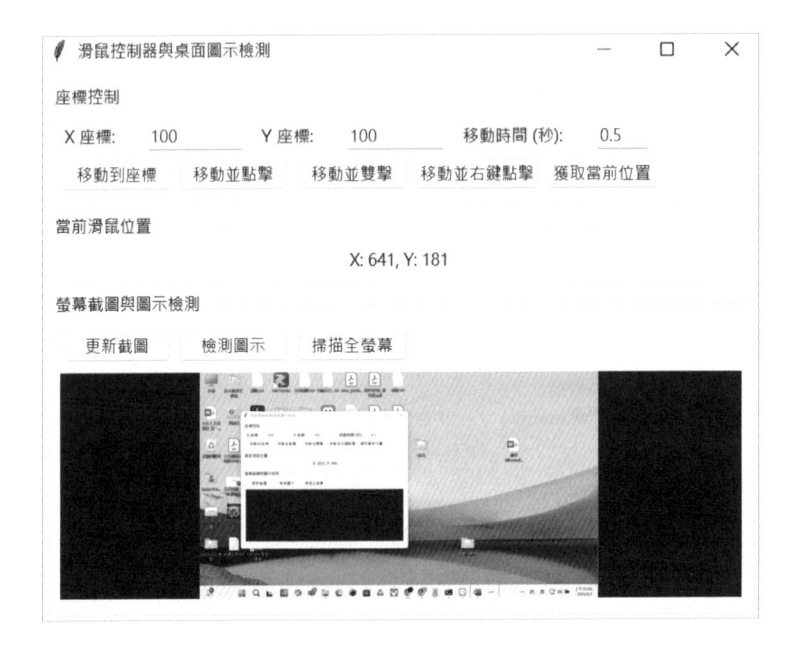

■ 程式執行說明：錄製動作

可以直接對桌面的移動進行錄製

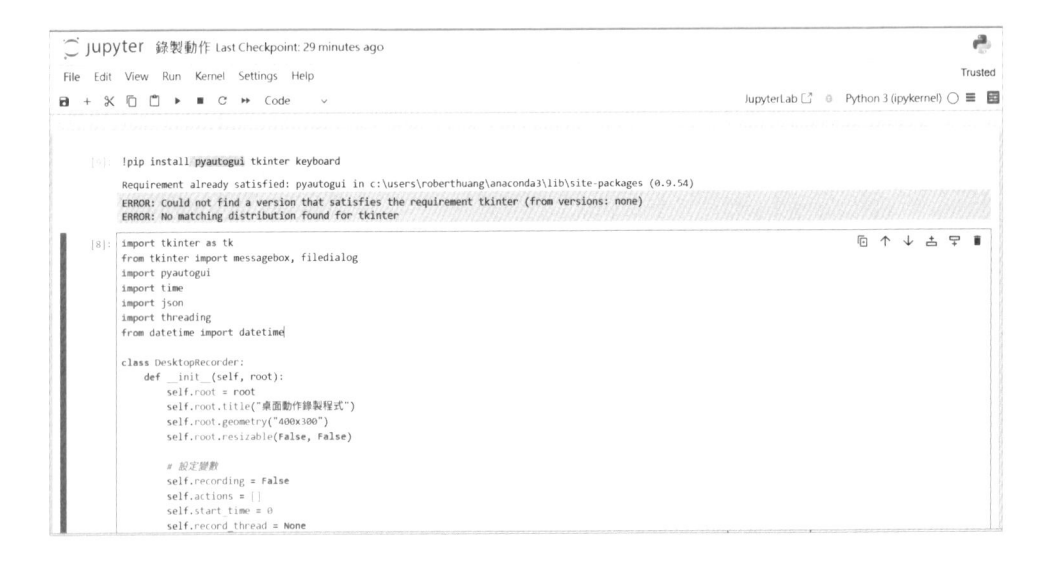

[桌面動作錄製程式視窗截圖 - 準備就緒狀態]

[桌面動作錄製程式視窗截圖 - 已錄製 142 個動作]

■ **程式執行說明：多個操作行為錄製**

　　讀者可以先在桌面建立資料夾做模擬自動化點擊，但須先知道確切的座標位置！

```python
def perform_specific_tasks():
    """執行特定的任務"""
    print("開始執行特定任務...")
    
    # 1. 滑鼠移動到目標資料夾並點擊左鍵兩次 (1027, 948)
    folder_x, folder_y = 1027, 948
    print(f"移動到目標資料夾位置: ({folder_x}, {folder_y})")
    pyautogui.moveTo(folder_x, folder_y, duration=1)
    pyautogui.doubleClick()
    time.sleep(1)  # 等待資料夾打開
    
    # 2. 移動到資料夾的關閉按鈕並點擊一次 (1411, 419)
    close_x, close_y = 1411, 419
    print(f"移動到關閉按鈕位置: ({close_x}, {close_y})")
    pyautogui.moveTo(close_x, close_y, duration=1)
    pyautogui.click()
    
    print("特定任務執行完成!")

# 主程序
def main():
    # 選擇要執行的功能
    print("請選擇要執行的功能:")
    print("1. 螢幕掃描")
    print("2. 執行特定任務 (開啟資料夾並關閉)")
    
    choice = input("請輸入選項 (1 或 2): ")
    
    if choice == "1":
        scan_screen()
    elif choice == "2":
        perform_specific_tasks()
    else:
        print("無效的選項,程式結束。")

if __name__ == "__main__":
    main()
```

```
程式將在 3 秒後開始執行...
螢幕解析度: 1920 x 1080
請選擇要執行的功能:
1. 螢幕掃描
2. 執行特定任務 (開啟資料夾並關閉)
請輸入選項 (1 或 2): 2
開始執行特定任務...
移動到目標資料夾位置: (1027, 948)
移動到關閉按鈕位置: (1411, 419)
特定任務執行完成!
```

11.3 加入時間的自動化操作

簡介

在日常工作或研究中，我們經常需要執行重複性的電腦操作，例如開啟或關閉視窗、點擊特定按鈕，甚至是掃描螢幕以尋找特定元素。透過 Python 的 pyautogui 和 cv2 模組，我們可以實現這些自動化功能，並且加入延遲時間，讓使用者在執行前有足夠的準備時間。

本章將探討如何實作一個具有時間控制功能的自動化腳本，並解釋各個關鍵步驟的運作方式。

環境與工具

我們將使用以下 Python 模組來完成自動化操作：

- pyautogui：用於模擬滑鼠移動與點擊。
- cv2（OpenCV）：用於影像處理，例如偵測螢幕上的圖示。
- numpy：輔助影像處理與數據計算。
- PIL（Pillow）：擷取螢幕截圖。
- time：用於控制程式延遲。

請確保已安裝這些模組，可以使用以下指令進行安裝：

```
pip install pyautogui opencv-python numpy pillow
```

設定執行延遲

在自動化腳本執行前，允許使用者輸入等待時間，以便在操作開始前準備好目標視窗。此功能可以避免誤觸或操作錯誤。

```
def get_delay_time():
    while True:
```

打造企業內部聊天室與自動化

```
        try:
            delay = int(input("請輸入程式開始執行前的等待時間（秒）:"))
            if delay < 0:
                print("等待時間不能為負數，請重新輸入。")
                continue
            return delay
        except ValueError:
            print("請輸入有效的數字，請重新輸入。")
```

獲取螢幕解析度

在進行自動化操作前，我們需要確保螢幕的解析度，以便根據螢幕大小來設計滑鼠移動範圍

```
screen_width,screen_height = pyautogui.size()
print(f"螢幕解析度:{screen_width}x{screen_height}")
```

掃描螢幕與偵測圖示

本功能會擷取螢幕截圖並利用 OpenCV 進行影像處理，以找出可能的圖示（例如應用程式圖標）。

```
def detect_icons(screenshot):
    img = np.array(screenshot)
    img = cv2.cvtColor(img,cv2.COLOR_RGB2BGR)
    gray = cv2.cvtColor(img,cv2.COLOR_BGR2GRAY)
    _,thresh = cv2.threshold(gray,240,255,cv2.THRESH_BINARY_INV)
    contours,_= cv2.findContours(thresh,cv2.RETR_EXTERNAL,cv2.CHAIN_APPROX_SIMPLE)

    icons = []
    for contour in contours:
        x,y,w,h = cv2.boundingRect(contour)
        if 20 < w < 100 and 20 < h < 100:# 篩選可能的圖示範圍
            icons.append((x,y,w,h))
    return icons
```

滑鼠移動掃描螢幕

此功能會讓滑鼠在螢幕上移動,並定期擷取螢幕畫面來偵測圖示。

```
def scan_screen():
    margin = 5
    start_x,start_y = margin,margin
    end_x,end_y = screen_width-margin,screen_height-margin
    STEPs = 10
    x_STEP = (end_x-start_x)/STEPs
    y_STEP = (end_y-start_y)/STEPs

    for i in range(STEPs + 1):
        current_x = int(start_x + i*x_STEP)
        current_y = int(start_y + i*y_STEP)
        pyautogui.moveTo(current_x,current_y,duration=0.5)
        print(f"當前位置:x={current_x},y={current_y}")

        if i%2 == 0:
            screenshot = ImageGrab.grab()
            icons = detect_icons(screenshot)
            print(f"在該位置檢測到 {len(icons)} 個可能的圖示:")
            for idx,(x,y,w,h)in enumerate(icons):
                print(f"圖示 {idx+1}: 位置 ({x},{y}), 大小 {w}x{h}")

        time.sleep(0.5)

    print("滑鼠移動完成!")
```

執行特定任務

這段程式碼會讓滑鼠自動點擊開啟指定的資料夾,然後關閉該視窗。

```
def perform_specific_tasks():
    folder_x,folder_y = 1027,948
    print(f"移動到目標資料夾位置:({folder_x},{folder_y})")
    pyautogui.moveTo(folder_x,folder_y,duration=1)
    pyautogui.doubleClick()
```

```
    time.sleep(1)

    close_x,close_y = 1411,419
    print(f" 移動到關閉按鈕位置 :({close_x},{close_y})")
    pyautogui.moveTo(close_x,close_y,duration=1)
    pyautogui.click()
    print(" 特定任務執行完成！")
```

主程式

最後，我們建立一個主函數，讓使用者選擇要執行的功能。

```
def main():
    print(" 請選擇要執行的功能 :")
    print("1. 螢幕掃描 ")
    print("2. 執行特定任務 ( 開啟資料夾並關閉 )")

    choice = input(" 請輸入選項 (1 或 2):")
    delay = get_delay_time()

    print(f" 程式將在 {delay} 秒後開始執行 ...")
    for i in range(delay,0,-1):
        print(f"{i}...")
        time.sleep(1)

    if choice == "1":
        scan_screen()
    elif choice == "2":
        perform_specific_tasks()
    else:
        print(" 無效的選項，程式結束。")

if __name__ == "__main__":
    main()
```

11.3 加入時間的自動化操作

透過本節介紹的方法，我們可以建立一個簡單但實用的自動化工具，能夠掃描螢幕或執行特定的滑鼠操作。此外，透過時間控制，我們可以讓使用者有足夠的準備時間，確保操作的精確性與安全性。這樣的技術可以進一步應用於自動化測試、遊戲輔助或辦公流程優化等領域。

程式執行如下：

```
import pyautogui
import time
import cv2
import numpy as np
from PIL import ImageGrab

# 讓使用者輸入等待時間
def get_delay_time():
    while True:
        try:
            delay = int(input("請輸入程式開始執行前的等待時間（秒）："))
            if delay < 0:
                print("等待時間不能為負數，請重新輸入。")
                continue
            return delay
        except ValueError:
            print("請輸入有效的數字，請重新輸入。")

# 程式啟動前的準備時間

# 擷取螢幕解析度
screen_width, screen_height = pyautogui.size()
print(f"螢幕解析度：{screen_width} x {screen_height}")

# 建立一個函數來擷取螢幕截圖並找出可能的圖示
```

```
螢幕解析度：1920 x 1080
請選擇要執行的功能：
1. 螢幕掃描
2. 執行特定任務（開啟資料夾並關閉）
請輸入選項（1 或 2）：
```

```
螢幕解析度：1920 x 1080
請選擇要執行的功能：
1. 螢幕掃描
2. 執行特定任務（開啟資料夾並關閉）
請輸入選項（1 或 2）：2
請輸入程式開始執行前的等待時間（秒）：3
```

11-23

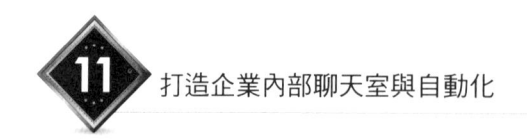

輸入上述任務和設定秒數後，滑鼠就會自動移動到該座標進行自動點擊

```
螢幕解析度：1920 x 1080
請選擇要執行的功能：
1. 螢幕掃描
2. 執行特定任務（開啟資料夾並關閉）
請輸入選項（1 或 2）： 2
請輸入程式開始執行前的等待時間（秒）： 3
程式將在 3 秒後開始執行...
請在這段時間內切換到目標視窗...
3...
2...
1...
開始執行！
開始執行特定任務...
移動到目標資料夾位置：(1027, 948)
移動到關閉按鈕位置：(1411, 419)
特定任務執行完成！
```

11.4 打造本機端的 AI 助手

Gemini LLM：多模態語言模型

　　Gemini 是一個強大的原生多模態語言模型（LLM），它的訓練包含了多種形式的數據，包括文字、影像、音訊等，這使得它能夠理解並生成更豐富和多樣化的內容。這樣的多模態能力使得 Gemini 在處理跨領域的任務時，表現尤為突出，並且在 MMLU（大規模多任務語言理解）基準測試中，超越了人類專家的表現。

　　這使得 Gemini 成為了一個非常適合應用於各種人工智能任務的模型，無論是文本理解、影像生成、語音處理還是多模態融合，都能夠提供卓越的表現。

Gemini API 的應用

　　使用 Gemini API，可以將其強大的多模態能力集成到各種應用中，從自然語言處理到視覺識別和語音生成等，都可以在應用中實現。以下是一個具體的應用場景：**問答助手**。

使用 Python 與 Tkinter 打造本機端問答助手

透過 Gemini 的 API 和 Python 的 Tkinter 庫，您可以開發一個簡單的本機問答助手應用，將對話內容記錄到 CSV 文件中。這樣的應用不僅能讓用戶進行即時的問答交流，還能自動存儲對話歷程，便於後續的數據分析或回顧。

▪ 步驟 1：設置 Gemini API

首先，您需要設置並獲取 Gemini 的 API 密鑰。這通常包括在 Gemini 的開發者平台上創建帳戶並生成 API 密鑰。這些密鑰將用來進行身份認證和發送請求。

▪ 步驟 2：安裝所需的 Python 庫

接下來，您需要安裝 requests、tkinter 和 csv 等 Python 庫，來進行 API 請求、構建圖形界面和保存對話記錄。

```
pip install requests
```

▪ 步驟 3：創建問答助手 GUI

使用 Tkinter，您可以創建一個簡單的 GUI，讓用戶輸入問題並顯示答案。以下是簡單的範例：

```python
import tkinter as tk
from tkinter import scrolledtext
import requests
import csv
import time

#Gemini API 設置
api_key = 'your_api_key'
url = 'https://api.gemini.com/v1/ask'

# 問答助手的界面
class QAApp:
    def __init__(self,root):
```

```python
        self.root = root
        self.root.title("問答助手")

        self.question_label = tk.Label(root,text="請輸入問題:")
        self.question_label.pack()

        self.question_entry = tk.Entry(root,width=50)
        self.question_entry.pack()

        self.ask_button = tk.Button(root,text="提問",command=self.ask_question)
        self.ask_button.pack()

        self.response_area = scrolledtext.ScrolledText(root,height=10,width=50)
        self.response_area.pack()

    def ask_question(self):
        question = self.question_entry.get()
        if question:
            answer = self.get_answer_from_gemini(question)
            self.response_area.insert(tk.END,f"問題:{question}\n回答:{answer}\n\n")
            self.save_conversation(question,answer)
        else:
            self.response_area.insert(tk.END,"請輸入問題！\n\n")

    def get_answer_from_gemini(self,question):
        #向 Gemini API 發送請求並獲取回答
        headers = {'Authorization':f'Bearer{api_key}'}
        payload = {'query':question}
        response = requests.post(url,json=payload,headers=headers)
        answer = response.json().get('answer','抱歉，我無法回答您的問題。')
        return answer

    def save_conversation(self,question,answer):
        #記錄對話到 CSV 文件
        timestamp = time.strftime('%Y-%m-%d%H:%M:%S')
        with open('conversation_log.csv','a',newline='',encoding='utf-8')as f:
            writer = csv.writer(f)
            writer.writerow([timestamp,question,answer])
```

11.4 打造本機端的 AI 助手

```
# 主程序
if __name__ == "__main__":
    root = tk.Tk()
    app = QAApp(root)
    root.mainloop()
```

- **步驟 4：解釋程式碼的部分**

Tkinter GUI 部分：

使用 tk.Label 顯示問題輸入框的標題。

tk.Entry 創建了一個單行輸入框，讓用戶輸入問題。

tk.Button 創建了一個按鈕，當用戶按下此按鈕時，會觸發 ask_question 方法。

scrolledtext.ScrolledText 創建了一個可滾動的文本區域，用來顯示問題和回答的對話紀錄。

Gemini API 請求部分：

get_answer_from_gemini 方法向 Gemini API 發送請求，並將問題作為 payload，返回的回答會顯示在文本區域中。

CSV 記錄部分：

每次有對話時，save_conversation 方法會將當前時間、問題和回答寫入到 conversation_log.csv 文件中，這樣便於後期查詢和分析。

- **步驟 5：測試和優化**

在本機端運行此應用後，您可以測試其功能並根據需要進行優化。例如，您可以增加更多的錯誤處理功能，讓應用能夠處理 API 錯誤、無效的請求等。

程式範例說明：使用 Gemini API 打造 Tkinter UI 的本機端問答助手

打造企業內部聊天室與自動化

```python
import os
import tkinter as tk
from tkinter import scrolledtext, messagebox, filedialog
import threading
import google.generativeai as genai
from datetime import datetime

class GeminiChatApp:
    def __init__(self, root):
        self.root = root
        self.root.title("Gemini AI 聊天助手")
        self.root.geometry("800x600")
        self.root.configure(bg="#f0f0f0")

        # 設置API
        self.API_KEY = "AIzaSyAgej7dbfnw880SZvz-qsNMdFfD4W_KvSU"
        self.initialize_gemini()

        # 創建UI元素
        self.create_widgets()

        # 顯示歡迎訊息
        self.chat_display.insert(tk.END, "歡迎使用Gemini AI聊天助手!\n")
        self.chat_display.insert(tk.END, "請在下方輸入框輸入訊息並按下發送按鈕或Enter鍵。\n\n")

    def initialize_gemini(self):
        """初始化Gemini API和模型"""
        try:
            # 配置API
            genai.configure(api_key=self.API_KEY)

            # 配置生成模型參數
            self.generation_config = {
                'temperature': 0.7,
                'top_p': 1.0,
                'max_output_tokens': 2048
            }

            # 安全設定
            self.safety_settings = [
                {
                    "category": "HARM_CATEGORY_HARASSMENT",
                    "threshold": "BLOCK_MEDIUM_AND_ABOVE"
                },
                {
                    "category": "HARM_CATEGORY_HATE_SPEECH",
                    "threshold": "BLOCK_MEDIUM_AND_ABOVE"
                },
                {
                    "category": "HARM_CATEGORY_SEXUALLY_EXPLICIT",
                    "threshold": "BLOCK_MEDIUM_AND_ABOVE"
                },
                {
                    "category": "HARM_CATEGORY_DANGEROUS_CONTENT",
                    "threshold": "BLOCK_MEDIUM_AND_ABOVE"
                }
            ]

            # 嘗試初始化不同的模型版本
            try:
                self.model = genai.GenerativeModel(
                    model_name="gemini-1.5-pro",
                    generation_config=self.generation_config,
                    safety_settings=self.safety_settings
                )
            except Exception:
                try:
                    self.model = genai.GenerativeModel(
                        model_name="gemini-pro",
                        generation_config=self.generation_config,
                        safety_settings=self.safety_settings,
                        api_version="v1"
                    )
                except Exception:
                    self.model = genai.GenerativeModel(
                        model_name="gemini-pro",
                        generation_config=self.generation_config,
                        safety_settings=self.safety_settings
                    )

            # 創建聊天會話
            self.chat = self.model.start_chat(history=[])
```

11.4 打造本機端的 AI 助手

STEP01：到 Google AI Studio 申請 Gemini API key

https：//aistudio.google.com/prompts/new_chat

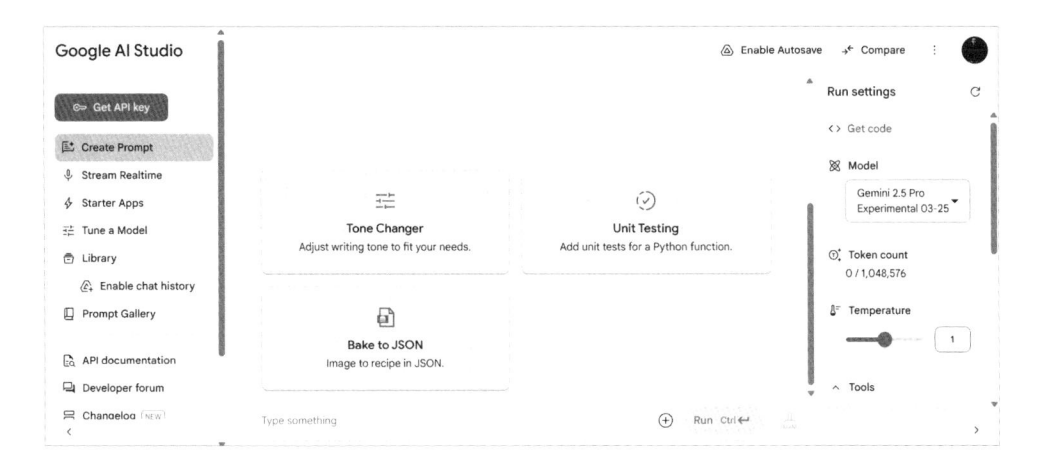

STEP02：點擊 Get API Key

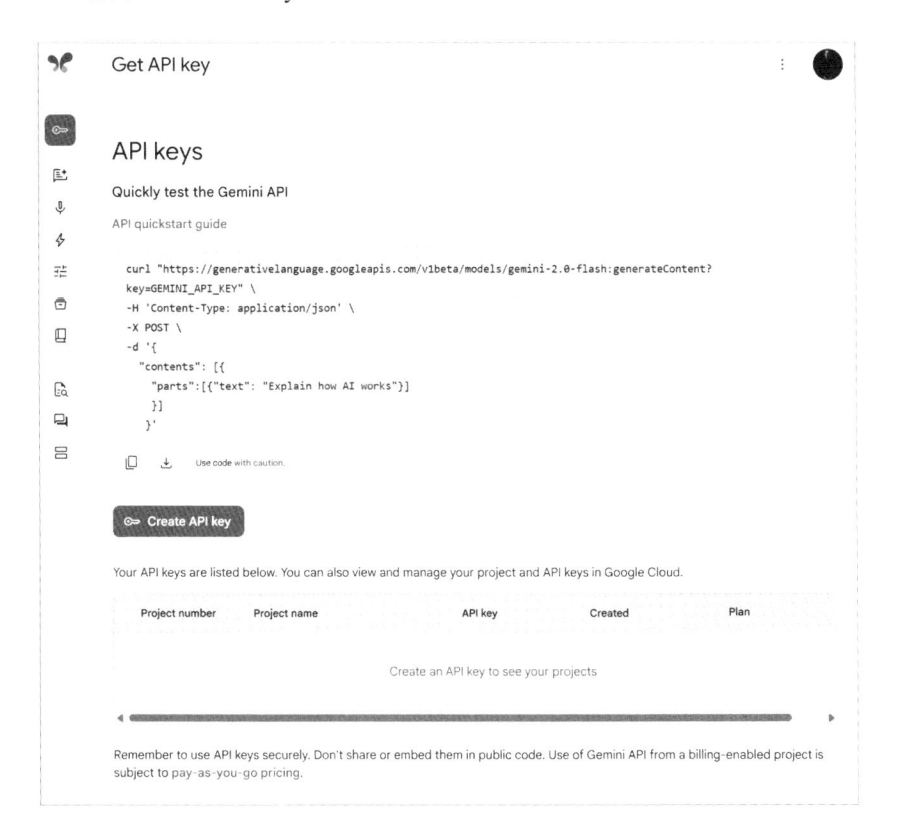

11-29

11 打造企業內部聊天室與自動化

STEP03：點擊 Create API key，並貼在 Jupyter Notebook 位置

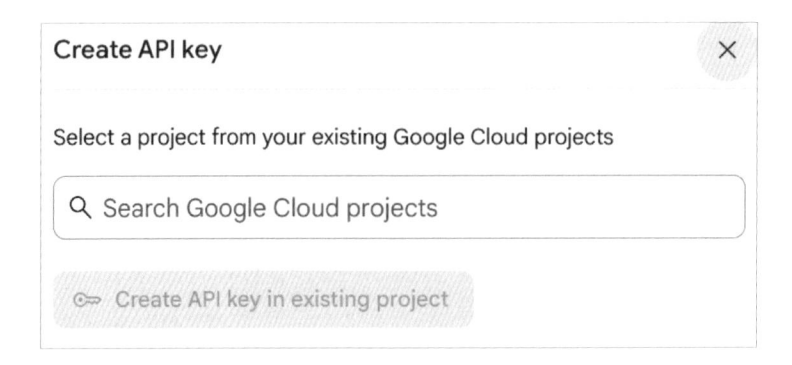

STEP04：複製產生的 API Key

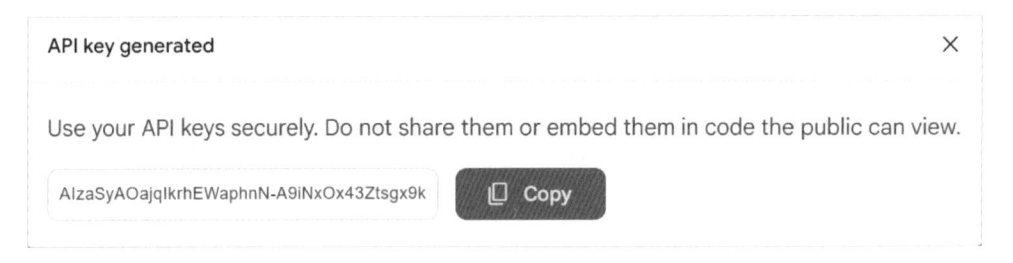

```python
# 設置API
self.API_KEY = "AIzaSyAgej7dbfnw880SZvz-qsNMdFfD4W_Kv5U"
self.initialize_gemini()

# 創建UI元素
self.create_widgets()
```

11.4 打造本機端的 AI 助手

STEP05：執行程式

老字號/人氣名店：

* **六千牛肉湯** 凌晨開始營業，總是大排長龍，以新鮮溫體牛和清甜湯頭聞名，肉質鮮嫩。
* **文章牛肉湯** 也是凌晨營業的排隊名店，湯頭濃郁帶點中藥香氣。
* **阿村第二代牛肉湯** 湯頭鮮甜，肉質軟嫩，還有其他熱炒選擇。

其他推薦：

* **旗哥牛肉湯** 湯頭清甜，牛肉鮮嫩，價格也相對親民。
* **康樂街牛肉湯** 在地人推薦的老店，湯頭鮮美，牛肉份量十足。
* **永樂牛肉湯** 位於國華街附近，湯頭偏甜，肉質鮮嫩。
* **石精臼牛肉湯** 老台南風味，湯頭較為清爽。

額外資訊：

* 台南牛肉湯的精髓在於「新鮮溫體牛」，所以很多店家都是清晨或凌晨就開始營業，賣完就收攤。
* 建議可以先查詢各家店的營業時間，以免撲空。
* 除了牛肉湯，許多店家也提供牛肉燥飯、牛腩湯等其他餐點。

希望以上資訊對你有所幫助！
想吃哪種口味或是有其他需求，可以再告訴我，例如：想吃偏甜的湯頭、想吃凌晨營業的、想吃份量大的 等等，我可以再給你更精確的推薦！

發送

清除對話　下載對話　　　　　　　　　　　　　　　　Using google-generativeai 0.8.4

成功

聊天內容已保存至：
C:/Users/RobertHuang/Desktop/gemini_chat_20250403_105227.txt

確定

11-31

11 打造企業內部聊天室與自動化

STEP06：可以將對話內容下載

檔案　編輯　檢視

聊天已清除，開始新的對話！

您：你好
Gemini：你好！有什么我可以幫你的嗎？

您：使用繁體中文
Gemini：你好！有什麼我可以幫你的嗎？

您：可以提供台南有名的牛肉湯嗎？
Gemini：台南有名的牛肉湯很多，各有特色，以下列出幾間比較知名的，並簡單介紹其特色，你可以根據自己的喜好選擇：

老字號/人氣名店：

* **六千牛肉湯：** 凌晨開始營業，總是大排長龍，以新鮮溫體牛和清甜湯頭聞名，肉質鮮嫩。
* **文章牛肉湯：** 也是凌晨營業的排隊名店，湯頭濃郁帶點中藥香氣。
* **阿村第二代牛肉湯：** 湯頭鮮甜，肉質軟嫩，還有其他熱炒選擇。

其他推薦：

* **旗哥牛肉湯：** 湯頭清甜，牛肉鮮嫩，價格也相對親民。
* **康樂街牛肉湯：** 在地人推薦的老店，湯頭鮮美，牛肉份量十足。
* **永樂牛肉湯：** 位於國華街附近，湯頭偏甜，肉質鮮嫩。
* **石精臼牛肉湯：** 老台南風味，湯頭較為清爽。

額外資訊：

* 台南牛肉湯的精髓在於「新鮮溫體牛」，所以很多店家都是清晨或凌晨就開始營業，賣完就收攤。
* 建議可以先查詢各家店的營業時間，以免撲空。
* 除了牛肉湯，許多店家也提供牛肉燥飯、牛腩湯等其他餐點。

希望以上資訊對你有所幫助！ 想吃哪種口味或是有其他需求，可以再告訴我，例如：想吃偏甜的湯頭、想吃凌晨營業的、想吃份量大的等等，我可以再給你更精確的推薦！

TQC 網頁資料擷取與分析證照解題說明

12.1 解題說明

12.2 第一大題五個題組解題分析

12.3 第二大題五個題組解題分析

12.4 第三大題五個題組解題分析

12.5 第四大題五個題組解題分析

12.6 解題總表

12 TQC 網頁資料擷取與分析證照解題說明

12.1 解題說明

TQC Python 網頁擷取與資料處理

在本章節中，我們將深入探討如何運用 Python 完成 TQC（技術資格證書）考試中的網頁擷取題。這些題目涵蓋了 Python 在資料擷取、處理和視覺化方面的應用，分別集中在 with open、requests.get、Pandas 和 Plot 四個關鍵技術點上。每一部分都將對應到一個具體的實作問題，並引導讀者一步步理解如何解決這些問題，最終達成有效的網頁資料處理和視覺化。

- 第一大題：with open 讀寫

在這一部分，考試重點是如何使用 with open 開啟檔案進行資料的讀取與寫入。這是 Python 中處理檔案操作的重要技巧，with open 可確保檔案在處理完成後正確關閉，避免資源洩漏。你將學到如何讀取文本檔案、寫入文本資料，並操作資料結構以符合需求。

- 第二大題：requests.get

這一題目將測試你如何使用 requests.get 函數來發送 HTTP 請求並獲取網頁資料。你將學到如何發送 GET 請求，解析返回的資料，並從中擷取你需要的信息。這是進行網頁擷取（Web Scraping）的基本技能，能夠幫助你輕鬆取得網頁資料並進行後續處理。

- 第三大題：Pandas

在這一部分，你將使用 Pandas 庫來處理從網頁擷取來的資料。Pandas 是 Python 中強大的資料處理工具，能夠高效地處理、清理、整理結構化資料。本題將會著重在如何將資料載入 DataFrame，進行資料過濾、轉換及運算，並根據要求輸出或儲存處理結果。

12.1 解題說明

■ 第四大題：Plot

最後一題將讓你學會如何使用 Matplotlib 或其他可視化工具來繪製資料圖表。資料視覺化不僅能幫助更直觀地理解數據，還能展示分析結果。本題將會教授如何使用 Python 來繪製各類圖表，並設定圖表的樣式、標題、標籤等屬性。

解說表格

題目	技術點	主要考察內容	重點
第一大題	with open	檔案讀取與寫入	學會使用 with open 來開啟檔案進行資料的讀取和寫入操作。此技術能確保檔案在處理過程中即使發生錯誤也能自動關閉，避免資源洩漏。常用於讀取文本文件或寫入輸出結果。
第二大題	requests.get	網頁資料擷取	這一部分考察的是如何使用 Python 的 requests 庫進行網頁擷取。通過 requests.get 方法，Python 能夠向網頁伺服器發送 HTTP 請求，並接收伺服器返回的資料。這樣可以抓取網頁上的資訊，進行後續的數據處理和分析。
第三大題	Pandas	資料處理與整理	Pandas 是 Python 中最強大的資料處理工具之一，能夠高效地處理結構化資料。在這一題中，學習如何將抓取的網頁資料轉換為 DataFrame 結構，進行資料清理、過濾、計算等操作。這些技能在處理大型資料集時尤為重要。
第四大題	Plot	資料視覺化	資料視覺化是數據分析過程中的重要環節，透過圖表可以讓數據更加直觀易懂。在這一部分，你將學會如何使用 Python 中的 Matplotlib 等可視化庫來創建圖表。這不僅有助於呈現分析結果，也能幫助你更好地理解資料的模式與趨勢。

這一章節不僅將提升你在 Python 網頁擷取與資料處理上的能力，也將讓你掌握從資料擷取到視覺化的全過程，對於未來在數據科學或自動化腳本開發中的應用具有重要價值。

12.2 第一大題五個題組解題分析

■ 101: 文化部展覽資訊

```
# 載入 json 與 csv 模組
import___
import___

# 讀取 json 檔案並指定編碼為 utf8
with___("___",encoding='___')as file:
    data = json.load(file)

# 寫入 csv 檔案並指定編碼為 utf8
with___("___","___",encoding='___')as file:
    csv_file = csv.writer(file)
    # 寫入 title（活動名稱）、showUnit（演出單位）、startDate（活動起始日期）、endDate（活動結束日期）等四個欄位
    for item in data:
        csv_file.writerow([___['___'],___['___'],
                           ___['___'],___['___']])
```

101 參考解答：

```
# 載入 json 與 csv 模組
import json
import csv

# 讀取 json 檔案並指定編碼為 utf8
with open("./read.json",encoding='utf8')as file:
    # 使用 json.load() 函數將 JSON 檔案解析為 Python 資料結構
    data = json.load(file)

# 寫入 csv 檔案並指定編碼為 utf8
with open("write.csv","w",encoding='utf8')as file:
    # 使用 csv.writer() 函數建立 CSV 寫入器物件
    csv_file = csv.writer(file)

    # 寫入 title（活動名稱）、showUnit（演出單位）、startDate（活動起始日期）、endDate（活動結束日期）等四個欄位
```

```
    for item in data:
        # 將每個 JSON 物件中的資料寫入 CSV 檔案的一行
        csv_file.writerow([item['title'],item['showUnit'],
                           item['startDate'],item['endDate']])
```

■ 102: 新北市公共自行車即時資訊

```
# 載入 xml.etree.ElementTree 模組並縮寫為 ET
import ___ as ___
# 載入 csv 模組
import ___

# 讀取 xml
tree = ___.___("___")
root = tree.getroot()

# 寫入 csv 檔案,編碼設定為 utf8
ubikefile = ___("___","___",encoding='___')
csvwriter = csv.writer(ubikefile)

# 將其中 sno(站點代號)、sna(中文場站名稱)、tot(場站總停車格)等三個欄位寫出
for row in root:
    ubike = []
    sno = row.find('___').text
    ubike.append(___)
    sna = row.find('___').text
    ubike.append(___)
    tot = row.find('___').text
    ubike.append(___)
    csvwriter.writerow(ubike)
ubikefile.close()
```

■ 102 參考解答:

```
# 匯入 xml.etree.ElementTree 模組以及 csv 模組
import xml.etree.ElementTree as ET
import csv

# 讀取 XML 檔案
```

TQC 網頁資料擷取與分析證照解題說明

```
tree = ET.parse('./read.xml')# 解析 XML 檔案
root = tree.getroot()# 取得根元素

# 寫入 CSV 檔案，設定編碼為 utf8
ubikefile = open("./write.csv","w",newline='',encoding='utf-8')
csvwriter = csv.writer(ubikefile)# 建立 CSV 寫入器物件

# 寫出 sno（站點代號）、sna（中文場站名稱）、tot（場站總停車格）等三個欄位
for row in root:
    ubike = []# 創建一個空的列表來儲存每一行的資料
    sno = row.find('sno').text# 找到 sno 元素並取得其文字內容
    ubike.append(sno)# 將 sno 加入列表
    sna = row.find('sna').text# 找到 sna 元素並取得其文字內容
    ubike.append(sna)# 將 sna 加入列表
    tot = row.find('tot').text# 找到 tot 元素並取得其文字內容
    ubike.append(tot)# 將 tot 加入列表
    csvwriter.writerow(ubike)# 將整個列表寫入 CSV 檔案的一行

ubikefile.close()# 關閉 CSV 檔案
```

102 預期輸出結果：

```
I001,大鵬華城,38
I002,汐止火車站,56
I003,汐止區公所,46
I004,國泰綜合醫院,56
I005,裕隆公園,40
I006,捷運大坪林站(3號出口),32
I007,汐科火車站(北),34
I008,興華公園,40
I009,三重國民運動中心,68
I010,捷運三重站(3號出口),34
I011,榕樹國小,48
I012,金龍國小,52
I013,白雲國小,46
I014,東勢宜興活動中心,52
I015,後港公園,40
I016,福營行政中心,42
I017,西盛公園,36
I018,忠誠里(北新路2段97巷),40
I019,仁愛廣場,50
I020,重陽國小,42
I021,明志國中,50
I022,三重商工,64
I023,捷運新莊站(1號出口),58
I024,原興廣場,52
I025,文化白雲公園,76
I026,秀山國小,62
I027,捷運永安市場站,72
I028,福和國中,66
I029,仁愛公園,60
I030,中和公園,46
I031,金龍國小,52
I032,重陽公,50
I033,捷運三民高中站(1號出口),78
I034,中原公園,58
```

12-6

12.2 第一大題五個題組解題分析

■ **103: 勞保投保薪資分級表**

```
# 載入 yaml 與 json 模組
import___
import___

# 讀取 json 檔案
with___("___",encoding='utf-8-sig')as file:
    data = ___.___(___)

# 寫入 yaml 檔案
with___("___","___",encoding="utf-8")as f:
    ___.___(data,f,default_flow_style=False,allow_unicode=True)
```

103 參考解答：

```
# 載入 yaml 與 json 模組
import yaml
import json

# 讀取 json 檔案
with open("read.json",encoding='utf-8')as file:
    data = json.load(file)# 使用 json.load() 函數將 JSON 檔案解析為 Python 資料結構

# 寫入 yaml 檔案
with open("./write.yaml","w",encoding="utf-8")as f:
    yaml.dump(data,f,default_flow_style=False,allow_unicode=True)
```

12-7

103 預期輸出結果：

```
投保薪資等級： 第1級
月投保薪資： 22000元
月薪資總額： 22000元以下
身分別： 一般勞工
投保薪資等級： 第2級
月投保薪資： 22800元
月薪資總額： 22001元至22800元
身分別： 一般勞工
投保薪資等級： 第3級
月投保薪資： 24000元
月薪資總額： 22801元至24000元
身分別： 一般勞工
投保薪資等級： 第4級
月投保薪資： 25200元
月薪資總額： 24001元至25200元
身分別： 一般勞工
投保薪資等級： 第5級
月投保薪資： 26400元
月薪資總額： 25201元至26400元
身分別： 一般勞工
投保薪資等級： 第6級
月投保薪資： 27600元
月薪資總額： 26401元至27600元
身分別： 一般勞工
投保薪資等級： 第7級
月投保薪資： 28800元
月薪資總額： 27601元至28800元
身分別： 一般勞工
```

■ 104:JSON 檔案輸出處理

```
# 載入 json 模組
import___


# 建立資料
#'id':'1'
#'name':'Peter'
#'country':'Taiwan'
#
#'id':'2'
#'name':'Jack'
#'country':'USA'
#
#'id':'3'
#'name':'Cindy'
#'country':'Japan'
```

```
# 將資料寫入 json 檔案
with___('___','___')as outfile:
    json.dump(___,___)
```

104 參考解答

```
# 載入 json 模組
import json


datas={
'people':
[{'id':'1','name':'Peter','country':'Taiwan'},
{'id':'2','name':'Jack','country':'USA'},
{'id':'3','name':'Cindy','country':'Japan'}]
}

# 將資料寫入 json 檔案
with open('./write.json','w')as f:
    json.dump(datas,f)
```

104 預期輸出結果：

```
{"people": [{"id": "1", "name": "Peter",
"country": "Taiwan"}, {"id": "2", "name":
"Jack", "country": "USA"}, {"id": "3",
"name": "Cindy", "country": "Japan"}]}
```

■ 105: 受僱員工資料表

```
# 載入 sqlite3 模組
import___

# 建立資料庫連結
con = ___.___('___')
# 建立 cursor 物件
___= con.___

# 查詢 Employee 資料表
___.___("SELECT*FROM Employee")
```

12 TQC 網頁資料擷取與分析證照解題說明

```python
# 印出查詢結果
for ___ in ___:
    print(___)

# 關閉與資料庫的連結
con.close()
```

105 參考解答
```python
# 載入 sqlite3 模組
import sqlite3

# 連接到 SQLite 資料庫 'read.db',此處使用上下文管理器以確保連線關閉
with sqlite3.connect('read.db') as conn:
    # 使用 cursor() 方法建立游標物件,以便執行 SQL 查詢
    cursor = conn.cursor()

    # 執行 SQL 查詢以選擇 'Employee' 表格中的所有資料
    datas = cursor.execute('select*from Employee')

    # 逐一處理查詢結果
    for data in datas:
        print(data)# 將查詢結果印出,這裡可以根據實際需求進行後續處理
```

12.3 第二大題五個題組解題分析

■ 201: 搜尋字詞

```python
# 載入模組
import___
import___

url = '___'

# 使用 GET 請求
htmlfile = requests.___(___)
# 驗證 HTTP Status Code
if htmlfile.status_code == ___:
```

12-10

12.3 第二大題五個題組解題分析

```
    # 欲搜尋的字串
    ___= input(" 請輸入欲搜尋的字串 :")
    ___= re.findall(___,htmlfile.text)
    if___in htmlfile.text:
        print(___," 搜尋成功 ")
        print(___," 出現 %d 次 "%len(___))
    else:
        print(___," 搜尋失敗 ")
        print(___," 出現 0 次 ")
else:
    print(" 網頁下載失敗 ")
```

201 參考解答：

```
# 匯入 requests 模組用於發送 HTTP 請求
import requests

# 匯入 re 模組用於正規表達式處理
import re

# 使用 requests.get() 方法向指定 URL 發送 GET 請求，並將回應內容儲存在 'doc' 變數中
doc = requests.get("http://tqc.codejudger.com:3000/target/5201.html")

# 詢問使用者輸入欲搜尋的字串，並將輸入值儲存在 'str1' 變數中
str1 = input(" 請輸入欲搜尋的字串 :")

# 使用 re.findall() 方法在 'doc.text' 中尋找所有符合 'str1' 的字串，並儲存在 'strCount' 變數中
strCount = re.findall(str1,doc.text)

# 印出搜尋成功的訊息，顯示使用者輸入的搜尋字串
print(str1," 搜尋成功 ")

# 印出符合搜尋字串的次數
print(str1," 出現 ",len(strCount)," 次 ")
```

■ 202: 美元收盤匯率

```
# 載入 csv 模組
import csv
```

12-11

12 TQC 網頁資料擷取與分析證照解題說明

```
# 自 urllib.request 模組載入 urlopen 函數
from___import___
# 自 bs4 模組載入 BeautifulSoup 函數
from___import___


# 將資料寫入 csv 檔案，編碼為 utf8
file_name = "___"
f = open(file_name,"w",encoding='___')
# 以 csv 模組的 writer 函數初始化寫檔
w = ___.___(f)

# 爬取的目標網頁
htmlname = "___"
#urlopen 函數讀取 html 檔案
html = urlopen(___)
# 指定 BeautifulSoup 的解析器為 lxml
bsObj = BeautifulSoup(html,"___")

count = 0
# 將其中日期、NTD/USD 兩個欄位的名稱與資料轉存為 csv
# 資料位置
for single_tr in bsObj.find("___",{"class":"___"}).findAll("___"):
    if count == 0:
        # 擷取資料位置
        cell = single_tr.findAll("___")
    else:
        # 擷取資料位置
        cell = single_tr.findAll("___")
    F0 = cell[0].text
    F1 = cell[1].text
    data = [[F0,F1]]
    w.writerows(data)
    count = count + 1
f.close()
```

202 參考解答

```
# 載入 csv 模組
import csv
```

12.3 第二大題五個題組解題分析

```python
# 自 urllib.request 模組載入 urlopen 函數
from urllib.request import urlopen
# 自 bs4 模組載入 BeautifulSoup 函數
from bs4 import BeautifulSoup


# 將資料寫入 csv 檔案,編碼為 utf8
file_name = "./write.csv"
f = open(file_name,"w",encoding='utf-8')
# 以 csv 模組的 writer 函數初始化寫檔
w =csv.writer(f)

# 爬取的目標網頁
htmlname = "file:./read.html"
#urlopen 函數讀取 html 檔案
html = urlopen(htmlname)
# 指定 BeautifulSoup 的解析器為 lxml
bsObj = BeautifulSoup(html,"lxml")

count = 0
# 將其中日期、NTD/USD 兩個欄位的名稱與資料轉存為 csv
# 資料位置

for single_tr in bsObj.find("table",{"class":"DataTable2"}).findAll("tr"):
    if count == 0:
        # 擷取資料位置
        cell = single_tr.findAll("th")
    else:
        # 擷取資料位置
        cell = single_tr.findAll("td")
    F0 = cell[0].text
    F1 = cell[1].text
    data = [[F0,F1]]
    w.writerows(data)
    count = count + 1
f.close()
```

12-13

202 預期輸出結果：

```
日  期,NTD/USD
2018-06-26,30.412
2018-06-25,30.403
2018-06-22,30.307
2018-06-21,30.302
2018-06-20,30.170
2018-06-19,30.186
2018-06-15,30.002
2018-06-14,29.938
2018-06-13,29.890
2018-06-12,29.860
2018-06-11,29.821
2018-06-08,29.816
2018-06-07,29.740
2018-06-06,29.738
2018-06-05,29.815
2018-06-04,29.820
2018-06-01,29.864
2018-05-31,29.980
2018-05-30,30.050
2018-05-29,29.988
2018-05-28,29.928
2018-05-25,29.945
```

■ 203: 台灣彩券

```
#-*-coding:utf-8-*-

import ___
import requests

url = '___'
#GET 請求
html = requests.___(___)

# 使用 lxml 解析器
objSoup = bs4.BeautifulSoup(html.text,'___')

dataTag = objSoup.select('.contents_box02')

balls = dataTag[2].find_all('___',{'class':'___'})
print(" 大樂透開獎 :")
print('-------------')

# 開出順序
print(" 開出順序 :",end='')
for i in range(6):
```

12-14

12.3 第二大題五個題組解題分析

```python
    print(____.____,end='')

# 大小順序
print("\n 大小順序 :",end='')
for i in range(6,len(balls)):
    print(____.____,end='')

# 特別號：資料位於 <div class="ball_red"></div>
redball = dataTag[2].find_all('____',{'class':'____'})
print("\n 特別號 :",____)
```

203 參考解答

```python
# 匯入所需模組
import bs4
import requests

# 指定目標網頁的 URL
url = 'http://tqc.codejudger.com:3000/target/5203.html'

# 使用 requests 套件發送 GET 請求，取得網頁內容
html = requests.get(url)

# 使用 BeautifulSoup 解析網頁內容，選擇 lxml 解析器
objSoup = bs4.BeautifulSoup(html.text,'lxml')

# 從網頁中選取具有 class 為 'contents_box02' 的元素
dataTag = objSoup.select('.contents_box02')

# 從 'dataTag' 中取得大樂透的開獎號碼球
balls = dataTag[2].find_all('div',{'class':'ball_tx ball_yellow'})

# 印出大樂透開獎訊息
print(" 大樂透開獎 :")
print('-------------')

# 印出開出順序的號碼
print(" 開出順序 :",end='')
for i in range(6):
```

12-15

12 TQC 網頁資料擷取與分析證照解題說明

```python
    print(balls[i].text,end='')

# 印出大小順序的號碼
print("\n 大小順序 :",end='')
for i in range(6,len(balls)):
    print(balls[i].text,end='')

# 取得特別號：資料位於 <div class="ball_red"></div>
redball = dataTag[2].find_all('div',{'class':'ball_red'})
print("\n 特別號 :",redball[0].text)
```

■ 204: 新北市大專院校名單

```python
# 載入 requests 模組
import___
# 載入 json 模組
import___

# 開放資料連結
url = '____'
# 以 requests 模組發出 HTTP GET 請求
res = ___.___(url)

# 將回傳結果轉換成標準 JSON 格式
data = json.loads(res.text)

# 輸出新北市大專院校名單
print(' 新北市大專院校名單：\n')
for record in data:
    if record['type']== ' 大專院校 ':
        print(' 名稱：%s'%record['___'])
        print(' 地址：%s'%record['___'])
        print(' 聯絡電話：%s'%record['___'])
        print(' 網站：%s'%record['___'])
        print(' 資料更新時間：%s'%record['___'])
        print()
```

12-16

204 參考解答

```python
# 匯入所需模組
import requests
import json

# 使用 requests 套件發送 GET 請求，取得 JSON 格式的資料
html = requests.get("http://tqc.codejudger.com:3000/target/5204.json")

# 使用 json.loads() 方法將 JSON 格式的資料轉換為 Python 資料結構
jsonFile = json.loads(html.text)

# 印出新北市大專院校名單的標題
print(" 新北市大專院校名單：\n")

# 遍歷 JSON 資料，篩選出類型為 ' 大專院校 ' 的資料並印出相關資訊
for i in jsonFile:
    if i['type']== ' 大專院校 ':
        print(" 名稱：{}".format(i['name']))
        print(" 地址：{}".format(i['address']))
        print(" 聯絡電話：{}".format(i['tel']))
        print(" 網站：{}".format(i['website']))
        print(" 資料更新時間：{}".format(i['update_date']))
        print()
```

■ 205 空氣品質指標（AQI）

```python
# 載入 requests 與 json 模組
import___
import___

# 開放資料 Json 格式連結
url = ___
# 發出 Get 請求
response = ___
# 回傳內容長度
print(___,___)
# 將取得的回傳內容轉換成 Json 格式
response = ___
```

```
print()

# 顯示新北市每一個地區的 PM2.5 相關資料
print('新北市 PM2.5 相關資料：')
for record in response:
    if record['County']== '___':
        print('%s：'%record['___'])
        print('AQI：%s'%record['___'])
        print('PM2.5：%s'%record['___'])
        print('PM10：%s'%record['___'])
        print('資料更新時間：%s'%record['___'])
```

205 參考解答

```
# 匯入所需模組
import requests
import json

# 使用 requests 套件發送 GET 請求，取得 JSON 格式的資料
response = requests.get('http://tqc.codejudger.com:3000/target/5205.json')

# 印出回應內容的長度，即檢查資料的大小
print('Content-Length:',len(response.content))

# 使用 json.loads() 方法將 JSON 格式的資料轉換為 Python 資料結構
response1 = json.loads(response.text)

print()

print('新北市 PM2.5 相關資料：')
# 遍歷 JSON 資料，篩選出屬於 '新北市' 的資料並印出相關資訊
for record in response1:
    if record['County']== '新北市':
        print('%s：'%record['SiteName'])
        print('\tAQI：%s'%record['AQI'])
        print('\tPM2.5：%s'%record['PM2.5'])
        print('\tPM10：%s'%record['PM10'])
        print('\t資料更新時間：%s'%record['PublishTime'])
執行結果
```

12.4 第三大題五個題組解題分析

■ **301: 學生成績**

```
#-*-coding:utf-8-*-
# 載入 pandas 模組縮寫為 pd
import___as___
# 資料輸入
datas = [[75,62,85,73,60],[91,53,56,63,65],
         [71,88,51,69,87],[69,53,87,74,70]]
indexs = ["小林","小黃","小陳","小美"]
columns = ["國語","數學","英文","自然","社會"]
df = pd.DataFrame(___,columns=___,index=___)
print('行標題為科目,列題標為個人的所有學生成績')
print(___)
print()
# 輸出後二位學生的所有成績
print('後二位的成績')
print(___)
print()
# 將自然成績做遞減排序輸出
df1 = df.sort_values(by="___",ascending=___)
print('以自然遞減排序')
print(___)
print()
# 僅列小黃的成績,並將其英文成績改為 80
df.loc["___","___"]= 80
print('小黃的成績')
print(___)
```

301 參考解答

```
import pandas as pd

datas = [[75,62,85,73,60],[91,53,56,63,65],
         [71,88,51,69,87],[69,53,87,74,70]]
indexs = ["小林","小黃","小陳","小美"]
columns = ["國語","數學","英文","自然","社會"]
```

```
df = pd.DataFrame(datas,columns=columns,index=indexs)

print('行標題為科目,列題標為個人的所有學生成績')
print(df)
print()

print('後二位的成績')
print(df[-2:])
print()

df1 = df.sort_values(by="自然",ascending=False)
print('以自然遞減排序')
print(df1['自然'])
print()

df.loc["小黃","英文"]= 80
print('小黃的成績')
print(df.loc['小黃'])
```

■ 302: 矩陣

```
#-- 開始 -- 批改評分使用,請勿變動
set_seed = 123
#-- 結束 -- 批改評分使用,請勿變動

import numpy as np

x = np.random.RandomState(set_seed).randint(low=5,high=16,size=15)
print('隨機正整數:',___)

x = x.reshape(___,___)
print('X 矩陣內容:')
print(___)
print('最大:',___)
print('最小:',___)
print('總和:',___)
print('四個角落元素:')
print(x[np.ix_([___,___],[___,___])])
```

12.4 第三大題五個題組解題分析

302 參考解答

```
#-- 開始 -- 批改評分使用,請勿變動
set_seed = 123
#-- 結束 -- 批改評分使用,請勿變動

import numpy as np

# 使用指定的種子設定隨機數生成器的種子,以確保結果可重複
x = np.random.RandomState(set_seed).randint(low=5,high=16,size=15)

# 印出生成的隨機正整數
print('隨機正整數:',x)

# 將一維陣列 x 重新整形成 3x5 的矩陣
x = x.reshape(3,5)

# 印出矩陣 x 的內容
print('X 矩陣內容:')
print(x)

# 印出矩陣 x 中的最大值
print('最大:',np.max(x))

# 印出矩陣 x 中的最小值
print('最小:',np.min(x))

# 印出矩陣 x 中所有元素的總和
print('總和:',np.sum(x))

# 印出矩陣 x 的四個角落元素
print('四個角落元素:')
print(x[np.ix_([0,-1],[0,-1])])
```

■ 303: 果菜批發市場拍賣行情

```
# 載入 pandas 模組縮寫為 pd
import___as___

#  建構資料
```

12 TQC 網頁資料擷取與分析證照解題說明

```
___= [[9,203674,13.2,18894],
      [11.7,180785,12.3,54894],
      [10.1,127802,14.7,18563],
      [11.8,28604,14.9,21963],
      [13.2,600,13.1,900],
      [6.9,38071,9.6,3555],
      [12.1,35660,10.6,9005],
      [12,15000,13,12000],
      [11.7,48770,9.1,14370],
      [9.84,6100,11.89,8980]]
___= ["三重市","台中市","台北一","台北二","台東市","板橋區","高雄市","嘉義市","鳳山區","豐原區"]
___= ["西瓜價","西瓜量","香瓜價","香瓜量"]
df = pd.___(___,columns=___,index=___)
print('西瓜與香瓜之拍賣行情價量表')
print(df)
print()# 使用 print 分隔

df1 = df.___(by="___",ascending=___)
print('以西瓜價遞減排序')
print(df1['西瓜價'])
print()# 使用 print 分隔

# 計算台北一市場西瓜/香瓜價量的行情並輸出
df.___["___"]
print('台北一市場的行情')
print(df.___["___"])
print()# 使用 print 分隔

indexs[0]= "三重區"
df.index = ___
___[___]= "洋香瓜價"
___[___]= "洋香瓜量"
df.___= ___
print('全體市場行情')
print(df)
```

303 參考解答

```
import pandas as pd

price = [[9,203674,13.2,18894],
         [11.7,180785,12.3,54894],
```

```
       [10.1,127802,14.7,18563],
       [11.8,28604,14.9,21963],
       [13.2,600,13.1,900],
       [6.9,38071,9.6,3555],
       [12.1,35660,10.6,9005],
       [12,15000,13,12000],
       [11.7,48770,9.1,14370],
       [9.84,6100,11.89,8980]]
sec = ["三重市","台中市","台北一","台北二","台東市","板橋區","高雄市","嘉義市","鳳山區","豐原區"]
item = ["西瓜價","西瓜量","香瓜價","香瓜量"]

# 建立 DataFrame
df = pd.DataFrame(price,columns=item,index=sec)
print('西瓜與香瓜之拍賣行情價量表')

# 印出拍賣行情價量表
print(df)
print()


# 以西瓜價遞減排序 DataFrame
df1 = df.sort_values(by="西瓜價",ascending=False)
print('以西瓜價遞減排序')
print(df1['西瓜價'])
print()

# 印出台北一市場的行情
print('台北一市場的行情')
print(df.loc["台北一"])
print()

# 重新命名行和列的標籤
df = df.rename(index = {"三重市":"三重區"},columns = {"香瓜價":"洋香瓜價","香瓜量":"洋香瓜量"})
print('全體市場行情')
print(df)
```
■ 304 資料處理與分析
```
# 載入 numpy 模組

# 載入 pandas 模組縮
```

讀入 read.csv 檔案

# 判斷資料型態
print('資料型態:%s'%___(__))
# 計算平均數
print('平均值:%.2f'%__.___(__))
# 計算中位數
print('中位數:%.2f'%__.___(__))
# 計算標準差
print('標準差:%.2f'%__.___(__))
# 計算變異數
print('變異數:%.2f'%__.___(__))
# 計算極差值
print('極差值:%.2f'%__.___(__))

304 參考解答

```
import numpy as np
import pandas as pd

na = np.array(pd.read_csv('read.csv'))

print('資料型態:{}'.format(type(na)))
print('平均值:{:.2f}'.format(np.mean(na)))
print('中位數:{:.2f}'.format(np.median(na)))
print('標準差:{:.2f}'.format(np.std(na)))
print('變異數:{:.2f}'.format((np.std(na)**2)))
print('極差值:{:.2f}'.format(np.ptp(na)))
```

■ 305: 登革熱病例統計

```
# 載入 pandas 模組縮寫為 pd
import___as___

# 讀取 csv 檔
df1 = pd.read_csv(___,encoding="utf-8",sep=",",header=0)

# 居住縣市病例人數,並按遞減順序顯示
```

12.4 第三大題五個題組解題分析

```
df_county = df1.groupby("居住縣市")["___"].___
print(df_county.sort_values(___=___))
# 顯示感染病例人數最多的 5 個國家，並按遞減順序顯示
df_country = df1.groupby("感染國家")["___"].___
print(df_country.sort_values(___=___).___)
# 台北市各區病例人數
df_taipei = df1[df1.居住縣市 == "___"]
print(df_taipei.groupby("居住鄉鎮")["___"].___)
# 台北市最近病例的日期
print("發病日:"+ df_taipei.___.___())
```

305 參考解答

```
import pandas as pd# 載入 Pandas 程式庫

# 讀取 CSV 檔案並設定編碼為 utf-8，分隔符號為逗號，並使用第一行作為列標籤（header=0）
df1 = pd.read_csv('read.csv',encoding="utf-8",sep=",",header=0)

# 以 "居住縣市" 為分組依據，計算每個縣市的記錄數，並按數量降序排列
df_county = df1.groupby("居住縣市")["居住縣市"].count()
print(df_county.sort_values(ascending=False))

# 以 "感染國家" 為分組依據，計算每個國家的記錄數，並按數量降序排列，並列印前五個
df_country = df1.groupby("感染國家")["感染國家"].count()
print(df_country.sort_values(ascending=False).head(5))

# 選擇 "居住縣市" 為 "台北市" 的記錄
df_taipei = df1[df1.居住縣市 == "台北市"]

# 以 "居住鄉鎮" 為分組依據，計算 "台北市" 內每個鄉鎮的記錄數
print(df_taipei.groupby("居住鄉鎮")["居住鄉鎮"].count())

# 找出 "台北市" 內的最大發病日並列印
print("發病日:"+ df_taipei.發病日.max())
```

12.5 第四大題五個題組解題分析

■ 401：折線圖

```
#-*-coding:utf-8-*-
#-- 開始 -- 批改評分使用，請勿變動
import matplotlib as mpl
mpl.use('Agg')
#-- 結束 -- 批改評分使用，請勿變動

# 載入 matplotlib.pyplot 並縮寫為 plt
import___as___

data1 = [1,4,9,16,25,36,49,64]
data2 = [1,2,3,6,9,15,24,39]
seq = [1,2,3,4,5,6,7,8]

# 數據及線條設定
plt.plot(seq,___,___,seq,___,___,___)
# 軸刻度
plt.axis(___)
# 圖表標題
plt.title(___)
#X 軸標題
plt.xlabel(___)
#Y 軸標題
plt.ylabel(___)

# 輸出圖片檔案
plt.savefig('___')
plt.close()
```

12.5 第四大題五個題組解題分析

401 參考解答

```python
#-*-coding:utf-8-*-
#-- 開始 -- 批改評分使用,請勿變動
import matplotlib as mpl
mpl.use('Agg')
#-- 結束 -- 批改評分使用,請勿變動

# 載入 matplotlib.pyplot 並縮寫為 plt
import matplotlib.pyplot as plt

data1 = [1,4,9,16,25,36,49,64]
data2 = [1,2,3,6,9,15,24,39]
seq = [1,2,3,4,5,6,7,8]

# 使用 Matplotlib 繪製線性圖表,data1 使用藍色虛線,data2 使用紅色虛線,線寬設為 1
plt.plot(seq,data1,'-.b',seq,data2,'-.r',linewidth=1)

# 設定 X 軸和 Y 軸的範圍
plt.axis([0,8,0,70])

# 設定圖表標題,字體大小為 24
plt.title('Figure',fontsize=24)

# 設定 X 軸標題,字體大小為 16
plt.xlabel('x-Value',fontsize=16)

# 設定 Y 軸標題,字體大小為 16
plt.ylabel('y-Value',fontsize=16)

# 儲存圖片檔案為 'chart.png'
plt.savefig('chart.png')

# 關閉 Matplotlib 圖表
plt.close()
```

401 預期輸出結果：

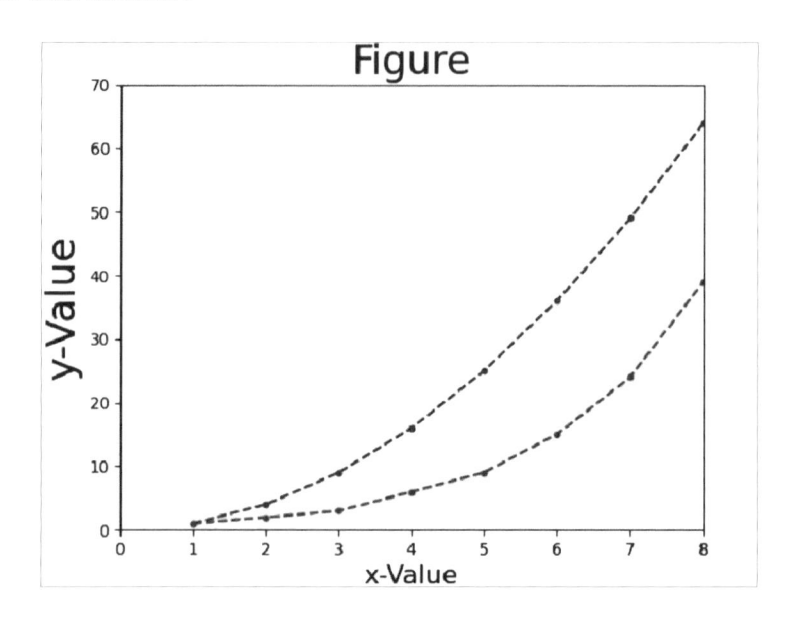

■ 402: 市場成交行情：折線圖

```
#-- 開始 -- 批改評分使用，請勿變動
import matplotlib as mpl
mpl.use('Agg')
#-- 結束 -- 批改評分使用，請勿變動


# 載入 matplotlib.pyplot 並縮寫為 plt
import___as___
# 載入 csv 模組
import___

x = []
y = []

# 讀入 read.csv
with open('___','r',encoding='utf8')as csvfile:
    plots = csv.reader(csvfile,delimiter=',')
    for row in plots:
        x.append(row[0])
        y.append(float(row[1]))
```

12.5 第四大題五個題組解題分析

```
x_ticks = range(1,len(x)+ 1)
plt.___(x_ticks,y,label=___)
plt.xticks(x_ticks,x)
plt.xlabel(___)
plt.ylabel(___)
plt.ylim(___)
# 添加圖表標題 title()
plt.___('Market Average Price')
plt.legend()
# 使用 savefig() 函數
plt.___('chart.png')
plt.close()
```

402 參考解答

```
#-- 開始 -- 批改評分使用，請勿變動
import matplotlib as mpl
mpl.use('Agg')
#-- 結束 -- 批改評分使用，請勿變動

import matplotlib.pyplot as plt
import csv
# 載入 CSV 檔案並讀取數據
x,y = [],[]

# 使用 csv.reader 讀取 CSV 檔案，以逗號為分隔符號
with open('read.csv','r',encoding='utf8')as fp:
    plots = csv.reader(fp,delimiter=',')
    for row in plots:
        x.append(row[0])# 將 CSV 檔案的第一欄（日期）加入 x 列表
        y.append(float(row[1]))# 將 CSV 檔案的第二欄（價格）轉換為浮點數後加入 y 列表

x_ticks = range(1,len(x)+ 1)# 設定 X 軸的刻度標籤為日期

"""
print("x_ticks",x_ticks)#range(1,8)
print("x",x)#['06/14','06/15','06/16','06/17','06/18','06/21','06/22']
print("y",y)#y[18.1,19.5,21.0,17.4,16.9,18.0,16.3]
```

12 TQC 網頁資料擷取與分析證照解題說明

```
"""
# 使用 Matplotlib 繪製折線圖
plt.plot(x_ticks,y,label="banana")    # 繪製折線圖, x 軸刻度標籤為日期, y 軸數據為價格, 並設定
                                       # 圖例為 "banana"
plt.xticks(x_ticks,x)                  # 設定 X 軸的刻度標籤為日期
plt.xlabel("date")                     # 設定 X 軸標題為 "date"
plt.ylabel("NT$")                      # 設定 Y 軸標題為 "NT$"
plt.ylim(15,25)                        # 設定 Y 軸的數值範圍
plt.title('Market Average Price')      # 設定圖表標題為 "Market Average Price"
plt.legend()                           # 顯示圖例

plt.savefig('chart.png')
# 關閉 Matplotlib 圖表
plt.close()
```

402 預期輸出結果：

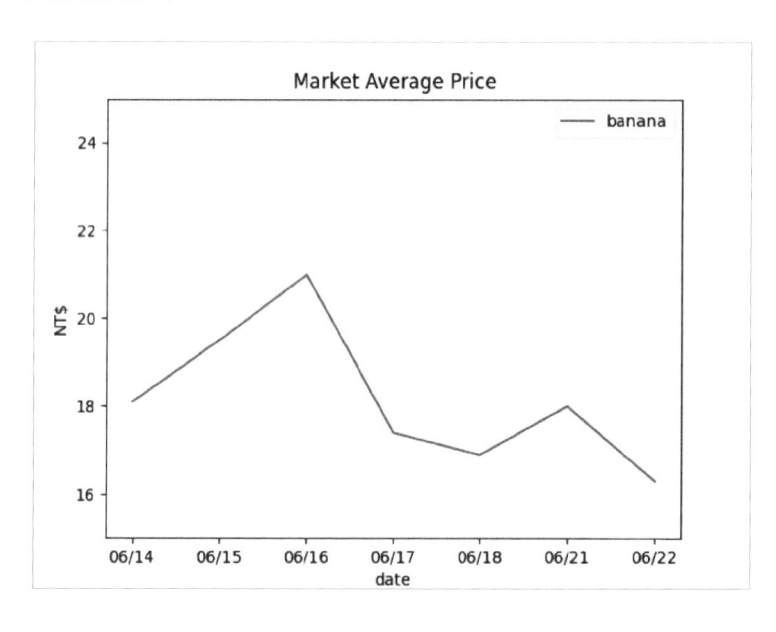

403: 長條圖與圓餅圖

```
#-- 開始 -- 批改評分使用,請勿變動
import matplotlib as mpl
mpl.use('Agg')
#-- 結束 -- 批改評分使用,請勿變動

#-*-coding:utf-8-*-
import matplotlib.pyplot as plt

# 四個月份
labels = [__,__,__,__]
sizes = [20,30,40,10]
# 圓餅圖顏色
colors = ['yellowgreen','gold','lightskyblue','lightcoral']

# 長條圖位置
plt.subplot(1,2,___)
xticks = range(1,len(labels)+ 1)
# 長條圖以 labels 為 X 軸,sizes 為 Y 軸,各長條顏色為藍色(blue)
plt.xticks(xticks,___)
plt.bar(___,___,color=___)

# 圓餅圖位置
plt.subplot(1,2,___)
# 圓餅圖以 labels 為圖標,sizes 為各項所占百分比
# 圓餅圖 colors 為各項顏色,突顯「Aug」
# 圓餅圖顯示各項百分比到小數點第 1 位
explode = (0,0,0.1,0)
plt.pie(___,explode=___,labels=___,
        colors=___,autopct='___')
# 長寬比為 1:1
plt.axis('___')

plt.savefig('chart.png')
plt.close()
```

403 預期輸出結果：

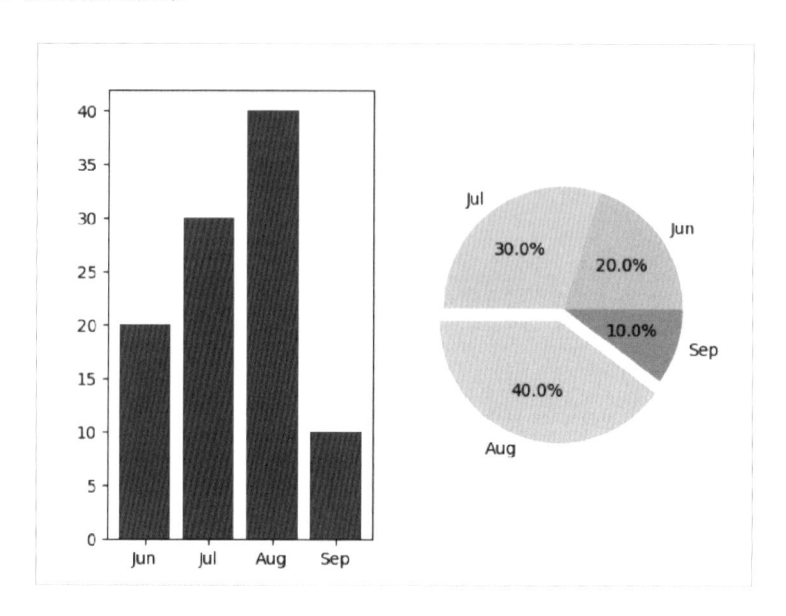

403 參考解答

```python
import matplotlib.pyplot as plt

# 資料
labels = ["Jun","Jul","Aug","Sep"]#X軸刻度標籤
sizes = [20,30,40,10]# 各項目的數值
colors = ['yellowgreen','gold','lightskyblue','lightcoral']# 圓餅圖的顏色

# 建立一個 1x2 的子圖，以下的兩個圖將分別在左右兩個子圖中繪製
plt.subplot(1,2,1)

# 設定 X 軸刻度標籤的位置
xticks = range(0,len(labels))
plt.xticks(xticks,labels)

# 繪製條形圖
plt.bar(labels,sizes,color="blue")

# 在子圖中新增第二個圖，將兩個圖並排顯示
plt.subplot(1,2,2)
```

12.5 第四大題五個題組解題分析

```python
# 圓餅圖的爆炸效果，0 表示不爆炸，0.1 表示第三個項目 "Aug" 會稍微突出
explode = (0,0,0.1,0)

# 繪製圓餅圖，包括標籤、顏色、百分比設定
plt.pie(sizes,explode=explode,labels=labels,colors=colors,autopct='%2.1f%%')

# 設定圓餅圖的比例為相等，使圖形呈現為圓形
plt.axis('equal')

# 儲存圖片
plt.savefig('chart.png')

# 關閉當前的圖形，以釋放資源
plt.close()
```

- 404: 成績統計：長條圖

```python
#-- 開始 -- 批改評分使用，請勿變動
import matplotlib as mpl
mpl.use('Agg')
#-- 結束 -- 批改評分使用，請勿變動

from matplotlib import pyplot as plt
import numpy as np
import pandas as pd

# 讀取學生分數資料
# 讀取 read.csv
df = ___(___)
scores = df["___"].values

#range_count[0]:range0~19
#range_count[1]:range20~39
#range_count[2]:range40~59
#range_count[3]:range60~79
#range_count[4]:range80~100
# 以 0 初始化計數串列
range_count = [0]*5
```

12-33

TQC 網頁資料擷取與分析證照解題說明

```
# 計數過程
for score in scores:
    if score < 20:
        range_count[0]+= 1
    elif score < 40:
        range_count[1]+= 1
    elif score < 60:
        range_count[2]+= 1
    elif score < 80:
        range_count[3]+= 1
    else:
        range_count[4]+= 1

#y 軸標籤
index = np.arange(___,___,___)
#X 軸刻度
labels = [___,___,'40~59',___,'80~100']
# 畫出長條圖
plt.bar(___,range_count,___)
# 設定 X 軸名稱
plt.xlabel('___',fontsize=___)
# 設定 Y 軸名稱
plt.ylabel('___',fontsize=___)
# 設定 x 軸標籤
plt.xticks(index,labels)
# 設定 y 軸標籤
plt.yticks(index)
# 設定圖名稱
plt.title('___',fontsize=___)
# 輸出圖片檔案
plt.___('___')
plt.close()
```

404 參考解答

```
# 匯入所需的模組
import matplotlib as mpl
mpl.use('Agg')# 設定 Agg 後端，用於非互動式繪圖，批改評分使用
```

12-34

12.5 第四大題五個題組解題分析

```python
from matplotlib import pyplot as plt
import numpy as np
import pandas as pd

# 從 CSV 檔案中讀取資料
df = pd.read_csv("read.csv")
scores = df["scores"].values

# 創建一個長度為 5 的列表,用於記錄各個分數區間的數量
range_count = [0]*5

# 分類分數並計算各分數區間的數量
for score in scores:
    if score < 20:
        range_count[0]+= 1
    elif score < 40:
        range_count[1]+= 1
    elif score < 60:
        range_count[2]+= 1
    elif score < 80:
        range_count[3]+= 1
    else:
        range_count[4]+= 1

# 設定條形圖的 x 座標位置
index = np.arange(0,25,5)

# 設定 x 軸的標籤
labels = ['0~19','20~39','40~59','60~79','80~100']

# 繪製條形圖
plt.bar(labels,range_count,width=0.4)
plt.xlabel('Range',fontsize=14)# 設定 x 軸標題
plt.ylabel('Quantity',fontsize=14)# 設定 y 軸標題
plt.yticks(index)# 設定 y 軸刻度位置
plt.title('Score ranges count',fontsize=20)# 設定圖表標題

# 儲存圖片
plt.savefig('chart.png')
```

```
# 關閉當前的圖形,以釋放資源
plt.close()
```

404 預期輸出結果:

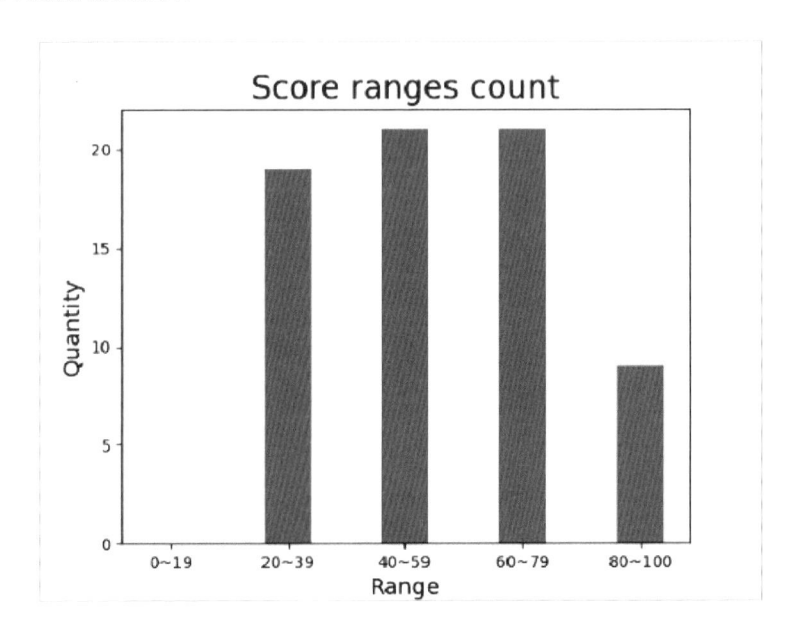

[圖表:Score ranges count 長條圖,X軸 Range 分為 0~19、20~39、40~59、60~79、80~100,Y軸 Quantity]

■ 405: 直方圖與散佈圖

```
#-- 開始 -- 批改評分使用,請勿變動
import matplotlib as mpl
mpl.use('Agg')
set_seed = 123
#-- 結束 -- 批改評分使用,請勿變動

# 載入 numpy 模組並縮寫為 np
import___as___
# 載入 matplotlib.pyplot 並縮寫為 plt
import___as___

samples_1 = np.random.RandomState(set_seed).normal(loc=1,scale=.5,size=1000)
samples_2 = np.random.RandomState(set_seed).standard_t(df=10,size=1000)
bins = np.linspace(___,___,___)
```

12.5 第四大題五個題組解題分析

```
# 第一個子圖
plt.subplot(___,___,___)
plt.hist(___,bins=___,alpha=___,label='___')
plt.hist(___,bins=___,alpha=___,label='___')
# 在左上角 upper left 放置圖例 legend
plt.___(loc='___')

# 第二個子圖
plt.subplot(___,___,___)
plt.scatter(___,___,alpha=___)

plt.savefig(___)
plt.close()
```

405 參考解答

```
# 匯入所需的模組
import matplotlib as mpl
mpl.use('Agg')# 設定 Agg 後端，用於非互動式繪圖，批改評分使用

# 載入 numpy 模組並縮寫為 np
import numpy as np
# 載入 matplotlib.pyplot 並縮寫為 plt
import matplotlib.pyplot as plt

# 設定隨機種子
set_seed = 123

# 生成兩組隨機數據樣本
samples_1 = np.random.RandomState(set_seed).normal(loc=1,scale=0.5,size=1000)
samples_2 = np.random.RandomState(set_seed).standard_t(df=10,size=1000)

# 設定直方圖的區間
bins = np.linspace(-3,3,100)

# 創建第一個子圖 2x2 的表格
plt.subplot(2,2,1)
# 第一個數字 2 表示創建的圖形分為 2 行
# 第二個數字 2 表示創建的圖形分為 2 列
```

12-37

12 TQC 網頁資料擷取與分析證照解題說明

```
# 第三個數字 1 表示當前操作的是第 1 個子圖（左上的圖）

plt.hist(samples_1,bins=bins,alpha=0.5,label='samples 1')   # 繪製直方圖並設定透明度與標籤
plt.hist(samples_2,bins=bins,alpha=0.5,label='samples 2')
plt.legend(loc='upper left')# 放置圖例在左上角

# 創建第二個子圖（右邊的圖）
plt.subplot(1,2,2)
plt.scatter(samples_1,samples_2,alpha=0.2)   # 繪製散點圖，設定透明度

# 儲存圖片
plt.savefig('chart.png')

# 關閉當前的圖形，以釋放資源
plt.close()
```

405 預期輸出結果：

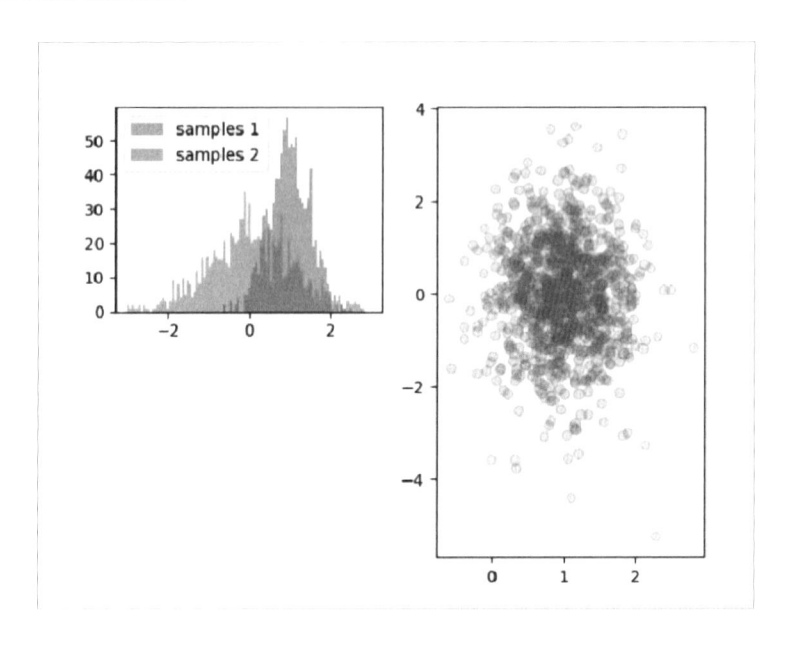

12-38

12.6 解題總表

重點提示背誦

101	102	103	104	105
	ET.parse	json.load(file)	建立字典	sqlite3.connect('read.db')
		yaml.dump		cur = con.cursor()
				cur.execute
				for t in cur.fetchall()

201	202	203	204(新北市)	205
s	table	balls[i].get_text()	update_time	"Content-Length:"
1	DataTable2	redball[0].get_text()		response.headers["Content-Length"]
				json.loads(response.text)
	file:./read.html			PublishTime
	tr th td			\t

301	302	303	304	305
	(3,5)	columns[2]		ascending=False
	[0,-1] [0,-1]	columns[3]		df._taipei.發病日.max()

401	402	403	404	405
fobtsize=24	date	(1 2 2)	width=2	注意數字(-3 3 100)
fobtsize=16	NTS	(1 2 1)	plt.bar(index)	注意數字(2 2 1)
fobtsize=16	(15,25)	equal	(0 25 5)	注意數字(1 2 2)
linewidth=1		藍色"blue"		
"--b."				
"--r."				

■ 附錄：程式碼

本書的程式範例可到數位深智官網進行下載。

深智數位
股份有限公司